农业农村部农业农村资源农业信息化发展专项

中国农业农村信息化发展报告

（2023）

李道亮　主编

机械工业出版社

本书客观、全面、系统地记录了2022—2023年我国农业农村信息化发展的进程，是一本关于我国农业农村信息化发展的蓝皮书。全书内容包括摘要、理论进展篇、基础建设篇、应用进展篇、地方建设篇、企业推进篇、科研创新篇、发展政策篇、专家视点篇、大事记篇，共十部分四十六章。本书得到了农业农村部“农业农村信息化发展支撑服务”项目（项目编号：17240178）的支持，凝聚了众多农业农村信息化领域领导、专家与科研人员的智慧和见解，有较高的参考价值。

本书可供从事农业农村信息化的管理人员和技术人员参考，也可供相关专业的在校师生和研究人员参考。

图书在版编目（CIP）数据

中国农业农村信息化发展报告 . 2023 / 李道亮主编. 北京：机械工业出版社，2024.9. --ISBN 978-7-111-76444-1

Ⅰ. F32

中国国家版本馆 CIP 数据核字第 2024ZL7307 号

机械工业出版社（北京市百万庄大街22号　邮政编码100037）

策划编辑：陈保华　　　　责任编辑：陈保华　卜旭东

责任校对：梁　园　牟丽英　　封面设计：马精明

责任印制：常天培

固安县铭成印刷有限公司印刷

2024年9月第1版第1次印刷

184mm×260mm · 21.5印张 · 510千字

标准书号：ISBN 978-7-111-76444-1

定价：189.00元

电话服务　　　　　　　　网络服务

客服电话：010-88361066　机　工　官　网：www.cmpbook.com

010-88379833　机　工　官　博：weibo.com/cmp1952

010-68326294　金　书　网：www.golden-book.com

 机工教育服务网：www.cmpedu.com

编 委 会

Preface 前言

作为我国农业农村信息化发展的第一本蓝皮书，2007年我们编写了《中国农村信息化发展报告（2007）》（2020年以后，书名中的“农村信息化”改为了“农业农村信息化”）。2023年，本报告已经走过了17个年头，一直忠实地记录着中国农业农村信息化发展的全貌。17年来，我们严格按照三个基本定位记录该年度农业农村信息化总体进展、发展特色和重大事件：第一个基本定位是要客观、全面、系统地记录我国农业农村信息化事业的年度进展；第二个基本定位是要总结实践、淬炼提升、丰富和完善农业农村信息化的理论体系；第三个基本定位是要洞察新动向、提炼新模式、总结新观点、发现新探索、阐明新政策，以期对全国农业农村信息化发展有指导作用。《中国农业农村信息化发展报告（2023）》也秉承这三个基本定位展开。

全面建设社会主义现代化国家，最艰巨最繁重的任务仍然在农村。2023年1月，中共中央、国务院发布的《关于做好2023年全面推进乡村振兴重点工作的意见》指出，深入实施数字乡村发展行动，推动数字化应用场景研发推广，加快农业农村大数据应用，推进智慧农业发展。2023年4月，中央网信办、农业农村部、国家发展改革委、工业和信息化部、国家乡村振兴局联合印发《2023年数字乡村发展工作要点》，深入实施《数字乡村发展战略纲要》《数字乡村发展行动计划(2022—2025年)》，以数字化赋能乡村产业发展、乡村建设和乡村治理，整体带动农业农村现代化发展、促进农村农民共同富裕，推动农业强国建设取得新进展、数字中国建设迈上新台阶。数字农业与数字乡村发展成为全面推进乡村振兴、加快农业农村现代化的重要保障。各部委统筹推进数字乡村的工作格局进一步加强，2023年，我国数字乡村建设发展取得良好成效。

本报告客观、全面、系统地记录了2023年我国农业农村信息化的发展进程，本书的内容框架主要包括摘要、理论进展篇、基础建设篇、应用进展篇、地方建设篇、企业推进篇、科研创新篇、发展政策篇、专家视点篇、大事记篇，共十部分四十六章。

理论进展篇：从基础设施系统、作业装备系统、测控系统、云平台系统阐述智能养殖工厂的最新进展；从水产养殖传感器核心技术进展、中国水产传感器产业发展、中国水产传感器产业展望与对策等方面梳理我国渔业传感器发展情况；从农业智能模型基本概念、农业智能模型研究进展、农业智能模型典型应用案例总结我国农业智能模型的进展与应用。

基础建设篇：主要从农村广播、电视网、农村互联网接入、农村智慧物流、公共设施数字化改造和农业农村信息资源建设等方面，系统介绍了我国农村新型信息化基础建设的主要进展，并对发展趋势进行分析，以期读者对我国农村新型信息化基础设施建设情况有一个总体的认识。

应用进展篇：主要包括农业生产信息化、农业经营信息化、农业管理信息化、农业信息服务、乡村治理信息化五个部分，对我国农业农村各个领域的信息化发展情况进行了介绍，以期读者对信息技术在农业农村方面的应用进展有一个全面的了解。

地方建设篇： 选择农业农村信息化建设成绩突出、特色突出、代表性强的北京、天津、河北、山西、内蒙古、吉林、黑龙江、上海、江苏、浙江、安徽、山东、广东、海南、重庆、四川、云南、西藏、陕西、甘肃、宁夏21个省（自治区、直辖市）和新疆生产建设兵团，基于这22个地方农业农村部门的相关资料，总结整理了这些地方推进农业农村信息化建设的发展情况、创新模式及主要成效，以期为全国各地开展农业农村信息化建设提供借鉴。

企业推进篇： 企业是应用和创新的主体，一大批企业积极推进物联网、移动互联、云计算、大数据等现代信息技术在生产、经营、管理及服务等领域的应用和创新，促进了农业农村信息化的健康、稳定、快速发展。该篇主要介绍了农业农村信息化贡献突出、工作扎实、积极性高的海天集团、农信通、中国电信、农芯科技、农信数智等农业农村信息化企业在推进农业农村信息化方面所做出的探索。

科研创新篇： 科研单位为农业农村现代化和乡村全面振兴提供了有力的技术支撑。该篇主要选取了国家农业信息化工程技术研究中心、国家数字渔业创新中心、国家数字设施农业创新中心，介绍了这些科研创新单位的概况与机构设置，以及在2023年的主要工作和科研成果。

发展政策篇： 系统梳理了2023年我国农业农村信息化领域出台的相关政策法规，以期读者对我国农业农村信息化过去一整年的政策法规有所了解。

专家视点篇： 阐述了2023年农业农村部领导与知名农业农村信息化专家对农业信息化的认识及我国农业农村信息化的发展现状，重点介绍了如何准确把握我国农业农村信息化的发展方向，认清农业农村信息化发展存在的问题和困难，促进智慧农业发展。

大事记篇： 梳理了2023年以来我国农业农村信息化建设中的重大事件，以期读者对我国举办的农业农村信息化相关活动有所了解。

《中国农业农村信息化发展报告》的编写是一项规模庞大的、需要各位同行共同参与的繁重工作，热切盼望各位同行加入《中国农业农村信息化发展报告》的编写中来，群策群力。让我们联起手来，共同推进我们所热爱的农业农村信息化事业，为通过信息技术推动现代农业发展、促进乡村全面振兴、培养和造福社会主义新农民而共同努力。

本书凝聚了很多农业农村信息化领域科研人员的智慧和见解。首先要感谢我的导师——中国农业大学傅泽田教授，他多年来在系统思维、科研教学、为人处世方面对我的教诲和指导让我受益良多。感谢国家农业信息化工程技术研究中心赵春江院士、上海交通大学刘成良教授、浙江大学何勇教授和中国农业科学院许世卫研究员，他们多年来如兄长般的关心与支持使我和我的团队不断进步。感谢王安耕、梅方权、汪懋华等老专家对我的关爱和一贯的支持。感谢农业农村部市场与信息化司雷刘功司长，农村社会事业促进司唐珂司长、宋丹阳副司长、张天翊处长、王耀宗处长，农业农村部信息中心王小兵主任，农业农村部大数据发展中心王松副主任在本书编制过程中给予的指导和帮助。

同时，本书的研究和出版得到了农业农村部“农业农村信息化发展支撑服务”项目（项目编号：17240178）的支持，在这里表示特别感谢。

本书由李道亮主编，参加编写的人员（按姓氏笔画排序）如下：于莹、于辉辉、王聪、王菲菲、王曼维、王朝元、王鹤榕、尹国伟、左臣明、石晨、朱华吉、刘冰、刘春红、齐岩、孙红、孙龙清、苌浩、李岩、李霞、李上红、李文升、李民赞、李奇峰、杨扬、杨玮、杨潇、杨毅、吴华瑞、何雄奎、位耀光、辛北军、张盼、张瑶、陈诚、陈莎、陈英义、陈瑞丹、周冰倩、郑文刚、郑吉澍、孟志军、赵宇、赵然、段运红、侯翱宇、昝艳艳、顾卓尔、顾静秋、柴利、栾志强、郭旺、郭伟龙、郭志杰、彭澎、韩斌润、傅虹瑜、冀琳、魏灵玲，地方建设篇［北京、天津、河北、山西、内蒙古、吉林、黑龙江、上海、江苏、浙江、安徽、山东、广东、海南、重庆、四川、云南、西藏、陕西、甘肃、宁夏 21 省（自治区、直辖市）和新疆生产建设兵团］是由各地方农业农村部门信息化处室提供的资料。在本书编写过程中，每一部分都经过编者多次讨论，最后由李道亮、侯翱宇进行统稿。

由于时间仓促，编者水平有限，书中难免有不足或不妥之处，诚恳希望同行和读者批评指正，以便我们今后改正、完善和提高。农业农村信息化事业前景辉煌、方兴未艾，是我们大家的事业，再一次欢迎各位同行加入到本发展报告的作者队伍中来，让我们共同推进中国农业农村信息化不断向前发展，为提升我国的农业农村信息化水平贡献我们的力量！

作者联系方式如下：

地址：北京市海淀区清华东路 17 号中国农业大学 121 信箱

邮编：100083

电话：010-62737679

传真：010-62737741

Email：dliangl@cau.edu.cn

2024 年 6 月 5 日

目 录 Contents

摘 要

2023年是全面贯彻落实党的二十大精神的开局之年。数字乡村发展工作坚持以习近平新时代中国特色社会主义思想为指导，全面贯彻落实党的二十大精神和中央经济工作会议、中央农村工作会议精神，认真落实《中共中央　国务院关于做好2023年全面推进乡村振兴重点工作的意见》《数字中国建设整体布局规划》部署要求，深入实施《数字乡村发展战略纲要》《数字乡村发展行动计划（2022—2025年）》，以信息化驱动引领农业农村现代化，促进农业高质高效、乡村宜居宜业、农民富裕富足，推动农业强国建设取得新进展、数字中国建设迈上新台阶，为加快建设网络强国、农业强国提供坚实支撑。

第一节　农业农村信息化2023年发展现状

一、农业农村信息化基础设施优化升级

农村网络基础设施短板加快补齐，各地不断提升农村及偏远地区的网络覆盖水平，截至2023年底，我国行政村已全部实现“村村通宽带”，打通了农村地区接入数字时代的信息“大动脉”。农村广播电视网络基础设施持续改善，2023年，我国农村广播节目综合人口覆盖率为99.7%。农村寄递物流体系进一步完善，截至2023年上半年，我国已累计建设2600多个县级电商公共服务中心和物流配送中心，超过15万个乡村电商和快递服务站点；农村公共设施数字化建设加快推进，智慧公路、智慧水务、智慧电网建设规模不断扩大，农业农村大数据平台建设加快完善。

二、农业农村生产信息化加速发展

生物技术与信息技术融合已成为育种新趋势，基因型和表型性状鉴定数字化、育种预测智能化持续推进，数字化促进种质资源价值不断释放；国家种业大数据平台种子备案溯源、生产经营许可等功能不断完善。种植智能化加快推进，北斗导航、激光平地、精量播种、水肥一体化、无人机植保等成熟适用的智能装备在大田生产中广泛应用。畜牧养殖智能化稳步提升，圈舍全自动环境控制、在线信息化管理、畜牧养殖全程与产品质量追溯管理等技术在畜禽立体高效养殖模式中广泛应用，数字化与规模化、标准化同步推进。渔业生产智能化深入推进，智能化网箱设备、投料机器人、洗网机器人等水产养殖智能化装备不断涌现，物联网等数据采集技术蓬勃发展。

三、乡村数字富民产业规模稳步增长

农产品电子商务成为我国农村经济发展的一个重要支撑。2023年，“数商兴农”项目取得了显著成效，全年农村和农产品网络零售额分别达到2.49万亿元和5900亿元，增速均超过网络零售总体增速。农村短视频、直播电商模式把小农户带上了大舞台，把遥远山村带到了大城市，乡村“人、货、景”被高度聚焦。抖音电商“山货上头条”共扶持全国13个省份的49个乡村产业，助力特色产业市场化转型。插上“智慧翅膀”的乡村民宿、乡村旅游更具活力，各地持续加强数字化技术应用，积极打造数字化平台，推动乡村旅游发展，为民宿装上“智慧大脑”，释放产业发展潜能。

四、农业农村治理信息化水平持续提升

农村“三务”更加阳光透明，各地陆续开通运行党员管理子系统，实现流动党员流出、流入登记和参加组织生活情况记录等线上管理功能，农村党务信息化建设持续推进；“村级服务平台”公益小程序上线应用，村民参与协商、村务公开更加便利、透明；全国农村集体资产监督管理平台不断完善，全国农村集体资产财务管理系统应用试点有序开展。乡村治理数字化试点示范初见成效，各地有序开展乡村治理体系建设试点示范工作。大数据分析、视频图像采集技术、无人机等技术与装备不断强化平安乡村建设，为乡村发展、建设提供平安保障。

五、农业农村信息化服务全面提升

农村综合信息服务更加多元化、便捷化，农村信息服务站点整合共享有序推进，“多站合一”“一站多用”进程加快。农村“一老一小”关爱服务体系数字化建设更加完备，全国养老服务信息系统不断完善农村留守老年人等特殊困难老年人基础数据库，推进老年人关爱服务供需对接更加高效；全国儿童福利信息系统基本功能持续完善，农村留守儿童信息管理、流动儿童管理及儿童主任移动端、小程序功能开发上线，对留守儿童的管理更加精准、关爱服务更加便捷。“互联网＋教育”“互联网＋医疗健康”等服务持续向农村地区延伸覆盖。

第二节　农业农村信息化2024年发展展望

一、打造高效务实的管理体系

建立多方参与、横向互联、纵向贯通、部门协同的机制，打造一个务实高效的管理体系，指导农业农村信息化建设；引导社会力量有序进入农业农村领域，健全多元投入保障机制，拓宽投融资渠道，加快形成农业农村信息化建设的多元投入格局；加强数字人才的培养和引进，建立健全农村数字人才优绩优酬的工资调整机制，推动建立数字人才的长效保障机制。

二、筑牢农业农村信息化发展底座

引导基础电信企业开展农村网络补盲建设，进一步深化农村地区网络覆盖的深度和广

度；推进数字农业园区、电商直播基地、物流快递园区等硬件载体建设，加快县乡村三级农村物流体系建设，为数字乡村建设提供基础保障；加快推动农业农村基础数据整合共享，加快农业农村大数据平台建设，加快推进农业农村用地“一张图”建设，有效改善农业农村领域的数字接入、数据处理和数据利用能力。

三、大力推进智慧农业发展

加快智能设计育种、智能农机装备、农业传感器与专用芯片、农业核心算法等技术和装备研发；建设一批国家智慧农业创新中心和分中心，开展基础性、前沿性智慧农业技术研究；推动农机装备企业与电子信息等领域的企业加强合作，加强农业科技创新与应用推广。持续推进国家智慧农业项目建设，带动重点区域、重点品种产业数字化转型，提升农业全产业链数字化水平。加强农业社会化服务平台和标准体系建设，以数字技术深化农业社会化服务。

四、激发农村数字经济新活力

推进“数商兴农”和“互联网 +”农产品出村进城工程，打造一批县域电商直播基地，培育一批农村电商特色品牌；加强农村电商供应链建设管理，推广电商直采、定制生产等模式，推动农村电商高质量发展。依托互联网推进休闲农业、生态旅游、森林康养等新业态发展，更好地促进供需对接、激活乡游消费，多措并举推动“农文旅”融合发展。鼓励有条件的地区探索运用数字化手段，盘活利用农村闲置资源，培育壮大农村集体经济，以数字技术促进农民增收。

五、健全乡村数字治理体系

深化全国党员管理信息系统应用，深入推进抓党建促乡村振兴；持续优化全国一体化政务服务平台，深化政务服务线上线下一体化并向基层延伸；用好全国农村集体资产监督管理平台，推进集体资产管理规范化、信息化，稳步推进农村“三务”信息化建设。继续推进农村重点公共区域视频监控建设，加强公共法律服务网络平台建设，完善推广积分制、清单制、数字化、接诉即办等务实管用的治理方式，拓展乡村治理数字化应用场景。

六、加快建设智慧美丽乡村

建设农业农村生态环境监管信息平台，持续完善农村环境监测体系，建立健全农村人居环境问题在线受理机制，加强农村人居环境整治数字化应用。持续完善国土空间生态保护修复信息管理系统，提升乡村生态保护修复信息化支撑能力，强化农村供水全链条、全过程监管，加强现代信息技术在农业面源污染综合防治中的应用，提升农村生态环境保护监管效能。

理论进展篇

第一章 智能养殖工厂 1

第一节　基础设施系统

一、养殖池

智能养殖工厂的养殖池设计和技术经历了显著的发展，以适应不同种类的水生生物养殖需求，提高养殖效率，以及减少对环境的影响。养殖池的设计变得更加多样化，包括圆形、方形、长方形等，以适应不同养殖场地的空间布局和特定养殖生物的生活习性。此外，设计考虑了水流的优化，以保证水质的均匀分布，避免死角，促进养殖生物的健康生长。养殖池材料的选择也越来越注重耐用性、安全性和环境友好性。现代养殖池常用的材料除了传统的钢筋混凝土，还包括不锈钢、玻璃钢、高密度聚乙烯（HDPE）等，这些材料不仅耐腐蚀，而且易于清洁和维护。

二、水处理系统

现代水处理技术融合了物理、化学和生物三种方法，通过更高效的固液分离技术、生物滤池、紫外线（UV）消毒等手段，可以有效去除水中的有机物质、病原体和氮磷等营养盐，减少对环境的影响。同时，水处理系统设计更加模块化，便于根据养殖规模和需求进行定制和扩展。现代智能养殖工厂中的水处理系统主要包括机械过滤、生物过滤和化学处理。机械过滤技术如转鼓式过滤器、带式过滤器等，可以去除水中的固体颗粒和悬浮物质；生物过滤技术如流化床、生物膜反应器等，提高了氨氮和亚硝酸盐的去除效率，保证了水质的生物安全性；采用化学处理技术（如臭氧等）、物理处理技术（如UV灯等）进行水体消毒，可以有效去除病原体和有害微生物，减少疾病的发生。同时，智能养殖工厂引入了物联网技术，可以实现水质参数（如温度、pH值、溶解氧等）的实时监测和自动调控，优化养殖水体的环境条件，应用大数据和人工智能技术分析水质数据，预测水环境变化趋势，为养殖管理提供科学的决策支持。

第二节　作业装备系统

一、增氧系统

增氧设备通过增加水中的氧气含量确保鱼类不会缺氧，同时抑制水中厌氧菌的生长，是智能养殖工厂的必备设备。增氧机种类繁多，主要有微孔曝气增氧机、充气式增氧机、叶轮增氧机、射流式增氧机、水车式增氧机和喷水式增氧机等。研究表明，养殖密度与系统的增氧方式密切相关，在空气增氧条件下，工厂化养殖系统的养殖密度在 30 ~ 50 千克 / 米 ^{3}，在纯氧增氧的条件下，养殖密度可以达到 100 千克 / 米 ^{3} 以上。为适应工厂化水产养殖的需要，新型增氧技术的研发越来越受到行业的重视。现代智能养殖工厂配置智能增氧装备，通过多源数据融合和自动控制技术实现养殖池溶氧含量的精准预测控制。针对工厂化养殖循环水处理系统溶解氧变化的特点，综合应用无线传感器网络技术、灰色预测、模糊控制、比例积分微分（PID）控制器和串级控制等智能控制技术，使用基于无线传感器网络的养殖水体溶解氧智能调控系统，实现对养殖水体溶解氧的高质高效调控（见图 1-1）。该智能调控系统具有响应速度快、稳态精度高和动态调节能力强等优点，能够有效地抑制影响养殖水体溶解氧稳定的诸多不确定因素的干扰，满足鱼类生长过程中对水体溶解氧的要求。

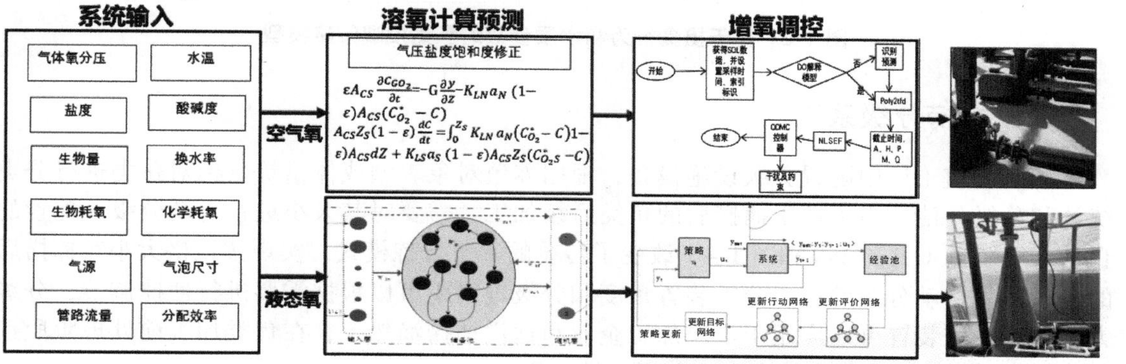

图 1-1　基于溶解氧预测模型的精准增氧

二、投饵系统

投饵设备在智能水产养殖工厂中可以降低人工成本、节约饲料、减少病害发生率和提升鱼类品质，有效提高经济效益，实现科学养鱼。投饵机可以定时、定次、定量、定点、均匀、多餐投饵和自动投饲，具有省工省时、减少饲料浪费、保护水环境等特点，而投饵机的正确使用更能提高养殖者的养殖技能。目前我国大多采用定时和定量的方式进行投饵，同时也开始引进国外先进的多因素控制理念，通过水下摄像头观察水生生物的各生长阶段、生长速度、活动量、摄食强度和数量等，记录并分析各因素的影响和关系，进行一日多次智能投饵。

智能养殖工厂针对影响鱼类摄食的环境、生理、管理等因子多且互相耦合关联的问题，获取鱼类投喂策略与温度、溶解氧等水质参数的响应变化规律，根据摄食过程中鱼类饵料的消耗速率，得到鱼类的摄食食欲与鱼类聚集、抢食等行为指标的响应变化规律，通过模型预测控制、强化学习等关键技术，结合专家投喂知识库，构建基于“鱼类行为—残饵—水质”等多参数反馈的投饵决策模型，实现投喂量、投喂时间、投喂频率等的智能决策，以达到减少饵料浪费、提高饵料系数的目标。

智能投饲技术是将传感器、机器视觉、机器声学、物联网等智能化信息技术应用于投饲装备，能够根据养殖水质、生物行为等按需投喂，提高饲料利用率，降低养殖成本，符合可持续发展理念。当前智能投饲主要分为：基于水质参数的智能投饲技术、基于机器视觉的智能投饲技术、基于机器声学的智能投饲技术和基于图像与声音信息结合的智能投饲技术。基于摄食行为和水质参数的鱼类投喂策略模型如图 1-2 所示。

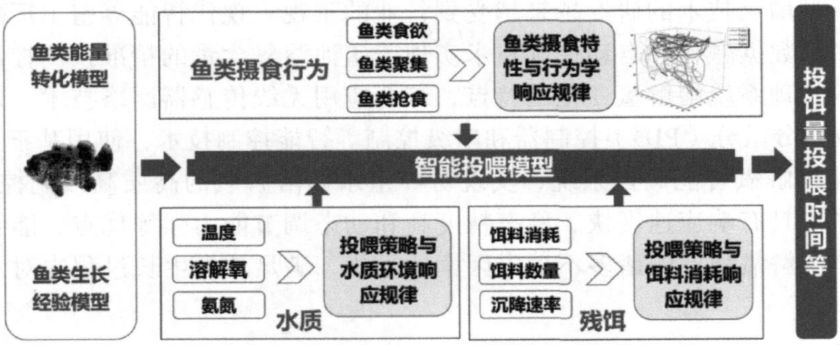

图 1-2　基于摄食行为和水质参数的鱼类投喂策略模型

三、捕捞分级系统

智能养殖工厂中配置分级设施设备，根据养殖对象表型或体重等指标对鱼类进行分类统计和分级分池。为了便于捕捞后的鱼类后续加工，需要对其大小进行自动分级，配置的自动分级装备（见图 1-3 和图 1-4）改变了传统的手工分拣模式，实现按规格大小对捕捞后的鱼只进行自动分级筛选，分级装置角度和分级辊间距可以根据需要进行便捷调节，分级方法可靠。该装置可以应用于水产加工企业和远洋捕捞渔船上，在鱼类加工前处理阶段逐步替代手工操作，为鱼类综合加工利用提供方便。

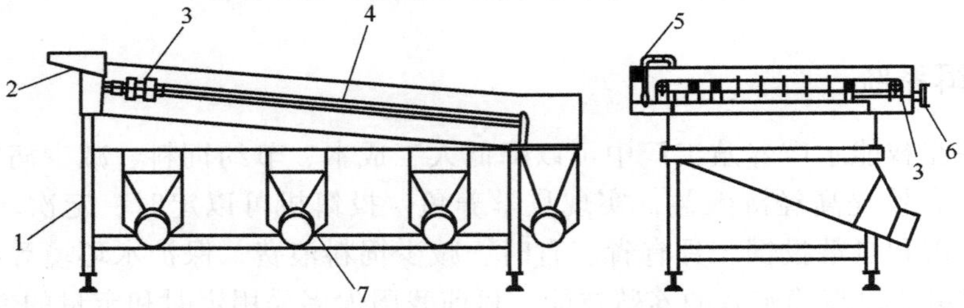

图 1-3　鱼类智能分级装备

1—分级机架　2—进鱼斗　3—动力装置　4—分级辊　5—冲洗阀　6—间距调节机构　7—集鱼槽

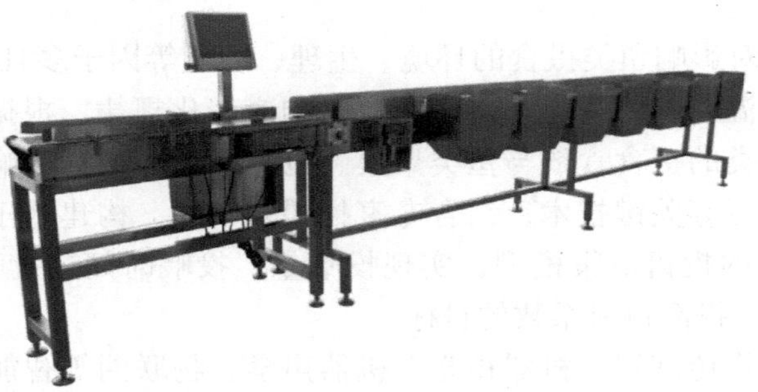

图 1-4　称重式分级机

第三节 测控系统

一、水质测控系统

养鱼先养水，水质的好坏直接决定了养殖效益、生产安全等。通过建立养殖水体溶解氧、氨氮、亚硝酸盐、硝酸盐等关键水质因子在线监测技术，开展增氧机、循环泵的设备数字化提升，开发兼容多源异构信息实时获取的智能控制设备，实现增氧机等设备运行信息的实时获取，构建面向液氧、风机增氧等不同模式的智能增氧控制模型。根据云端车间温湿度、溶解氧、氨氮等关键养殖环境预测结果，集成变频器、无线控制终端，研发溶解氧、氨氮智能变频控制装备，根据关键环境因子变化趋势实现智能除湿、增氧和降氮，有效解决了我国工厂化养殖密度大、风险高、水体富营养化程度高的问题。图 1-5 所示为智能养殖工厂水质精准调控技术框架。

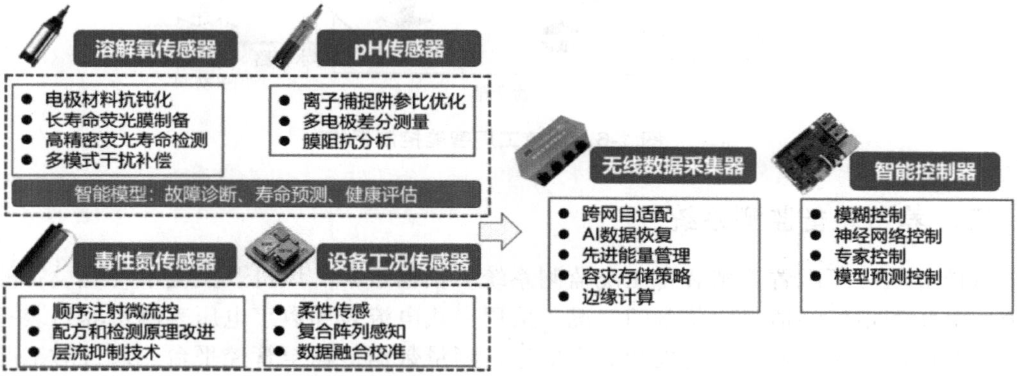

图 1-5 智能养殖工厂水质精准调控技术框架

系统通过智能化电控单元柜实现对所有设备的监控及水处理过程的自动控制。养殖车间智能水处理是以信息处理技术为核心，利用传感器技术、计算机技术和现代通信技术实现养殖水质自动在线监测。通过专用传感器检测养殖水质指标，利用通信网络将信息汇总至监控中心，由软件对采集的水质数据进行存储、处理和显示。该技术能够实现养殖水质实时全天候自动监测，及时掌握养殖水环境情况，为养殖生产提供信息辅助，从而降低人工成本，提高水质调节的精准度。图 1-6 所示为养殖工厂智能控制系统。

二、养殖对象监测系统

智能养殖工厂配置摄像头等养殖对象行为监测设备，实现鱼类生长和活动状态监测，包括摄食行为、异常行为、繁育行为。为了实现对鱼类行为的远程可视化监测，通过在养殖池安装水下摄像机，实现对养殖对象摄食行为、异常行为、繁育行为的及时监测。监测数据通过网络传输到图像处理服务器，然后利用图像分析软件提取鱼类生长数据，并将数据实时反馈给养殖管理人员。养殖管理人员可根据鱼类生长情况及时调整投喂策略和生产计划，有效提升生产过程的饲料利用效率、降低企业养殖风险，有力助推智能化产业升级。同时，极大地降低了人工成本、突发事件成本和隐性成本的投入。经过研究发现，鱼群的行为和当前水参数紧密相关，根据鱼群的轨迹匹配正常行为模式，如游泳、跃起、变向、摄食、下潜、静态、趋性等，通过多数据分析，建立鱼类正常行为判别模型；对于异常检测，则是利用记忆网络探测出异常图片和图片异常区域。

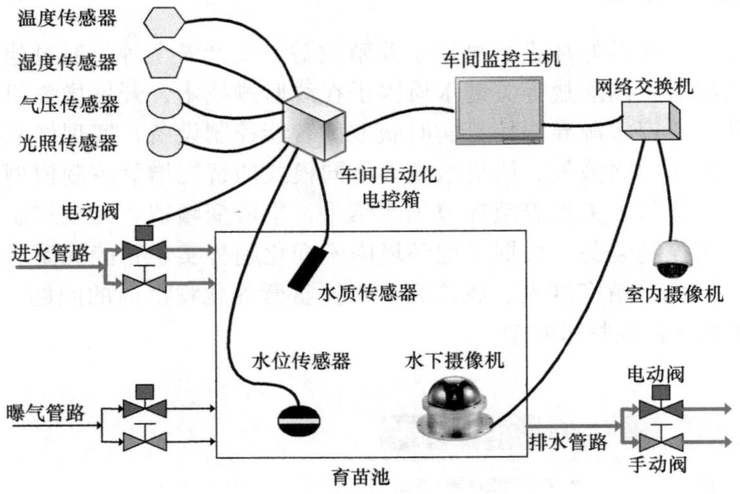

图 1-6　养殖工厂智能控制系统

三、养殖装备监测系统

智能养殖工厂配置养殖装备工况监测系统，根据水泵、风机及关键水处理设备的工作电流、电压等指标评估养殖装备的工况。采用夹式电流表和数字电压表测量养殖装备的工作电流和电压，输出相应的模板和数字信号，测量数据传输至管控平台。通过对工况的实时在线监控，能够与养殖装备实现智能联动，自动调整循环水系统中的设备运行状态，优化设备的运行策略、降低能耗、避免故障。

四、养殖能耗监测系统

在数字化的智能养殖工厂中，能耗是投入成本的重要一部分。构建一套智慧型的能耗管理系统，通过对控温、曝气、循环水主要能耗的实时监测，以及对温度和电能的实时监测、深度分析及精准控制，优化循环水养殖系统的能源利用效率，是实现降本增效必不可少的重要手段。系统通过使用高精度的温度和氧气传感器，实时监测水体的温度和溶解氧水平。数字化技术使得监测数据能够被迅速传输和分析，为养殖人员提供实时的水质信息。基于实时监测数据，系统采用智能控制算法，自动调节水体温度和氧气含量，确保其在适宜的范围内，从而降低增氧能耗，提高养殖效率。该系统通过调节水流动，保持适宜的水温和氧气供应。良好的水流动有助于均匀分布养分，促进鱼体生长，防止死水区域的形成。在数字化控制的支持下，系统能够自动控制温度和氧气设备的运行。当温度过高或过低、溶解氧不足时，系统会自动启动或停止相应的设备，减少了人工干预的需求。通过长期积累的监测数据，系统可以进行数据分析，为养殖人员提供有关水质、生长趋势等方面的深入分析，这有助于优化养殖策略，提高生产效益。

第四节　云平台系统

水产养殖智能工厂的云平台系统针对循环水养殖过程复杂、生产要素多等问题，实现多来源、多模态数据的表示、转换、对齐、融合与协同技术，建立各子系统业务功能、终端设备动态组装与调用方法，实现可靠的在线数据管理、处理和分析服务，实现水产养殖智能应用管理和服务部署，以及水产养殖实时监测与智能决策。图 1-7 所示为智能养殖工厂云平台功能示意图。

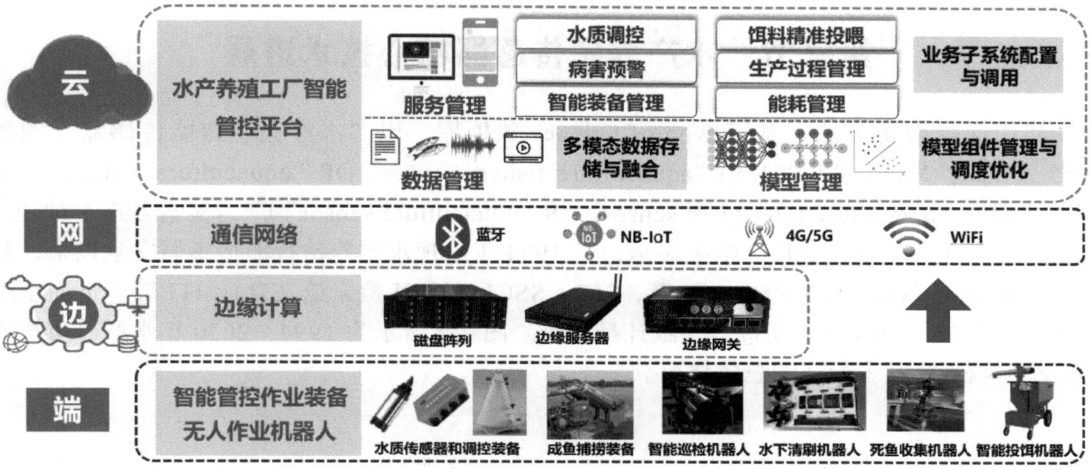

图 1-7　智能养殖工厂云平台功能示意图

通过工厂化养殖数据中心平台打通养殖过程中的各个数据环节，实现全生命周期的数据管理。利用数据中心平台提供的工具、方法和运行机制，建设数据管理体系，实现各个业务系统数据的有效整合，把数据变为一种服务能力，让数据更方便地被业务所使用。智能养殖工厂云平台建设数据管理体系可以实现各个业务系统数据的有效整合。数据中心平台屏蔽了底层存储平台的计算技术复杂性，降低了对技术人才的需求，让数据的使用成本更低。通过数据中心平台的数据汇聚、数据开发模块建立企业数据资产。通过资产管理与治理、数据服务把数据资产变为数据服务能力，服务于企业业务。数据安全体系、数据运营体系保障数据中心平台可以长期健康、持续运转。基于“大数据”时代的数据价值挖掘、数据运营及管理，可以实现业务与数据的相互支撑，从而为企业的高层决策提供数据支持，赋能水产养殖管理平台提升竞争力。

第二章 渔业传感器进展

第一节　水产养殖传感器核心技术进展

利用文献分析方法，基于 Web of Science 数据库，以“水产养殖智能传感器”的各种形式为检索词，以“TS=（“aquaculture fishery sensor” OR “aquaculture water quality sensor” OR “aquaculture intelligent sensor” OR “aquaculture sensor”）”为检索方式，对这一领域的论文进行了计量分析。结果显示，自 1994 年出现水产养殖智能传感器文献以来，共有该领域 SCI、SSCI 检索论文 245 篇，SCI、SSCI、CPCI 检索论文合计 411 篇。下面重点对该领域的 SCI、SSCI 论文进行文献计量分析。图 2-1 所示为 1994—2020 年水产养殖智能传感器领域研究发表论文的总体概况。

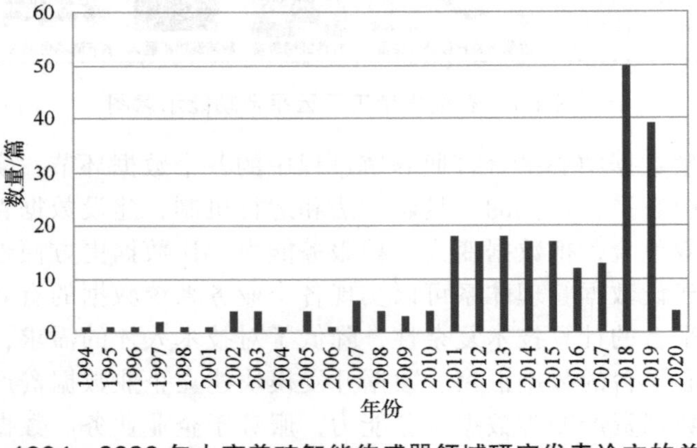

图 2-1　1994—2020 年水产养殖智能传感器领域研究发表论文的总体概况

从论文发表年份看，论文发表数据整体呈递增趋势。由此趋势可见，该领域的研究越来越引起专家学者的广泛关注。图 2-2 所示为该领域研究的地域分布。

从作者所在的国家分布来看，我国显著领先，共有论文 76 篇，占到全部论文总数的 31%，其次是美国 26 篇、葡萄牙 20 篇、西班牙 20 篇、挪威 19 篇，排名靠前的多为水产养殖智能传感器研究项目起步较早、发展较完善的国家。我国的论文数量最多，主要来自于中国农业大学国家数字渔业创新中心李道亮教授团队，该团队致力于养殖水体先进传感与鱼类行为智能识别技术方面的重点突破，我国数字渔业研究中团队主体合作交流密切，已形成一个完整、稳健发展的学术体系，这表明我国的渔业信息化建设已进入了一个快速发展阶段。国外发表智能传感器论文较多的学者为来自葡萄牙波尔图理工学院的 Sales MGF，他的研究多以水产养殖水体中的残留药物检测为主题，在基于分子印迹及纳米复合材料修饰的新型电化学传感器的研制方面颇有建树。Jaime Lloret 来自西班牙瓦伦西亚理工大学计算机系统与计算系，其主要研究低成本的水质传感器在物联网水产养殖监控系统的集成应用。其余作者发表论文数量一般在 1 ~ 2 篇。相对于该领域所存在的巨大研究和发展空间而言，尚需更多专业的研究人员给予关注。

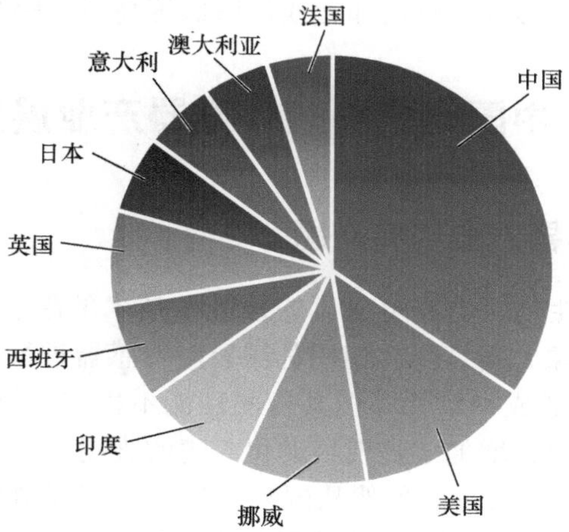

图 2-2 水产养殖智能传感器领域研究的地域分布

第二节 中国水产养殖传感器产业发展

传感器是整个物联网系统运行的基础，正是它的存在，物联网系统才有传递给“大脑”的内容信息。过去，传感器更多地应用于工业中，随着时间的推移，传统农耕方式向现代化精准农业转变，物联网技术逐渐在智慧农业领域推广，传感器也随之慢慢走进农业信息获取领域。水产养殖业作为农业生产部门之一，同样在最近十年迎来了传感器技术的蓬勃发展。

中国水产养殖传感器行业发展始于 21 世纪初，经历了多年的发展，大体可分为以下三个阶段：

第一阶段是在 2009—2014 年，由于宜兴的水产养殖池塘标准化程度较高、基础较好，政府领导高度重视农业科技的发展，农民的素质较高，以及宜兴有一支实干的信息化队伍，因此，在天时地利人和下，于 2010 年在宜兴建设池塘养殖试点，进行示范应用。江苏开始出现从事水产养殖的传感器研发和生产的企业，如江苏中农物联网科技有限公司和南京万宏测控技术有限公司等。在中国农业大学与多家水产养殖公司的合作下，多个传感器装置相继问世，如水质监测电化学传感器和无线增氧控制节点装置等。

第二阶段是在 2015—2019 年，该阶段中国农业大学先后与福建上润精密仪器有限公司共建“物联网与智能装备联合研发中心”、与威海长青海洋科技股份有限公司共建“水产养殖物联网工程联合实验室”、与软通动力信息技术（集团）股份有限公司共建“农业互联网大数据联合研究中心”，并与中国产学研合作促进会共同建设“中国渔业物联网与智能装备产业技术创新战略联盟”。该阶段通过现场试验示范反馈效果和在实践中总结经验教训，在吸收引进国外先进技术和多位研究人员的共同努力下，水产养殖专用溶解氧智能传感器、pH 智能传感器、电导率智能传感器和水位智能传感器等多种水产养殖用传感器相继被投入生产实践中。

第三阶段是2019年至今，农业农村部在中国农业大学成立了国家数字渔业创新中心和农业农村部智慧养殖技术重点实验室，专注于推进中国水产养殖业向智能化方向发展。随着大批高层次科研人员的引进和更多的创业者投身智能化水产养殖行业，该阶段相继研发生产出光学传感器、复合多参数传感器和无线传感器等高新传感装置。

第三节 中国水产养殖传感器产业展望与对策

一、水产养殖传感器产业现有问题

1）水产传感器稳定性差。受养殖水体的侵蚀及技术的限制，国产的水产养殖传感器容易产生生锈、损坏的现象，而且每次使用都需要对传感器进行校准，检测性能也不稳定。虽然国产的水产养殖传感器成本较低，但其检测性能不稳定、使用周期短、需要高频次的校准，使得养殖过程复杂化，增加了实现自动化养殖的难度。

2）水产养殖传感器价格昂贵。虽然从国外引进的水产养殖传感器检测性能相对稳定，也常被应用于实际的水产养殖。但此类传感器价格昂贵，由于距离原因使得传感器的维护、修理周期长，这大大增加了水产养殖的生产成本和养殖周期。昂贵的价格让小型水产养殖户望而生畏，使得水产养殖传感器在实际养殖中难以普及和广泛使用。

3）水产养殖传感器使用难度大。水产养殖传感器是针对专业工程技术人员设计使用的，其中涉及复杂的线路连接、无线设备数据连接及各个模块的对接，这对于基层工作人员而言不是增加了工作的便利性，而是一种负担。而且，养殖水体对水产养殖传感器的侵蚀导致其经常需要维护、维修，从而增加了对基层工作人员的技术要求。

4）水产养殖传感器研发焦点偏离。不少水产养殖传感器公司研发的目的不是为了解决实际水产养殖中的需求，例如，生产水产养殖传感器的意图是以此获取政府的补贴，或者抱着作为项目试验点的心态去研发水产养殖传感器，待项目研究结果核验工作完成后，就将其束之高阁，不再考虑产品是否存在推广应用价值。

二、水产养殖传感器产业对策

鉴于以上问题，中国水产养殖传感器产业应该针对以下需求采取对策：

1）研发制造具有长期稳定性的水产养殖传感器。在自动化水产养殖系统中，水产养殖传感器和各个体系协同作业，需要具有长时间的稳定性，不会由于恶劣的天气和突然的气候变化失去其检测性能的稳定性。关于这点来说，光学传感器具有较好的优势。

2）研发制造操作简单的水产养殖传感器。所有水产传感系统应实现全部体系化运转、“傻瓜式”操作，不需要用户进行烦琐的操作，只需知道水产养殖参数的数值是否超出适合养殖的正常范围。

3）研发制造免维护的水产养殖传感器。就水质传感器而言，应能够长期置于水产养殖的水体中，具有自保护功用。最可靠的方法就是采用基于光学原理研发的水质传感器，由于是根据光信号实现水质状况的检测，所以维护作业较少。

4）研发制造自清洁的水产养殖传感器。水产养殖中最令人困扰的是水体微生物的生长，尤其是夏天，传感器表面全是附着的微生物，这势必会影响检测数值的准确性。而带有自清洁设备的传感器可以运用自清洁设备，数个月甚至数年不必采用人工去清理。

5）研发制造成本低的水产养殖传感器。所谓的成本低，并非是生产一些廉价、品质差的水产养殖传感器，而是要在用户能承受的价格范围内，研发生产性价比高、质量好的水产养殖传感器产品。

三、水产养殖传感器产业展望

随着新一代人工智能技术的崛起，水产养殖传感器产业朝向智能化、微型化、集成化的方向发展。

水产养殖传感器，特别是养殖水质分析传感系统的智能化，对于健康养殖至关重要。水产养殖传感器的智能化就是在传感器中内置微处理器，使其具有自动检测、自动补偿、数据存储、逻辑判断、功能计算等功能。在此基础上，智能化水质分析传感系统进一步与人工智能相结合，即应用微处理器、模糊推理、深度学习等人工智能技术，使产品具有人工智能特性，能够对环境变化做出正确判断或相应反应。

传统水产养殖传感器一般体积较大，功能不完善，难以实现便携式、可穿戴式等现场实时检测需求，导致应用场景受到限制。微传感器及微系统具有成本低、体积小、检测迅速、选择性及灵敏度高等优点，将其应用于水产养殖传感领域，有利于提高水产养殖的便利性、普遍性，节省检测中的人力、物力成本，是水产养殖业发展的必由之路。尽管对微传感器及微系统在水产养殖中的研究报道已较多，但是大多数仍停留在实验室的研究阶段，实际应用较少，光信号向电信号转换的微型化手段还比较有限。随着电子工艺、微机械加工和超精密加工等先进制造技术的发展及新材料的应用，水产养殖传感器中敏感元件、转换元件和调理电路的尺寸正在从毫米级步入微米级甚至纳米级，在低成本、高可靠微纳水产传感技术上取得突破。

在水产养殖应用领域中，为了能够全面、准确地反映水质及周围环境，往往需要同时测量多种变量。由此，集成化趋势体现为水产养殖传感器能同时测量不同性质的参数，实现综合监测。例如，集成水温、溶解氧、pH值、浊度、盐度、水位等不同功能敏感元件的传感器，能同时检测气温、光照量、风速、降雨量等水域环境参数的多种物理特性或化学特性，通过研制新型敏感材料、多种微传感技术的融合、跨尺度集成技术，以及无须添加试剂的检测方法及其加工工艺，促使微传感器及微系统的研究逐渐趋向成熟，实现其在水产养殖传感器中的广泛应用，进而实现水质环境的多参数综合精准监测。

在水产养殖的实际生产工作中，水产养殖传感器对个体信息获取、生长调控与决策、疾病预测与诊断、环境感知与调控、水下机器人等都具有不可替代的作用。

用信息融合的方法将计算机视觉与传感器、声学等技术结合，从多角度、多手段对水产养殖中的个体生物和环境进行信息获取，弥补单一技术获取信息存在监测“死角”的缺陷，实现更加全面和智能化的水产养殖个体信息获取。

目前，遥感卫星图像已用于估计海洋或淡水中的叶绿素与鱼类生长之间的关系。因此，在未来的发展中可以进一步确定遥感图像等与水产养殖中生物生长之间的关系，将人工智能技术与地理信息系统相结合，开展更多可适用实际生产中鱼类生长的调控决策应用，并尝试解决各类养殖环境下引起的客观问题，提出可解决养殖生产问题的决策建议。

根据实际生产需要，鱼类疾病的预测更有助于提早发现疫情。以深度学习为基础的鱼病预测方法，从时间序列和空间特征两方面考虑，有效融合鱼病领域知识和深度学习方法，构建可解释性强的预测模型是未来技术创新的重要方向。

由于水产养殖中水质和环境的影响因素较多且复杂，所需使用的环境感知传感器种类较多且变量不易控制，模型预测和控制的通用性也较差，因此在硬件方面，可集成水质传感器与摄像机，开发集水质参数和水下图像一体的环境感知系统。在软件方面，可进一步探索深度学习、决策树等多因子参数预测和有效控制方法在环境感知中的应用。

目前可实际应用操作的水下机器人，集中在深远海网箱养殖环境下，可用于池塘养殖、工厂化循环水养殖作业的小型机器人则较少。未来的研发方向应放在养殖机器人及快速准确识别算法，在稳定作业的前提下，提高目标识别速度和准确性，提升控制系统的自适应性和容错能力，发展可靠性高、集成度高并具有综合补偿和校正功能的小型机器人。

总之，水产养殖传感器企业应当提升对传感器及芯片技术的创新制造能力，紧跟世界传感器研发前沿，开发基于多智能传感器系统高附加值的集成模块，制造国产的精密物联网智能设备。同时，扶持研发院校增加智慧养殖渔业感知设备研发项目的设立，使得自主研发制造的国产传感器和相关芯片最终实现批量化生产。

第三章 农业智能模型进展与应用

3

第一节 农业智能模型的概念与类型

一、农业智能模型概念

农业智能模型是现代农业领域的一项重要创新，为农业提供了更高效、可持续的生产方式。农业智能模型指基于农业生产的大量数据信息，利用人工智能、大数据分析、物联网等技术手段，构建一系列的实时监测、智能分析、智能决策等模型，对农业生产进行精准化管理和决策支持的一种新型模式。通过整合多源数据，农业智能模型能够实时监测、预测和优化农业生产环境及农产品的交易过程，助力农业现代化进程。农业智能模型的特征及优势主要体现在以下几个方面。

（一）生产精细化管理

通过感知设备、传感器网络等技术，对农田、设施农业、畜牧业、渔业等不同农业场景的环境因子、养殖对象及设备运作状态等进行实时监测和数据采集。结合先进的算法模型，可以对环境变化、农作物的生长状况、动物的生物量及行为状态、设备运行状况进行精准分析和预测，及时调整农业生产措施或养殖策略，最大限度地提高农作物、养殖生物的产量和质量。

（二）资源优化利用

通过对农业场景各项资源的数据采集和分析，如土地利用、水资源、饲料、电能、药物使用等方面的信息，依据农作物、养殖生物生长规律制定合理的资源利用方案，提高资源利用率，降低生产成本。例如，通过精准的施肥技术和智能的灌溉系统，可以减少农药和水的使用量，降低生产成本，同时也减少对环境的影响；通过精准的智能投喂技术，减少饵料浪费、降低饵料系数等，实现农业可持续发展。

（三）交易智能决策管理

农业智能模型还具有智能化决策支持的能力。通过整合历史数据、市场信息、气象预报等多种数据来源，农业智能模型可以为农户提供科学的决策依据。例如，在种植作物选择方面，该模型可以基于市场需求、气候条件和农田适宜性等因素，推荐最佳的作物种植方案，提高种养殖的经济效益。

（四）产业链协同发展

除了以上优势，农业智能模型通过数据共享和协作，促进了农业产业链的协同发展。例如，建立智能农业生产管理平台，使得农户、农产品加工企业、农贸市场等各个环节的参与者可以共享数据、资源和经验，实现信息互通、资源互补，提升整个农业产业链的竞争力和效益。

二、农业智能模型类型

农业领域的智能模型涵盖了多个方面，包括环境监控智能模型、精准投喂智能模型、疾病诊断智能模型及生长监测智能模型等。这些模型通过整合传感器技术、机器学习算法和深度学习算法，实现了对农业生产各个环节的智能化管理和优化，从而提高了生产率、质量和资源利用率，推动了农业的现代化和可持续发展。

（一）环境监控智能模型

农业环境监控智能模型涉及多种类型的模型，主要包括环境预测模型、优化调控模型、数据处理和分析模型，以及影响评估模型。环境预测模型通过机理或非机理模型构建，用于预测未来气象条件，如温度、湿度、降雨量等，以制定合理的灌溉计划和农业生产策略。近年来，伴随着我国政府对农业物联网技术的大力扶持及国内市场需求的不断增长，我国农业环境监控智能模型方面取得了不少科研成果和实践经验。

（二）精准投喂智能模型

精准投喂智能模型是一种应用于智能投喂系统的技术模型，旨在实现对动物或植物的个性化、精确的投喂管理。此类模型结合了传感器技术、数据分析和机器学习算法，通过收集和分析环境与目标对象的相关数据，以确定最佳的投喂策略和投喂量。通过数据收集、分析、模型训练、投喂决策和实时监测与反馈等步骤，精准投喂智能模型能够提高投喂效率，减少资源浪费，同时满足目标对象的营养需求和生长发育需求。

（三）疾病诊断智能模型

疾病诊断智能模型是农业领域的一项重要技术模型，其目的在于实现对农业作物疾病的准确诊断与有效管理。疾病诊断智能模型通过整合传感器技术、机器学习算法和深度学习算法，能够从作物生长环境及其自身中收集大量数据，快速、精准地识别作物可能患上的病害类型及程度。与传统的人工观察相比，疾病诊断智能模型不仅能够减少诊断时间，还能提高诊断的准确性和覆盖范围。在实际应用中，已有许多针对不同作物进行疾病智能诊断的案例。

（四）生长监测智能模型

生长监测智能模型在实现对农作物生长过程的实时监测与精准管理方面发挥着重要作用。生长监测模型借助传感器技术和智能算法，能够快速获取作物生长环境和植株状态的数据，帮助种植者更好地了解和把握作物的生长情况。与传统的人工观察法相比，生长监测智能模型能够更快速、更准确地发现植株生长过程中的微小变化，为农业生产提供更科学、更智能、更高效的管理方案。

第二节　农业智能模型研究进展

农业领域的智能模型在各个方面都取得了显著进展。首先是大田种植智能模型，传统的大田种植方式存在效率低下、资源浪费等问题，而引入智能技术和现代化手段，特别是深度学习模型的应用，能够提高生产率和作物产量，推动农业可持续发展。其次是果园种植智能模型，通过智能化管理手段，能够解决果园生产中的诸多挑战，如水资源紧缺、病虫害防治等问题，提高果业生产率和品质。设施农业智能模型则结合传感器技术、机器学习算法和优化方法，实现了对温室环境、灌溉施肥、作物生长等方面的精准管理，为农业生产提供了新的技术手段。畜牧业智能模型利用传感器技术和机器学习算法，实现了对动物行为、疾病诊断、饲料配方优化等关键任务的精准管理，提高了畜牧业的生产率和动物健康状况。此外，渔业智能模型结合了物联网和人工智能技术，实现了对水产品生产环境的智能监测和精准管理，提高了渔业生产的效率和质量。最后，农业大数据平台与信息服务利用大数据技术和互联网平台，为农业生产提供决策支持、提高生产率和促进产品质量提升的服务系统。这些智能模型和平台的发展，为农业生产提供了新的技术手段和决策支持，促进了农业的可持续发展。

一、大田种植智能模型

传统的大田种植方式通常采用人工施肥和灌溉，未充分考虑作物的个体差异，需要大量人力资源参与，导致农业资源低效利用，既增加了生产成本，也存在劳动力短缺的风险。随着科技的发展，大田种子质量检测模型、作物生长阶段识别模型、作物计数模型、作物疾病识别与诊断模型、作物品种识别模型等智能模型相继被提出，促进了大田种植的智能化和精准化管理。

二、果园种植智能模型

果园作为重要的经济作物种植基地，其产量、质量和可持续发展面临着诸多挑战，包括水资源紧缺、病虫害防治、产量估计等方面的问题。发展果园种植智能模型对提高果园的管理信息化和智能化水平十分必要。目前，果园智能灌溉模型、果园作物识别模型和果园作物病害识别模型已被应用在果园的种植过程中，提高了水资源利用率，减少了果园病害的发生。

三、设施农业智能模型

设施农业智能模型结合了传感器技术、机器学习算法和优化方法，旨在提高农作物的生产率、质量和资源利用率。国内外研究团队通过温室环境监测与控制、智能灌溉与施肥、作物生长预测与优化、病虫害预测与管理、智能决策系统等方面的研究，不断推动设施农业智能模型的发展。这些研究的成果为设施农业提供了新的技术手段和决策支持，有助于提高农作物的产量和质量，减少资源浪费，推动农业可持续发展。

四、畜牧业智能模型

畜牧业智能模型的研究在国内外取得了显著的进展，为畜牧业生产和管理提供了新的技术手段和决策支持。通过结合传感器技术、大数据分析和机器学习算法，畜牧业智能模型能够实现动物行为识别与预测、疾病诊断与预测、饲料配方优化、生产预测与管理等关键任务。这些研究不仅为畜牧业提供了科学的管理方法和决策支持，还为畜牧业的可持续发展和动物福利保障做出了重要贡献。随着技术的不断进步和研究的深入，畜牧业智能模型将为畜牧业行业带来更多创新和发展机会。

五、渔业智能模型

在水产养殖行业，物联网和人工智能技术的发展促进了水产养殖模型的转变。目前，养殖水质预测预警模型、鱼类种类识别与分类模型、鱼类目标检测与计数模型、鱼类智能投喂模型、鱼类行为分析模型等极大地促进了水产养殖管理的智能化和精准化，提高了渔业资源的管理效率和可持续性，减少了水质恶化，提高了产量和质量。

六、农业大数据平台与信息服务

农业大数据平台与信息服务是指利用大数据技术和互联网平台，对农业生产活动全产业链各个环节的大量数据进行收集、存储和分析，实现为农业生产提供决策支持、提高农业生产率、促进农产品质量提升和市场竞争力增强的服务系统。国内外研究在引入高精度技术工具，如遥感、全球定位系统（GPS）、地理信息系统（GIS）等方面取得了进展，构建了多个农业大数据平台，实现了果园管理、农业生产经营决策指导、数据挖掘与可视化、智能监控与预测、农作物基因组分析等功能，提升了农业生产率、信息化程度和资源利用率，为农业科技创新和可持续发展提供了重要支撑。

第三节　农业智能模型典型应用案例

一、水产养殖视觉模型

渔业视觉模型是指利用计算机视觉和机器学习技术，通过分析图像、视频和相关数据，解决渔业领域中的各种问题和挑战。这些模型可以应用于鱼类种类识别与分类、鱼类检测与计数、行为分析、水质监测、渔业资源评估等方面。例如，鱼体侧线鳞是鱼类的重要表型，也是鱼体最重要的器官之一，作为重要的可数特征，其数量从鱼类出生开始就已基本固定且指标稳定。科研人员基于机器视觉提出一种基于目标检测的鱼体侧线鳞识别与计数模型，实现了侧线鳞的非接触式识别。图 3-1 所示为 TRH-YOLOv5 方法对不同品种、不同形态鱼体的侧线鳞检测和技术效果（LLS:27 指侧线鳞数量为 27 个）。

二、农业能源模型

农业能源互联网是指在种植、渔业、养殖等多种农业场景中，通过采用先进的信息技术和能源管理技术，实现农业生产与能源供应的深度融合与智能优化。它旨在高效利用可再生能源，促进农业副产品的资源化利用，通过智能化管理提升能源使用效率，以实现农业生产的绿色、低碳、高效和可持续发展。

基于农业能源互联网理论研究成果，针对山东省青岛市的青岛琅琊台集团股份有限公司示范园区的能源特点和负荷用能情况，科研人员提出了农业园区能源系统和设施农业设备的联合规划布置方案，分别从能源系统、农业系统及信息系统的角度对分布式能源和农业装备进行合理规划，实现新能源发电—农村电网—植物工厂—储能协同优化，农业微电网能源结构如图 3-2 所示，规划方案的效益分析见表 3-1。

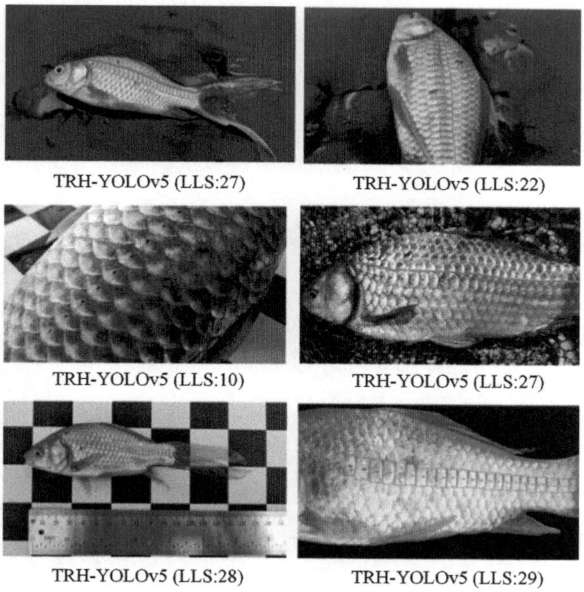

图 3-1　TRH-YOLOv5 方法对不同品种、不同形态鱼体的侧线鳞检测和技术效果

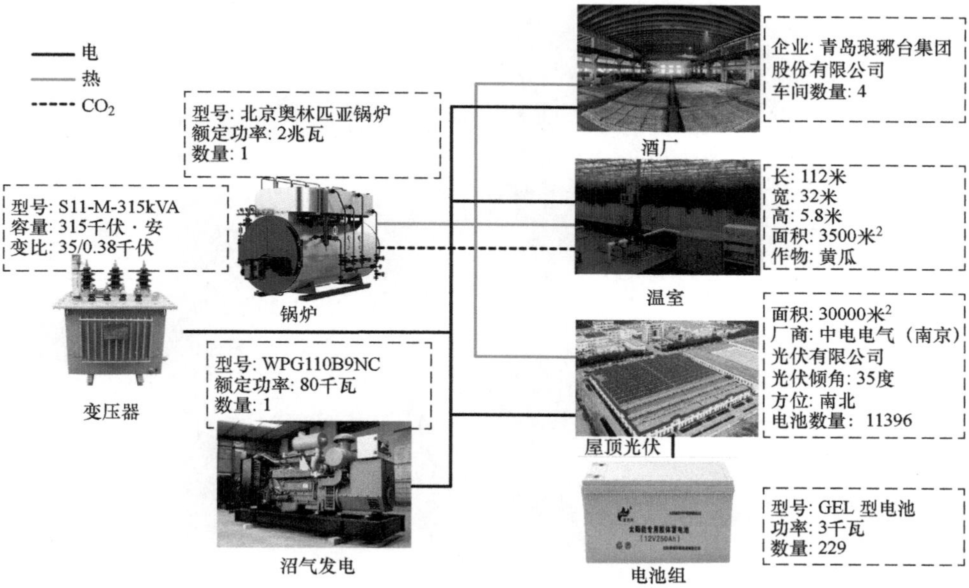

图 3-2　示范园区农业微电网能源结构

表 3-1　示范园区规划方案的效益分析

能源系统规划	农产品收益	成本核算 / 万元
LED 补光灯及相变蓄热材料	补光可实现叶菜单株增产 15%～20%	41
8.5 千瓦沼气发电机及气、热管道	补充二氧化碳可实现叶菜增产 10%	28
空气（热泵）热水器 + 管道铺设	植物工程供暖温度达 15℃以上	56

基础建设篇

第四章 农业农村信息化基础设施

4

第一节　农村广播、电视网

一、全国整体情况

（一）广播电视网络基础设施

我国持续推进广播电视重点惠民工程，广播电视节目综合人口覆盖率稳步提升。截至2022年底，全国广播节目综合人口覆盖率达99.65%，电视节目综合人口覆盖率达99.75%，分别比2021年提高了0.17和0.09个百分点（见图4-1）。农村有线广播电视实际用户达0.66亿户。在有线网络未通达的农村地区，直播卫星用户达1.50亿户，同比增长1.35%。广播电视服务基层、服务群众的能力和水平进一步提高。

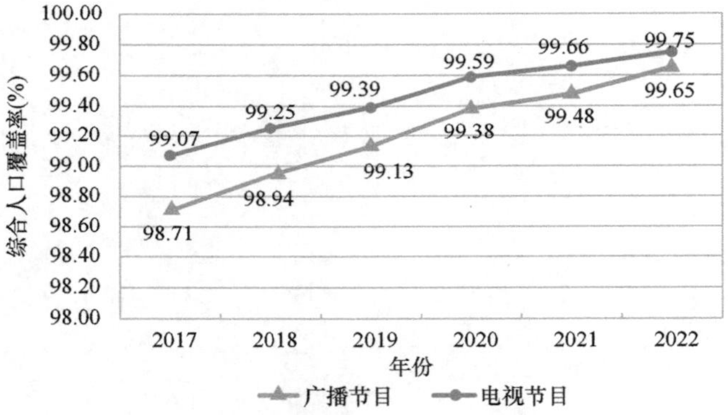

图4-1　2017—2022年我国广播、电视节目综合人口覆盖率变化情况

电信专网、互联网成为用户收看广播电视节目的重要途径，交互式网络电视（IPTV）、互联网电视（OTT）用户规模持续扩大。近年来，我国深化广播电视与新一代信息技术融合创新，数字内容生产、高新视频发展、广电5G建设等加快转型升级。截至2022年底，全国IPTV用户超过3亿人，OTT平均月度活跃用户数超过2.7亿人，互联网视频年度付费用户超过8亿人，互联网音频年度付费用户达1.5亿人，短视频上传用户超过7.5亿人。

而在农村地区，从综合人口覆盖率看，2022年，我国农村广播节目综合人口覆盖率为99.49%，农村电视节目综合人口覆盖率为99.65%，分别比2021年提高了0.23和0.13个百分点（见图4-2）。

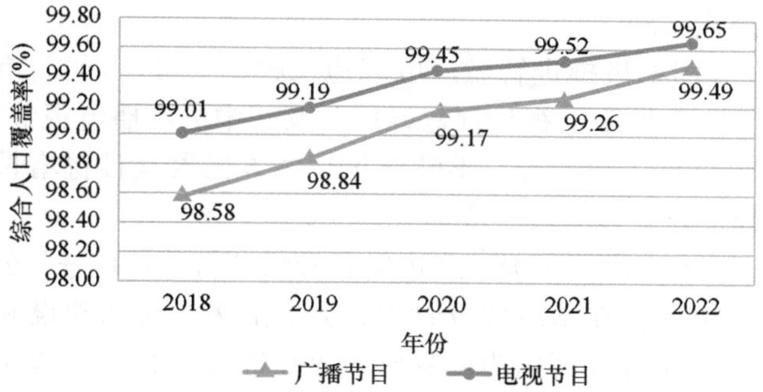

图 4-2 2018—2022 年我国农村广播、电视节目综合人口覆盖率变化情况

从有线广播电视实际用户规模上看，受 IPTV、OTT 普及的影响，居民逐渐从传统的有线电视渠道转向互联网，有线广播电视实际用户规模仍然呈逐年下降的趋势。2022 年，农村有线广播电视实际用户达 0.66 亿人（见图 4-3）。

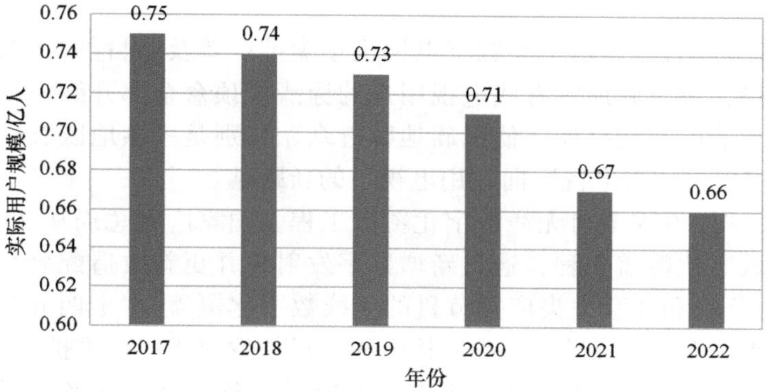

图 4-3 2017—2022 年我国农村有线广播电视实际用户规模

从直播卫星用户规模上看，2018 年以来，我国农村地区直播卫星用户规模逐年增长。截至 2022 年底，在有线网络未通达的农村地区，直播卫星用户达 1.50 亿人，同比增长 1.35%，广播电视在农村地区服务基层、服务群众的能力和水平进一步提高（见图 4-4）。

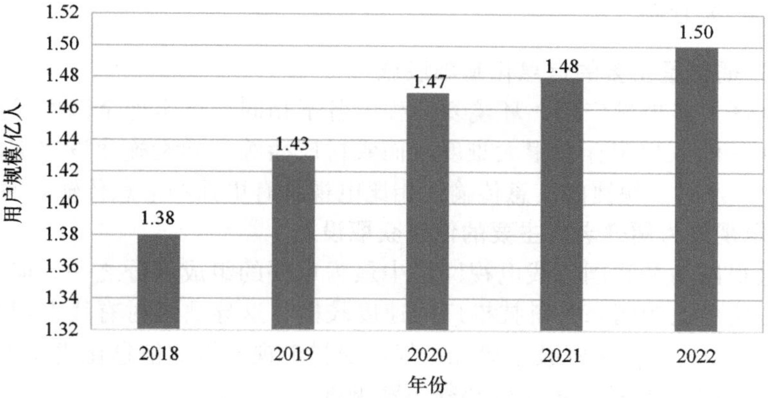

图 4-4 2018—2022 年我国农村地区直播卫星用户规模

（二）“十四五”重点工程

“十四五”时期，我国积极推进智慧广电固边工程、“三区三州”市级广电融合提升工程、民族地区有线高清交互数字电视机顶盒推广普及、中央广播电视节目无线数字化覆盖、智慧广电“人人通”等重点工程任务，不断满足广大人民群众日益增长的美好文化生活和信息服务新期待。主要体现在以下几个方面。

1）实施智慧广电固边工程。在196个边境县开展“智慧广电+”公共服务平台及服务网络建设，促进智慧广电业务在基层政务管理、公共服务、边防建设和治安消防监控管理中的应用，项目建成后将显著提高以边境乡村为重点的数字化、高清化、移动化广播电视服务水平。“十四五”期间，国家将以每县1500万元的中央预算内投资限额标准，支持智慧广电固边工程建设。

2）实施“三区三州”市级广电融合提升工程。以三区三州市级广播电视播出机构为重点，配备数字化、高清化采编播设备、译制设备及新媒体设备，并搭建制播云平台和媒资系统，工程将惠及西藏、新疆、青海、四川、甘肃、云南、新疆生产建设兵团共计27个地（州、市）。

3）实施民族地区有线高清交互数字电视机顶盒推广普及项目。“十四五”期间，申请中央财政资金支持，将民族地区有线电视用户的标清机顶盒全部升级为高清交互机顶盒或集成了高清交互功能的智能终端，使民族地区群众，特别是民族地区农村群众能够收看到更多高清节目，实现由“看电视”向“用电视”的新跨越。

4）实施中央广播电视节目无线数字化覆盖工程。国家广电总局从2014年实施中央广播电视节目无线数字化覆盖工程，通过新增数字发射机并更新改造配套系统的方式，已实现12套中央电视节目和3套中央广播节目的无线数字化覆盖。“十四五”期间，将继续实施无线数字化覆盖工程，保障转播中央广播电视节目的发射机运行维护的需要。

5）加快推进智慧广电“人人通”工作。争取以国务院办公厅名义下发智慧广电“人人通”工作文件，深入开展“智慧广电+公共服务”建设，推动建立面向移动人群的泛在、互动、智能、协同覆盖体系，有效贯通广播电视网络、平台、终端，加快创新高清化、移动化、融合化、智能化的新业态与新应用，使人民群众能够更加方便、快捷地享受跨屏、跨网、跨终端的收视和信息服务。

二、发展现状分析

（一）农村广播仍是主要的信息化基础设施

我国农村地区大多地域广阔，环境复杂程度各不相同，要实现全国农村地区有线网络（如宽带等）100%的入户率存在很大难度。而农村广播等基础设施建设速度快、覆盖范围广，可实现集中、及时、快捷的信息传输，相比电视具有更强的信息传输效率。

（二）农村电视成为留守老人主要的信息获取设施

农村有线电视网络是我国有线电视网络中最为重要的组成部分之一，但是相比于城市而言，农村地区信息比较闭塞，科技推广的速度较慢，这导致农村有线电视网络的发展具有一定的局限性。因此，应加强技术研究，提高农村电视网络的信息化建设水平。

（三）农村广播电视升级改造工作仍须不断推进

加强农村地区广播电视内容设计，不断完善优秀内容媒体库建设，加强政策引导、资金支持，强化动态管理模式。加快推广 5G 创新应用，积极打造融合多媒体、智慧广电、农村公共服务等于一体的新型农业农村信息化基础网络。加快推进全国一张网建设工作，拓展综合信息服务和智能化应用等新业态。

第二节 农村互联网接入

一、全国整体情况

（一）网民规模

近十亿网民构成了全球最大的数字社会。截至 2022 年 12 月，我国的网民总体规模已占全球网民的五分之一左右。“十三五”期间，我国网民规模从 68826 万人增长至 98899 万人，五年增长了 43.75%。截至 2022 年 12 月，我国网民规模为 106744 万人，较 2021 年 12 月新增网民 3549 万人，互联网普及率达 75.60%，较 2021 年 12 月提升 2.60 个百分点（见图 4-5）。

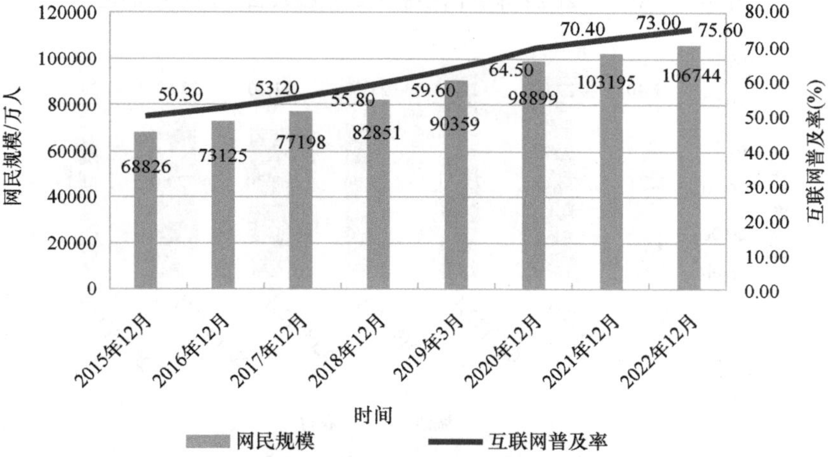

图 4-5 2015—2022 年我国网民规模及互联网普及率

截至 2022 年 12 月，我国手机网民规模为 106510 万人，较 2021 年 12 月新增手机网民 3636 万人，网民中使用手机上网的比例为 99.80%（见图 4-6）。

截至 2022 年 12 月，网民增长的主体由青年群体向未成年和老年群体转化的趋势日趋明显。网龄在一年以下的网民中，20 岁以下网民的占比较该群体在网民总体中的占比高 18.70 个百分点，60 岁以上网民的占比较该群体在网民总体中的占比高 14.30 个百分点。未成年人、“银发”老人群体陆续“触网”，构成了多元庞大的数字社会。

（二）网民城乡结构

截至 2022 年 12 月，我国农村网民规模为 3.08 亿人，占网民整体的 28.90%，较 2021 年 12 月增长 2371 万人；城镇网民规模为 7.59 亿人，占网民整体的 71.10%，较 2021 年 12 月增长 1100 万人（见图 4-7）。

截至 2022 年 12 月，我国城镇地区互联网普及率为 83.10%，较 2021 年 12 月提升 1.80

个百分点；农村地区互联网普及率为 61.90%，较 2021 年 12 月提升 4.30 个百分点。城乡地区互联网普及率差异较 2020 年 12 月缩小 2.50 个百分点（见图 4-8）。

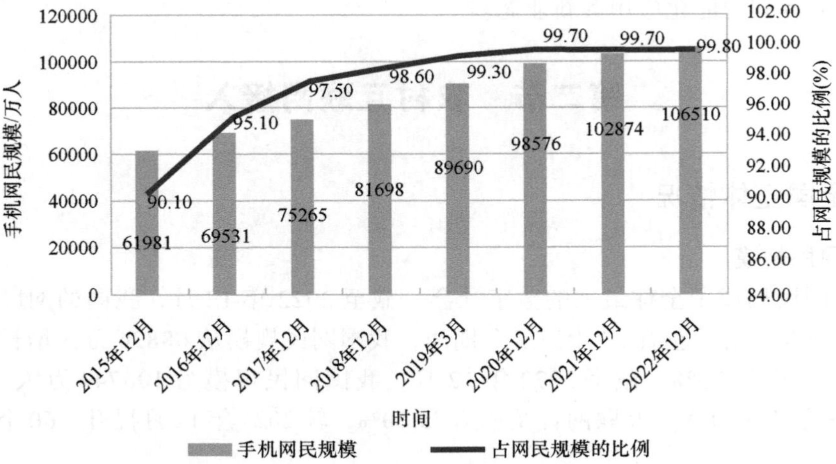

图 4-6　2015—2022 年我国手机网民规模及占网民规模的比例

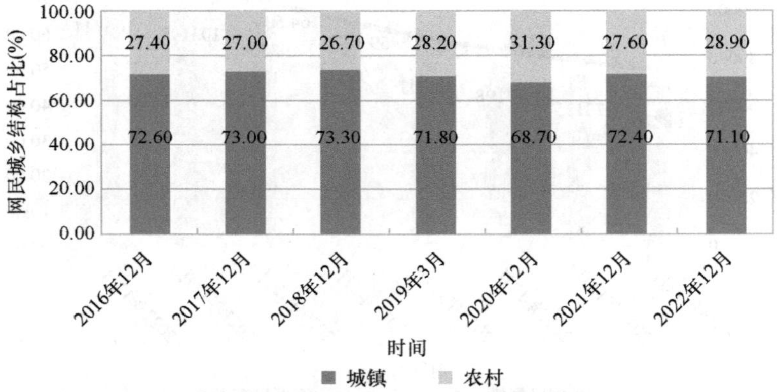

图 4-7　2016—2022 年我国网民城乡结构占比

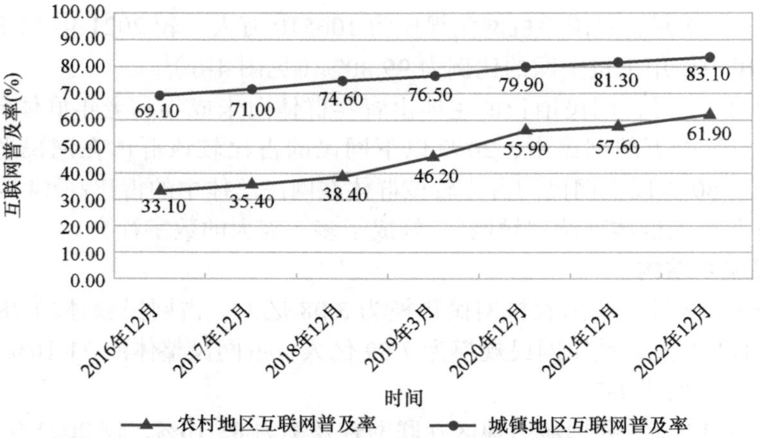

图 4-8　2016—2022 年我国城乡互联网普及率

（三）网民属性结构

截至 2021 年 12 月，我国男女网民占比分别为 51.40% 和 48.60%，与整体人口中男女比例基本一致（见图 4-9）。

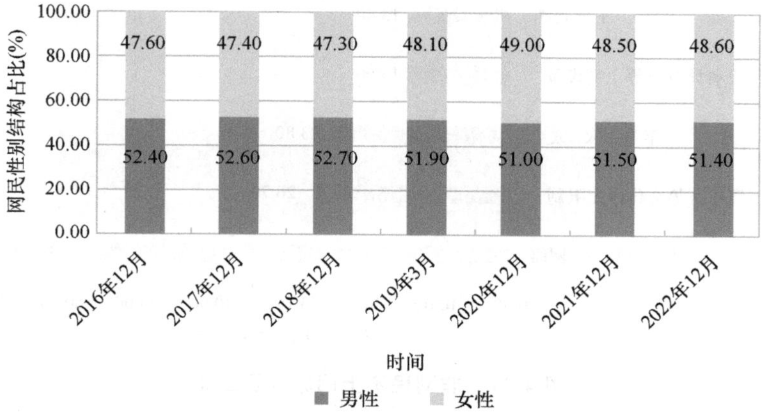

图 4-9　2016—2022 年我国网民性别结构占比

截至 2022 年 12 月，20～29 岁、30～39 岁、40～49 岁网民占比分别为 14.20%、19.60% 和 16.70%，高于其他年龄段群体；50 岁及以上网民群体占比由 2021 年 12 月的 26.80% 提升至 30.80%，互联网进一步向中老年群体渗透（见图 4-10）。

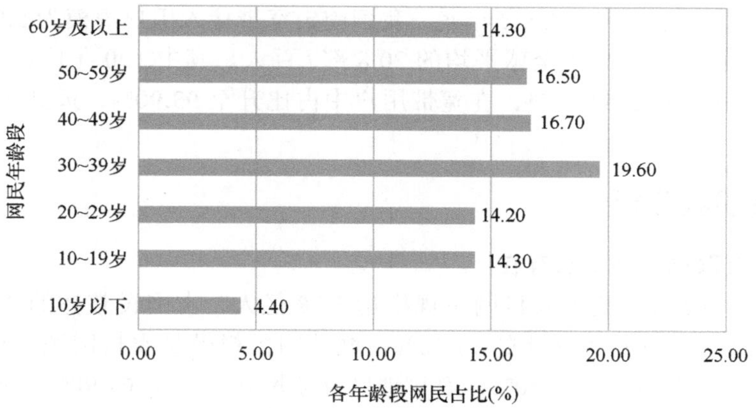

图 4-10　2022 年我国网民年龄结构占比

（四）非网民规模

截至 2022 年 12 月，我国非网民规模为 3.44 亿人，较 2021 年 12 月减少 3722 万人。从地区来看，我国非网民仍以农村地区为主，农村地区非网民占比为 55.20%，高于全国农村人口比例 19.90 个百分点。从年龄来看，60 岁及以上老年群体是非网民的主要群体。截至 2022 年 12 月，我国 60 岁及以上非网民群体占非网民总体的比例为 37.40%，较全国 60 岁及以上人口比例高出 17.60 个百分点。

非网民不上网原因及占比如图 4-11 所示。

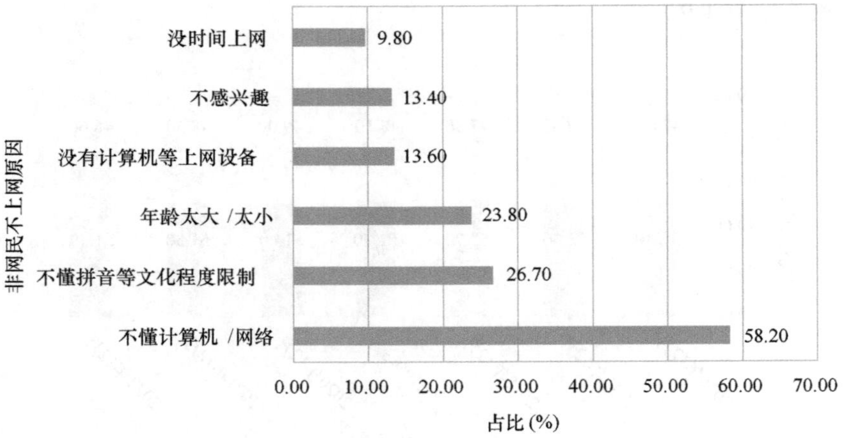

图 4-11　非网民不上网原因及占比

（五）移动宽带用户普及率

截至 2022 年 6 月，累计开通 5G 基站 185.4 万个，5G 手机终端连接数突破 5 亿户。IPv6 规模部署纵深推进，活跃连接数达到 13.9 亿个，4G 网络 IPv6 流量占比从无到有，超过 15%。深入推进电信普遍服务，行政村通 4G 网络和光纤的比例均超过 99.90%，超额完成“十三五”规划目标，实现农村城市“同网同速”，城乡“数字鸿沟”不断弥合。工业和信息化部发布数据显示，截至 2022 年底，我国固定宽带接入用户规模为 5.9 亿户，人口普及率达 41.8 部 / 百人，远高于全球平均的 20.8 部 / 百人。其中 100 兆比特 / 秒及以上接入速率的固定宽带用户达 5.54 亿户，在宽带用户中占比升至 93.90%，远高于 65% 左右的全球平均水平。

二、发展现状分析

（一）城乡互联网差距仍然存在

截至 2022 年 12 月，我国农村网民规模达 3.08 亿人，占网民整体的 28.90%，城镇网民规模达 7.59 亿人，占网民整体的 71.10%，城镇网民规模是农村网民规模的 2.5 倍；我国城镇地区互联网普及率为 83.10%，农村地区互联网普及率为 61.90%，城镇地区网络普及率仍比农村地区高 21.20 个百分点。应加大对农村网络基础设施的投入，逐步缩小城乡之间的网络发展差距，不断提高农村网络普及率，让网络成为农村经济社会发展的“助推器”。

（二）农村留守老人信息化意识普遍较低

非网民主要集中在老年群体，这部分人难以分享科技信息发展的红利，同时，科技信息的发展给他们的生活带来诸多不便。随着未来我国老龄化社会加剧，网络科技信息的发展不仅会使越来越多的老龄群体被网络科技信息边缘化，也会给老年人出行、购物及其他生活行为带来很多的不便，进而影响我国各类信息化产业的发展。

第三节 农村智慧物流

一、全国整体情况

《中华人民共和国国民经济和社会发展第十四个五年规划和2035年远景目标纲要》提出，构建基于5G的应用场景和产业生态，在智能交通、智慧物流、智慧能源、智慧医疗等重点领域开展试点示范；2021年，工业和信息化部等15个部委发布《"十四五"机器人产业发展规划》，提出到2025年我国将成为全球机器人技术创新策源地、高端制造集聚地和集成应用新高地，"十四五"期间机器人产业营业收入年均增速超过20%。

（一）国内物流市场规模

1. 智慧物流

我国智慧物流市场规模呈高速增长状态。2020年我国智慧物流市场规模近6000亿元。2021年我国智慧物流市场规模达6477亿元，同比增长10.9%。随着物流业与互联网融合的进一步深化，我国智慧物流市场规模不断增长。2023年我国智慧物流市场规模达7903亿元。

2. 自动化物流系统

自动化物流系统的市场规模从2001年的不足20亿元，迅速增长至2013年的360亿元。2018年，我国自动化物流系统的市场规模突破1000亿元。2023年，我国自动化物流装备市场规模超2900亿元。

3. 自动分拣设备

我国自动分拣设备的市场规模由2017年的105.4亿元增至2020年的189.7亿元，年均复合增长率为21.6%。2021年我国自动分拣设备的市场规模突破200亿元。2023年我国自动分拣设备的市场规模达287.8亿元。

4. 智能快递柜

2017年我国智能快递柜的市场规模突破100亿元，到2020年已超300亿元。2021年我国智能快递柜的市场规模进一步达到363亿元。随着我国快递业务的不断增长及智能快递柜的迅速发展，2023年我国智能快递柜的市场规模超过470亿元。

5. 全品类AGV

得益于我国机器人市场规模的不断增长，2020年我国AGV市场规模达到73.5亿元，同比增长18.9%。2021年我国AGV市场规模达到87.7亿元，同比增长19.3%。随着AGV技术的发展与成熟，未来AGV仍有巨大的发展空间，2023年我国全品类AGV市场规模超100亿元。

6. 智慧物流企业注册量

企查查数据显示，2017—2020年，我国智慧物流企业注册量快速增长，由2017年的785家迅速增长至2020年的6760家，年均复合增长率达35.7%。2021年我国新增智慧物流企业1960家，同比下降71.0%，2023年我国智慧物流企业注册量达2390多家。

7. 智慧物流投融资情况

数字化转型给物流行业带来了巨大变革，自电商兴起后，智慧化、数字化智慧物流体系成为发展趋势，智慧物流行业投融资快速增长。数据显示，2022年我国智慧物流投资数量共32起，投资金额达100.04亿元。2023年1—7月，我国智慧物流投资数量共16起，投资金额达 15.01 亿元（见图 4-12）。

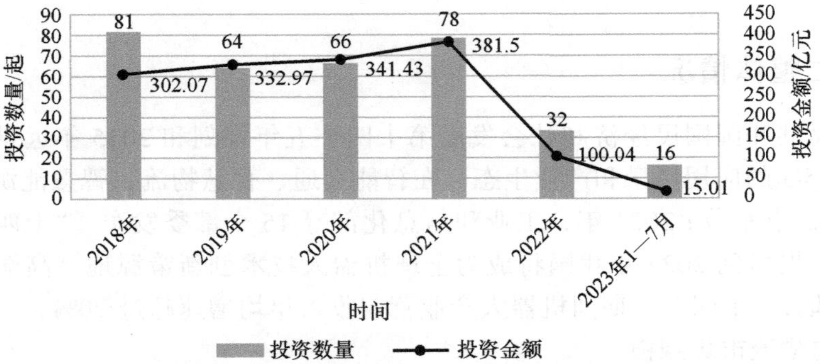

图 4-12 2018—2023 年 7 月我国智慧物流投资情况统计

（二）农村地区物流发展基础

2023 年，我国农村地区物流发展呈现出业务量增速下降、业务量指数保持较高水平、发展环境得到改善等特点。同时，第三方农产品物流企业成为连接生产与消费的桥梁和纽带，为提高农村第三方物流服务而产生，并具备专业化、信息网络化、关系契约化、服务个性化及合作联盟化等特征。

1. 农村电商物流业务量增速下降

2023 年 11 月，中国物流与采购联合会发布了 2023 年 10 月中国电商物流指数，数值为 111.9 点，比上月环比下降 0.4 点。其中，农村电商物流业务量指数为 128.6 点，比上月下降 0.8 点，业务量增速有所下降，但是农村电商业务量指数仍保持在全年次高水平。

2. 农村电商物流业务量保持较高水平

与城市相比，农村地区的电商物流业务量相对较小，但农村电商物流业务量指数却保持在全年次高水平。2023 年上半年，主要电商平台绿色智能家电下乡销售额同比增长 12.7%。2022 年，全国农产品网络零售额达 5313.8 亿元，同比增长 9.2%。2023 年上半年，全国农产品网络零售额达 2700 亿元，同比增长 13.1%。

3. 农村物流发展环境得到改善

随着电商平台和物流技术的发展，以及国家政策对农村物流建设的支持，我国农村物流得到了快速发展。截至 2023 年上半年，我国已累计建设 2600 多个县级电商公共服务中心和物流配送中心，超过 15 万个乡村电商和快递服务站点。

4. 第三方农产品物流企业快速发展

第三方农产品物流企业通过契约形式，使彼此间的责、权、利更加明确，各方结成利益共同体关系。同时，第三方农产品物流企业通过与“第一方”“第二方”签署合同来规定两者关系，物流企业按照合同规定，为经营者与农户带来综合化管理。

二、发展现状分析

（一）国家层面智慧物流发展现状分析及未来发展对策

我国的智慧物流尚处于初级阶段，就物流信息化水平而言，缺乏有效的产品和技术支撑，应用功能大多停留在信息发布，平台发挥作用受限、落地难。针对上述问题，未来我国智慧物流的发展对策如下：

（1）智能化　智能化是物流发展的必然趋势，是智慧物流的典型特征，它贯穿于物流活动的全过程，随着人工智能技术、自动化技术、信息技术的发展，物流的智能化程度将不断提高。

（2）一体化　以智慧物流管理为核心，将物流过程中的运输、存储、包装、装卸等诸环节集合成一体化系统，以最低的成本向用户提供最满意的物流服务。

（二）农村地区智慧物流发展现状分析及未来发展对策

2023 年，我国农村地区智慧物流呈现出快速发展的趋势。然而，农村地区智慧物流的发展仍然面临基础设施建设不足的困难。针对上述问题，未来我国农村地区智慧物流的发展对策如下：

（1）继续加强政策支持　政府应加大对农村地区智慧物流基础设施建设的投入，制定优惠政策鼓励企业投资和建设。

（2）加强人才培养和技术支持　建立智慧物流人才培养机制，提高农村地区物流从业人员的素质和能力。同时，加强技术支持，推动智慧物流技术的研发和应用。

（3）促进合作共赢　鼓励农村地区的电商企业、物流企业和相关机构进行合作，共同推动智慧物流的发展。通过合作实现资源共享和优势互补，提高农村地区智慧物流的效率和品质。

第四节　公共设施数字化改造

一、全国整体情况

（一）智慧公路基础设施

根据相关统计数据，我国智慧公路市场规模在 2022 年达到了 3519.8 亿元，同比增长 22.45%，并在 2023 年底上涨至 4300 多亿元，同比增长 24.09%。预计到 2024 年，这一数据将增长至 5400 亿元。智慧公路不仅仅是一种交通设施，它更是一个集成了多种先进技术和理念的复杂系统，对于推动我国未来的经济发展、社会进步和文明建设都具有深远的影响。

1. 公路智慧化发展成为必然趋势

随着现代科技和信息技术的发展，智慧公路已经从理论转变为现实。移动通信基站作为现代通信的核心组成部分，对于智慧公路的建设和运营起着至关重要的作用。2023 年 1—8 月，我国移动通信基站设备产量为 427.7 万个射频模块，较 2022 年同期下降 14.6%（见图 4-13）。

2. 由试点示范向全面发展布局

随着我国社会发展速度加快，我国交通运输行业进步飞速，实现从“出行难”到“公路入户”的巨大转变。

2022 年，我国公路累计里程数为 535.48 万公里（见图 4-14），同比增长 1.4%，公路里程不断增加，公路运输服务模式也变得日趋多样化，除了传统的货运和客运，还有快递、冷链、特种运输等多种服务模式满足市场的不同需求，不仅支撑起了国内的经济增长，也为人民提供了便利的出行和物流服务。2023 年 1—8 月，我国公路建设投资额为 18918 亿元，较 2022 年同期增长 6.9%。

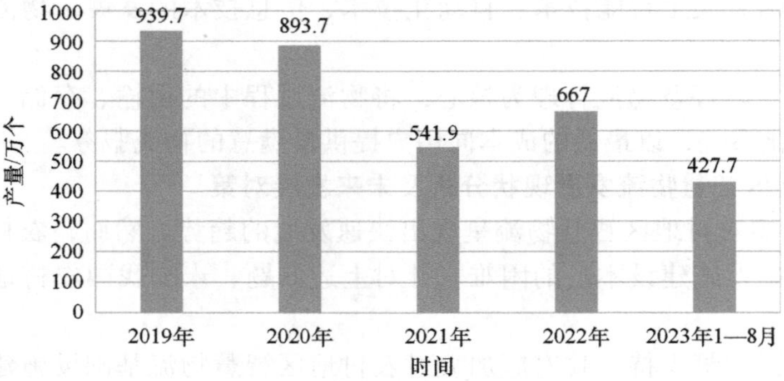

图 4-13　2019—2023 年 8 月我国移动通信基站设备产量

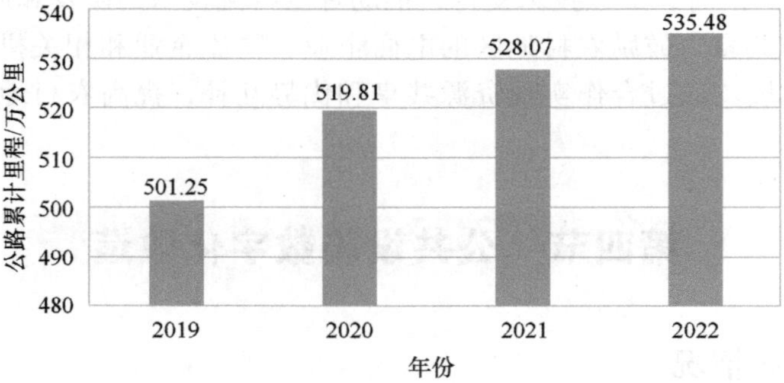

图 4-14　2019—2022 年我国公路累计里程

3. 信息技术助推公路运输数字化升级

信息技术的发展推动我国公路运输逐步实现信息化与数字化。据统计，2019 年以来，我国智慧公路市场规模持续上涨。2022 年，我国智慧公路市场规模为 3519.8 亿元，同比增长 22.45%。截至 2022 年底，我国 ETC 用户已达 2.85 亿。截至 2023 年底，我国智慧公路市场规模已达 4300 多亿元。

（二）智慧水务基础设施

我国智慧水务行业处于探索阶段，行业保持稳定增长。2022 年我国智慧水务消费量从 2016 年的 4785.2 万吨增长至 10778.1 万吨，智慧水务供给能力从 2016 年的 14.9 万吨 / 天增长于 32.8 万吨 / 天。2023 年我国智慧水务消费量预计达 11800 多万吨，智慧水务供给能力为 36 万吨 / 天。

（三）智慧电网基础设施

1. 智能电网市场规模

随着宏观政策、数字技术进步与升级等多重利好因素的叠加影响，能源与互联网融合进程加快，智能电网行业迎来高速发展阶段。我国智能电网市场规模由 2017 年的 476.1 亿元增长至 2021 年的 854.6 亿元，复合年均增长率达 15.7%，2023 年我国智能电网市场规模达 1077.2 亿元（见图 4-15）。

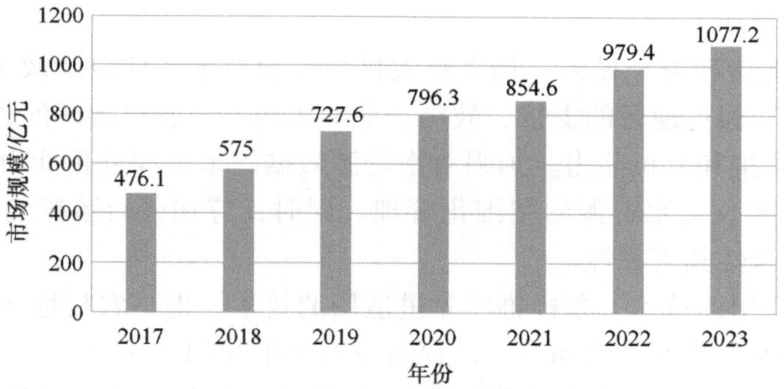

图 4-15　2017—2023 年我国智能电网市场规模统计

2. 电网投资规模

近年来，我国不断提升电网投资比例。2022 年，国家电网完成投资 5012 亿元，首破 5000 亿元；南方电网完成投资 1250 亿元，并超计划完成了半年固定资产投资任务。2023 年电网总投资规模超过 6500 亿元（见图 4-16）。

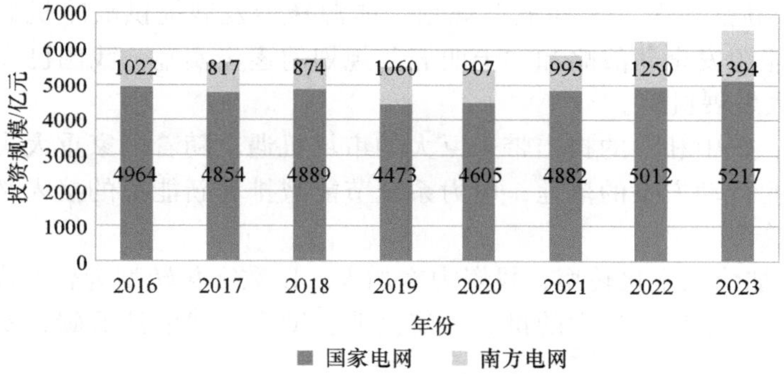

图 4-16　2016—2023 年我国电网投资规模统计

二、发展现状分析

（一）智慧公路建设现状及未来发展对策

截至 2023 年底，我国已有 20 个省份、40 余条线路开展基于车路协同智慧公路建设的工作。但是，智慧公路建设仍然存在缺乏统一的技术标准和规划、缺乏足够的投入和技术能力等问题。针对上述问题，未来我国智慧公路的发展主要对策如下：

1）完善基础设施建设。应继续加大力度建设农村地区公路网络，提高路面质量，为智慧公路建设提供良好的基础设施条件。

2）加强技术应用和研发。积极推广和应用先进的智慧技术，提高交通运行效率和管理水平。加强相关技术的研发和创新，推动智慧公路技术的不断提高。

3）加强管理和维护。注重对基础设施和技术的管理和维护，确保系统的正常运行和使用的安全性。注重对数据的保护和管理，确保数据的准确性和安全性。

（二）智慧水务建设现状及未来发展对策

近年来，我国在智慧水务建设方面取得了一定的成果，但仍然存在缺乏统一规划和标准、缺乏资金和技术支持、内部建设与发展需求不均衡等难题。针对上述问题，未来我国智慧水务的发展对策如下：

1）强化政策支持和资金投入。加大对农村地区智慧水务建设的政策支持和资金投入，特别是对贫困地区和偏远地区的支持，鼓励企业和机构参与农村地区的智慧水务建设。

2）加强数据采集和分析能力。加强对水资源数据的采集和分析能力，通过建立数据库和数据分析平台，实现对水资源的精细化管理。同时，应加强对数据的安全管理和隐私保护，确保数据的安全性和可靠性。

3）推广先进适用的技术。积极推广先进适用的技术，提高农村地区的智慧水务建设水平。加强对专业技术人员的培训和教育，提高技术水平和创新能力。

4）促进可持续发展。强化环境保护和生态建设，实现经济发展和环境保护的良性循环。积极开展生态修复和保护工程，实现当地生态环境的绿色发展。

（三）智慧电网建设现状及未来发展对策

截至2023年底，我国智慧电网建设过程中仍然存在电力输送能力不足、能源结构不合理、城市和农村电网发展不平衡、智能电网技术水平有待提高等问题。针对上述问题，未来我国智慧电网的发展对策如下：

1）能源安全新战略及“十四五”规划为能源转型发展提供战略机遇。随着“四个革命、一个合作”能源安全新战略和“十四五”规划的逐步实施，我国已在构建现代能源体系方面迎来了重大发展机遇。

2）“碳达峰、碳中和”的提出带来巨大的市场机遇。随着国家重大决策部署的实施和相关行业龙头企业行动方案的落地，电力系统节能减排和新能源的接入必将加速推进，市场将迎来爆发式增长。

3）电网企业加快数字化转型，投资力度加大。以数字化转型为企业高质量发展注入新动能，加快建设具有全球竞争力的世界一流企业，助力构建清洁低碳、安全高效的现代能源体系。

第五章 5

农业农村信息资源建设

第一节　农业农村数据平台建设

农业农村数据平台建设工作以习近平新时代中国特色社会主义思想为指导，贯彻落实党的二十大精神和中央经济工作会议、中央农村工作会议精神。按照《中共中央 国务院关于做好2023年全面推进乡村振兴重点工作的意见》《数字中国建设整体布局规划》的要求，深入实施《数字乡村发展战略纲要》《数字乡村发展行动计划（2022—2025年）》的工作部署。通过数字化赋能农业产业发展，以推动农业农村现代化发展、促进农村农民共同富裕。

一、涉农数据资源共享共用稳步推进

自然资源三维立体“一张图”、实景三维中国、国土空间基础信息平台等信息系统建设与应用持续深化，国土空间基础国情共享服务系统逐步完善建设，农业农村数据资源共享利用不断完善。农业农村大数据平台建设加快完善，农业农村大数据平台数据算力逐步提升，全国农业农村大数据“一张图”构建进一步完善。整合共享粮食全产业链数据，推动与气象、病虫害、种植、产量等数据共享共用。高分卫星遥感数据在数字乡村建设中的应用不断推广。

二、数字平台建设强化粮食安全保障

粮食产、购、储、加、销全产业链数字化建设。粮食收储库点信息化建设、粮食购销监管信息化网络不断完善，建立中央和地方政府事权粮食全覆盖、全链条、全过程数字化监管系统。持续深入推进优质粮食工程，推动粮食产、购、储、加、销全链条“上云用数赋智”。粮食加工数字化升级，加工企业上云、上链、上平台有序推进。国家粮食交易平台功能逐步健全，线下网点信息化应用能力不断提升，运用大数据等技术优化调整粮食产品供给结构。国家种业大数据平台进一步完善，加快推进数字育种技术应用。全国农田建设综合监测监管平台加快建成，永久基本农田数据库不断完善。国家黑土地保护工程深入推进，探索运用遥感监测、信息化管理手段监管黑土耕地质量。运用卫星遥感影像和信息化手段，常态化开展全国耕地和永久基本农田“非农化”监测。全方位运用大数据等信息化手段，以加强耕地“非粮化”监测为重点，启动农业农村用地“一张图”制作试点工作。围绕粮食生产和重要农产品供给，提供分区域、分作物、分灾种的精细化农业气象服务，做好国家粮食安全气象服务保障。

第二节 农业农村大数据

农业农村大数据已成为现代农业发展的重要资源要素，科学全面建立农业农村大数据体系，可有效提高农业生产精准化、智能化水平，推进农业资源利用方式转变升级。农业农村大数据是一个具有广阔前景和重要意义的领域。随着技术的不断发展和应用的不断深入，相信大数据将在农业农村领域发挥越来越重要的作用，为推动农业农村现代化和实现乡村振兴战略提供有力支撑。

一、农业农村大数据的内涵

农业农村大数据是大数据理念、技术和方法在农业中的实践。它涉及农业生产、流通、销售等各个环节中所产生的海量数据，包括种植、养殖、农业科技、装备机械、病虫害防治、生态保护、水利、农资、市场、食品安全等多个领域。这些数据具有来源广泛、类型多样、结构复杂、具有潜在价值，但难以应用通常方法处理和分析的特点。

农业农村大数据的应用和发展，有助于打通不同区域、不同部门、不同行业之间的数据通道，实现信息的共享和交流，提高农业产业监测预警和宏观调控的作用和准确率。同时，通过大数据技术的分析和挖掘，可以更好地了解市场需求、优化资源配置、提高农业生产效益，促进农业农村现代化发展。

为了实现农业农村大数据的有效利用，需要建立相应的数据采集、整理、审核、发布等制度，确保数据的准确性和可靠性。同时，也需要建立大数据共享机制，明确各方的权利和义务，促进数据共享的顺利进行。此外，还需要加强信息安全保障，防止数据泄露和滥用。

总之，农业农村大数据是农业农村信息化发展的重要内容，具有巨大的潜力和价值。通过加强数据采集、共享、应用等方面的工作，可以更好地推动农业农村现代化发展，提高农业生产效益和市场竞争力。

二、农业农村大数据标准规范

农业农村部大数据发展中心作为农业农村部所属公益二类事业单位，其主要职责包括开展数字农业农村发展战略和政策研究，承担农业农村数据汇集管理、综合分析和整合应用等工作。此外，该中心还负责农业农村数据标准和规范的研究拟订，以及农业资源利用、农业生产、耕地利用等遥感监测工作。

为了加快推动各级农业农村大数据平台互联互通、数据共建共治、业务协作协同，农业农村部大数据发展中心构建了“1套标准规范+8个调用功能模块+*N*个特色应用”的产品形态，为助推智慧农业发展和数字乡村建设提供有力支撑。农业农村部大数据发展中心在农业农村大数据领域具有重要的地位和作用。通过不断的技术创新和应用实践，该中心将为推动农业农村现代化和实现乡村振兴战略提供有力支撑。

农业农村数据标准规范是指为确保农业农村数据的准确性、一致性、可比性和可交换性，制定的一系列数据格式、数据内容、数据管理等方面的规范和标准。这些标准规范可以涵盖数据采集、处理、存储、传输、共享、应用等各个环节，以确保数据的质量和价值。

在实际应用中，农业农村数据标准框架体系还需要考虑不同地区、不同行业、不同数据来源的实际情况，制定相应的标准和规范。同时，随着技术的不断发展和应用需求的不断变化，农业农村数据标准框架体系也需要不断更新和完善。

总之，农业农村数据标准规范是农业农村信息化发展的重要保障，可以促进数据的互通和互操作性，提高数据的质量和价值，对于推动农业农村现代化和实现乡村振兴战略具有重要意义。通过制定和实施一系列标准和规范，可以提高农业农村数据的准确性和可用性，促进数据共享与交换，加强数据安全与隐私保护，为农业农村发展提供有力支撑。

三、单品全产业链大数据

在农业信息化发展进程中，单品全产业链大数据的重要性日益凸显。它不仅能够帮助农业生产者做出更科学的种植决策，提高产量和质量，还能助力农业企业优化供应链管理，精准对接市场需求，从而实现降本增效。

以苹果产业为例，通过全产业链大数据的分析，可以预测不同地区、不同品种的苹果产量和质量，从而指导果农合理调整种植结构，提高资源利用率。同时，通过市场分析数据，果农和经销商可以更加精准地把握市场需求和价格走势，制定合理的销售策略。例如，礼县借助先进技术建立了苹果产业大数据平台，涵盖七大板块，实现了苹果产业的数字化与智慧化管理。该平台入选了2023年中国第五届质量大会数字质量创新与实践经典案例奖，并得到业界高度认可。同时，陕西等地也通过5G、物联网等技术搭建了智慧苹果园，提升了果园管理效率。

在糖料蔗产业中，广西泛糖科技有限公司的“智慧糖业3.0”平台就是一个典型的大数据应用案例。该平台聚焦甘蔗种植的社会化服务推广，通过整合甘蔗种植、加工、销售等各环节的数据，为蔗农和企业提供了全方位的服务，为甘蔗种植户提供从种植前规划到收获的智能决策支持。此外，通过与金融机构的合作，该平台还解决了种植大户的资金需求，推动了糖料蔗产业的数字化转型和高质量发展。

在生猪产业中，大数据同样发挥着重要作用。通过监测生猪的饲养环境、饲料消耗、健康状况等数据，可以及时发现潜在问题，提高生猪的存活率和出栏率。此外，大数据分析还能帮助养殖户预测市场行情，规避部分价格风险。重庆市荣昌区通过构建国家级重庆（荣昌）生猪大数据中心，利用大数据和区块链技术实现了生猪产业的精准监管、生产水平提升和产业调控优化。该中心通过“荣易管”“荣易养”等平台，不仅提高了生猪养殖效率，还确保了生猪产品的全程溯源，从而保障了食品安全并促进了生猪产业的数字化发展。

单品全产业链大数据的应用，不仅提升了农业单品的生产率和质量，更在宏观层面推动了整个农业产业的转型升级。通过数据驱动的决策，农业生产更加智能、精准和高效，从而提高了整个产业的竞争力。同时，大数据的应用也促进了农业与其他产业的融合发展，为农村经济注入了新的活力。单品全产业链大数据在农业农村领域的应用已经取得了显著的成效。随着技术的不断进步和数据的日益丰富，大数据将在未来的农业现代化进程中发挥更加重要的作用。

第三节　信息资源共享

数据已成为重要的生产要素，大数据产业作为以数据生成、采集、存储、加工、分析、服务为主的战略性新兴产业，是激活数据要素潜能的关键支撑，是加快经济社会发展质量变革、效率变革、动力变革的重要引擎。随着信息化和农业现代化深入推进，农业农村大数据正在与农业产业全面深度融合，逐渐成为农业生产的定位仪、农业市场的导航灯和农业管理的指挥棒，日益成为智慧农业的神经系统和推进农业现代化的核心关键要素。

一、现有农业农村大数据共享资源

农业农村大数据具有规模大、结构复杂、内容多样的特点，也存在底数不清、核心数据缺失、数据质量不高、共享开放不足、开发利用不够等问题，无法满足农业农村的发展需要。推进政府治理能力现代化，需要运用大数据增强农业农村经济运行信息的及时性和准确性，加快实现基于数据的科学决策。

农业农村部印发《“十四五”全国农业农村信息化发展规划》等一系列文件，做出“围绕乡村振兴和农业现代化发展的内在需求，整合数据资源要素，构建大数据底座，搭建大数据中枢”的重要工作部署。农业农村大数据公共平台基座已于 2022 年 7 月研发成形，并开始向各地推广应用。

该平台是一个基于大数据技术的综合性平台，旨在解决农业农村数据分割和系统孤岛壁垒的问题，提供跨部门、跨区域、跨行业的农业农村数据共享交换枢纽，助力实现农业农村大数据的互联互通、资源共建共享。

围绕农业农村业务领域中关于监测预警、决策辅助、监管支撑等方面的工作需求，基于业务系统、高分遥感、物联网、互联网等多源涉农数据资源，该平台利用商业智能（BI）数据可视化分析和人工智能（AI）自动化建模等技术，生成气象监测模型、作物面积监测模型、农产品价格监测模型、乡村治理成效评估模型、小农户信贷模型等相关模型，提供业务场景的模型学习、自动化模型运算、精准预测及拖拽组件式可视化大屏等能力，实现精细化、智能化及全流程的多维分析与预测，支撑农业农村种植、养殖、渔业、林业、经济等业务领域的预警、决策和监管。

该平台结合基础地理信息数据、高分遥感数据和气象数据等，对数据平台基座汇聚的涉农业务数据和卫星遥感等空间数据进行时空融合和多维分析，构建集时空数据服务管理、空间展示、专题应用为一体的农业农村大数据“一张图”，形成领导驾驶舱、农业、农村、政务等专题图应用，实现“以图管地、以图管产、以图智农、以图决策”，达到“一张图看懂产业发展”的精准化、精细化管理目标，实现了政府与农民“面对面、键对键”，提升了乡村精细化治理水平。据人民数据管理（北京）有限公司相关负责人介绍，该平台可根据各级农业农村部门实际需求提供定制化应用场景，共同构建主体广泛参与、数据产品丰富的农业农村数字化生态圈。

未来，该平台将成为跨部门、跨区域、跨行业的农业农村数据共享交换枢纽，助力全面推进乡村振兴、农业现代化建设。同时，该平台也将注重数据的安全性和隐私保护，采用先进的数据加密技术和访问控制机制，确保数据的安全性和隐私性。

二、进一步部署推动数据资源共享

在接下来的“十四五”期间建设中，为进一步部署推动数据资源共享，要不断完善数据共享机制，鼓励各方积极参与数据共享，提高数据共享的积极性和主动性；加强数据整合和标准化，通过整合各类农业农村数据资源，建立统一的数据目录和数据标准，打破数据壁垒，实现数据资源的互联互通。加强数据标准化建设，制定完善的数据标准体系，确保数据的质量和可比性。强化数据分析挖掘，利用大数据技术，对农业农村数据进行深度挖掘和分析，提取有价值的信息和知识，为政策制定、决策支持、农业生产管理等方面提供科学依据。进一步推动数据开放共享，在确保数据安全和隐私保护的前提下，推动数据开放共享，让更多的人和组织能够利用农业农村数据资源，促进数据资源的充分利用和价值发挥。同时，加强合作与交流，强化政府、企业、科研机构等各方之间的合作与交流，共同推动农业农村大数据的发展和应用，通过合作与交流，共享资源、技术和经验，推动数据资源共享的深度和广度。

总之，进一步部署推动数据资源共享，需要政府、企业、科研机构等各方共同努力，加强合作与交流，完善数据共享机制，加强数据整合和标准化建设，强化数据分析挖掘，推动数据开放共享，为农业农村现代化和乡村振兴战略的实现提供有力支撑。

应用进展篇

第六章 农业生产信息化

6

第一节 种业信息化

一、种业信息化的发展概述

种业是农业的“芯片”，在农业现代化进程中发挥着基础性、战略性、先导性、核心性和引领性的作用。近年来，全球种业发展进入技术密集创新和产业变革时期，生物育种迎来以全基因组选择、基因编辑、合成生物学等生物技术与图像识别、人工智能等信息技术融合的育种“4.0 时代”。同时，我国政府高度重视种业的发展，并通过一系列政策措施和行动计划推进种业振兴。2023 年中央一号文件专门提出深入实施种业振兴行动，部署了包括完成全国农业种质资源普查、构建种质资源精准鉴定评价机制、全面实施生物育种重大项目、推进国家育种联合攻关和畜禽遗传改良计划、加快培育作物新品种、推进生物育种产业化等一系列任务。自 2021 年提出“实施种业振兴行动”以来的三年中，我国按照“一年开好头、三年打基础、五年见成效、十年实现重大突破”进行了一系列战略部署，实现了开好局、起好步。信息技术也在种业全产业链中不断渗透，特别是在种业的“育、繁、推、管、服”全产业链的数字化改造，正在促进育种技术走向精准化，实现生态化育种体系的数字化重构，并推动经营管理数字化和实现用户服务智能化的发展。以数字科技赋能种业全面振兴已成为普遍共识和重点方向。

二、数字科技在种业产业全链条中的应用现状

（一）育种信息化

数字化技术在转化种质资源优势为基因资源优势方面起到了关键作用。通过数字化技术的帮助，能够从经验选择向精准选择过渡，进而创制出更优良的品种。德国拜耳、美国科迪华等国际种业巨头企业已经构建了自身独享的数字化育种体系，并率先进入智能育种的 4.0 阶段。这些企业融合了基因组学、表型组学、AI 算法等技术，形成了一键式育种产品服务，包括数据采集、运算、分析及最终育种方案，为育种家和种业企业提供了切实有效的育种决策服务。2023 年，我国政府、研究机构和种业企业也在逐渐加大数字技术与育种融合的力度，并取得了一系列的技术创新与突破。

育种过程的信息化和智能化技术在育种试验数据的采集与解析方面起着不可或缺的作用。在数据的获取方面，育种试验数据需要高效率、高通量和高精度的基因型与表型的采集与解析，因此育种与数字的结合离不开测序技术、表型技术、芯片技术的发展。2023 年，华中农业大学作物表型团队研制的基于机器视觉的棉花黄萎病智能监测系统，实现了高精

度和高通量的棉花黄萎病动态观测，能够准确、高效识别棉花黄萎病和健康叶片，并量化不同品种的动态患病率，为棉花智能育种和抗病研究提供了一种有效、可靠的工具。

LK-1810 植物根系表型高通量移动测量系统是一种专门为了满足作物根系生长特性和根系表型图像采集需求而研发的系统。该系统的设计考虑到了根系表型图像采集的需求，具备高空间利用率，并且采用了基于接触式图像传感器（CIS）扫描仪的专用传感器，能够实现对作物根系的无畸变、高分辨率和高质量的图像采集。它适用于多种作物，如小麦、水稻、玉米、大豆、棉花和油菜等，可以测量根系条数、最大根长、总长度、根夹角、表面积、根系分布范围、体积和根系生物量等指标。

目前，人工智能算法已经极大地提高了表型鉴定的准确性和效率。但是，算法需要依赖大量人工标注的训练样本，特别是在作物苗期，因为器官纤细，标注成本高且误差较大，这成为限制人工智能算法在早期生长监测应用中的重大瓶颈。为了解决早期生长势高效精准解析的难题，南京农业大学联合多家单位开展研究，以小麦为对象，结合三维作物模型和域自适应迁移学习，开辟了基于虚拟数据集的表型算法研发新途径。这种方法对于完善小麦表型组研究方法，提高基于早期生长势的育种效率具有重要价值。

在对数据进行清洗和整合后，可以建立多个数据库，用于存储和管理大量的基因组、遗传信息和相关数据。这些数据库采用结构化方式组织数据，包括基因序列、基因型数据、表型数据、遗传图谱等。通过这些数据库，育种研究人员可以存储、查询、分析和共享数据，以更好地了解物种的遗传背景、基因功能和遗传变异等信息。此外，在最优组配推荐、多组学关联分析和智能育种等方面，也需要借助智能算法的支持。目前，已经整合和归纳了育种领域的研究成果和实践经验，为用户提供了更加综合和全面的育种知识库。这些知识库包括育种方法、技术指南、优良品种介绍、育种策略等内容，可以帮助育种者做出更好的决策，并设计更有效的育种方案，对于指导实践更有价值。

种质资源库的建设是推动种业可持续发展的重要手段之一，也是全面实施种业振兴行动的核心内容。当前，为了满足种质资源数字化存储、计算、展示和安全等方面的紧迫需求，国家作物种质库正在积极探索数字化领域。2023 年 2 月，国家作物种质库与腾讯公司合作，共同启动了“国家作物种质库 2.0 项目”。腾讯基金会捐赠了 2000 万元，用于支持项目建设和完善项目的数据集成与分析系统，提升作物种质资源鉴定能力条件，以及建设可视化交互式信息展示系统。通过这三个方面的工作，国家作物种质库将建立一个面向育种家的数字种质资源信息综合服务平台，提供加速育种的数字化工具，并共享基因组级基因型鉴定信息，以解决从资源到育种过程中的瓶颈问题，引领种业科技走向国际先进水平。如果将国家作物种质库 1.0 比为作物种质资源保存和共享的国家图书馆，那么国家作物种质库 2.0 就相当于整合了遗传信息和鉴定表型信息的数字化图书馆，使科研育种团队更快速地获取背景清晰、性状明确的所需资源。

天津极智基因科技有限公司打造的种质资源—数字化智能育种数据库，可以整合和管理育种家现有的数据，从多组学和育种利用层面充分挖掘种质资源。通过基于线性模型和多组学数据的机器学习 / 深度学习建模，实现全面的“智能”育种，帮助培育出优质的新品种。种质资源—数字化智能育种数据库包含三个模块：种质资源信息库、多组学遗传解析和智能育种设计。种质资源信息库是整个系统的展示中心和数据归集中心，包括种质资源品种 / 品系信息收录、表型信息收录与快速查询、基因型信息查询与统计分析，以及种质资源身份证（指纹图谱）。多组学遗传解析方面通过高效集成基因组、转录组、代谢组等多组学测序数据和重测序数据，建立多组学分析平台，形成多组学关联网络，提升数据解读维度。多组学数据在挖掘与特定性状相关的候选基因并分析其潜在调控机制方面具有强大的能力。多组学遗传解析平台支持应用多种关联分析工具来挖掘遗传位点、候选基因和遗传变异，为育种提供重要的资源工具。该平台还支持群体结构分析、多样性分析、集群离散分析（BSA）、数量性状基因座（QTL）、全基因组关联分析（GWAS）等性状定位分析，以及泛基因组、多组学数据分析等。智能育种设计方面通过将大数据和人工智能技术相结合，以种质资源的表型和多组学数据为基础，引入机器学习和深度学习算法，该平台开发了高效的全基因组选择（GS）预测模型和最优亲本推荐算法，并搭载多种模型进行全基因组选择分析。根据物种和数据集情况，可以调整应用模型，快速辅助育种。

艾格偌育种信息管理软件自2016年上线以来经过了多次迭代升级，已经从基础的数据采集工具升级为一套完整、全面的育种信息化管理体系。该软件涵盖测试、育种、种子库、数据管理、数据分析和分子育种等多个模块，为植物育种工作提供了便捷、实用的支持，成为够用、好用的植物育种小助手。

北京通州国际种业科技有限公司搭建起了智慧育种共性技术服务平台，该平台与科研院所、种企合作，在番茄、辣椒、西瓜、甜瓜、黄瓜、大白菜等经济作物上共同开发了60余个与品质和抗病性状相关的分子标记，为29个省份的400多家蔬菜种企提供每年近50万株育种材料的抗性筛查。同时，该平台还与多家科研院所和种企合作，共同开发了玉米全基因组预测系统，未来将用于种企和科研院所育种团队的玉米双单倍体（DH）系材料。

（二）良种繁育信息化

山东种业（鲁南）数字化农业示范园于2022年开始建设，分为三期进行。目前已完成一期工程，该阶段建有育苗连栋温室2座和日光温室44个。未来的发展计划包括建设科技研发中心、种业人才中心、培训中心、数字化温控棚、农副产品孵化中心，以及预制菜制作和冷链物流等设施。通过运用物联网、大数据和人工智能等现代农业技术，该示范园实现了作物远程监控、温湿度调控、水肥管理、病虫害防控及质量追溯等方面的智能化生产和数字化管理。

武汉珈和科技有限公司（以下简称珈和科技）利用卫星、无人机遥感和物联网形成的监测网络和人工智能分析模型，为种业公司提供智慧化生产指导，并提供基地管理、智慧灌溉、巡田管理、专项业务等服务，通过GIS地图展示作物分布、作业进度和长势产量情况，对农作物进行遥感监测数据可视化展示。同时，珈和科技还提供监测与预警功能，可以及时提出预防预案，为保产增收提供保障。通过珈和科技的生产管理助手，种业公司可以开拓更高效的制种管田模式；农户可以通过手机或计算机查看作物的生长状态、土壤湿度和温度等关键信息，并在线咨询专家以解决农事问题。此外，还可以对农资农机进销存进行分析和管理。珈和科技基于种业数字化平台方案为用户提供全流程的玉米制种种植服务，覆盖“耕、种、管、收”全场景，并提出预防预案来应对潜在风险。

（三）种业的数字化推广

随着数字思维的普及，一些种业企业利用数字化发展机遇，实现了营销转型升级。2015年，由隆平高科、中种集团、金色农华等10家国内骨干种企和现代种业发展基金联合组建的爱种网正式上线，标志着我国种业数字化营销时代的到来。通过种子分销电商和精准推广创新销售模式，打破了传统的“生产商＋经销商＋零售商”模式，实施整合营销、拓宽渠道、缩短中间环节、扩大利润空间，并利用电商大数据分析进行精准营销，推动种业营销向扁平化发展。同时，通过种子标识与追溯系统、种子检测与分析技术进行质量管理和追溯，对种子质量进行管控和保护，并应用市场跟踪与行情分析系统，实时监控市场行情和种植户反馈，及时调整营销策略。通过电商平台、短视频平台、微博、微信等新媒体渠道进行品牌宣传和建设，一些企业和科研机构已经建立了有影响力的品牌形象。

（四）种业监管的信息化发展

2017 年，中国种业大数据平台正式上线。该平台遵循统一数据格式、统一数据接口和统一数据应用的原则，整合了品种审定、品种登记、品种保护、品种推广、生产经营许可、市场监管等跨部门、跨行业的数据。该平台面向种业管理者、企业和农民等多元主体提供服务，建立了可追溯的种业体系，确保数据来源可查、去向可追、责任可究。

2023 年，随着种子生产经营许可、品种审定等政策工作的调整，中国种业大数据平台的生产经营管理、品种管理、种情监测调度等关键业务子系统得到了优化。底层数据实现了部分板块之间的互通，与国务院，各部委、省委、基层体系等政务系统进行了对接。该平台通过共享节水、高抗、机收和稳产高产品种的信息数据，推动种业和农业的高质量发展，提高了执法效率，改善了种业发展环境。同时，该平台实现了品种、主体和种子信息链的综合查询，推进了信息数据的实时动态可视化展示，并初步形成了品种智能化分析辅助决策功能。

（五）种业服务的信息化进程

在种业公共服务方面，山东种业智科农业服务集团有限公司（以下简称智科农服）目前正在积极拓展，创新性地打造了“科学种田 我来帮您”科技服务平台。为了提供更专业化的服务，智科农服组建了技术专家、机械作业和物资保障三支专业队伍，并成立了多个“企业＋村集体＋农户”服务联合体。通过实施“种管收运储售”全流程保姆式服务、全产业链托管及菜单式服务，智科农服有效解决了农民面临的“不会干、干不动”难题，初步解决了“一家一户办不了、办起来不划算”的情况。

全国部分省份（如浙江、吉林、黑龙江、福建等）已初步构建了涵盖农作物品种审定、品种登记、生产经营信息管理、种业科研服务等公共服务系统或平台。这些系统或平台向科研机构、种业企业、农户和种子经销商提供价格形势信息、审批审定信息、管理服务信息和成果转化等相关信息。

三、继续推进种业信息化的建议

加强生命科学与信息科学等多学科交叉融合专业设置，是实现种业数字化转型升级的重要举措。在此基础上，应加大对数字科技与生物分子育种、常规育种交叉融合研究的科研项目与经费投入，鼓励开展基于人工智能、大数据技术的农作物优质种质资源基因组解析和重要基因挖掘等关键技术研究。同时，利用多重组学大数据资源，研发精准化、高效化、定制化的智能育种方法与模型，为种业数字化发展提供技术支撑。

除了技术层面的建设，还需要深入完成种质资源全面普查、系统调查与抢救性收集工作，开展全国及区域品种种质资源保护与利用、种质资源精准鉴定，完善拓展全国种业大数据平台的监管与服务功能。此外，应全面推广基于大数据的商业化育种软件，构建种业成果转化与对接的数字化综合服务平台，并通过产学研相结合，使科研单位和高校研发的方法与资源能够更好地得到应用，加快建立种业数字化营销体系，以数字化赋能种业发展的“育、繁、推、管、服”的全产业链高质高效发展。

第二节 种植业信息化

一、农田土壤氮素含量实时在线检测系统研发进展

（一）引言

土壤是农业生产作业的基本要素，也是影响作物生长的重要因素。作物的生长离不开水分、有机质、氮、磷、钾等土壤养分，其中氮素含量是土壤肥力的最重要指标。一方面，土壤氮素养分匮乏会严重影响作物的生长，以致造成作物减产。另一方面，过量使用氮肥不仅增产效果不明显，还会造成土壤性能下降和环境污染。因此，为了既保证作物产量又不会对土壤本身和环境造成伤害，快速、准确检测土壤的全氮含量成为精细农业科学施肥的关键。在精细农业的框架下，光谱技术作为一种高效的监测和分析工具，被广泛应用于土壤参数监测领域，特别是在土壤全氮含量监测方面发挥了重要作用。

近红外光谱分析技术是一种利用物质中所包含的几种含氢基团（C-H、O-H、N-H 等）在近红外光谱区的选择性吸收，间接获取相对应成分的分析方法，被广泛应用在农业领域。从 20 世纪 90 年代起，国外的科研人员基于光谱技术率先开发了多款用于土壤参数监测的设备。Sudduth 和 Hummel 在 1993 年开发了一种便携式土壤实时传感器，主要用于测量土壤有机质含量，也可测量土壤水分等参数。这款仪器不仅本身具有较高的测定精度，其设计思想也影响到了以后类似设备的开发。图 6-1 所示为这款传感器的结构示意图。整个仪器可以分为光源、分光、测量三个部分。光源部分由灯泡和聚焦透镜组成；分光部分的主

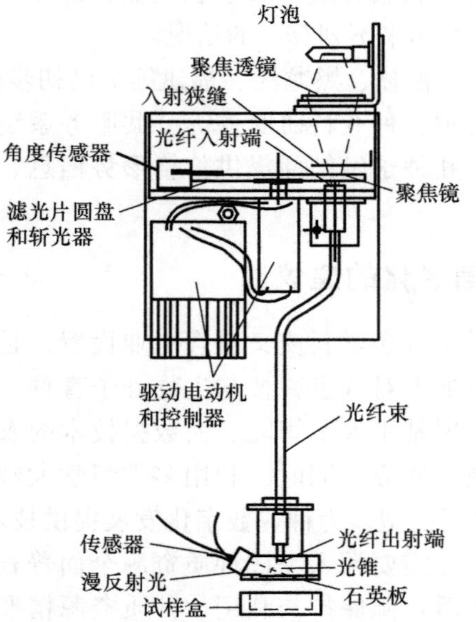

图 6-1 便携式土壤实时传感器的结构示意图

要部件由入射狭缝、聚焦镜、滤光片圆盘和斩光器、角度传感器和光纤入射端等组成；测量部分主要由光纤出射端、石英板、试样盒和传感器组成，传感器由 PBS 材料制成，可以在可见光和近红外的广泛区域产生稳定的光电响应。工作时将实时采集的土样放置在试样盒内，通过测量表面的反射光即可预测土壤有机质含量。由于受到模型限制，该便携装置尚不能测量土壤氮素含量。日本 Shibusawa 团队从 21 世纪初开始研制了多功能田间在线土壤光谱仪，随着电子技术和自动控制技术的发展，该仪器的质量和精度不断改进，已经实现商品化生产。图 6-2 所示为多功能田间在线土壤光谱仪的系统照片和传感器机构示意图。光源可以提供波长为 400 ~ 2400 纳米的入射光。光谱仪为光电二极管线性阵列。整个系统利用三点悬挂结构由拖拉机牵引在田间工作。由于该系统采用了较精密的光谱仪作为分光单元，因此可以在田间实时获得高分辨率的土壤反射光谱。利用获得的光谱对土壤水分、有机质含量、硝态氮含量、电导率及 pH 值进行预测，都获得了较高的预测精度，但该系统造价昂贵，主要用于科学研究，不适用于实际生产。

图 6-2　多功能田间在线土壤光谱仪的系统照片和传感器机构示意图

随着精细农业技术在我国的发展，我国科技工作者结合光谱分析技术开发了多款土壤参数检测仪，特别是面向我国推广的测土配方施肥战略，开发了多种土壤全氮含量检测仪。中国农业大学智慧农业研究中心经过多年的研究与积累，分别试制开发了基于近红外光谱的便携式和车载式土壤全氮含量检测设备，以适用于播种前的土壤肥力成图及作物生长过程中的土壤养分实时检测等不同应用场景。

（二）便携式近红外土壤全氮含量检测仪

1. 整体结构

便携式近红外土壤全氮含量检测仪的总体机械结构如图 6-3a 所示，在机箱内集成了卤钨灯光源、百叶窗、分叉型一分六光纤、主控芯片和 ZigBee 开发板、USB 模块、三层机械结构等。百叶窗设计可以保证卤钨灯光源产生的热量充分散发，避免长时间工作高温影响到其他元器件工作的稳定性；USB 模块可以进行程序的修改；三层机械结构设计可以降低光信号在传输过程中光信号的损失。检测仪实物如图 6-3b 所示。

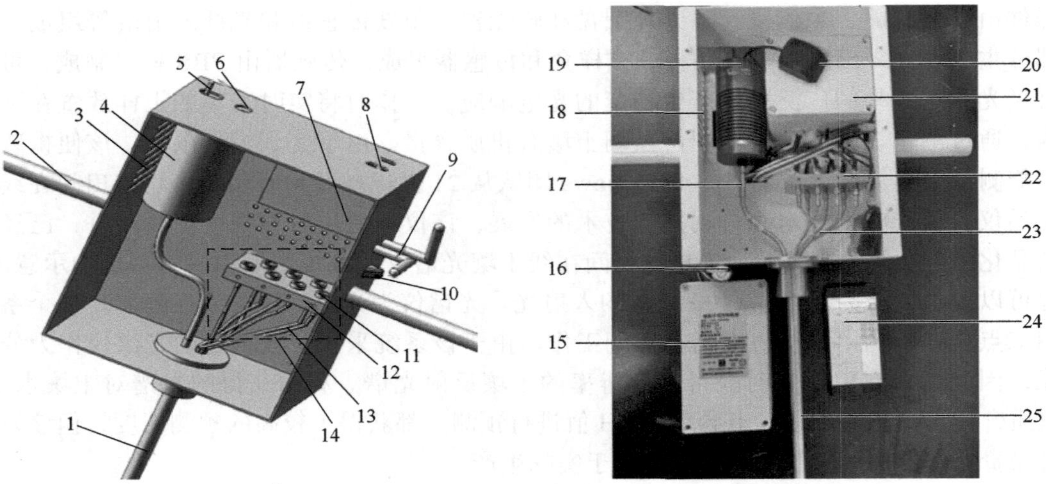

a) b)

图 6-3　便携式近红外土壤全氮含量检测仪

a）总体机械结构　b）检测仪实物图

1、25—分叉型对地光纤　2—把手　3、18—百叶窗　4、19—卤钨灯光源　5—卤钨灯电源开关
6—卤钨灯光源供电电池　7、21—主控芯片和 ZigBee 开发板　8—USB 模块　9—开发板天线
10—内部电源开关　11—光电探测器　12—滤光片　13、23—分叉型一分六光纤　14、22—三层机械结构
15—电源　16—控制开关　17—入射光纤　20—GPS 模块　24—移动端

2. 光学单元

（1）光源和光电探测器　基于主动光源的近红外土壤全氮含量检测仪最突出的优点在于其便携性和快速准确性，所以检测仪光源的选择尤为重要。该检测仪的光源应具有体积小、光照强度大、光源稳定性强、重量轻、功耗小等特点。目前市场上主要的近红外光源有发光二极管、激光光源、卤钨灯光源等。该检测仪所选用的光源为海洋光学新型 HL-2000-HP-FHSA 高功率卤钨灯。卤钨灯光源的性能参数：工作电压为 24 伏，最大功率为 8.4 瓦，光源尺寸为 6.2 厘米 ×6 厘米 ×15 厘米，光源光斑为 2 毫米，重量为 0.5 千克，波长范围 360 ~ 2400 纳米。相比单波段 LED 光源、激光光源，卤钨灯光源具有光照强度大、光强可调、工作持续稳定的优点，相比其他卤钨灯光源，具有体积小、重量轻、自带散热的优点，并且该光源发出光的波长范围覆盖了土壤氮素的敏感波长，满足仪器对光信号波长选择的要求。

根据课题组的已有研究成果，土壤全氮含量测量选取了 6 个敏感波段，分别为 1108 纳米、1248 纳米、1336 纳米、1450 纳米、1537 纳米和 1696 纳米。光电探测器对光信号进行光电转换，不同的光电探测器都有不同的光谱响应范围，可用于红外波段、可见光或近红外波段检测。虽然光电探测器的输出电流小，但响应速度快，能输出稳定的电流值。光电探测器选用 InGaAs 光电二极管，感光面积为 3 毫米 ×3 毫米，响应灵敏度为 0.9 安 / 瓦。探测器能够测量的波长为 800 ~ 1700 纳米，涵盖了上述的 6 个土壤全氮敏感波段。图 6-4 所示为 InGaAs（3 毫米）光电探测器的实物图、外观尺寸和响应曲线。

（2）滤光片　滤光片选用的是 Thorlabs 公司生产的带通滤光片，用最简单的方法来透过特定波长范围的光，同时阻挡其他不需要的光。滤光片的设计入射角（AOI）为 0 度。当使用其他 AOI 时，透射波长范围将产生偏移，而且可能减小透射波段。每个滤光片都安装在一个氧化发黑处理的铝环中，铝环有助于长期稳定性，环外径为 1/2 英寸（1 英寸 = 25.4 毫米）或 1 英寸，边缘最大厚度为 6.3 毫米。选用的滤光片中心波长为筛选得到的土壤全氮含量特征波段，图 6-5 所示为 1450 纳米近红外带通滤光片和透光曲线。

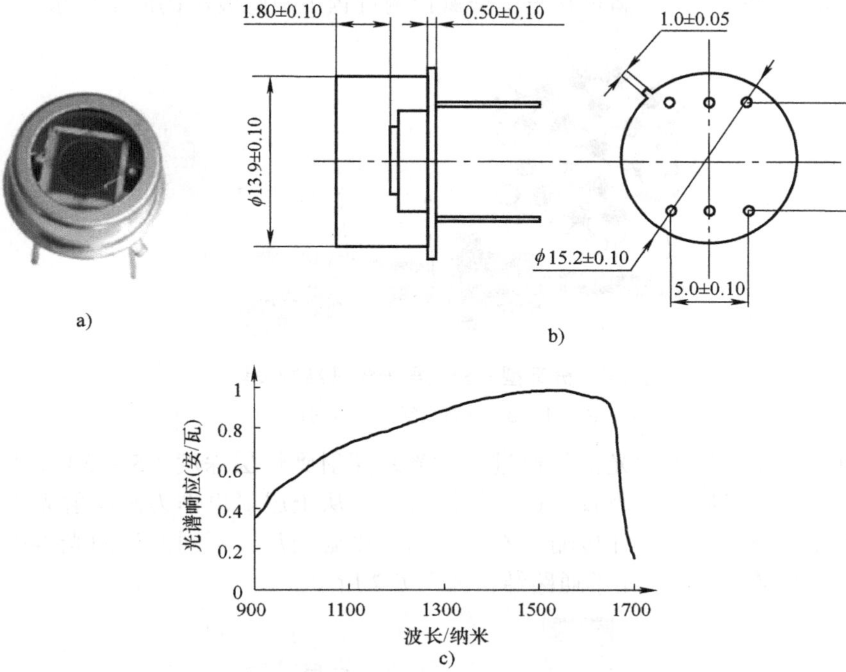

图 6-4　InGaAs（3 毫米）光电探测器

a）实物图　b）外观尺寸　c）响应曲线

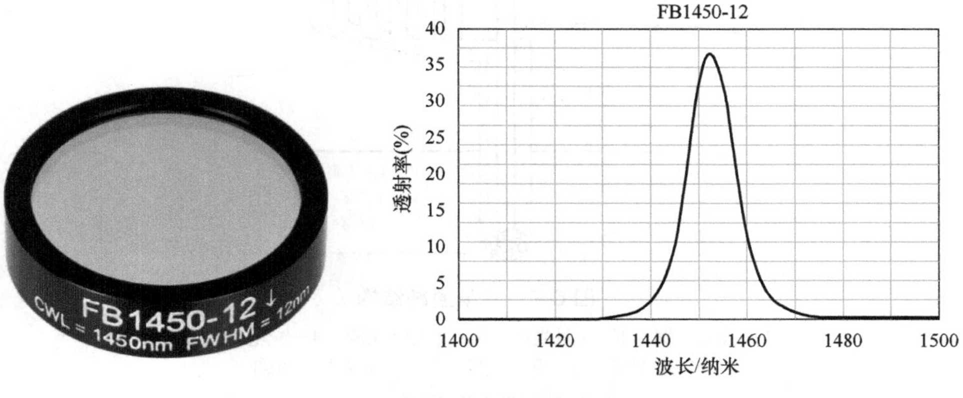

图 6-5　1450 纳米近红外带通滤光片和透光曲线

（3）导光光纤　由于被测土壤表面土壤颗粒大小不同，当入射光照射到粒度不同的土壤表面时，反射光的分散性会对测量结果造成误差，因此光纤设计时需要进行结构性补偿。为了满足同时 1 路入射光和 6 路反射光的传输，并且保证光信号在光纤传输过程中获得最大的光通量和减少光纤制作的成本，因此开发了一款特制分叉型一分六导光光纤，光纤结构设计如图 6-6 所示。该光纤探头直径为 4.4 毫米，光纤分为入射光纤和反射光纤。入射光纤由 19 根多模入射光纤拟合而成，直径为 2 毫米，6 根反射光纤由 72 根多模反射光纤拟合而成。石英光纤性能优于玻璃光纤，反射光纤包围入射光纤，可以更有效地将漫反射光收集到反射光纤内，从而减少入射光在反射过程中光信号的损失，并且能够稳定通过的光信号波长为 400～2500 纳米，满足在土壤全氮预测过程中敏感波段的测量要求。

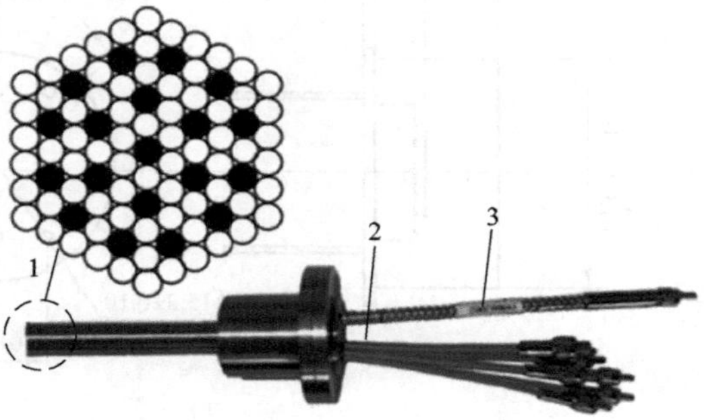

图 6-6 分叉型一分六导光光纤结构设计

1—主光纤 2—反射光纤 3—入射光纤

高功率卤钨灯光源发出的光信号通过入射光纤照射到耕层深度（5～30 厘米）的土壤表面，光信号进入土层后经过吸收、透射、散射，又从土层射出作为漫反射光进入反射光纤。反射光通过一分六反射光纤传输至 6 个不同波段滤光片，不同波长的光再由光电探测器进行光电转换生成电信号。光学通路结构如图 6-7 所示。

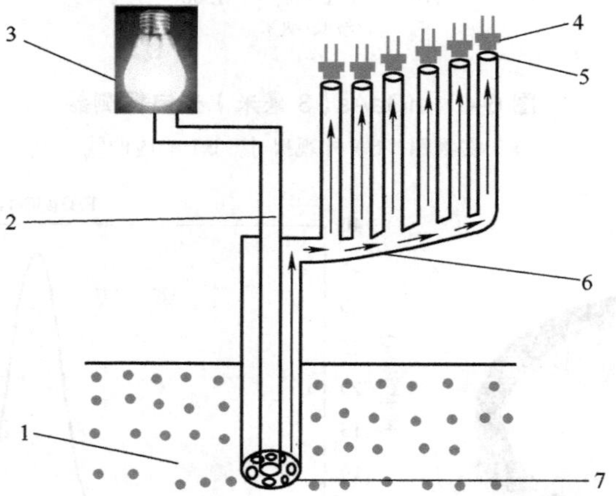

图 6-7 光学通路结构

1—被测土壤 2—入射光纤 3—卤钨灯光源 4—光电探测器

5—滤光片 6—反射光纤 7— 一分六导光光纤

3. 电路单元

为了使检测仪既具备单点实时在线测量功能，又有多点同时测量功能，检测仪上不设置存储和显示单元，由具有无线传输功能的掌上电脑（数据采集器）统一采集、存储和显示，传感器和数据采集器之间采用 ZigBee、WiFi 和 5G 传输系统。检测仪的电路单元结构如图 6-8 所示，主控芯片采用 Arduino uno 开发板，该模块能实现数据的采集和快速分析处理。采用恩智浦公司的 ZigBee JN5168 模块、WiFi 模块和 5G 进行数据传输，ZigBee

JN5168 模块既能完成数据采集，又能实现数据田间远距离发送，能够满足后续增加采集节点的要求。硬件电路设计包括多通道选择电路设计和信号调理电路设计。

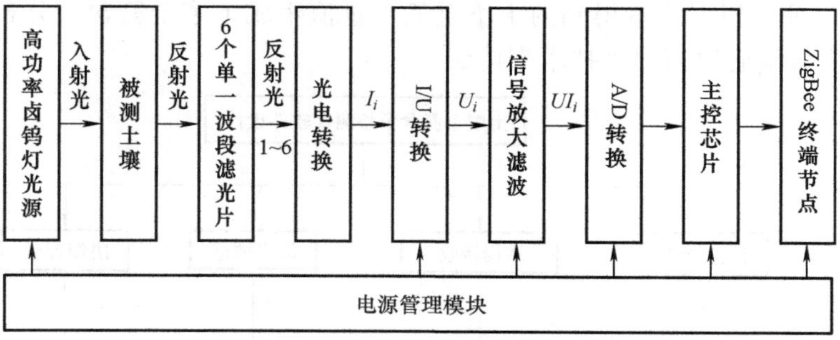

图 6-8　检测仪电路单元结构

研究结果表明，检测仪共选用 6 个土壤全氮含量特征波段，但 Arduino 主控芯片上只有四个 A/D 转换接口。因此，为了实现 6 路土壤反射光信号的同时测量，检测仪选用 ADG708 八选一多通道选择器与单片机相结合进行电路设计。ADG708 采用的是互补金属氧化物半导体（CMOS）多路模拟信号复用器，包括 8 个独立通道。能够通过 3 位二进制 A0、A1 和 A2 地址线来进行 6 路光电探测器测得的电信号的同时采集，通过 D 公共端进行输出。

信号调理电路包括 I/U 转换放大电路和滤波放大电路。经光电转换后的电流信号较小，设计制作了检测仪信号调理电路。选用 TLC2201 模块进行 I/U 转换和信号一级信号放大，TLC2201 模块非常适宜在单电源或分离电源配置中的高阻抗、低电平信号调节等场合应用。采用 NE5532 模块对电压信号进行二级运算放大和后续的滤波处理，而 NE5532 模块与其他运算放大器相比的信号放大效果更好。A/D 转换模块进行模数转换，然后通过在 Arduino 主控芯片程序中嵌入的土壤全氮含量预测模型进行全氮含量预测，JN5168 终端节点将采集的全氮含量数据发送到 JN5168 主协调器，JN5168 主协调器将数据传输至数据采集器，然后通过 5G 模块上传到 OneNET 云平台进行数据处理。

电源管理模块包括高功率卤钨灯光源电源、信号调理电路电源、GPS 模块电源、Arduino 主控芯片电源、ZigBee 终端节点和协调器工作电源。高功率卤钨灯光源工作电压为 24 伏，输入功率为 20 瓦，因此电源选用 5 安・时的锂电池，可满足仪器 5 小时以上的连续稳定工作。记录测量位置的 GPS 模块、信号调理电路和 Arduino 工作电压均为 5 伏，通过采用 LM1117 模块对 24 伏电源进行降压处理，从而为 GPS 模块信号、调理电路和 Arduino 主控芯片供电。ZigBee 终端节点、协调器和 WiFi 模块的工作电压为 3.3 伏，采用 3.3 伏电源为该部分提供稳定工作电压。

4. 软件设计

便携式近红外土壤全氮含量检测仪软件系统应能实现数据的手动和自动采集，同时软件系统应具有流程清晰、操作简单等特点，图 6-9 所示为土壤全氮检测仪软件需求分析。结合 OneNET 云平台进行了土壤全氮含量检测仪软件设计，软件的功能包括以下几方面：

（1）设备管理　包括获取用户信息，完成检测仪与软件系统的 WiFi 和 5G 模块通信，与手机 App 连接、进行连接设备的查看和检测仪设置手动或自动采样控制。

（2）数据接收　检测仪在控制开关打开后，可以进行土壤吸光度、全氮含量和位置信息的采集接收。

（3）历史数据　检测仪测量之后，可以在软件系统进行特征波长吸光度数据、全氮含量数据、采样历史坐标轨迹查看和下载，并将数据成图显示。

（4）决策管理　根据测量得到的土壤全氮含量值生成土壤全氮含量分布图，进行土壤肥力评估，为土壤施肥决策提供技术支持。

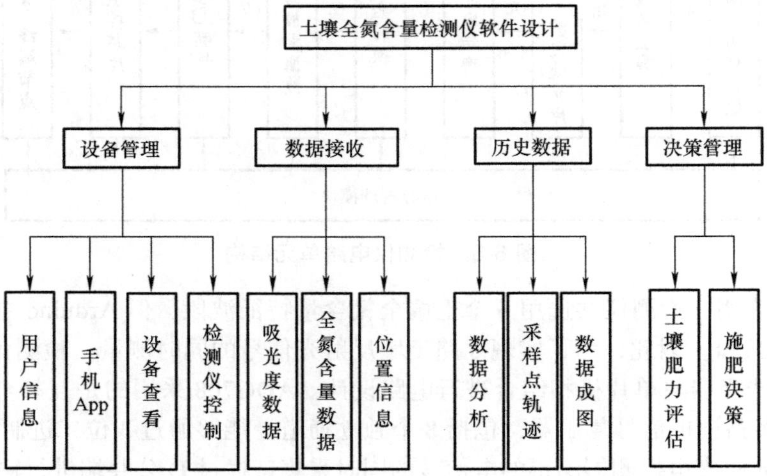

图 6-9　便携式近红外土壤全氮含量检测仪软件需求分析

计算机端软件部分主要通过与 OneNET 平台结合进行开发，采用 C 语言和 Java 语言进行软件编程，进行检测仪与计算机端软件的设计。计算机端可以实时获取检测仪所测得的吸光度信息、土壤全氮含量、采样点位置信息等，可以查看吸光度变化曲线、全氮含量变化曲线、查看采样点的位置信息和历史轨迹、管理试验结果和历史数据下载，为后续田间施肥决策提供技术支持。

手机端通过访问服务器端数据库，可以实现数据的查询和下载。手机端软件采用 Python 语言进行编写，手机端设置有控制开关，可以实现对检测仪的采样控制。

5. 仪器标定和田间试验

（1）实验室标定试验　试验土样为采集于北京市海淀区中国农业大学上庄实验站玉米田的 60 份土壤样本，每份土样为 2 千克。采用“四分法”将土壤样本分为 2 份，第一份土样用于开发的便携式近红外土壤全氮含量检测仪检测吸光度，第二份土样样本称量 2.0 克和催化剂混合后加入浓硫酸，在 400 摄氏度条件下进行 2 小时的高温硝化处理，然后采用瑞典 FOSS 公司生产的 Kjeltec™ 2300 全自动凯氏定氮仪测得每份土壤样本的全氮含量，试验样本统计结果见表 6-1，土壤全氮含量分布 0.021 ~ 0.257 克 / 千克之间，样本分布合理，可以用于检测仪全氮含量预测。

表 6-1　试验样本统计结果

参数	样本数	最大值 /（克 / 千克）	最小值 /（克 / 千克）	平均值 /（克 / 千克）	方差
全氮含量	60	0.257	0.021	0.131	0.01

为了实现土壤全氮含量的快速检测，选取 40 个土壤样本作为建模集，20 个土壤样本作为验证集，根据土壤全氮含量检测仪所测得的吸光度数据和凯氏定氮仪测得的全氮含量

值分别建立多元线性回归模型（SMLR）、BP 神经网络预测模型（BPNN）和偏最小二乘法预测模型（PLS），建模结果如图 6-10 所示，不同建模方法性能比较见表 6-2。采用 PLS 建模时的模型精度最高，R_c^2 为 0.8613，R_v^2 为 0.8042，可以用于检测仪的土壤全氮含量嵌入模型。

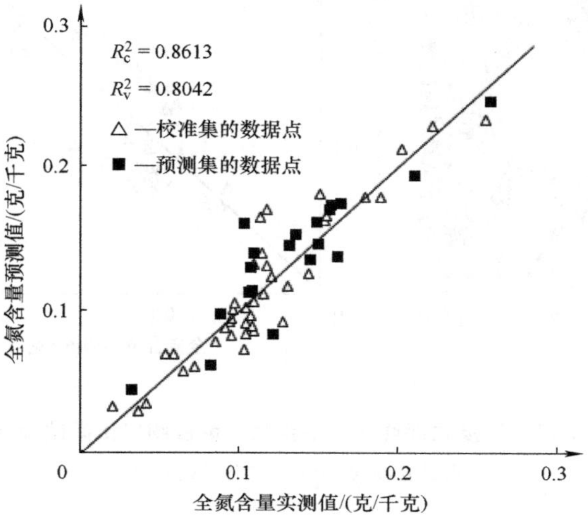

图 6-10　土壤全氮含量建模

表 6-2　不同建模方法性能比较

模型	校准集		预测集	
	R_c^2	校准均方根误差（RMSEC）	R_v^2	验证均方根误差（RMSEV）
SMLR	0.7679	0.2120	0.7041	0.1283
BPNN	0.7961	0.1554	0.7307	0.1761
PLS	0.8613	0.0368	0.8064	0.0230

（2）田间试验　为了验证检测仪工作的稳定性和田间应用的可行性，针对试验地块进行了试验小区的划分，该地块总面积为 6000 米^2，长为 100 米，宽为 60 米，共划分为 60 个小区，每个小区面积为 100 米^2，每个小区进行不同浓度梯度的氮素含量施肥。

图 6-11a 所示为大田试验场景。采用开发的便携式近红外土壤全氮含量检测仪进行了 60 个采样点的土壤全氮含量检测。检测时，首先将检测仪探头插入 30 厘米深的土壤中，打开开关进行土壤全氮含量的检测，移动端进行土壤全氮含量的显示和存储，在每个小区采集土样，用保鲜袋进行土壤样本的保存，在实验室内用凯氏定氮仪进行每个土壤样本的全氮含量检测。检测仪与凯氏定氮仪所测得的全氮含量的相关分析结果如图 6-11b 所示，相关系数（r）为 0.8280，作为田间实时检测仪，其测量精度较高，能够满足指导测土配方施肥的目的。

通过实验室标定试验和田间试验数据对比发现，当检测仪在田间进行土壤全氮含量检测时，其测量精度相比实验室内检测时的测量精度低，主要原因是田间实时测量的对象是原始土样，没有经过样本预处理，未消除土壤水分、土壤粒度和环境温度等因素的影响，在后续的研究中会加入水分和粒度修正参数，从而可进一步提高检测的精度。

a)

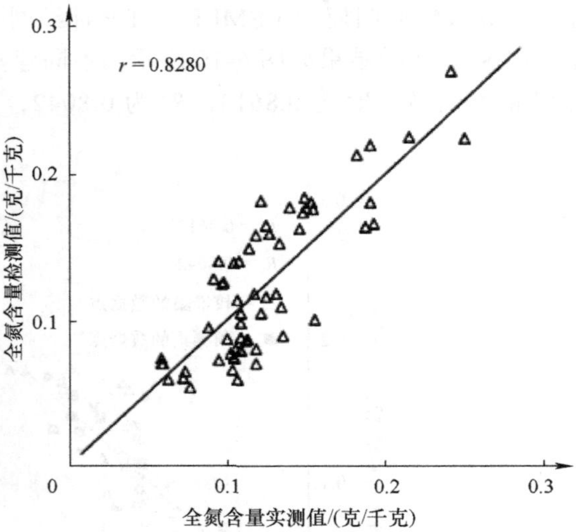

b)

图 6-11　便携式近红外土壤全氮含量检测仪田间试验结果

a）大田试验场景　b）全氮含量相关分析结果

（三）基于离散近红外的车载式土壤全氮快速检测仪

精细农业的发展离不开农业机械化，精细农业的实践也需要现代农业装备的支撑，中国农业大学智慧农业研究中心开发了车载式土壤全氮含量实时传感器，用于农田全面的土壤氮素含量实时在线测量，促进了精细农业的发展。

1. 总体结构

基于离散近红外的车载式土壤全氮快速检测仪的设计目标是能够实时对农田土壤全氮进行检测。检测仪的主要设计内容包括：检测仪元器件的集成、确定土壤全氮的特征波长、检测仪和拖拉机的连接、光源和光纤的选择、实时对土壤全氮检测值进行采集和传输。检测仪的所有元器件都集成到一个平台中，可以在农田对土壤全氮进行快速实时测量。因此，检测仪采用模块化概念进行设计，包括机械、光学和控制单元。光学和控制单元集成到检测仪的机械单元中，检测仪通过三点悬挂装置与拖拉机进行连接，以进行实时的土壤全氮测量。图 6-12 所示为检测仪的总体设计结构。光学单元包括卤钨灯光源、近红外导光光纤、光纤适配器法兰、InGaAs 光电传感器和 6 个单一波段的滤光片，其中卤钨灯光源可发出 300 ~ 2500 纳米波长的光。控制单元包括 ADG708 多通道选择电路、放大电路、滤波电路、触摸屏和 GPS 模块。机械单元包括三点悬挂装置、电气控制柜、遮光板、深松犁和均平板。

图 6-13 所示为车载式土壤全氮快速检测仪样机和示意图。检测仪在农田工作时，通过三点悬挂装置安装在拖拉机上。由高强度合金材料制造的深松犁安装在遮光板的前面，用于切开土壤形成土壤沟槽进行土壤全氮检测。安装在深松犁后侧的均平板用于刮平检测沟槽的底部，以获得适合进行光谱测量的均匀平整的土壤检测表面。卤钨灯光源发出的近红外光通过近红外导光光纤传输到检测土壤表层。6 个单一波段的滤光片将土壤表层的漫反射进行滤波，得到 6 个单一波长的漫反射信号。随后光电探测器将上述漫反射信号转换为电信号，电信号被放大，平滑和数字化后计算每个波长的吸光度数据。6 个敏感波长处的吸光

度数据都输入到嵌入的土壤全氮预测模型，即可实时得到土壤全氮检测值。

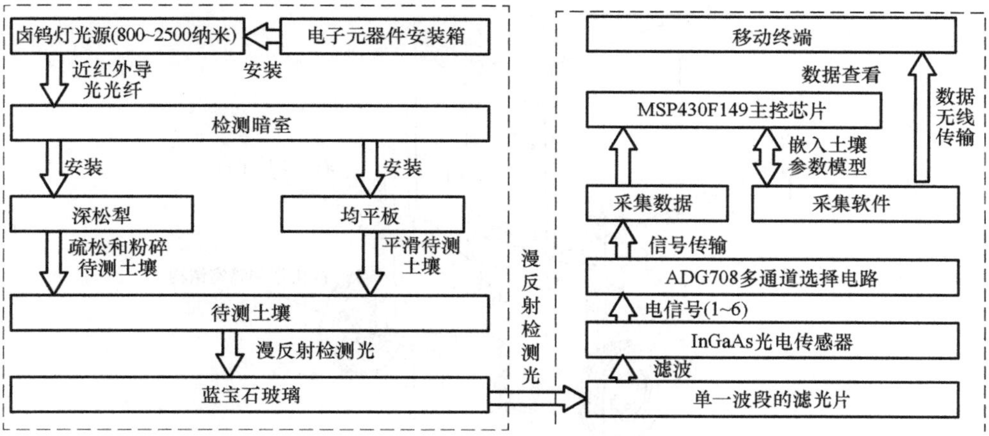

图 6-12 基于离散近红外的车载式土壤全氮快速检测仪总体结构

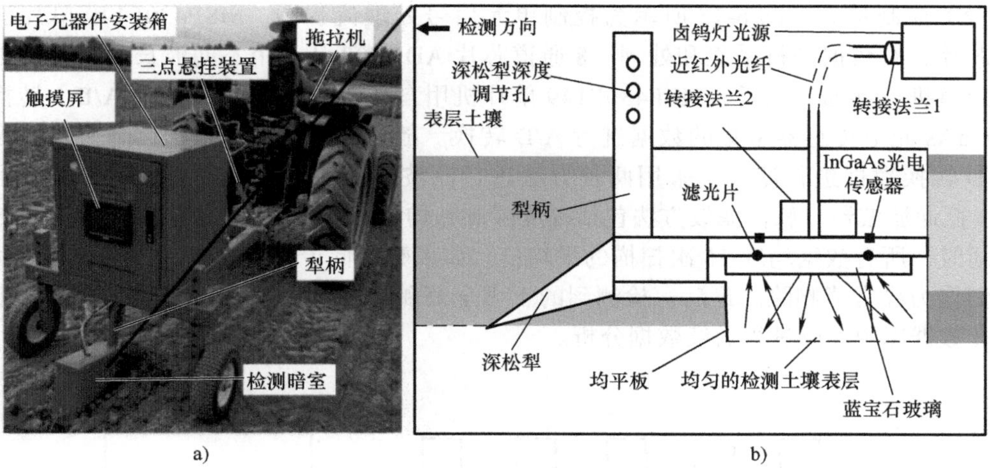

图 6-13 车载式土壤全氮快速检测仪样机和示意图

a）检测仪样机 b）深松犁和光路单元示意图

（1）机械单元 检测仪的机械单元为整个检测系统提供支撑，主要由三点悬挂装置（连接拖拉机）、电子元器件安装箱、载重支撑平台、深松犁和暗室结构等组成。图 6-14 所示为机械单元示意图。三点悬挂装置与拖拉机平台进行链接，通过拖拉机的液压平台可以方便地对检测仪进行移动和位置调节。载重支撑平台不仅为电子元器件安装箱和深松犁提供安装平台，还由于其具有足够的重量，可为深松犁进行开沟作业提供足够的重力支持。同时，光路单元和控制单元集成在机械单元中，使得检测仪可以方便地悬挂在车载平台上，对农田土壤全氮进行高密度的快速实时检测。

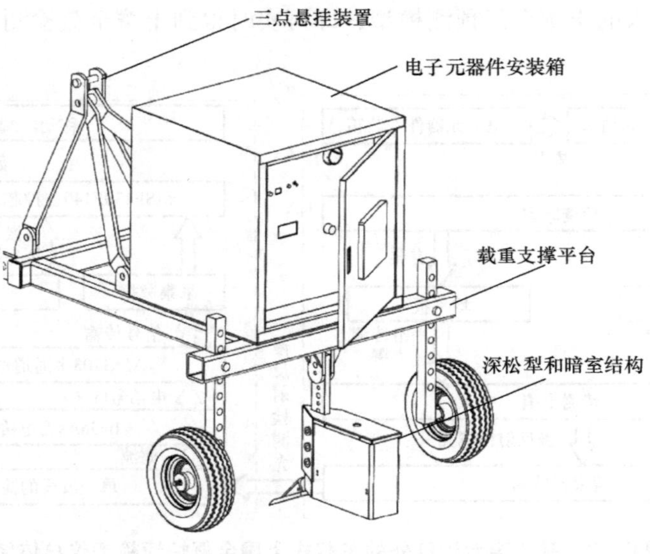

图 6-14 机械单元示意图

（2）控制单元 图 6-15 所示为控制单元信号处理流程图。MSP430F149 单片机作为主控芯片，对数据进行采集和处理。8 通道芯片 ADG708 从 6 个不同波长的光信号中选择一个通道进行导通。随后，MSP430F149 单片机用自带的 12 位模拟数字（A/D）转换器对从 InGaAs 光电传感器采集的数据进行 A/D 转换。随后，使用统计方法结合平均滤波方法对 A/D 转换数据进行滤波。采用两种方法进行滤波，硬件滤波方法采用了一阶电阻电容（RC）低通滤波器，软件滤波方法包括幅度限制和均值两个步骤。当数据介于 20 ~ 2500 毫伏之间时，所有数据均取 16 次扫描的平均值。如果数据低于 20 毫伏或高于 2500 毫伏，则将它们作为异常值删除。最后，检测到的土壤全氮和 GPS 数据会自动显示在触摸屏上，并存储在数据库中，以进行后续数据分析。

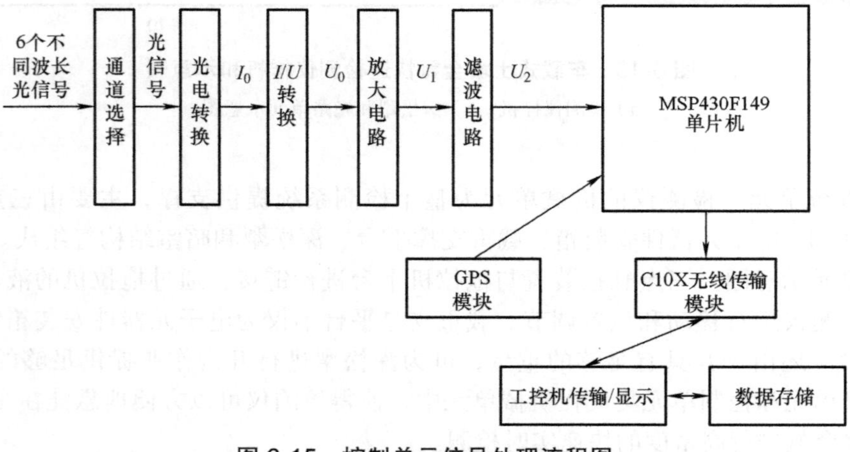

图 6-15 控制单元信号处理流程图

2. 车载式土壤全氮快速检测系统软件

根据现场实时分析的需要，车载式土壤全氮快速检测系统应该具有以下功能：

1）具有数据实时通信功能，在数据传输过程中保证数据传输的可靠性和准确性，并且数据采集的波特率可根据检测任务进行调节。

2）具有数据实时分析功能，嵌入土壤全氮含量预测模型，通过检测到的不同敏感波长处的土壤光谱数据即可反演得到土壤全氮含量。

3）具有数据读写功能，能够对检测到的 GPS 信息、不同敏感波长处的土壤光谱数据及反演得到的土壤全氮含量进行保存。

4）具有轨迹成图功能，当进行土壤全氮含量检测时，实时调用百度地图，对土壤数据检测点位置进行实时标记并最终生成轨迹图，方便后续进行数据处理和变量施肥作业。

5）具有良好的人机交互界面，布局合理且操作方便简洁。

车载式土壤全氮快速检测系统软件采用模块化的设计思想，由系统主界面，数据采集、分析界面，轨迹成图界面及 MySQL 数据库组成。图 6-16 所示为检测系统软件的功能框架，检测系统软件架构为客户机 / 服务器的架构，客户机和服务器同为 Windows 工业控制计算机平台，客户机对采集的信息进行分析处理和显示，服务器对接收和处理的数据进行存储。

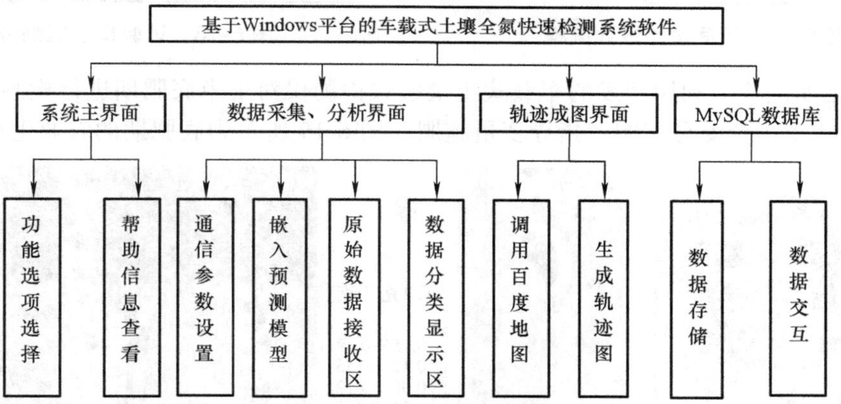

图 6-16 检测系统软件功能框架

3. 车载式土壤全氮快速检测系统的应用试验

（1）试验材料和方法

1）试验田。试验地点为北京市海淀区上庄镇辛力屯中国农业大学上庄实验站玉米田，玉米品种为“郑单 959”，玉米田位于道路旁，便于车载检测仪进出，同时，试验田周围没有树木遮阴，阳光充足，通风好。

2）试验设计。图 6-17 所示为田间试验设计流程。试验分为传统施肥方式和变量施肥方式，传统施肥方式以农民往年经验为施肥依据进行施肥，变量施肥以开发的车载式土壤全氮快速检测仪检测数据为变量施肥依据。变量施肥在玉米的底肥期和拔节期进行追肥。最后对两种方式的玉米产量进行测产，对变量施肥的效果进行评价，同时对自主开发的检测仪进行实用性评估。

图 6-18 所示为试验田小区划分，试验田南北长 50 米，东西长为 33 米，总共分为 50 个小区，其中 10 个小区进行传统施肥，40 个小区进行变量施肥。

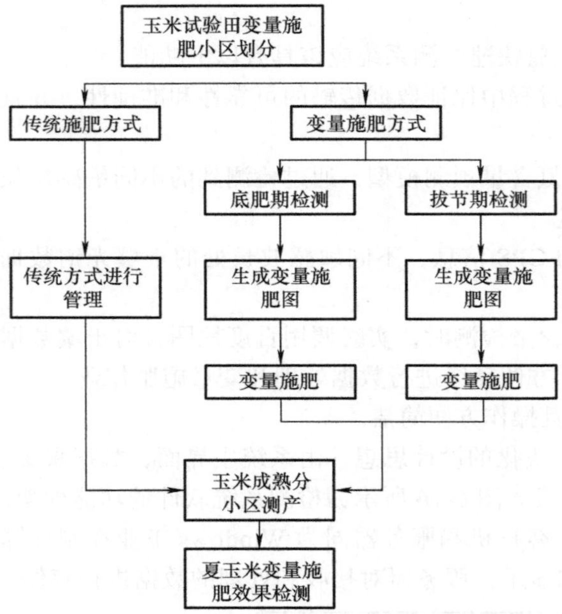

图 6-17　田间试验设计流程

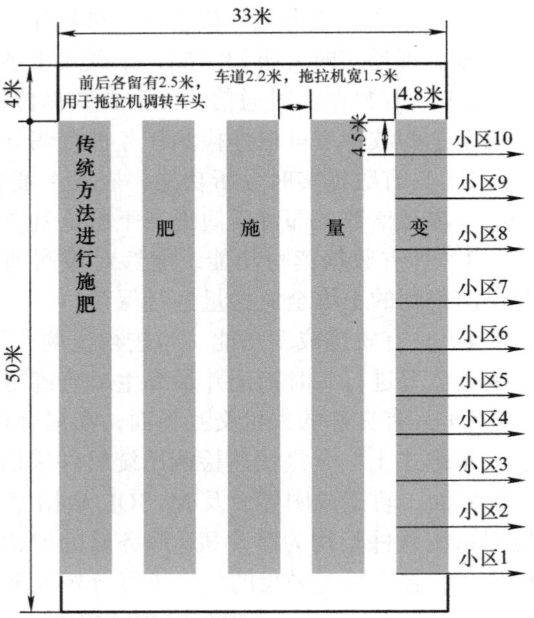

图 6-18　试验田小区划分

3）底肥期试验。利用开发的车载式土壤参数检测仪对玉米底肥期进行检测，并根据检测结果，生成土壤全氮分布图，指导变量施肥。图 6-19 所示为底肥期的农业生产操作。

图 6-19　底肥期的农业生产操作

a）土壤全氮检测　b）土壤全氮分布图　c）变量施肥　d）玉米点种　e）种子压实

4）拔节期试验。玉米在拔节期进行追肥对玉米的产量有重要影响，利用开发的车载式土壤全氮快速检测仪对夏玉米拔节期进行检测，并根据检测结果生成土壤全氮分布图，指导拔节期的变量施肥。图 6-20 所示为拔节期的农业生产操作。

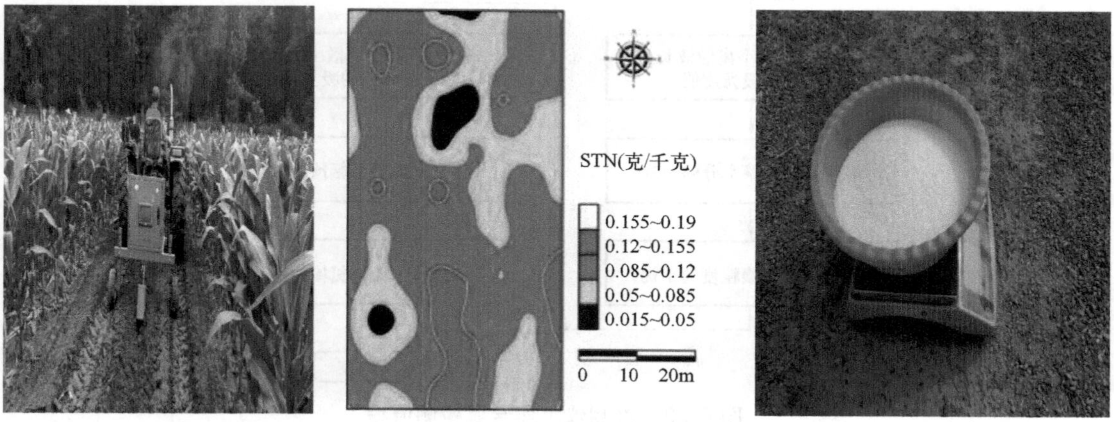

a)　　b)　　c)

图 6-20　拔节期的农业生产操作

a）土壤全氮检测　b）土壤全氮分布图　c）变量施肥

5）玉米测产试验。为了对变量施肥的效果进行评估，同时对车载式土壤全氮快速检测仪进行应用性评估，玉米成熟后对其进行测产试验。图 6-21 所示为玉米的测产流程。

a)　　b)　　c)　　d)

图 6-21　玉米的测产流程

a）收玉米　b）剥玉米　c）玉米脱粒　d）玉米称重

（2）结果与讨论

1）夏玉米田土壤全氮含量检测。使用车载式土壤全氮快速检测仪对夏玉米田土壤进行全氮检测，图 6-22 所示为检测仪土壤全氮检测流程。首先，采集 9 个离散近红外波长处的土壤吸光度值，包括 6 个土壤全氮的敏感波长（1070 纳米、1130 纳米、1245 纳米、1375 纳米、1550 纳米和 1680 纳米）、1450 纳米处的土壤含水率敏感波长，以及 1361 纳米和 1870 纳米处的土壤粒度敏感波长。然后，根据 1450 纳米处的吸光度值，采用水分吸收指数方法在线消除土壤水分的干扰；根据 1361 纳米和 1870 纳米处的土壤粒度敏感波长的吸光度值，对土壤粒度的干扰进行消除。最后，获得校正后的6个土壤全氮敏感波长处的吸光度值，将校正后的6个土壤全氮敏感波长处的吸光度值输入嵌入的BP神经网络模型，即可获得土壤全氮的检测值。

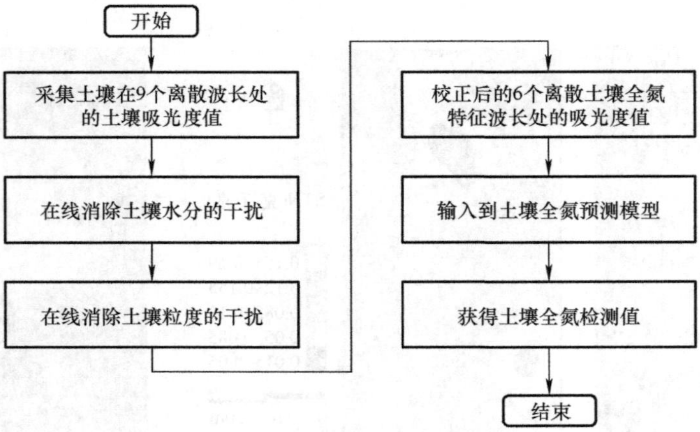

图6-22　检测仪土壤全氮检测流程

2）夏玉米土壤全氮变化规律。图6-23所示为在底肥期和拔节期进行的车载式土壤全氮快速检测仪检测结果与实验室化学方法检测结果的1∶1分布图。利用嵌入BP神经网络的车载式土壤全氮快速检测仪测得40个大田土壤全氮值及凯氏定氮仪测得的标准土壤全氮值，其中凯氏定氮仪采用瑞典FOSS公司的Kjeltec™ 2300全自动凯氏定氮仪；建立了车载式土壤全氮快速检测仪检测值及凯氏定氮仪检测值的1∶1分布图，从图6-23可以看出，大田土壤全氮检测值均匀地分布在回归线两侧，相关性分析结果的相关系数（R）为0.9108和0.9033。结果表明，车载式土壤全氮快速检测仪大田土壤全氮检测精度也达到了较高的水平，可以满足农田参数实时原位测量的需要。

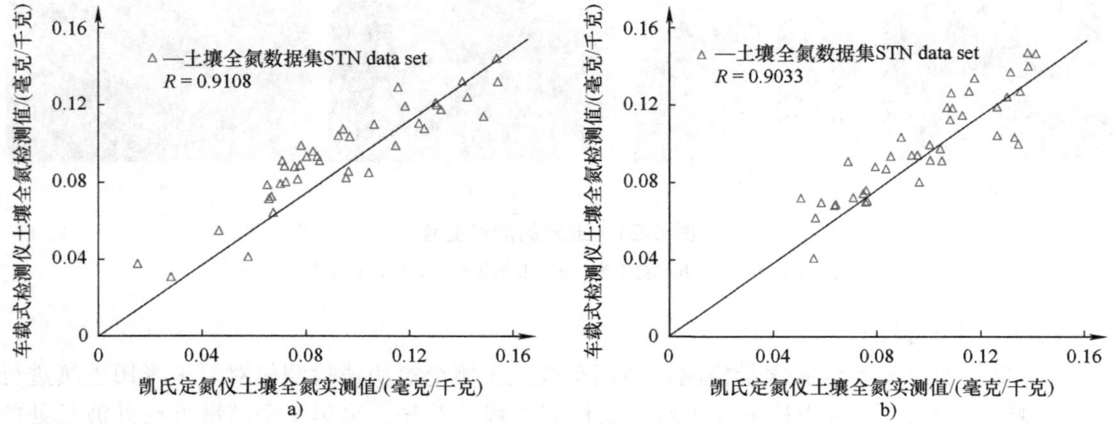

图6-23　车载式土壤全氮快速检测仪土壤全氮检测结果分析

a）底肥期　b）拔节期

3）夏玉米测产试验结果。图6-24所示为夏玉米产量直方图，从图中可知，经过换算后，变量施肥小区玉米平均产量为485.004千克/亩（1亩=666.67米^2），传统施肥小区玉米平均产量为 447.537 千克 / 亩，玉米增产 8.37% 左右。传统的变量施肥小区施肥量为 50 千克 / 亩，变量施肥小区平均施肥量 41.8 千克 / 亩，肥料减施 16.4% 左右，一定程度上达到了减肥增产的效果。

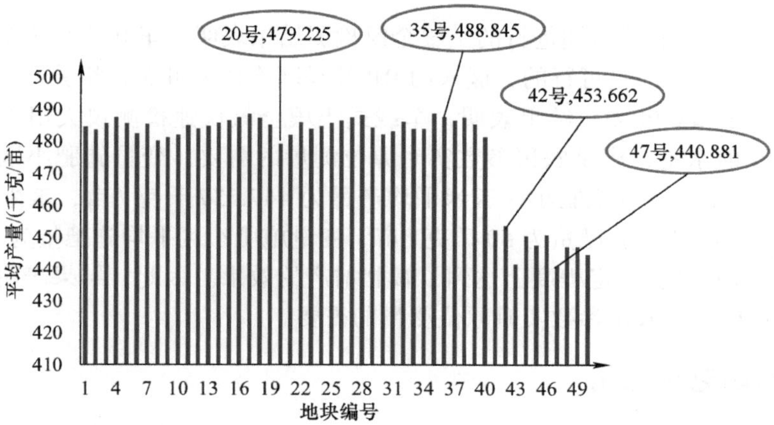

图 6-24　夏玉米产量直方图

（四）小结

变量施肥作业和智慧农田管理都是以高精度的土壤信息为基础，中国农业大学智慧农业研究中心使用可见 - 近红外光谱对土壤参数的快速检测及其相关仪器开发进行了深入研究，开发了基于近红外的便携式和车载式土壤全氮检测仪及其相应的采集软件。最后对检测仪进行大田应用试验，将检测仪应用在实际的农业生产中，对检测仪性能进行全面评估。从性能试验和田间试验结果可以得到以下结论：

1）基于离散近红外的车载式土壤全氮快速检测仪构造合理、实用。检测仪由光路单元、机械单元和控制单元组成。在实验室条件下测试了检测仪的稳定性和准确性，由稳定性测试结果可知，6 个特征波长的标准偏差均小于 0.5%，表明检测仪能够对土壤进行稳定的离散近红外光谱采集。准确性测试结果表明，MATRIX-Ⅰ 型傅里叶光谱仪与检测仪在 6 个特征波长处的相关系数分别为 0.95、0.94、0.92、0.93、0.94 和 0.96，检测仪可以实现对土壤离散近红外光谱的高精度测量。基于 C# 和 HTML5 地理位置定位技术开发了车载式土壤全氮快速检测系统软件，选择 MySQL 数据库软件作为检测系统软件数据库；实现了数据库和检测系统软件的数据交互，并进行了检测系统软件测试，测试结果表明，开发的检测系统软件稳定性和可靠性较高，能够满足田间土壤全氮检测和土壤数据检测点轨迹成图的使用要求。

2）基于主动光源的近红外土壤全氮含量检测仪采用了高功率卤钨灯光源、分叉型一分六光纤和三层机械结构的设计，提高了光源的强度，减少了检测过程中光信号的损失。

3）根据检测仪所测得的吸光度数据和定氮仪测得的全氮含量值分别建立了多元线性回归模型、BP 神经网络预测模型和偏最小二乘法预测模型，采用偏最小二乘法建模，建模的决定系数（R_c^2）为 0.8613，验证的决定系数（R_v^2）为 0.8041，模型精度最高，可以用于检测仪土壤全氮含量预测模型的嵌入。检测仪田间实时测量结果和定氮仪测量结果的相关系数达到了 0.8280。仪器测量精度较高，可以满足田间快速准确检测的要求。

4）为了实现土壤全氮含量的实时在线采集和采样控制，结合 OneNET 云平台进行了检测仪 PC 端和手机端软件开发。通过将检测仪硬件和软件结合，能够实现土壤吸光度、全氮含量和 GPS 经纬度数据的手动和自动采集，生成土壤肥力分布图，能够为用户施肥管理提供技术支持。

5）夏玉米底肥期和拔节期进行的土壤全氮检测结果表明，车载式土壤全氮快速检测仪对土壤全氮进行实时检测是可行的，嵌入的 BP 神经网络模型可靠，相关性分析结果相关系数（R）为 0.9108 和 0.9033。结果表明，车载式土壤全氮快速检测仪大田土壤全氮检测精度也达到了较高的水平，满足农田参数实时原位测量的需要。变量施肥小区玉米平均产量为 485.004 千克 / 亩，传统施肥小区玉米平均产量为 447.537 千克 / 亩，玉米增产 8.37% 左右。传统的变量施肥小区施肥量为 50 千克 / 亩，变量施肥小区平均施肥量为 41.8 千克 / 亩，肥料减施 16.40% 左右，一定程度上达到了减肥增产的效果。因此，结果表明车载式土壤全氮快速检测仪可以满足农田参数实时原位测量的需要。

二、设施园艺信息化

设施园艺相较于露地种植，具有种植环境条件相对可控，作业环境相对结构化的特点。一方面，设施园艺可以显著增加全年种植时长，起到“春提早、秋延后”的效果，甚至实现周年生产；可以通过温光水气肥条件的适度调整精准管控，实现增产提质；可以通过设施小气候环境重塑，实现非耕地农业生产拓展。另一方面，设施本身及必要的辅助生产区域降低了土地利用率，相对封闭的生产环境限制了机械化作业效率，对环境调控能力与精度的追求增加了能耗成本和作业强度。通过信息化结构设计优化设施建筑结构，合理利用空间、提高土地利用率；农机农艺融合，创新研发智能农机，提升机械化作业效率；推动设施园艺信息化技术在生产、经营、管理三方面的应用与整合，实现信息化综合管理，提高农资、能源利用率，降低生产管理成本。因此，在智慧设施园艺方面聚焦四大成果研发及应用方向，即环境—作物信息采集、温光水气肥智能管理系统、智能农机装备、信息化综合管理平台，从而构建“设施宜机化、环控智能化、生产无人化”场景。

1. 环境—作物信息采集技术

设施园艺生产是环境与作物相辅相成的过程，环境—作物实时动态情况的信息化是实现智慧农业生产、经营、管理的基础，各类环境、作物的在线监测传感器是实现信息化或进一步实现智慧化的第一步。

设施园艺环境传感器能够为农户提供实时、量化、科学的温室环境参数状态，辅助人工决策通风、遮阳、灌溉等管理作业，有效提高温室环境调控精准性，从而提高作物产量与品质，减轻管理人员劳动强度，从而充分发挥农业设施的作用。相对成熟的应用开始于 2006 年前后的第一代“温室娃娃”，设备可采集温室内空气温度、湿度、露点、土壤温度、光照强度等参数，之后各农业信息化企业陆续推出各类型环境监测传感器，检测准确度、稳定性逐渐提升，可实现远程环境参数查看，并初步具备预警提醒功能，目前推广应用范围较广，可检测的环境参数一般包括空气温湿度、光照强度、光合有效辐射、土壤温度、土壤含水率、CO_2 浓度、土壤电导率等，但缺少专用传感器，导致检测误差大、稳定性差等问题。目前常用传感器多为工业或家用通用传感器，以空气温度检测为例，通用传感器在温室内阳光直射、相对湿度 100% 的环境下常常出现检测温度误差过大、漂移、通信不稳定等现象，加之农户管理保养不及时、供货企业维护服务不到位，部分采集设备形同虚设。

作物生理传感器能够直观反应作物生理状态，为纠正基于环境参数做出的控制判断提供依据，结合环境参数辅助人工更加精准地调控环境参数，也可以为作物产量预测、病虫害预测提供数据依据，进一步提高作物产量与品质。目前主要检测的参数有叶片温度、茎流、茎秆直径、果实直径等。随着植物生理检测技术的不断进步，"听植物说话"的概念逐渐从科研端进入生产端，作物专用生理检测设备逐渐出现在示范性温室中，并在生产中取得一定的应用。但该类设备成本过高、数据分析处理对相关专业学术性知识要求较高，给普通生产者带来的直观效益不高，推广难度较大，但对于育种、作物栽培技术模型建立具有数据支撑作用。

2. 温光水气肥智能管理系统

在信息化采集的基础上，最需要实现智能化的是环境综合管理方面。温室种植与陆地种植生产的最大区别在于对温光水气肥的可调控性。2021 年，我国蔬菜播种面积约 3.2 亿亩，产量约 7.67 亿吨，设施蔬菜播种面积约 6300 万亩，占蔬菜总播种面积的不足 20%，但产量占比约为 35%，商品菜占比更是接近 60%，主要原因在于环境与水肥调控为作物提供了更加适宜的生产条件，增加了生产时长和茬口。从生产管理者综合管理时长推算，在全年温室内生产时长中，围绕温光水气肥环境监视与调控管理的用时占比超过 60%，其中栽培技术或管理经验对于产量与质量的影响巨大。在准确实时的环境参数采集基础上，智能化环境调控管理的作用尤为重要。

对于连栋玻璃温室的信息化或智慧化环境调控主要基于作物生长模型构建控制算法，实现顶部通风窗迎风面 / 背风面控制及开度调控、内外遮阳网开度控制、内部保温幕布开度控制、锅炉及供暖管道流量控制、风机湿帘系统控制、喷雾系统控制等，精准调控室内温度、湿度、光照环境，为作物提供更加适宜的生长条件；基于光合辐射积累、基质含水率检测推断蒸腾速率智能决策灌溉，基于水肥一体化技术精准调控营养液配方施肥，实现水肥精准管理，基于长期营养液循环精准管理作物根区盐分胁迫状态，从而提高产品风味和质量；配合 CO_2 施肥控制系统、人工补光系统进一步提升完善作物生产环境水平。我国大量新建规模化连栋温室采用荷兰进口温室环境控制系统，可实现智能化环境精准调控，最大限度地保证了温室环境条件。同类型大果番茄在荷兰的年产量平均水平约 72 千克 / 米 ^{2}，我国连栋玻璃温室产量平均水平约 25 千克 / 米 ^{2}，日光温室产量约 12 千克 / 米 ^{2}，产量差距巨大，应用潜力也巨大。该技术装备基本形成国外垄断，由于控制系统核心在于作物生长模型、控制算法与管理经验的融合，我国虽然有企业开始研发相应产品，但作物模型基础薄弱、控制算法不完善、相应的管理经验更是缺失，导致实际控制效果不理想，无法实现自动化与智能化，还需要人工决策实现电动化管理。

对于日光温室，目前智能通风、自动保温被、智能施肥机已在山东、河北、江苏、辽宁等设施蔬菜大省取得广泛应用，有效地提高了生产作业效率，降低了管理强度。智能通风与温室空气温湿度传感器联动可以有效控制温室环境波动，对于温室增产有明显效果，同时解放了管理人员，节省了大量的监督时间，为春秋季正午休息提供了保障；自动保温被结合日出日落时间、气象参数预测，可以有效提高温室内保温蓄热效果，从而降低冬春季加温能耗，降低保温被因过卷反卷造成的经济损失风险，大大节省人工监视时间；智能施肥机可实现精准配肥、自动施肥、远程水肥管理，有效提高肥料空间时间均匀度，从而提高水肥利用效率，起到节水节肥的效果，配合定时灌溉设置、远程操作启停和基于土壤或基质含水率检测实现少人化或无人化灌溉，减少管理成本。

3. 智能农机装备

机械化是农机信息化智慧化的基础，智能农机装备是提升设施农业劳动生产率的有效抓手，但受空间狭小、作业环节复杂、技术难度大等限制，研发应用难度较大。与露地生产不同，设施蔬菜生产环节多，尤其是茄果类作物生产的作业流程复杂，从育苗环节到采收清运需要经过播种前处理、播种、催芽、嫁接、愈合、移栽、定植、整枝、打叶、授粉、落蔓、绑蔓、采收、运输，以及采后的清洗、分级、包装等，涉及的农机作业装备有基质破碎机、基质搅拌机、穴盘清洗消毒机、基质消毒机、播种作业线、人工气候室、嫁接机器人、补苗机、分级移栽机、定植移栽机、打叶机器人、授粉机器人、升降作业车、自动落蔓系统、采摘机器人、AGV 自动运输车等。目前基质搅拌机、播种作业线、人工气候室、定植移栽机、省力化运输车等设备已经在规模化育苗企业、合作社及种植大户中取得相对广泛的应用，有效提高了作业生产率、降低了劳动强度、减少了劳动成本。但在嫁接机器人、打叶机器人、授粉机器人、采摘机器人等方面还存在精准对接、路径优化、视觉算法、柔性末端研发等技术难点待突破，虽然在部分示范温室进行了试验研究，但仍存在成本过高、作业效率没有显著优势、运行稳定性不高等问题，与全面推广还有一定差距。

4. 信息化综合管理平台

虽然目前我国设施农业还是以分散经营为主，但规模化生产的趋势和优势已逐渐显现。大型规模化种苗生产企业、设施种植生产企业、专业合作社、种植大户数量增加，管理者对信息化生产、经营、管理的意识和需求日渐加强，随着国家数字农业创新应用基地的建设示范，引领带动各地设施园艺信息化园区转型升级。最主要的方面就是综合管理的信息化，通过搭建园区或基地生产管理的信息化平台，汇交基地基础信息、生产种植信息、农资能源投入信息、市场动态信息等，可有效提升企业或基地管理者分析决策、远程操作等过程的管理效率。同时，基地采集的数据及时对接地方或上级数据管理单位数据库，对于长期建立区域性数据库，形成品种、栽培、植保、水肥等专家系统，方便农业管理部分政策制定起到支撑作用。

三、智慧果园构建与关键装备技术研发应用

智慧果园关键装备技术的研发与应用在现代农业中扮演着至关重要的角色。通过运用先进的信息技术、传感技术、自动化技术等手段，对果园种植、管理、采摘等作业环节实现高度自动化、智能化、精准化和信息化，是当前能够有效提高果园生产率，降低管理成本，提高果品品质的重要途径。目前，在无数科研机构的努力之下，与智慧果园关键装备技术研发相关的案例和标准层出不穷，尤其在空地协同通信技术的加持下，智慧果园技术体系构建正在出现从单维到多维，单机精准控制到多机协同控制，单任务到多任务，单智能体到多智能体，同构到异构的变化趋势。从技术集成综合发展角度来看，智慧果园技术主要可分为“数字农业一张图”“空天地一体监控体系”“空地协同智能控制装备”等建设内容。

（1）数字农业一张图　数字农业一张图主要指大屏幕 +AR/VR 实景。云南省曲靖市陆良县通过构建了辐射面积 60 万亩的农业可视化大数据平台 +AR/VR 数字沙盘 + 实景游览平

台，实现了全国首个“数字农业一张图”案例应用落地。通过用户走动和手柄操作即可实现身临其境的漫游；通过影片和图文介绍产品，可增强用户农业采摘体验感；通过数据实时监控、设备实景控制可实现端到端精准联动控制。

（2）空天地一体监控体系　结合卫星遥感 + 无人机 + 物联网技术是构建空天地一体农业基础数据监测系统的关键。湖南省浏阳市以空天地一体监控体系为基础，利用三维厘米级精确还原技术和农田高光谱成像技术成功实现油菜花种植面积检测、作物长势监测、土壤墒情分析、土壤肥力评价及农业灾害监测预警等功能，各项指标整体统计误差可控制在5%以内。

（3）空地协同智能控制装备　空地协同智能控制装备基于北斗导航 + 激光雷达 / 视觉环境作物检测实现多个空地农机智能协同、联合精准作业。当前技术已经能够支持最全面的无人化旋耕、开沟、施肥、施药、灌溉、采摘等种植和田间管理作业，支持自动作业路径规划及定位导航关键功能的实现。用户通过手机、云平台等即可进行作业状态远程实时监控，并根据农业生产场景控制智能装备进行自主作业。江西景德镇建立基于无人机、地面自走式机器人、云端和人工智能技术的脐橙“双减”综合性解决方案，农药利用率提升40%以上，肥料利用率达到30%以上，植保作业效率提升30%以上，每亩增果50公斤以上，减少了管理成本，破解了传统植保作业费工、费时、费力、费水、费钱等难题。

中国农业大学农业无人机系统研究院何雄奎教授团队开展了融合物联网、大数据、装备智能化等技术的空地协同智慧果园建设工作，可有望进一步解决未来可能出现的劳动力短缺、农机作业装备与生产资料管理困难、生产率低下等问题，引领中国农业发展方向。该团队目前已在北京、吉林、辽宁、云南、海南等多地开展智慧果园建设工作。

建设案例一：平谷西营智慧桃梨项目

峪口镇西营村智慧果园基于平谷特产大桃、佛见喜梨建设，主要建设内容如下。

1）固定管路系统：利用在田间架设的框架及半永久性管路，结合土壤墒情及气象信息可实现水肥药一体的远程自动水肥管理，结合虫情测报系统可实现病虫害自动防控。

2）远程监控系统：可以代替人力进行周期性的巡田，远程监控并记录田间作物的生长状况。配合光学变焦镜头，可以查看并记录田间作物的细节，远程评估病虫草害的发生情况。

3）虫情测报系统：利用杀虫灯、虫情测报站等设备观测虫害发生情况。其配套的杀虫灯可实现诱虫并捕杀，绿色防控，并预测虫情爆发的可能性，如有爆发的可能，可直接控制固定管路系统进行预防性用药。

4）机具作业监控系统：记录机具作业轨迹，进行作业任务下发以及机具作业情况记录，结合自主驾驶机具实现农机无人化作业。

建设案例二：云南红河弥勒智慧烟草项目

云南省红河州弥勒市在350亩高标准烟田上通过了自主研发的地面智慧烟草装备、辅助驾驶系统试验示范工作，并通过构建的“烟农一站式服务平台”使烟农向作业队下发需求订单，农机手收到订单并进行作业，作业信息实时回传到作业监督系统，进行作业质量评估，验收合格后向作业队发放补贴，保障作业质量的同时可实现补贴的精准发放。除此之外，通过研发农机深松作业补贴监管系统、无人机飞防作业远程监测、烟草无人信息采集系统、三轮式烟草高地隙无人喷雾机、四轮驱动式烟草高地隙无人喷雾机、烟草高地隙无人立体精准喷雾机等装备与技术，深度推动了云南省烟草行业智慧化发展。

建设案例三：辽宁阜新智慧花生项目

辽宁阜新智慧花生项目以订单农业和育种工程为抓手，打造“土地流转—金融保险—标准种植—订单回收—品质溯源”的产业闭环；流转近万亩耕地，建立花生育种核心示范区，可实现智能浇灌、农机监控北斗终端、水肥一体化及田间监控；采用最新数字建模技术，构建花生—土壤—大气连续体数字化模型（包括太阳辐射模型、土壤演化模型、作物光合模型、作物呼吸模型、物质积累模型、物质分配模型、氮肥管理模型、磷钾管理模型、作物病害模型、作物虫害模型、水分管理模型）；研发专用农业机器人，如花生地膜机、无人机地面喷洒机、植保无人机、花生收割机等，实现精准采收、喷雾、定位系统、环境智能感知系统、多地形导航、智能充电、农机与农艺结合的新型智慧花生生产模式。

建设案例四：吉林延边智慧苹果梨项目

吉林延边智慧苹果梨项目的建设内容包括病虫害智能管理、智能防冻系统、智能作业装备。建立全自动化病虫害监测点 4 处，土壤跟踪调查点 40 余处，智能诊断服务利用视觉计算、人工智能技术，智能识别果树龄期、株高、冠层幅度等性状参数，突破了人工智能技术在农业领域应用的瓶颈，为苹果梨生产管控提供精准指导服务；针对山区丘陵地区苹果梨防霜需求，设计了一种自热式小型防霜机。采用 UG 三维建模软件对防霜机的整体结构和关键部件进行精心设计和建模，引入自适应变异混合蛙跳算法，建立防霜冻机的风速和温度衰减模型。测试结果显示，在最大环境风速 2 米 / 秒的情况下，也能实现果园内 10 米的防霜覆盖半径，并能动态适应环境变化。

建设案例五：海南三亚智慧芒果项目

针对三亚芒果种植的立地条件，研发陆空立体智能化无人驾驶精准施药装备系统与高效减量施药核心部件与关键技术，系统开展了空中飞防与地面喷雾装备作业性能评估，建立了芒果病虫害“陆空立体防控”体系技术规范，实现了芒果病虫害陆空防控一体化和基于大数据云平台的变量植保农机作业服务。为实现芒果蓟马动态实时精准监测，团队设计了一套芒果病虫害实时检测系统，能够对不同芒果病虫害进行快速准确的识别与统计，及时掌握果园内虫害的危害程度和分布情况，并做出正确的用药方案和施药策略。在保证 85% 准确率的前提下，单亩次全过程扫描时间可缩减至 5 分钟。除此之外，团队成员利用 M300RTK 无人机搭载 X20P 高光谱相机获取果园整体冠层受损光谱信息。结合多种植被指数，并基于最大似然法预测果园内的虫害分布情况，明确各区域内虫害危害等级，反演精度可达 89% 以上。

智慧果园关键装备技术的研发与应用对于提高果园生产率、优化果园管理、降低劳动成本、提高果品品质具有重要意义。面对技术挑战和发展机遇，政府与企业应该加大技术研发投入，完善技术标准和规范，推动智慧果园关键装备技术的创新与应用，为我国果业的发展做出更大的贡献。

第三节 畜牧业信息化

“十四五”以来，我国加速了畜禽生产与信息化技术的深度融合，应用物联网、云计算、大数据及人工智能等新一代信息技术革命，驱动我国畜禽养殖现代化进程，推动产业向立体高效、健康绿色、精准作业、智慧决策的方向转型升级，提高畜禽养殖生产水平和资源利用率，提升产品质量安全和产业质量效益，保障畜禽产品的高效稳定供给，是贯彻“向设施农业要食物”的重要内容，也是《全国现代设施农业建设规划（2023—2030年）》指明的重要方向。

我国畜禽养殖信息化技术研究主要聚焦在多目标监测、生理行为感知、疫病诊断等方面。基于物联网系统和传感器节点，感知多源、异构、跨平台、跨系统的海量数据，并通过多模态特征的知识表示与建模、特定领域特征普适机理凝练和知识融合等大数据挖掘技术，多方位融入人工智能算法，实现复杂场景下多任务的智能执行和最终决策。本节分别从畜禽多目标识别、畜禽生理信息智能感知、畜禽多目标行为信息智能感知、畜禽声音信息智能感知和畜禽典型疫病智能诊断几个方面总结阐述了我国畜禽生产信息化技术的研究进展。

一、畜禽多目标识别技术

随着畜禽养殖场不断向大型、超大型方向发展，以及福利化散栏饲养模式的逐步推广，多目标个体的精准识别和持续追踪已经成为获取高质量基础数据、构建个体维度精准智能管理技术的基础和前提。

案例一：基于 YOLO-Byte 的奶牛多目标跟踪算法

奶牛多目标跟踪算法是奶牛个体识别、行为分析、个体计数等应用的基础，对奶牛养殖技术的智能化至关重要。针对奶牛个体检测与跟踪中复杂环境造成的漏检和误检问题，该研究提出了一种多目标跟踪方法（见图 6-25）。该方法针对 YOLOv7 主干网络的特征提取模块进行了改进，添加了自注意力和卷积混合模块（ACMix），解决了奶牛的不均匀空间分布和目标尺度变化。此外，为了减少模型参数数量，采用改进的轻量级空间金字塔池跨阶段部分连接（SPPCSPC-L）模块来降低模型复杂度。同时，通过直接预测跟踪框的宽度和高度信息来改进卡尔曼滤波器中的状态参数，从而改进 ByteTrack 算法，使跟踪框与奶牛的匹配更加精确和准确。试验结果表明，所提出的 YOLO-Byte 模型在奶牛目标检测数据集中实现了 97.3% 的精度，改进模型的召回率和平均精度相比原算法降低了 1.1%，模型参数减少了 18%。 此外，与原始模型相比，该方法在高阶跟踪精度、多目标跟踪精度和识别 F1 方面的性能分别提高了 4.4%、6.1% 和 3.8%，身份切换减少了 37.5%，平均分析速度为 47 帧 / 秒。该方法能够对自然场景下的奶牛进行有效的多目标跟踪，为非接触式奶牛自动监控提供了技术支持。

案例二：群猪目标检测算法

群猪检测是现代化猪场智慧管理的关键环节，针对群猪计数过程中，小目标或被遮挡的猪只个体易漏检的问题，该研究提出了基于多尺度融合注意力机制的群猪检测方法（见

图 6-26）。首先，基于 YOLOv7 模型构建了群猪目标检测网络 YOLOpig，该网络设计了融合注意力机制的小目标尺度检测网络结构，并基于残差思想优化了最大池化卷积模块，实现了对被遮挡与小目标猪只个体的准确检测；其次，结合 Grad-CAM 算法进行猪只检测信息的特征可视化，验证群猪检测试验特征提取的有效性；最后，使用目标跟踪算法 StrongSORT 实现猪只个体的准确跟踪，为猪只的检测任务提供身份信息。研究以育肥阶段的长白猪为测试对象，基于不同视角采集的视频数据集进行测试，验证了 YOLOpig 网络结合 StongSORT 算法的准确性和实时性。试验结果表明，该研究提出的 YOLOpig 模型精确率、召回率及平均精度分别为 90.4%、85.5% 和 92.4%，相较于基础 YOLOv7 模型，平均精度提高了 5.1 个百分点，检测速度提升 7.14%，比 YOLOv5、YOLOv7-tiny 和 YOLOv8n 这 3 种模型的平均精度分别提高了 12.1、16.8 和 5.7 个百分点，该模型可以实现群猪的有效检测，满足养殖场管理需要。

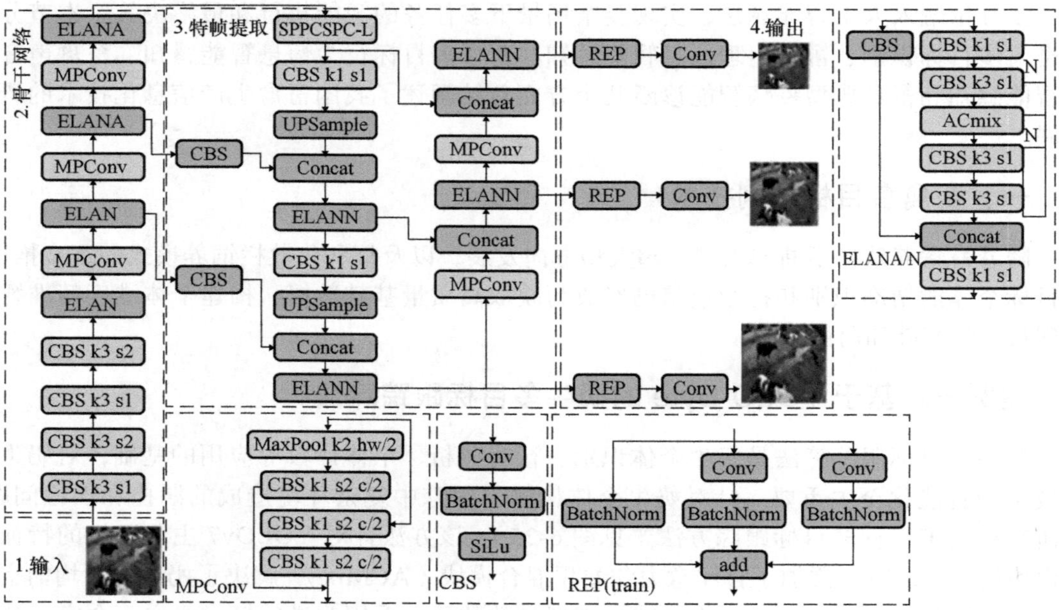

图 6-25　奶牛多目标跟踪算法网络结构

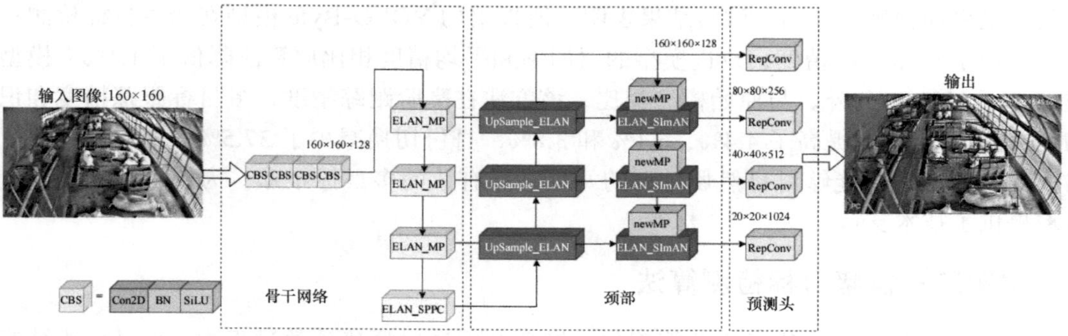

图 6-26　YOLOpig 网络结构

案例三：猪脸关键点检测方法

面部对齐是猪脸识别中至关重要的步骤，而实现面部对齐的必要前提是对面部关键点的精准检测。该研究提出了一种猪脸关键点检测方法（见图 6-27），该方法针对生猪易动且面部姿态多变，导致猪脸关键点提取不准确，并且目前没有准确快捷的猪脸关键点检测方法的问题，提出了生猪面部关键点精准检测模型 YOLO-MOB-DFC，将人脸关键点检测模型 YOLOv5-Face 进行改进并用于猪脸关键点检测。首先，使用重参数化的 MobileOne 作为骨干网络，降低了模型参数量；然后，融合解耦全连接注意力模块捕捉远距离空间位置像素之间的依赖性，使模型能够更多地关注猪面部区域，提升模型的检测性能；最后，采用轻量级上采样算子 CARAFE 充分感知邻域内聚合的上下文信息，使关键点提取更加准确。结合自建的猪脸数据集进行模型测试，结果表明，YOLO-MOB-DFC 的猪脸检测平均精度达到 99.0%，检测速度为 153 帧 / 秒，关键点的标准化平均误差为 2.344%。与 RetinaFace 模型相比，平均精度提升了 5.43%，模型参数量降低了 78.59%，帧率提升了 91.25%，标准化平均误差降低了 2.774%；相较于 YOLOv5-Face 模型，平均精度提高了 2.48%，模型参数量降低了 18.29%，标准化平均误差降低了 0.567%。该研究提出的 YOLO-MOB-DFC 模型参数量较少，连续帧间的标准化平均误差波动更加稳定，削弱了猪脸姿态多变对关键点检测准确性的影响，同时具有较高的检测精度和检测效率，能够满足猪脸数据准确、快速采集的需求，为高质量猪脸开集识别数据集的构建及非侵入式生猪身份智能识别奠定基础。

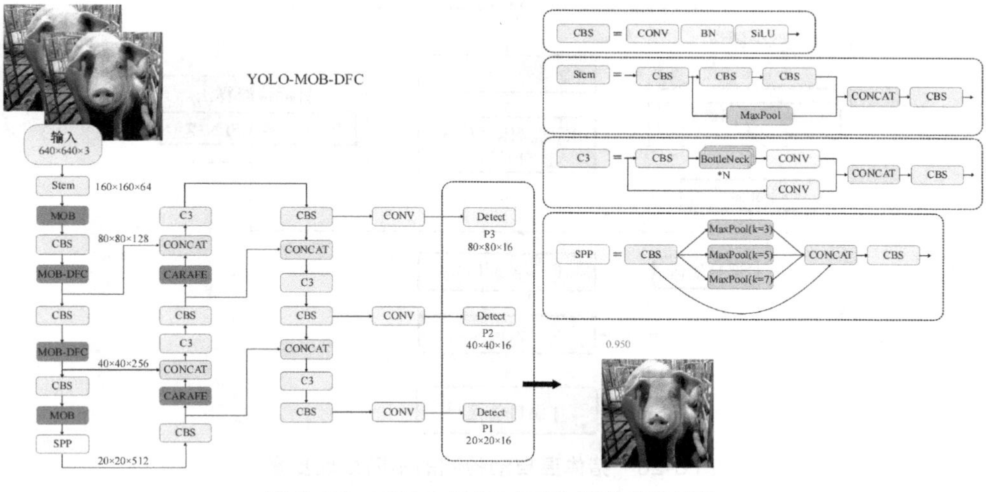

图 6-27　YOLO-MOB-DFC 模型总体结构

二、畜禽生理信息智能感知技术

畜禽体重、心率、体温等生理信息的实时感知可以为饲料转化率、健康状态、福利状态等关键生产参数提供数据支撑，同时为提高畜禽生产性能和改进生产管理方案提供数据参考，进而减少经济损失，保障生产效益。

案例四：基于计算机视觉的猪体温测量

体温是反映猪健康状况的重要指标之一。传统的直肠温度测量不方便、费时，而且容易引起猪的应激反应。该研究开发了一种基于红外热成像（ITG）的自动体温检测方法（见图 6-28）。首先，通过 ITG 测量了猪体表面的六个区域 [即额头（FH）、眼球、鼻子、耳根（ET）、背部和肛门] 的温度，以选择感兴趣区域（ROI）；然后，开发了一种改进的 YOLOv5s-BiFPN 模型，用于自动监测 ROI 和温度提取。模型开发使用了来自 16 头猪连续 30 天采集的 2797 张图像制作的数据集。结果表明，FH 和 ET 上的温度应该是 ITG 温度检测的 ROI，因为它们与猪体表面的六个部位中直肠温度之间存在较强的相关性。此外，FH 和 ET 上的最高温度最能反映猪体温的变化。所提出的 YOLOv5s-BiFPN 模型取得了最佳性能 [例如，全类别平均正确率（mAP）为 96.36%，目标检测速度高达 100 帧 / 秒]，与 CenterNet、Faster R-CNN、YOLOv4、YOLOv5s、NanoDet 和 YOLOv5n 模型相比，mAP 分别提高了 4.85%、4.38%、1.60%、1.56%、31.52% 和 22.42%。因此，这是一种可行的猪体温自动检测方法，有助于早期疾病预警和环境控制。

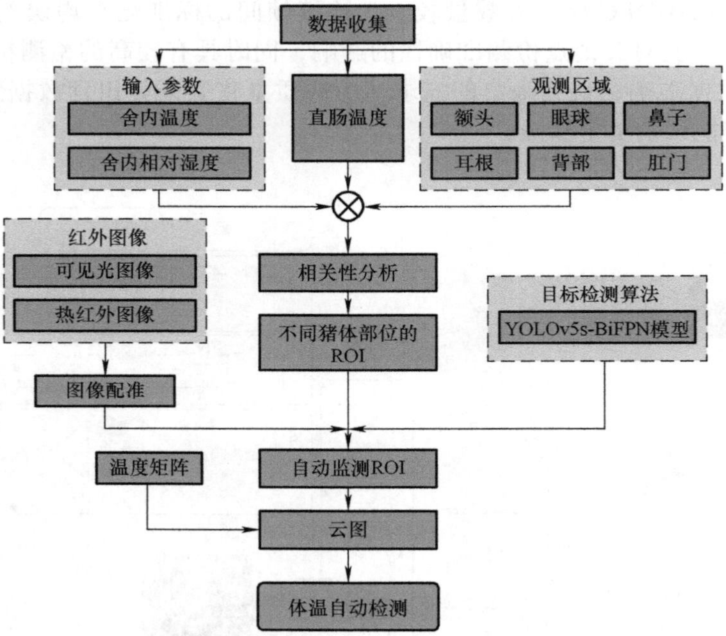

图 6-28　猪体温自动检测的不同处理步骤

案例五：基于点云的猪体尺测量

非接触式牲畜体尺自动测量是智慧养殖技术的重点研究方向之一，但直接在密集的牲畜整体点云上定位关键点误差较大，且牲畜的姿势及不同部位的干扰也会导致定位偏差。因此，该研究提出了一种改进的 PointNet++ 点云分割模型（见图 6-29），将整体猪点云细分为头部、耳朵、躯干、四肢和尾部等各个部分，以定位分段局部部位中的体型测量关键点。该研究还提出了一种基于分割结果的新体型测量方法，该方法集成了最小二乘法、点云切片、边缘提取和多项式拟合，以便更准确地计算猪的体型参数。在试验中，使用了25头活猪和207组猪体点云进行点云分割和体型测量。与手动测量相比，试验结果中的相对误差如下：体长为2.57%，体高（前）为2.18%，体高（后）为2.28%，体宽（前）为4.56%，体宽（中）为5.26%，体宽（后）为5.19%，胸围为2.50%，腹围为3.14%，臀围为2.85%。总之，基于改进的PointNet++点云分割模型的新自动测量方法具有更高的精度，具有更广阔的应用前景，这得益于其新颖的特性、精确的测量结果和稳定的鲁棒性。

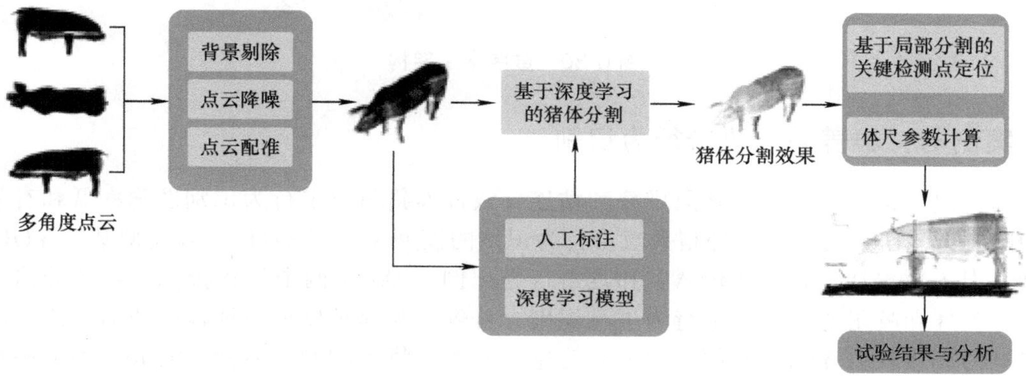

图6-29 基于点云分割的猪体尺测量的基本流程

三、畜禽多目标行为信息智能感知技术

畜禽行为模式受生产模式、养殖环境、生理状况及心理状态等多方面因素的影响，是表征畜禽健康和福利的重要指标。目前普遍采用的畜禽行为信息化识别技术主要包括穿戴式传感器和非侵入性视觉分析技术。

案例六：针对奶牛采食行为数字孪生感知技术与建模方法

数字孪生指代物理对象和数字对象之间的双向数据流，是一种通过模拟虚拟对应物来增强物理实体性能的一种方式。数字孪生在畜牧业的应用可以有效推动智慧畜牧业发展，协助制定商业决策、改善动物健康和福利、最大化农业资源回报率。奶牛的数字孪生体对提高动物福利和生产率具有重要的应用价值。该研究提出了一种覆盖奶牛全生命周期的数字孪生架构（见图6-30）。基于舍内定位数据和惯性测量单元（IMU）数据构建了奶牛的数字影子，该研究以奶牛采食和非采食行为为例研究数字孪生感知和建模方法。利用集成了超宽带（UWB）芯片和IMU的定制项圈收集5头健康非泌乳荷斯坦奶牛的实时位置和颈部运动数据，并通过UWB信号传输到定位锚点，然后转发到本地服务器。基于支持向量机（SVM）、K最近邻（KNN）算法和长短期记忆（LSTM）网络构建了奶牛采食行为识别模型。结果表明，LSTM网络识别精度优于其他方法；单独使用IMU数据时的识别准确度为91.05%；通过融合UWB数据，识别准确率提高到94.97%。数字孪生解决方案的试用证明了数字孪生架构的合理性和技术可行性，这对于畜牧业动物数字孪生的发展具有重要的参考价值。

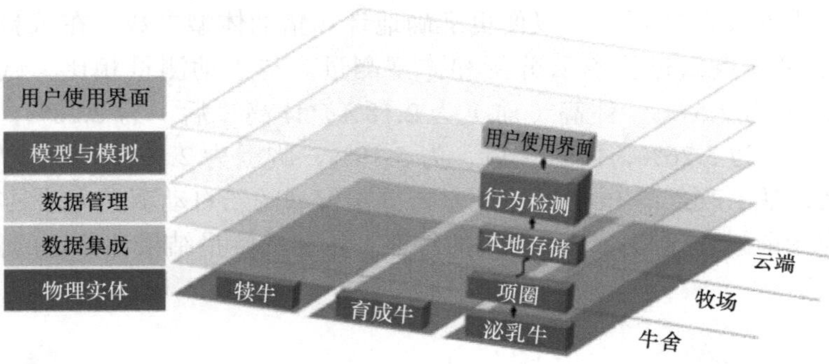

图 6-30　数字孪生架构

案例七：群养猪只攻击行为识别

为解决复杂猪舍环境下猪只堆叠和粘连导致群养猪只攻击行为识别准确率低和有效性差的问题，该研究提出了一种猪只攻击行为识别的模型（见图 6-31）。该模型基于 YOLOX 模型，引入攻击活动比例（PAA）和攻击行为比例（PAB）两个优化指标，对群养猪只的撞击、咬耳和咬尾等典型攻击行为进行识别。首先，为提高模型特征提取能力，添加归一化注意力模块获取 YOLOX 颈部的全局信息；其次，将 YOLOX 模型中的 IoU 损失函数替换为 GIoU 损失函数，以提升识别精度；最后，为保证模型的实时性，将空间金字塔池化（SPP）结构轻量化为快速空间金字塔池化（SPPF）结构，增强检测效率。试验结果表明，改进的 YOLOX 模型的平均精度达 97.57%，比 YOLOX 模型提高 6.80 个百分点。此外，当 PAA 和 PAB 的阈值分别为 0.2 和 0.4 时，识别准确率达 98.55%，有效解决了因猪只攻击行为动作连续导致单帧图像行为识别可信度低的问题。研究结果表明，改进的 YOLOX 模型融合 PAA 和 PAB 能够实现高精度的猪只攻击行为识别，为群养生猪智能化监测提供有效参考和技术支持。

四、畜禽声音信息智能感知技术

畜禽声音蕴含的丰富信息可以用来反映动物的生理健康、应激状态及情绪状态。国内外学者已经将声音信号解析广泛用于畜禽的应急预警和疾病诊断。其中，通过智能识别咳嗽声实现呼吸道疾病早期预警是畜禽声音解析研究的热点。

案例八：基于无线传输技术的肉鸡养殖场音频采集系统设计与实现

基于牲畜发声的健康监测方法具有非接触式、非侵入性的优点。该研究提出了一种基于声音检测和迁移学习的白羽肉鸡健康监测方法（见图 6-32）。通过判断白羽肉鸡音频中咳嗽的频率来判断肉鸡的健康状况，并新提出了定量评价指标——咳嗽率。该研究对大量带有标签的白羽肉鸡音频进行了信号滤波、子帧处理、脉冲提取和端点检测，并从时频域中提取 60 个声音特征，创建数据集；构建了参数优化的随机森林模型和基于改进的 TrAdaBoost 多分类算法构建的肉鸡声音迁移分类模型。结果表明，随机森林模型的平均分类精度为 88.93%，迁移分类模型的平均分类精度约为 82%，由此可知，迁移分类模型具有很强的泛化能力，论证了该研究所提方法的可行性和实用性。

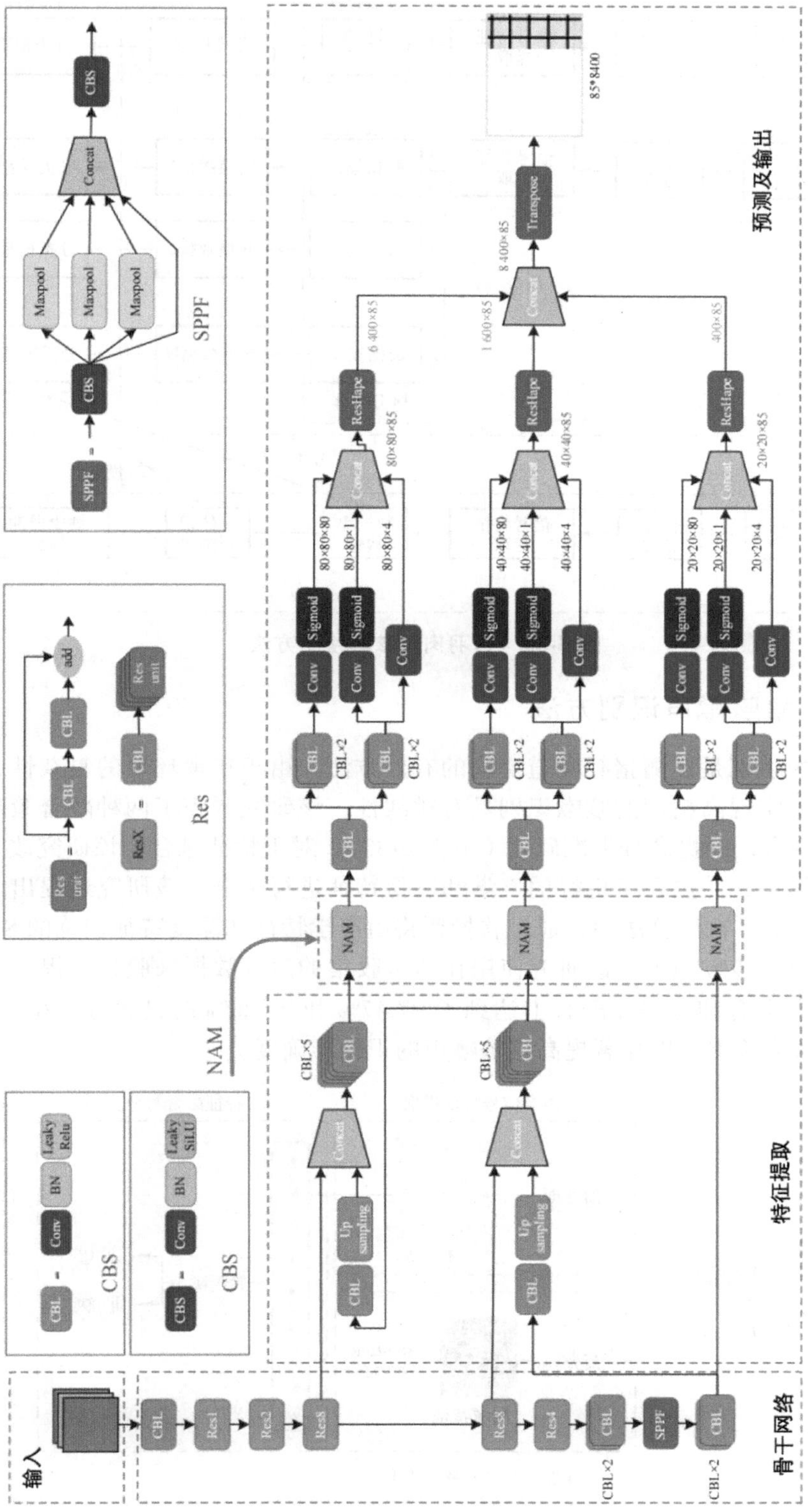

图 6-31 改进 YOLOX 模型

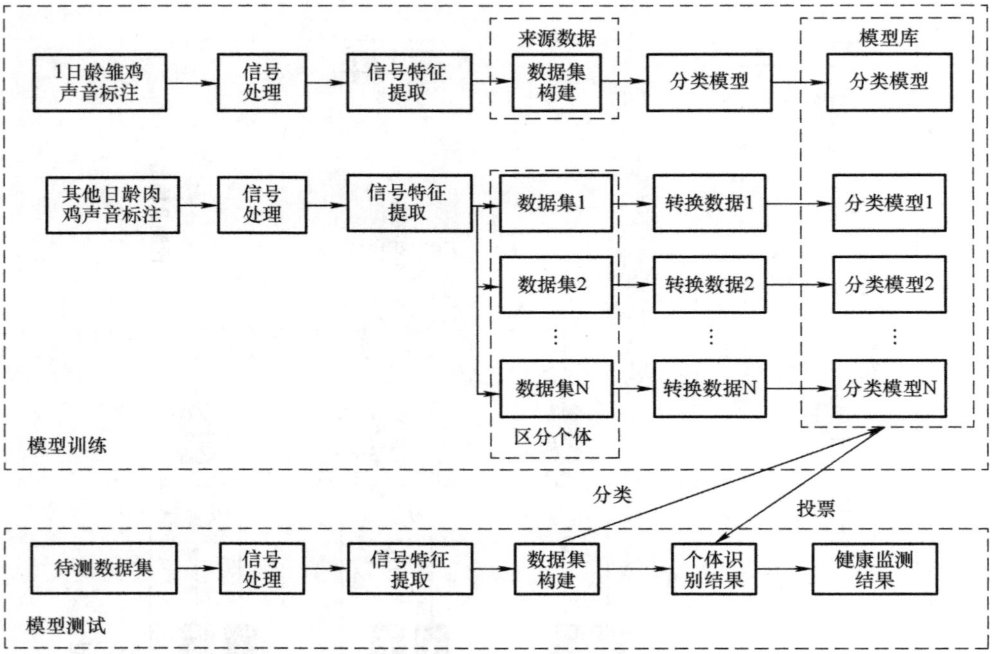

图 6-32　白羽肉鸡咳嗽检测方法

案例九：猪咳嗽声识别方法

猪咳嗽声的识别是监测猪呼吸道疾病的有效方法。由于猪舍环境的复杂性，仅依靠单一特征或分类器实现高精度的咳嗽识别具有挑战性。该研究调查了两种融合策略，即特征融合和分类器融合，以提高分类准确度（见图 6-33）。对于特征融合，该研究改进了先前提出的特征融合算法，并选择了更好的声学和图像特征进行融合。该研究还提出了一种新颖的分类器融合算法。在该算法中，通过软投票将由声学特征和深度特征训练的 SVM 分类器进行融合，用于猪咳嗽预测。该研究使用在猪舍收集的声音数据来验证所提出的方法，该方法分别在特征融合和分类器融合上达到了 97.47% 和 99.20% 的显著分类率。结果表明，该研究提出的融合策略可以显著提高猪咳嗽声的识别准确度。

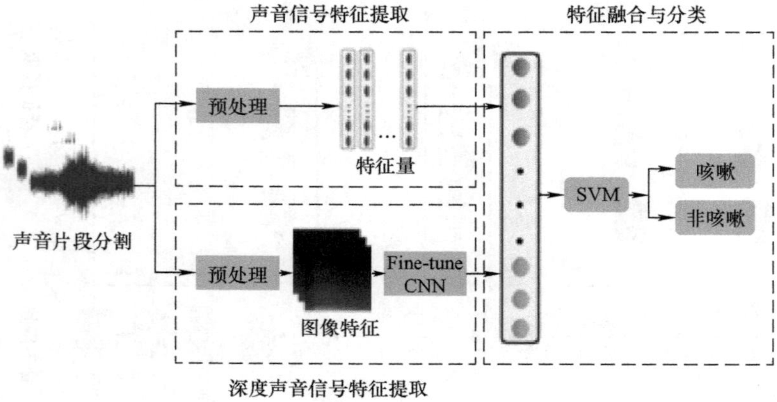

图 6-33　改进的特征融合方法的框架

五、畜禽典型疫病智能诊断技术

随着我国畜禽养殖规模的不断扩大和一线兽医人员的逐年短缺，加之非洲猪瘟等畜禽疫病的反复爆发，如何进行疫病的智能诊断和早期防控，对保障畜禽健康、提升生产效益、推动畜牧业绿色健康高效发展至关重要。

案例十：基于多源图像和深度学习算法的死鸡检测模型

在规模化蛋鸡养殖中，及时发现死鸡有助于防止交叉感染、疾病传播和经济损失。目前，死鸡识别仍然依赖于人工巡检，耗时耗力。因此，该研究基于智能巡检机器人作业场景，提出了一种利用多源图像和深度学习进行死鸡检测的新方法（见图 6-34）。通过引入一种像素级图像配准方法，使用深度信息将近红外（NIR）和深度图像（DI）投影到热红外（TIR）图像坐标中，生成配准图像；分别使用配准的单源（TIR、NIR、DI）、双源（TIR-NIR、TIR-DI、NIR-DI）和多源（TIR-NIR-DI）图像训练死鸡检测模型；对比分析了 YOLOv8n、Deformable DETR、Cascade R-CNN 和 TOOD 的检测性能。结果表明，基于多源图像的模型性能优于单源图像。其中，基于 NIR-DI 和 Deformable DETR 的检测模型性能最佳，平均精度为 99.7%（IoU = 0.5），召回率为 99.0%（IoU = 0.5）。该研究成果为后续智能巡检机器人执行死鸡检测任务提供了技术支撑。

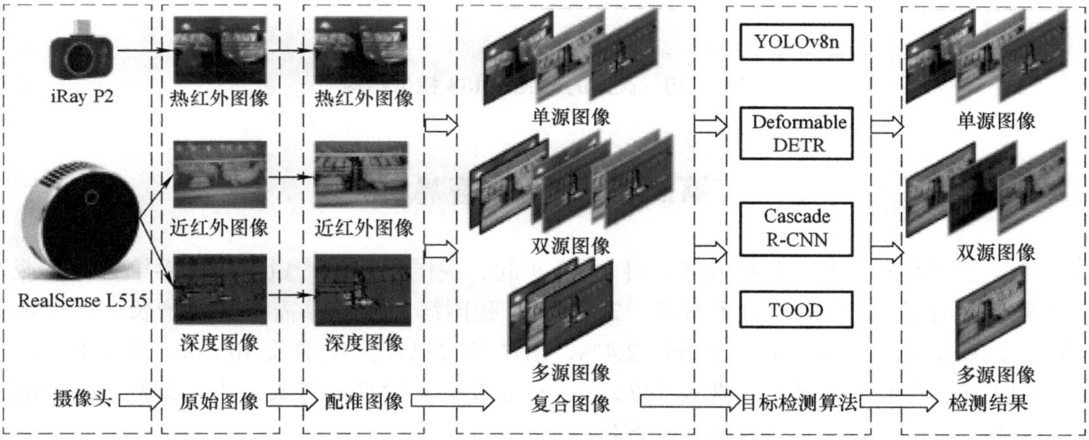

图 6-34 死鸡检测新方法思路图

案例十一：融合数据增强与改进 ResNet34 模型的奶牛热红外图像乳腺炎检测

乳腺炎是奶牛生产养殖中最关注的疾病之一，奶牛乳腺炎的早期检测可以为尽早介入和及时诊疗提供依据，从而提高疾病治疗效率，降低养殖风险。该研究提出了一种基于热红外图像，融合数据增强与改进 ResNet34 模型的“一步式”奶牛乳腺炎疾病检测方法（见图 6-35）。相较于现有的“多步式”奶牛热红外图像乳腺炎检测方法，该方法无须提取奶牛乳房和眼睛的定位及温度，可有效避免烦琐操作造成的误差累计。采用 ResNet34 模型作为基础网络，根据热红外图像特性精简了网络内部冗余层，在中间层添加了辅助分类器，并用改进的多融合池化层代替了单一池化层，使得特征提取内容更丰富。结果表明，改进的

ResNet34 模型分类准确率提高了 3.4%。通过融合迁移学习和数据增强，模型测试准确率达到 80.3%，查准率为 91.2%，F1 分数为 91.4%，较现有模型的准确率提高了 5.1%，特异度提升了 5.3%。该方法可以为奶牛乳腺疾病早期筛选和诊断提供技术支撑。

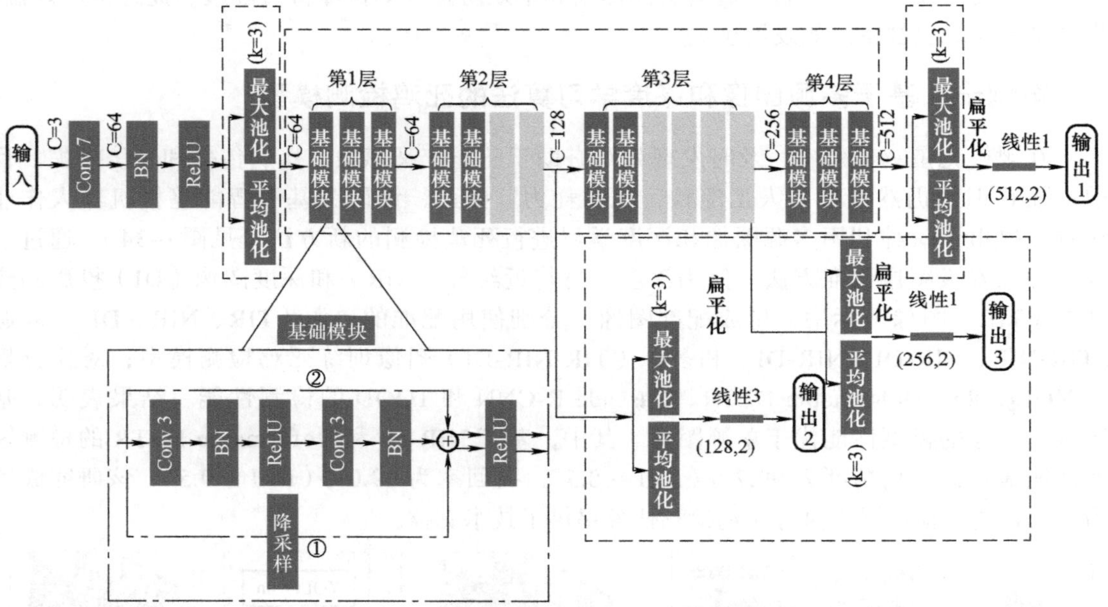

图 6-35　改进的 ResNet34 模型结构

第四节　渔业信息化

我国是世界第一水产养殖大国，自 1989 年起，我国水产品产量跃居世界第一位，截至 2023 年已经连续 35 年保持世界首位。2022 年，我国海洋水产品需求日益增长，产量持续增加，全国海洋水产品产量同比增长 2.4%，水产品进口额同比增长 40.6%，远洋渔业产品运回国内销量占比不断提升。进入 2023 年，行业发展延续良好势头，为“菜篮子”产品稳定供给和农业农村经济发展做出积极贡献。

渔业信息化在近年来取得了飞速发展，推动了我国渔业由传统粗放型向智能精细化发展。循环水工厂化养殖模式，利用机械、化学、自动化信息技术等先进技术，实现了水产养殖各环节各要素的精准感知、定量决策、智能作业和智慧服务；完善的常见鱼病诊断技术体系，准确地把握了鱼病暴发状况，做出准确诊断并开展及时有效的救治措施，减少了经济损失；渔业渔政信息化管理，有效打击了非法捕捞、加强了水生生物资源养护，并提升了渔业安全作业水平。

一、各项政策要求加快推进渔业高质量发展，多元化拓展渔业生产空间

2023 年以来，我国发布多项政策，从多角度、多方面为渔业生产和发展提供有效的信息支持，充分总结了“十四五”的经验，提倡多元化的渔业养殖生产模式。同时，也为渔业发展提出重大项目和保障措施，为培育新科技浪潮、引领渔业高质量发展奠定基础。

2023 年 6 月，农业农村部联合国家发展改革委、财政部、自然资源部制定印发《全国现代设施农业建设规划（2023—2030 年）》（简称《规划》），这是我国出台的第一部现代设施农业建设规划。以生态健康养殖为主的现代设施渔业是《规划》明确提出的四方面重点任务之一，要求坚持扩产能、优结构相结合，以水域滩涂承载力为前提，优化设施渔业生产力布局，推进池塘标准化改造，大力发展工厂化循环水和深远海大型养殖渔场等设施渔业，积极拓展设施渔业绿色养殖空间。《规划》提出，第一，加快传统养殖水域设施提档升级。推进养殖设施标准化改造，推进工厂化养殖设施建设和装备智能化升级以及推进生态化处理。第二，推进深远海设施渔业拓面提质。建设重力式深水网箱、建设桁架类网箱和养殖工船。第三，推进渔港设施升级改造。完善渔港公益性设施，配套渔港经营性设施。

2023 年 6 月 12 日，农业农村部等八部门联合印发《关于加快推进深远海养殖发展的意见》，要求各地、各部门加大政策支持力度，加强深远海养殖用海等制度保障，并在信贷、保险等方面给予政策扶持，为当前和今后一段时期规范和支持深远海养殖发展提供了政策依据。深远海养殖主要指以重力式网箱、桁架类网箱及养殖平台、养殖工船等大型渔业装备为主体，以机械化、自动化、智能化装备技术为支撑，在深远海进行规模化高效水产养殖的方式。大力发展深远海养殖，对优化水产养殖空间布局、促进海洋渔业转型升级、确保国家粮食安全、改善国民膳食结构、实施健康中国战略均具有重要意义。

2023 年 10 月 24 日，国务院新闻办公室发布《中国的远洋渔业发展》白皮书。白皮书共分为七个部分，全面介绍了中国远洋渔业的发展理念、原则立场、政策主张和履约成效，分享中国远洋渔业管理经验，促进远洋渔业国际合作与交流。2023 年 12 月 13 日，《自然资源部办公厅　农业农村部办公厅关于优化养殖用海管理的通知》正式出台，从科学确定养殖用海规模与布局、分类管控新增养殖用海、稳妥处置现有养殖用海等六方面提出一系列政策措施。在深远海养殖用海管理方面，该通知提到要拓展深水远岸宜渔海域，优化养殖用海布局，积极支持深远海养殖和海洋牧场用海，加快重力式网箱、桁架类网箱、养殖工船等深远海养殖渔场建造应用。

二、渔业信息化研究进展

2023 年是充满机遇与挑战的一年，各种新技术、新理念、新模式不断涌现，为水产业的发展注入了新的活力。

2023 年 1 月，四川省绵阳市盐亭县梓江鳜鱼研究基地正式投入运营。该工厂化循环水项目由流水鱼公司承建，车间占地面积 4200 米^2。该工程共建设 2 个亲本车间、1 个孵化车间、1 个标粗养殖车间、集鳜鱼亲本培育、鱼苗孵化、标粗、成鱼于一体。

2023 年 2 月，由格力集团牵头组建的海工装备和深海养殖装备产业公司——格盛科技、格金贝尔投入运作。11 月，格盛科技投资的“格盛 1 号”平台正式开工建造，建成后将布放在珠海桂山小蜘洲岛北侧海域；预计 2024 年下半年投产运营，年产值超 5000 万元。此外，海大集团和越秀集团共同投资的南美白对虾工厂化育繁养项目正在建设中；项目远期规划 3000 亩以上，其中项目首期总投资 1.2 亿元，进入成熟期后可产优质对虾 250 万公斤，营收可达 1.1 亿元。

2019 年 3 月，正大集团收购美国佛罗里达州的一处废弃养虾场，成立一家名为“Homegrown Shrimp USA”的公司。2023 年 3 月，Homegrown Shrimp 养殖场正式开业，该大型养殖场配备了40个100米的圆形养殖池和8个用于收集固体废物和水回收的池子。

2023年7月，马云旗下实控公司参投了名为“一米八海洋科技（浙江）有限公司”的渔业公司。同月，由耕海牧洋（海南）投资有限公司打造的金雨海洋智慧渔业产业园建设正在施工中，该产业园将以工厂化循环水养殖、深远海养殖、水产品精深加工、饲料加工为主导产业，打造集育种育苗、科研创新等功能于一体。

2023年9月，宁波象山鲑鱼RAS养殖项目一期工程基本完成。宁波象山鲑鱼RAS养殖项目是挪威企业Nordic Aqua Partners在中国宁波兴建的一座陆地鲑鱼养殖场，项目占地面积约300亩，分三期建设。一期工程养殖设备的总投资为5300万欧元，年产能达到4000吨；二期将增加4000吨，预计三期建好后总产能可达2万吨。Nordic Aqua Partners计划在2024年第一季度实现首次收获，同时开展八个批次的养殖。

农业农村部发布数据显示，在沿海各地加速推进深远海养殖高质量发展下，截至2023年底，已建成重力式网箱2万余个、桁架类网箱40个、养殖工船4艘；建成深远海养殖水体4398万米^3，产量39.3万吨，比“十三五”初期分别增加3.3倍和2.4倍。深远海养殖产业集聚效应已初步显现。

三、新技术、新装备的应用是信息化发展的重要支撑

渔业装备与技术是渔业生产捕捞过程中的重要组成部分，其技术的进步不仅关乎产业的持续发展，还直接影响着国家的食品安全与生态环境，渔业装备和技术的水平也是衡量我国渔业发展水平的重要标准。近年来，随着“互联网+”和现代科技的快速发展，中国渔业在技术创新和应用方面取得了显著的成就，为实现渔业的可持续、智能与绿色化提供了有力的支撑。在这里主要对2023年以来我国渔业装备和技术的新进展、新方向进行总结和探讨。

在新技术方面，通过多年的努力，我国已建立了完善的水产动物病害防治体系，包括研究机构、实验室和病害防治网络。尤其在疫苗研发和病原检测技术方面，中国已取得了一系列重要的突破，为确保水产养殖的安全提供了强有力的技术保障。随着现代生物学技术的进步，水产动物疾病的诊断技术得到了长足发展。荧光抗体技术、免疫酶技术、聚合酶链式反应（PCR）等先进检测技术的应用，为疾病的早期发现和及时治疗提供了有力的技术保障。

新疆奔腾生物技术有限公司研究出斑节对虾和罗非鱼养殖的人工海水配方，通过生物技术将地下水制成人工海水，经过全封闭工业化养殖，也能实现斑节对虾、罗非鱼等海洋生物的本地化养殖。云浮市大力推广陆基圆桶养殖技术，为水产养殖创造高效又环保的新模式，实现渔业增产增收。广东农业技术推广中心联合科研院所组建攻关团队，成功实现黄鹂无齿鲹人工繁育并首次实现工厂化大规模育苗。中国水产科学研究院渔业机械仪器研究所（简称渔机所）王小冬等人提出了一种利用水动力规模化控制蓝藻水华的方法，可以实现蓝藻水华演替为棕黄色至棕褐色的细絮状颗粒物。

在新装备方面，随着新材料、新工艺的应用，渔业机械产品的质量和性能得到了显著提升，为渔民提供了更为先进、可靠的渔用工具和设备。同时，现代信息技术（如遥感、全球定位系统、地理信息系统等）的应用，为育种和渔业资源治理提供了重要的技术支持。

航海装备是建设海洋强国的“国之重器”，2023年第三季度造船业最新数据显示，我

国造船完工量、新接订单量和手持订单量三大指标均居世界第一。2023 年 11 月 10 日，恒兴集团与京东集团战略合作签约仪式暨恒兴食品溯源产品推介会在湛江隆重举办，首个水产食品溯源平台正式上线。清华大学提出了一种耦合型循环水养殖系统和循环水养殖方法，保证养殖池内水产品的寿命，减小了耦合型循环水养殖系统的面积。渔机所刘和炜发明了一种推杆夹取式缏绳拖曳系统，有助于解决安装于传送带 / 链上的爪具或钩具无法顺利勾取浮球、缏绳、吊绳或夹破浮球的问题。

四、渔业信息化技术应用不断加速

2023 年，渔业信息化技术应用取得进一步发展，智慧海洋、智慧渔场、智能渔业装备等新技术、新模式在我国各地持续推广。

2023 年 4 月，黄河三角洲最大南美白对虾智慧化养殖项目落户东营通威刁口乡，并首次实现高度智能化养殖，内外双循环用水。养殖区按每个单元 2 万米 ^{3} 水体的标准，建设 10 个标准化单元，共 20 万米 ^{3} 水体，年产南美白对虾 1 万吨，预计实现年产值 6 亿元、利税 2500 万元。项目投产后，将通过建立智慧养虾综合管控平台，实现养殖环控、饲喂、巡检等各环节智能化。

2023 年 6 月，中国联通积极响应国家战略，设立“智慧海洋军团”，以 5G 为核心，融合云计算、大数据、物联网、人工智能等新技术，打造了一系列 5G 智慧海洋创新应用，助力海洋产业升级和海洋治理创新。中国联通围绕智慧海洋“善政、惠民、兴业”三大业务场景，开展近中远海 5G 海域覆盖专项工程，提供面向海洋的 5G 全场景应用。

2023 年 7 月，浙江大学李建平教授领衔团队，成功研发了多套鱼类疫苗自动注射机，填补了国内相关领域的技术空白。该智能型鱼类疫苗自动注射机，利用人工智能识别和光栅模组识别准确定位疫苗注射位置，对纺锤形鱼类，能根据不同大小的鱼苗自动调节注射位置，注射效率可达 1200 ~ 2600 条 / 小时，对大菱鲆、牙鲆的疫苗注射效率达 1200 ~ 1400 条 / 小时。

2023 年 8—9 月，“海鲜陆养”模式在内陆省份获得丰收。新疆澳洲淡水龙虾陆续上市，出肉率高、肉质嫩滑、口感鲜甜。同期，位于甘肃张掖的一家养殖合作社年产南美白对虾 6 茬，每茬产量可达 1 万公斤。湖北“海鲜陆养”基地，采用工厂化的海水循环养殖模式，实现一年四季有虾上市，年产量预计达 50 万公斤。内蒙古巴彦淖尔市杭锦后旗三道桥镇南美白对虾养殖建设项目开工奠基，项目建成后，年培育南美白对虾苗 3 亿尾，年产商品虾 1200 吨，产值可达 8000 万元以上，辐射带动周边农户 183 户，有效利用盐碱地近 1000 亩。

2023 年 11 月，贵州兴义大海子 30 条流水槽建成投产。在 200 余亩的水库内新建 30 条流水槽，并配套建设集污池、水质监测设备、智能投喂系统、备用发电房等配套设施。水槽总长度近 170 米，宽 25 米，集合了推水增氧、集中排污、生态处理、智能化养殖管理等优点。

五、渔业渔政管理信息化

2023 年 2 月 28 日，在农业农村部介绍“中国渔政亮剑 2022”系列专项执法行动及长江十年禁渔阶段性成效新闻发布会上，2022 年长江江豚科学考察数据正式发布，长江江豚数量有所回升，最新的种群数量为 1249 头，其中，长江干流约 595 头，鄱阳湖约 492 头，洞庭湖约162头。与2017年的1012头相比，5年间数量增加23.42%，年均增长率为4.3%，这得益于信息化管理举措。

2023年7月，泉州市丰泽区蟳埔渔人码头渔船成功规避台风“杜苏芮”的影响。此举得益于东海街道渔船点验中心的渔船动态监控管理系统。通过监控管理系统，点验人员能实时监测在册渔船的进港靠港避风情况，一旦发现渔船私自外出，立即通过天通电话、预留手机等，通知渔船主回港并将情况通报相关社区，避免此次台风造成不必要的损失。

2023年8月，随着热烈的鞭炮声和气笛声在珠海市洪湾中心渔港响起，历时3个半月的南海伏季休渔期正式结束，200余艘渔船从该渔港乘浪而行。珠海边检总站湾仔边检站全力为港澳流动渔船渔民平安出海、满载而归保驾护航。该站全面实行“网上实时申报—流渔办代报—边检随报随检”工作模式，最大限度提升通关时效和安全管控力度。同时，进一步完善鲜活产品“快捷通道”、紧急救助人员“绿色通道”等便利措施，确保港澳流动渔船实现全时段“随到随检”“快检快放”，助力港澳流动渔船顺利前往南海“开渔”。

2023年11月8日，中国船舶集团旗下中船黄埔文冲船舶有限公司承建的深圳3000吨级海洋维权执法船“中国渔政44002”在广州正式移交深圳市海洋综合执法支队。作为深圳市推进全球海洋中心城市建设的重点项目，该船是落实挺进“深蓝”发展战略，构筑基于“天、空、海、岸”四大平台的立体化、信息化巡航执法系统的重要基础设施，也是深圳建市以来排水吨位最大、科技含量最高的3000吨级海洋维权执法船。

2023年，厦门实行渔业安全生产领域信用分级分类监管，助推全市渔业高质量发展。厦门在渔业船舶安全生产领域开展诚信体系建设探索实践，以企业船东自主承诺为基础，通过实施渔业船舶安全生产标准化与诚信评价相结合的举措，促进渔业企业、渔业合作社、渔船船主遵守渔业安全生产法规，依法诚信经营，助推厦门渔业高质量发展。

第五节 农机装备信息化

一、农机装备信息化与智能农业装备领域发展概况

近年来，立足国家战略及产业发展需求，以国家重点研发计划“智能农机装备”重点专项为主体，经过国内高校、科研单位和龙头企业的共同攻关，我国在智能化农机装备的研发与应用方面取得了快速发展，以“农机与农艺、农机化与信息化”两个融合为核心的现代农机装备技术发展迅速，在智能感知、智能控制、智能决策、自主作业、智能管控五大关键技术方面取得了突破，在智能装备控制与导航技术、高效栽植、精量播施、智能收获、农业物联网技术、设施农业生产信息技术、精细饲养畜产品自动采集、农产品智能加工等领域的研发应用方面，形成一批实用化的技术和产品，提高了我国农业机械装备的自动化、信息化和智能化水平。

1）智能化农机装备关键技术研究取得阶段性突破，集成和示范应用取得了一定的成效。在智能装备控制与导航技术方面，针对整地、播种、施肥、施药、收获等作业环节开展了激光控制平地技术装备、全球导航卫星系统（GNSS）控制平地技术装备、拖拉机自动导航控制技术、智能化播种监控装置、变量施肥技术装备、精量喷药技术装备、智能测产技术装备等方面的研究，取得了阶段性的进展，研发了卫星平地机、拖拉机自动驾驶导航

系统、小麦/玉米播种监控装置、变量施肥机、精量喷药机等一批实用化的技术装备。例如，研制的基于北斗导航的拖拉机自动导航系统，已经在新疆棉花精准种植中发挥了重要的作用。

2）农机信息化技术研发、推广和市场化应用发展迅速，在农机生产管理和服务过程中得到普及应用。在农机信息化发展方面，以农业物联网技术为基础，融合了移动互联、3S等技术的现代信息技术在农机管理、生产、农机化新技术、农机作业服务市场中的作用日益突出，越来越多的农机手、农机管理者、农机企业应用农机信息化技术装备。研制的农机深松作业监测系统解决了作业面积和质量人工核查难的问题，得到大面积应用。“互联网+农机作业”模式在全国农机深松作业监管过程中逐渐得到普及，正在向全程作业监管方向发展。

3）“互联网+农机作业”推进农机社会化服务提档升级，农机智能装备应用进入快速发展期。“全程托管”“机农合一”“全程机械化+综合农事服务”等专业性综合化新主体、新业态、新模式正在快速发展，积极发展“互联网+农机”服务，最大限度地提高农机利用率，减少人员流动，降低作业成本，对保障农业安全生产起到重要的支撑作用，同时创新了组织管理和经营机制，进一步提升了农机合作社的发展动力和活力。以农机北斗自动导航系统为代表的农机智能装备出现快速增长势头。农业环境监测、温室大棚控制、农机自动导航、激光平地、卫星平地、变量播种（施肥）、变量喷雾控制、联合收割机智能测控、圆捆机自动打捆控制、水肥一体化等其他农机智能装备也在规模经营程度比较高的地区开展广泛的推广应用。

4）我国农机装备正在加速向无人化、机器人化方向发展。智能农机、无人化农场、智慧农业成为社会关注的热点，农业现代化进程出现加速发展态势，物联网、AI、5G网络、大数据、云平台、机器人等高新技术在农业生产中不断融合应用。2023年以来多个无人农场示范项目在全国陆续实施，中国一拖集团有限公司、华南农业大学、国家农业智能装备工程技术研究中心、丰疆智能科技股份有限公司、雷沃重工集团有限公司等国内单位研制的无人驾驶收割机、新能源智能拖拉机、水稻插秧机器人、无人驾驶收割机、无人果园割草机等新型智慧农机开展无人化精准作业，基于智能农业机械、农业物联网、全产业链云平台、行业管理行业组织信息平台技术，实现在规模化农场的耕种管收农业生产全过程无人化。

二、存在的主要问题

1）智能化农机装备研发技术水平与国外相关领域差距较大。农业专用传感器落后，我国目前自主研发农业传感器数量不到世界的10%，而且稳定性较差。动植物模型与智能决策准确度低，很多情况是时序控制而不是按需决策控制。农业机器人技术系统研究处于试验研究阶段。设施农业环境控制能力低，技术装备水平亟须提高。

2）智能化农机装备研发投入不足，技术创新不够。研发投入依然仅靠有限的政府科技投入，而企业投入和个人投入相对较少，产学研相结合的研发体系还不完善。

3）农机信息化监管技术产品领域缺乏统一的标准规范，不利于作业监管数据的管理。不同单位研发的农机信息化监管系统只能对自己生产的作业终端上传的数据进行处理，不同平台系统之间无法实现数据的互联互通，不利于作业面积统计和监管。

4）投入成本高、人员业务素质水平低，阻碍了智能化农机装备技术推广应用。当前农业生产从业人员整体素质较低，技术型人员缺乏，加上缺乏专业的生产技术指导，对智能化农机装备认识低下，缺乏使用现代化农业智能装备的动力，对信息化技术的敏感性、理解程度和掌握能力较弱，发现和解决技术问题的能力不足。

三、推进思路

1）加大科研攻关力度。对 3S 技术、农业专用传感器技术、农业人工智能技术、物联网应用技术、农业机器人技术、智能化控制和导航技术、设施生产智能决策支持系统等进行重点攻关，推进新型智能装备的试验研究、技术装备研制、标准规范研究、技术推广及关键共性技术的研究开发，为农机信息化、智能化农机装备相关技术的应用提供技术支撑。

2）大力推进农业生产经营信息化。重点推进物联网、云计算、移动互联、3S 等现代信息技术在农业生产经营领域的应用，引导规模生产经营主体在设施园艺、畜禽水产养殖、农产品产销衔接、农机作业服务等方面探索信息技术应用模式及推进路径，加快推动农业产业升级。

3）大力推进农机社会化服务提档升级。进一步加大政策支持力度，引导和促进各地政府建立农机社会化服务信息平台，加快“互联网 + 农机作业”的应用，推进农机农艺信息融合，实现各地农机资源的信息共享。

4）加强先进适用智能农业装备推广应用。大力推进农机自动导航、土地精细平整、精准播种施肥、精准施药等技术装备在规模经营程度比较高的地区应用，加强已经成熟的智能化农业装备产品在主要农作物生产关键环节进行推广。

5）加快无人农机、农业机器人研发与应用。应加快实施无人农机、农业机器人发展战略，加强无人农机、农业机器人关键部件设计理论和方法研究，开展核心关键技术和产品攻关。结合生产实际，开发大田、设施、畜牧养殖关键生产环节适用的专用农业机器人，加快标准化、产业化发展，形成一批具有自主知识产权的成熟产品。

四、农机信息化发展具体措施

“十四五”期间，我国农业面临着新的发展机遇和挑战。以信息技术、物联网技术、卫星定位技术、智能装备技术为核心的智慧农业工程科技的发展已成为国际上现代农业技术发展前沿，呈现出快速发展的良好势头。要实现农业生产由粗放型经营向集约化经营方式的转变、由传统农业向现代农业的转变，必须瞄准世界农业科技前沿，大力发展智慧农业工程科技相关技术。

《国务院关于加快推进农业机械化和农机装备产业转型升级的指导意见》明确以农机农艺融合、机械化信息化融合、农机服务模式与农业适度规模经营相适应、机械化生产与农田建设相适应为路径，推动农业机械化的农机装备产业向高质量发展转型。我国农业机械化的转型升级，要在提升农机装备性能的同时，建立由政府主导的国家农机装备管理与服务平台，在加强智能化农机监测终端应用及建立健全配套的农机装备管理与服务金融保障机制等方面进行创新，走出一条中国特色的农业机械化发展道路。

1）建立由政府主导的国家农机装备管理与服务平台。建立由农业农村部牵头的国家农机装备管理与服务平台，统筹协调农机装备管理与服务现代化发展，加强顶层设计和工作指导，切实推进数据开放共享和开发利用，推动形成覆盖全面、业务协同、上下互通和众筹共享的发展格局。平台应具备面向专业大户、农业合作社、龙头企业与广大小农户需求的数据查询、在线分析、共享交流等功能，整合政府、企业、专业机构等多渠道的农机数据；建立农机数据分析、农机作业远程监控、农机监理、农机社会化服务和农机市场等各个方面的管理服务子平台，切实调动各类市场主体的积极性、主动性和创造性；充分发挥行业协会在行业自律、信息交流、教育培训等方面的作用，引导农机装备管理与服务向现代化方向转变。

2）推进智能化农机监测终端的应用。围绕耕整、播种、田间管理、收获、秸秆处理、仓储等全程农机作业环节，加强智能化农机监测终端的推广应用，为农机作业运维管理平台提供可靠、完整和持续性的数据。积极参与农机装备的智能化升级改造，针对存量农机装备，制定农机装备智能化升级补贴、作业补贴等相关政策，让用户切实得到实惠。针对农机企业新产品的研发、生产和制造，政府要提供强有力的支持条件，鼓励企业和高校、科研院所紧密合作，联合研发智能化农机检测终端及系统，并在销售环节或服务环节制定相应的补贴政策，对企业投入成本进行一定补贴，通过全行业的共同努力，推进智能化农机检测终端的实用化。

3）建立健全农机装备管理与服务金融保障机制。针对农业生产规模化、标准化、组织化和集约化水平持续提高，先进科学技术和现代农机装备应用快速推广的现状，要提高强农惠农富农金融支持力度，加大购机补贴、作业补贴、农业信贷、农业保险等金融支持，激发农业经营主体的内生活力，提升市场竞争力。政府要因地制宜推进农机装备管理与服务的发展，更好地发挥政府的引导作用。面向农业合作社、农机企业、家庭农场等新型农业经营主体提供农机融资租赁和信贷担保服务。对于秸秆还田、深松整地、地膜覆盖、无人机飞防等促进农业绿色发展的农机服务，积极推进政府购买服务的方式，以促进小农户与现代农业发展有机衔接。引导金融机构加大对农机企业和新型农机服务组织的信贷投放，灵活开发各类信贷产品和提供个性化融资方案；推动创新农业信贷担保机制、农民合作社信用合作、涉农直接投融资服务，如设立农机投资基金，支持开展农机保险，促进农业生产性服务业、农业科技创新稳定发展。

第七章 7

农业经营信息化

第一节　农产品电子商务

一、农产品电子商务成为农村经济的重要支撑

2023年中央一号文件《中共中央　国务院关于做好2023年全面推进乡村振兴重点工作的意见》提出，要加快完善县乡村电子商务和快递物流配送体系，建设县域集采集配中心，推动农村客货邮融合发展，大力发展共同配送、即时零售等新模式，推动冷链物流服务网络向乡村下沉。截至2023年10月底，商务部累计支持建设2600多个县级电商公共服务中心和物流配送中心、超过15万个乡村电商和快递服务站点。

2023年，农产品电子商务成为中国农村经济发展的一个重要支撑。"数商兴农"项目取得了显著成效，全年农村和农产品网络零售额分别达到2.49万亿元和5900亿元，增速均超过网络零售总体增速。

二、农村短视频、直播电商助力农民增收

2023年中央一号文件明确深入实施"数商兴农"和"互联网+"农产品出村进城工程，鼓励发展农产品电商直采、定制生产等模式，建设农副产品直播电商基地。2023年，全国范围内的农村地区积极尝试并全面采用以短视频、电商直播带货为代表的新型电商销售方式，已成为拓宽农产品销售渠道、实现农民创收增收、激发农村消费新动能的重要途径。

农村短视频、直播电商模式跨越了时空，把土特产带进了大市场，把小农户带上了大舞台，把遥远山村带到了大城市，随着以短视频和直播为主的互联网平台的迅速崛起，乡村"人、货、景"被高度聚焦。用轻松娱乐的短视频或实时直播，为用户提供了个性化、社交化的消费体验，开创了独特的产业形态。2023年，抖音电商"山货上头条"共扶持全国13个省份的49个乡村产业，助力特色产业市场化转型。

三、预制菜市场迅速崛起同时有待规范

2023年提出提升净菜、中央厨房等产业标准化和规范化水平，培育发展预制菜产业。

截至2023年底，国内预制菜渗透率为10%～15%，预计在2030年将增至15%～20%，市场规模达到1.2万亿元。美国、日本预制菜渗透率已达60%以上，我国预制菜市场还有较大的扩容空间。

自2022年7月广东省市场监督管理局会同相关部门共同启动全国首个预制菜全产业链标准化体系建设试点以来，逐步制定与完善预制菜"从田头到餐桌"系列标准。2023年2

月 10 日，河南省发布了《畜禽副产品预制菜》《羊肉及其制品预制菜生产管理规范》《特殊禽类预制菜生产管理规范》《酱卤肉预制菜生产过程质量规范》共 4 项预制菜团体标准，全国首次制定单样预制菜团体标准。随后，山东、福建等地也纷纷发布政策，推动预制菜产业标准化、规范化发展。

第二节 农产品市场信息

一、稳步推进信息资源共享共用

农业农村部新版重点农产品市场信息平台自 2022 年正式上线运行以来，逐步加强数据资源治理，推进市场信息共享共用，提升数据资源价值，为提供农产品市场信息和服务，促进农产品流通和市场化运作，加快大数据在农业领域的应用和发展发挥了重要的作用。

平台打造了一站式数据服务，以品种为主线，及时提供各品种各关键环节的动态数据，同时能够自动形成分析报告，并能提供经专家汇聚多源数据形成的重点农产品供需形势分析报告。提供全国各地农产品价格、市场供需情况、品牌农产品推广等信息，以帮助生产者、经销商和消费者更好地了解和参与农产品市场。其中，农产品价格信息包括各地农产品的批发、零售价格及价格波动情况，帮助用户了解市场行情；市场供求信息包括提供各地农产品的市场供应量和需求情况，帮助用户判断市场走势；品牌农产品推广旨在推广优质农产品和品牌，提供产品介绍、销售渠道等信息，促进农产品的销售和知名度提升。农产品质量与安全方面主要是发布关于农产品质量安全的政策法规、检验检测标准，提供农产品质量监管信息。

二、加快“数字供销”建设

《2023 年数字乡村发展工作要点》明确提出，加快“数字供销”建设，优化完善数字供销综合服务平台，持续推动供销经营服务网点数字化改造。农产品市场逐步建立了数字化平台，将供需双方连接起来，通过在线交易、价格信息查询、物流配送等服务，使农产品的买卖过程更加高效便捷。

农业农村部大数据发展中心研发完成的农业农村大数据公共平台基座自 2022 年上线后，加快在省市县落地。平台基座搭建的“应用超市”，为各类行政和企事业单位在“三农”领域研发推广业务应用提供载体和窗口，为省市县级农业农村部门提供丰富多样的定制化、特色化应用场景，为广大农民和社会公众提供高效便捷的一站式服务。

2023 年 10 月 29 日，农业农村大数据平台发布仪式在河北省乐亭县举行。乐亭县农业农村大数据平台是农业农村部大数据发展中心首个授权使用的农业农村大数据公共平台基座的县级平台。大数据发展中心支持乐亭县加快探索大数据在农业农村现代化建设中的广泛应用，努力把乐亭县数字乡村及智慧农业发展打造成为河北省的标杆、全国领先的县域榜样。乐亭县农业农村大数据平台是依托乐亭县数字乡村项目精心打造的平台，独创出“1+3+N+1”建设模式（即一个乐亭县农业农村大数据平台、数字乡村三级运营服务体系、N 个“三农”应用系统及一个数字乡村人才培训体系），建成有多个应用系统，整合了信息资源，疏通了各种堵点，弥合了城乡“数字鸿沟”，促进了产销衔接，实现了一网统筹，激发乡村振兴内生动力。

《"十四五"全国农产品产地市场体系发展规划》提出，到2025年，基本建成布局合理、供需适配、组织高效、畅通便捷、安全绿色、保障有力的农产品产地市场体系，初步形成覆盖农产品优势产区、衔接国家综合立体交通网、对接主要消费市场的农产品产地流通网络。《中共中央 国务院关于做好2023年全面推进乡村振兴重点工作的意见》提出，完善农产品流通骨干网络，改造提升产地、集散地、销地批发市场，确保农产品物流畅通。近年来我国农产品批发市场交易规模增长，智慧化转型是必然趋势。2015年我国农产品批发市场进入数字化转型阶段以来，一直在稳步协调发展，加快数字化转型升级。

《数字农业农村发展规划（2019—2025年）》提出，引导鼓励批发市场采用电子结算方式开展交易，交易环节信息实时采集、互联互通，构建交易主体、交易品种、交易量、交易价格一体化的农产品市场交易大数据。数字化农产品批发市场已经在一些地区进行了实践和推广，取得了一定的成果，如线上订单、支付、配送，车货人的信息化管理、交易流通全过程追溯、市场趋势预测和价格预警，智能称重、智能支付终端等具象形态。面临的主要问题和挑战有信息不对称、数字化产品难以匹配实际批发业务、网络安全问题、农批市场对数字化产品的接纳程度有待提高、缺少相关业务人才。

三、加强农产品全过程信息追溯

为推动乡村产业高质量发展，《2023年数字乡村发展工作要点》明确提出，持续完善国家农产品质量安全追溯平台，加快推进与省级追溯平台数据对接和互联互通，加强食品农产品认证全过程信息追溯，升级完善食品农产品认证信息系统，推动获证企业提升追溯管理自控水平。

国家农产品质量安全追溯平台是我国政府为了加强农产品质量安全管理和监督，推动全国范围内农产品的溯源工作而建立的一个平台。该平台旨在通过信息化手段，实现农产品全程可追溯，确保农产品的质量和安全。截至2023年底，国家农产品追溯平台已与全国31个省份的农产品追溯平台完成对接，构建起农产品追溯"一张网"，入驻平台主体已超过30万个，监管、检测、执法机构近8000余家，基本实现了业务互融、数据共享。农产品追溯已经覆盖蔬菜、水果、茶叶、鸡蛋、猪肉及水产品等大众农产品。

第三节 农业产业新业态

一、新业态拓宽农民就业渠道

2023年中央一号文件明确，在培育乡村新产业新业态方面，要深入实施"数商兴农"和"互联网+"农产品出村进城工程。2023年我国持续强龙头、补链条、兴业态、树品牌，推动乡村产业全链条升级，乡村产业发展势头良好，农民就业增收渠道拓宽。农产品加工业平稳发展，通过对粮食、油料、果蔬等重要农产品和特色农产品开展全产业链拓展，农产品加工业提质增效，规模以上农产品加工业企业超过9万家。现代农业园区建设提档升级，新建50个国家现代农业产业园、40个优势特色产业集群、200个农业产业强镇，创建100个农业现代化示范区。农业社会化服务面积超过19.7亿亩次、服务小农户9100多万户。

在产业带动、就业拉动下，农民收入保持增长。农村居民人均可支配收入达到21691元，比上年实际增长7.6%。

二、新业态促进增加优质产品和服务供给

商务部、中华全国供销合作总社等九部门印发的《县域商业三年行动计划（2023—2025年）》提出，2025年，在全国打造500个左右的县域商业“领跑县”，建设改造一批县级物流配送中心、乡镇商贸中心（大中型超市、集贸市场）和农村新型便民商店。农村新型便民商店是一个比较大的概念，凡是有利于农村流通水平改善的新业态、新模式、新场景都列入“新型便民商店”的范畴。“新型便民商店”借助互联网、电子商务、大数据等数字化工具赋能，能更精准地匹配周边消费需求，为居民提供高效便捷的到家服务；在复合型功能上发力，搭载代扣代缴、代收代发、打印复印等便民服务，实现“一点多用”“一站多能”，有效改善居民消费条件。互联网新业态与传统便利店的结合，催生更多农村新型便民商店，提高了商品丰富度及配送效率，更好地满足村民生产生活需求。同时，新模式促进消费潜力的释放，激发消费新需求。

三、农旅深度融合打开乡村发展新空间

2023年，农业农村部认定60个县（市、区）为全国休闲农业重点县，休闲农业与文旅产业深度融合，带动了农业与第三产业的良性互动，培育了新业态新模式，延长了农业产业链，提升了产业附加值。乡村旅游发展迅速，2023年有256个村落入选中国美丽休闲乡村，至此，全国美丽休闲乡村达1953个。以南京市为例，围绕文化体验、生态涵养、休闲旅游、健康养生、文创教育、创业就业等功能，率先在全省乃至全国探索形成“休闲农业+教育”“休闲农业+会奖”“休闲农业+体育”等一批“休闲农业+”模式。都市农园是南京不断拓宽休闲旅游农业功能的全新探索，2023年实现亩均效益约18万元。2023年，抖音平台的“山里DOU是好风光”累计带动乡村文旅支付成交额超40亿元，助力乡村旅游新发展。

四、金融、物流助力乡村经济新业态

2023年，金融助力农村特色产业发展在各地的实践呈现出“服务方式的多元化与机制创新的多样性”特征，尤其是在地方政府、人民银行各分支行，以及商业银行、担保机构、保险机构等部门的有效协同下，通过优化政策、强化信用信息共享、数字化技术促进产业和金融的双向赋能，以及围绕特色产业链条和生态的多维施策，金融助力农村特色产业的质效不断提升。

2023年6月，中国人民银行等五部门印发《关于金融支持全面推进乡村振兴　加快建设农业强国的指导意见》，要求增强金融服务能力，引导更多金融资源配置到“三农”领域。中国人民银行增加支农支小再贷款、再贴现额度2000亿元，进一步加大对“三农”、小微和民营企业的金融支持力度。截至2023年11月末，全国支农再贷款余额为6292亿元，支小再贷款余额为15850亿元。在一系列政策和工具的引导下，截至2023年11月末，全国涉农贷款余额增至56.22万亿元，同比增长15.1%。中国农业银行加大对县域和“三农”领域的信贷投放倾斜力度，2023年该行县域贷款和涉农贷款增量均超万亿元，县域贷款增

量在全行占比超过 50%。中国工商银行围绕重点客群、重点领域，持续加大涉农信贷供给，截至 2023 年 11 月末，该行涉农贷款余额突破 4.1 万亿元，增速超 27%。金融机构不断增强对涉农企业融资的支持力度，需要拓宽可贷资金来源。金融管理部门鼓励金融机构用好“三农”、小微、绿色金融债券补充自身资金，截至 2023 年 12 月末，“三农”专项金融债券已累计发行 1481.5 亿元。

第八章 8

农业管理信息化

2023年是全面贯彻落实党的二十大精神和加快建设农业强国的开局之年，也是实施“十四五”规划的承上启下之年，面对复杂严峻的国内外经济形势和多发、重发的自然灾害，农业农村部门深入贯彻落实习近平总书记关于“三农”工作的重要论述和重要指示批示精神，落实党中央、国务院决策部署，全力以赴攻难关、破难题，保持了农业农村发展稳中向好、稳中有进的势头，“三农”基本盘进一步夯实，为经济回升向好、高质量发展扎实推进提供了有力支撑。信息化持续赋能“三农”发展和乡村振兴，农业农村政务管理、农业行业管理和农村社会管理信息化发展取得积极成效。

第一节　农业农村政务管理信息化

农业农村部持续提升网络基础设施及信息系统运维服务能力，稳步运行维护计算机网络和通信系统等软硬件，定期开展硬件设备巡检，及时处置恢复网络系统故障，实现全年安全稳定运行目标。持续推进运维管理智能化，加强国家农业数据中心资源集中统一管理，核心网络的主干连接提升到万兆光纤，升级主要云平台基础软件，优化核心区域数据存储配置并完善数据备份机制，提升网络承载能力与云平台的稳定性和运行效率。在全国“两会”、亚运会、“一带一路”高峰论坛等重大活动期间，有力有效保障重要敏感时期的网络安全。组织开展农业农村部系统攻防演习，主动排查安全漏洞和风险隐患，有效提升安全防护水平和抗攻击能力。有序调整办公自动化（OA）办公系统、电话和计算机终端，为机构改革过程中通信、终端和办公系统的稳定运行和部领导日常办公会议、国务院应急办视频点名、全国视频会议等提供有力技术保障，视频会议参会人数累计达21.13万人次，节约会议经费超4亿元。

深化“放管服”改革，完成高频“一网通办”服务清单和新一批垂管系统对接任务。更新“益农e服”App应用，丰富移动端用户专属服务空间，进一步调整事项办事指南和结果公开，优化事项办理流程及审批功能，提升平台校验、查询及批量操作性能，全年新增用户2.49万个，事项申请数达15.5万个，事项受理数达12.0万个，事项办结数达11.5万个，向国家平台汇聚事项办理数据达58.1万条，证照信息数据达1.6万条，服务评价满意度保持100%。将有关信息系统的核心数据汇聚整合到政务数据库，在国务院办公厅目录治理系统注册目录共计1360余条、数据项约3.6万个，基本形成行业统一的政务数据目录清单。政务数据共享服务平台稳定运行，按需提供高效精准的数据共享服务。利用“国土三调”数据，在政务内网丰富农业农村部地理信息公共服务平台内容，完成全国31个省份耕地、园地等所有地类图斑数据提取上图；通过政务外网顺利支撑第三次全国土壤普查外业采样调查App全国上线使用，供全国各地外业采样人员录入调查信息。在农业农村部官方网站策划新建专题、运维专项专题、开展新闻发布会网上直播，运营“农业农村部信息中心”抖音政务号，发布的1994篇短视频播放量达1.12亿次，向中国政府网、“今日头条”等主流平台所推送信息的阅读和展现量达32.5亿次。农业农村部官方网站荣获中国软件评测中心开展的第二十二届（2023）政府网站绩效评估第5名。

围绕涉农重大舆情强化监测研判，全年对“农管”“水稻上山”“河南小麦发芽发霉”“高标准农田建设”“转基因试点”“我的家乡我建设”等10余起舆情热点事件启动24小时应急监测分析，研判舆情走势，提出应对建议；围绕“三农”重点工作抓好监测预警，做好负面信息预警，及时编报舆情简报和行业舆情报告等，为及时有效掌握“三农”网络舆论动态、科学决策、引导舆论赢得主动。

第二节　农业行业管理信息化

2023年9月24—25日，全国智慧农业现场推进会在安徽芜湖召开。会议强调，要深入贯彻落实习近平总书记重要指示精神，准确把握智慧农业的内涵外延、战略定位、落地路径，切实将其作为新时代新征程赋能引领、加快推进农业现代化的大事要事来抓，加力推动智慧农业发展。会议指出，智慧农业是现代农业发展的最新阶段，具有宽领域、广渗透的特性，可以应用于不同区域、多元场景、各类主体和各个环节，是一个全面、立体、融合的智能化产业体系，对于大幅提升农业生产率、破解“谁来种地”难题、提高农事管理效能等具有重要支撑推动作用，其发展的广度与深度决定了农业现代化的后劲速度。当前我国智慧农业快速发展，取得长足进步，但总体判断还处于初级阶段，要切实增强责任感紧迫感，抢抓智能产业、数字经济蓬勃发展的重大机遇，锚定建设农业强国目标，以提高农业全要素生产率为主攻方向，以破解智慧农业落地应用难点卡点为突破口，着力推进技术装备研发制造、应用场景打造、技术模式集成应用，全方位培育壮大智慧农业产业，为加快农业现代化提供新动能。会议强调，要明确重点任务，分类有序推进智慧农业发展。围绕主要粮油作物大面积提升单产集成推广智能技术装备，结合现代设施农业提升行动推进设施种植智能化改造，统筹布局田间物联网监测设备，提高农业灾害监测预警处置能力。运用信息技术精准调控稳定生猪产能，引导规模养殖场户配备精准饲喂、智能巡检等智能化设备，加强动物疫病监测、诊断和防控信息化建设。用好渔业生产信息技术、智能装备，发展工厂化和深远海养殖，提高绿色健康养殖水平，强化安全生产保障。促进农业全产业链数字化转型，推动农产品加工数字化和农产品营销网络化，持续推进“互联网+”农产品出村进城工作，构建基于互联网的农业供应链。加快推动数据资源汇聚共享，建设农业农村用地“一张图”，构建农事服务“一张网”，推进农业农村管理服务专业化精准化。会议要求，要聚焦智慧农业关键技术、核心零部件、成套智能装备等领域短板，组织科研机构、创新企业等开展联合攻关，加快突破瓶颈制约。通过典型引路方式，探索建设智慧农业引领区，制定集成熟化方案，分品种分区域建设一批高水平智慧农场、智慧牧场、智慧渔场，以点带面促进整体提升。组织制定智慧农业关键标准与通用技术规范，探索建立涉农数据共享机制。实施好智慧农业相关建设项目，扩大农机购置与应用补贴等对智能装备的支持，探索市场化平台化的投融资机制，以务实有力举措推进智慧农业发展取得扎实成效。

为贯彻落实党的二十大和中央农村工作会议关于全面推进乡村振兴、加快建设农业强国的决策部署，按照《数字乡村发展战略纲要》《数字乡村发展行动计划（2022—2025年）》关于推进农业数字化转型，提升乡村治理和公共服务数字化水平的部署要求，根据《全国农业农村信息化示范基地认定办法（修订）》（农市发〔2021〕3号），按照保供固安全、振兴畅循环的工作定位，以全面推进乡村振兴、加快建设农业强国为目标，以产业急需为导向，遴选认定运用互联网理念和信息技术在保障粮食和重要农产品稳定安全供给、促进现代种业和耕地保护建设、提升全产业链现代化水平等方面取得明显成效的示范典型，以及掌握并应用农业信息化关键核心技术、装备的创新研发主体，开展2023年度农业农村信息化示范基地认定工作。根据建设内容及所起作用，示范基地按生产型、经营型、管理型、服务型四种类型申报，侧重认定一批体现智慧农业建设水平的生产型示范基地，申报其他类型的主体也应在服务数字乡村及智慧农业方面取得突出成效，各类型示范基地按照生产型不低于55%、经营型不高于20%、服务型不高于15%、管理型不高于10%进行遴选认定。经省级农业农村部门推荐、形式审查、专家评审和公示等环节，北京市农林科学院智能装备技术研究中心等94家单位被认定为2023年度农业农村信息化示范基地。其中，管理型示范单位有6家，分别为杭州市农业科学研究院、北京金宇恒科技有限公司、中国联合网络通信有限公司铁岭市分公司、沈阳农业大学、门源县现代农业发展有限公司、贵州东彩供应链科技有限公司。

为深入贯彻落实党中央、国务院和农业农村部党组有关建设智慧农业、发展数字乡村的决策部署，加快推进数字农业农村新技术新产品新模式转化为现实生产力，更好发挥现代信息技术赋能农业农村高质量发展、助力农业强国建设的作用，2023年农业农村部信息中心面向全社会开展了数字农业农村新技术新产品新模式征集工作，共收到191份申报材料，经组织专家评审推荐、会议审议并按程序公示，向全社会发布推介“基于物联网的果园智慧灌溉技术及应用”等116个案例为“2023年数字农业农村新技术新产品新模式优秀项目”。为总结推广各地智慧农业建设的好经验、好做法，在农业农村部市场与信息化司指导下，农业农村部信息中心面向全国范围征集智慧农业建设典型案例，经过广泛征集、推荐报送、专家评审、分类汇编，从全国31个省（区、市）推荐案例中遴选出了149个具有一定代表性和标志性的智慧农业建设最新实践成果，编写了《2022全国智慧农业典型案例汇编》，系统总结了全国各地推进智慧农业建设的实践经验和典型做法，聚焦物联网、人工智能、区块链等新一代信息技术与农业生产经营和管理服务的深度融合，以基层政府部门、企业和农业新型经营主体为主要对象，突出建设成效、推广模式和先进实用技术，涵盖智慧种植、智慧畜牧、智慧渔业、智能农机、智慧园区、综合服务等多个行业和领域，充分反映出各级农业农村部门、科研机构、相关企业和社会组织在推进智慧农业建设、应用数字技术驱动农业现代化上开展了卓有成效的实践探索，也表明各地农业数字化、网络化、智能化、智慧化水平正在快速起步。2023年度组织审查农业信息化行业标准14项，11项通过审查，其中7项已提交报批；全年共推动8项行业标准颁布实施。健全数据管理制度，研究制定《农业农村数据分类分级规范》，明确分类分级原则流程，规范编制数据目录；编制《农业数据共享技术规范》《农业大数据安全管理指南》《农业农村地理信息数据管理规范》等基础通用类标准，进一步规范农业农村数据应用。

国内首个水稻全产业链大数据应用服务平台——国家水稻全产业链大数据平台正式上

线启用。该平台聚焦水稻产业数据生成、采集、存储、加工、分析、服务，打通水稻生产、储备、市场、贸易、消费和科技全产业链，将深化大数据在水稻产业领域的应用，推动我国水稻产业数字化、信息化建设。依托国家水稻产业技术体系构成的全国性专家网络和创新体系，因地制宜在东北、华北、西北、长江中下游、西南及华南等六大稻作区，黑龙江、安徽、江西、河南等 19 个省份，布置代表性数据采集点 30 余个，对主产区稻米产业全环节数据进行长期监测。平台建设了 5 大分析模型、10 套业务应用系统、1 个综合门户及手机应用，实现对水稻不同业务场景的科学分析。同时，精准连接终端用户，提供水稻制种考种、病虫草害等智能识别、远程防控指导、市场行情供需、新品种试验示范等服务。平台可以通过对水稻病虫害、自然灾害发生及防治情况数据等进行分析，统计出年度病虫害的发生次数，分析出哪一年病虫害、自然灾害发生数量最多，集中在什么时间、什么区域。平台采集的所有数据经过统一数据标准、跟踪数据来源、解析数据维度、确认关键指标等环节后，才能进入水稻全产业链数据库，进而促进水稻数据高价值转化。

浙江省海宁市“机器换人”推动现代农业高质量发展。深入实施“机械强农、科技强农”行动，加快农业“机器换人”步伐，全面提高农业生产率和效益，打好农业高质量发展攻坚战。截至 2023 年底，海宁市农机设备保有量 5.5 万台（套），农业机械总动力 15.13 万千瓦，农作物耕种收综合机械化率 92.14%。一方面，提升政策资金激励度。明确支持农业“机器换人”，当地出台《关于推进现代农业高质量发展的若干政策意见》，对粮油专业合作社联合社投资的水稻育秧和烘干中心、购置的谷物烘干机和水稻插秧机补助 70%，购置拖拉机、联合收割机补助 50%，其余部分农机设备实行定额补贴。同时给予开展水稻机插作业的粮油专业合作社联合社 80 元 / 亩奖励，对粮油专业合作社联合社投资的省级农机化项目，按建设内容给予 70% 以内的补助，加快现代农业发展。近两年，共投入农机购置补贴资金 710 万元，补贴各类机具 797 台（套），其中烘干设备 15 台（套），受益农户和各类合作组织 214 户（个）。另一方面，扩大农业机械覆盖面。聚焦粮油、蔬菜、水果、畜禽、水产等特色主导产业，推介发布 2023 年海宁市农业主导品种（主推机具）和主推技术，在收割机、拖拉机和插秧机等农机上安装 65 台（套）北斗农机智慧管家，深化农机农艺融合，扩大农业科技应用和农业机械应用覆盖面，提升农业生产率，为现代农业发展提供科技支撑。已成功创建省级特色产业（蛋禽、水稻）农业“机器换人”高质量发展先行县，打造省级重点环节农机综合服务中心 1 个、省级农机创新试验基地 2 个、省级农机服务中心 3 个、省级全程机械化应用基地 7 个。

第三节　农村社会管理信息化

中共中央、国务院印发的《数字中国建设整体布局规划》指出，到 2025 年，基本形成横向打通、纵向贯通、协调有力的一体化推进格局，数字中国建设取得重要进展。数字基础设施高效联通，数据资源规模和质量加快提升，数据要素价值有效释放，数字经济发展质量效益大幅增强，政务数字化智能化水平明显提升，数字文化建设跃上新台阶，数字社会精准化普惠化便捷化取得显著成效，数字生态文明建设取得积极进展，数字技术创新实现重大突破，应用创新全球领先，数字安全保障能力全面提升，数字治理体系更加完善，数字领域国际合作打开新局面。到 2035 年，数字化发展水平进入世界前列，数字中国建设取得重大成就。数字中国建设体系化布局更加科学完备，经济、政治、文化、社会、生态文明建设各领域数字化发展更加协调充分，有力支撑全面建设社会主义现代化国家。数字中国建设按照“2522”的整体框架进行布局，即夯实数字基础设施和数据资源体系“两大基础”，推进数字技术与经济、政治、文化、社会、生态文明建设“五位一体”深度融合，强化数字技术创新体系和数字安全屏障“两大能力”，优化数字化发展国内国际“两个环境”。推动数字技术和实体经济深度融合，在农业、工业、金融、教育、医疗、交通、能源等重点领域，加快数字技术创新应用。推进数字社会治理精准化，深入实施数字乡村发展行动，以数字化赋能乡村产业发展、乡村建设和乡村治理。

全国数字乡村建设工作现场推进会在黑龙江省佳木斯市召开，中央网信办副主任、国家网信办副主任王崧出席会议并讲话。会议指出，推进数字乡村建设是全面贯彻党的二十大精神、以信息化驱动中国式现代化的具体行动，对于全面推进乡村振兴、加快建设网络强国具有重要意义。要提高政治站位，不断增强做好数字乡村建设工作的责任感和使命感。会议强调，实施数字乡村战略五年来取得积极成效，但仍然面临不少问题和挑战。要锚定目标任务，坚持夯实基础和拓展应用，坚持需求牵引和问题导向，坚持整体推进和重点突破，坚持政府引导和市场主导，扎实推进数字乡村建设工作再上新台阶。下一步，要认真落实党中央、国务院决策部署，强化统筹协调、抓好监测评价，深化试点示范、突出标准引领，注重区域协作、构建合作生态，加强宣传引导、营造良好环境，确保数字乡村建设各项工作落到实处。

贵州省抢抓国家数字乡村试点机遇，以试点县为引领，印发《贵州省乡村建设行动实施方案（2023—2025年）》，明确大力推进数字乡村“新基建”工程，完善信息基础建设，推动信息网络基础设施覆盖乡村，大力推进数字乡村建设，为乡村振兴插上“智慧翅膀”，书写乡村数字化发展新篇章。贵州省推动以5G、千兆光网为代表的“双千兆”网络建设，从城市向农村地区延伸覆盖，让数字技术惠及千家万户，全省实现行政村通光纤宽带、30户以上自然村通4G网络、乡镇通5G网络、乡镇千兆光网覆盖“4个100%”。雷山县丹江镇白岩村实现了光纤覆盖，依托5G基站，该村建设数字乡村平台，设置了综合治理、视频监控、云喇叭、智慧党建等功能模块，开启村庄“蝶变”之旅。“乡村振兴码”是余庆县在花山乡建设数字乡村的创新试点，通过把政务服务、金融服务和便民服务集成到乡村振兴码管理系统，以二维码为入口，实现政务服务“码”上看、金融服务“码”上办、惠民服务“码”上连、利民服务“码”上知。余庆县在3个乡镇进行试点，搭建“乡村振兴码”“数字门牌”“数字龙溪”平台，让群众少跑腿、数据多跑路。息烽县构建肉鸡产业主题库、教育主题库及基层治理主题库三大数据标准体系，搭建了数据集成平台，打开数据共享开放的门户，实现肉鸡数据、基层治理数据及教育数据可视化。盘州市盘关镇贾西村打造“数字贾西”，设置平安乡村、智慧党建、天翼云播、黔智乡村等模块，给基层治理装上“数智”引擎，推动基层治理走上快车道。榕江县古州镇高台村数字乡村平台，汇聚平安乡村监控系统、智慧云喇叭、乡村信息系统管理、5G+云种植养殖、烟雾报警系统五大版块，实现乡村公共服务、产业发展、社会治理等数字化智能化。

第九章 农业信息服务

第一节　2023年农业综合信息服务情况报告

2023年是全面贯彻党的二十大精神的开局之年，是加快建设农业强国的起步之年。农业农村部信息中心发挥信息服务在农业生产、便利农村生活、促进农民增收等方面的积极作用，围绕信息服务、农村电商、农业品牌、“土特产”推介活动等方面开展了一系列工作，助力乡村全面振兴。

一、着力打造信息服务平台

按照建设服务型政府的部署要求，扎实推进农业农村部官网建设运维，充分利用中国农业农村信息网加强“三农”政策、农业科技、市场动态、地方经验、气象灾害等信息的汇聚发布。

1）提升信息服务支撑保障能力。提升政务通短信平台服务效率与质量，推广5G消息应用，为部机关、直属事业单位和省级农业农村部门提供更加丰富的服务模式。

2）集中打造农业综合信息服务平台。集聚“三农”领域信息资源，推广运营好中国乡村资讯公众号、App及小程序，满足农民信息服务需求。指导地方推行12316与12345双号并行，加强专家队伍建设，整合汇聚知识库、案例库；完成12316商标注册。

3）加强信息服务宣传与研究。聚焦农民热点关切，开展12316“三农”综合信息服务推广，积极探索农业智能化服务、开展移动端服务研究等，打造为农服务新方法，加快提升信息服务智能化水平。

二、扎实开展农村电商人才培训

农村电商是农村数字经济发展的突破口和领头羊，特别是农产品电商的创新发展，对重构供应链、保障市场供给、促消费扩内需的引领作用日益凸显。

1）举办农村电商培训。在农业农村部人事司、市场与信息化司的指导支持下，自2018年以来，农业农村部信息中心利用中组部、农业农村部农村实用人才培训计划，连续6年举办了30期农业农村电子商务专题培训班，覆盖全国31个省（区、市），培训新型农业经营主体负责人、益农信息社负责人、农村创新创业带头人及脱贫地区农业品牌帮扶县品牌建设带头人3000多人，有效提升学员利用信息化发展生产、增收致富的能力，为全国农村电商的不断创新发展提供了有力的人才支撑。

2）加强农民数字素养与技能培训。承办2023年度全国农民手机应用技能培训周“农产品直播电商营销实操”线上专场活动，围绕“三农”综合信息服务、主播专业技能提升训练、企业数字营销能力建设等内容，进行实操指导、案例分享和经验传授，共有101.8万人在线观看，央视财经、人民日报等中央媒体进行相关报道，活动引起全社会的高度关注，反响热烈。

三、奋力推进农业品牌高质量发展

农业品牌建设是引领农业高质量发展的关键举措，近些年来，为认真贯彻落实习近平总书记关于农业品牌建设的一系列重要论述，农业农村部信息中心开展了品牌研究、品牌培育、品牌推广等一系列工作。

1）编制发布《农产品区域公用品牌互联网传播影响力指数研究报告（2023）》。在2023中国农业品牌创新发展大会上，由市场司指导，信息中心与中国农业大学联合发布了指数报告，该报告遵循关键绩效指标（KPI）理念，从互联网推广活跃度、关注度、美誉度、忠诚度和市场竞争力5个维度开展互联网传播影响力指数监测评估，得到了社会各界的广泛关注和充分肯定。

2）做好部农业品牌数字化支撑保障。在市场司指导下，研发上线精品培育申报管理系统、专家评审系统及精品品牌数据展示系统，并牵头组织2023年农业品牌精品培育线上培训会；研发上线农业品牌目录管理系统，组织完成省级农业品牌目录和重点培育品牌填报工作，初步形成我国农业品牌目录体系，数字化呈现全国各省级农业品牌建设情况，为农业农村部农业品牌监测和评价提供基础数据支撑。

3）打造农业品牌全媒体推广平台，加强农业品牌营销宣传。聚力打造中国农业品牌公共服务平台，汇聚2.2万个农产品区域公用品牌、企业品牌和产品品牌。推出中国农业品牌微信公众号和视频号，开设地方农业品牌公益宣展专题，按照“一日一品，一周一省”，完成江苏、甘肃等27个省份的175个区域公用品牌的系列宣传推广，阅读量近200万次，逐步建立全国农业品牌矩阵，扩大省级农业品牌的知名度和影响力；创新研发上线“中国农品”小程序；参与农业品牌精品培育全媒体公益宣展活动，围绕精品品牌开展实地联合采访和推广，开设宣展专栏同步宣传报道，牵头助力湖北、甘肃两省精品培育品牌和云南“元阳梯田红米”帮扶品牌走进央视，全面提升品牌传播声量和效果。

4）持续做好农业品牌帮扶工作。在市场司指导下，参与脱贫地区农业品牌公益帮扶行动，在湖北省来凤县组织举办“脱贫地区农业品牌帮扶——品牌建设与电商发展培训服务活动”，共有来自来凤县及周边市县的100余名学员参加培训；积极做好20个帮扶县的公益宣传工作，发布宣传资讯1000余条；牵头负责与云南省元阳县对接，联合新华网宣传推广“兰州百合”“潜江龙虾”“元阳梯田红米”等区域公用品牌海报及视频等；联合编制《2023来凤藤茶互联网传播影响力指数报告》等。

四、创新开展2023全国“土特产”推介活动

为认真贯彻落实习近平总书记关于“土特产”发展和品牌建设的重要指示精神及中央一号文件部署，按照《农业农村部办公厅关于做好2023年中国农民丰收节有关工作的通知》要求，农业农村部信息中心会同部食物与营养发展研究所共同主办“品尝乡土味道 传承农耕文明——2023‘土特产’推介活动”，活动取得积极成效。

1）在云南省大理市成功举办2023全国“土特产”集中推介活动。活动以“一场线下

线上集中推介活动＋一次农业品牌立体宣传＋数字科技、现代供应链、品牌、金融、“农文旅”融合发展等7场研讨交流及相关专项活动”的形式开展，来自全国31个省（区、市）205个县（市、区）的400多家企业携带740多种名优“土特产”参加展示展销，开幕式现场参加人员达1500多人，央视频及中国农业品牌视频号直播观看量超100万人次，2天达近10万人次现场逛大集，线上浏览大集人数达到220万余人次，7场研讨交流及相关专项活动共计2100余人次参与。活动盘点展示了“土特产”发展成果，分享交流了“土特产”发展经验，有效促进了“土特产”产品产销衔接，探讨谋划了“土特产”发展大计，办成了一次有创新、有特色、有亮点、有影响的活动。

2）举办一系列专场推介活动。在中国农民丰收节主会场安徽芜湖举办了一系列推介活动。以“做好‘土特产’文章”为主题设置了4个展台，重磅推介全国精心遴选出的50款优质“土特产”品牌，展出中国美术学院、清华大学美术学院“土特产”创意海报和非遗展品，展示数字赋能“土特产”产业应用实践成果，央视农业农村频道（CCTV-17）组织了直播采访。举办了数字赋能“土特产”高质量发展研讨交流活动，启动《中国土特产大会·丰收大集》直播，组织15位产地市县级负责同志接受了央视采访，推介本地参展“土特产”，为当地的产品和区域品牌做宣传，共同分享丰收的喜悦，共同谋划“土特产”高质量发展大计，进一步扩大影响力。在四川省彭州市、湖北省麻城市、山西省忻州市、江苏省盐城市滨海县举办了4场地方“土特产”推介专场活动，得到地方政府高度肯定。

3）宣传推广一批“土特产”。推介活动从2023年8月开始持续推进，在全国范围内征集到305款“土特产”，并经专家组审核、公示后，向全社会推介175款。宣传推广“土特产”全网浏览量超过3.5亿次，活动举办期间“土特产”品牌创意海报主题灯光秀在上海、重庆、广州、南京、成都、西安、珠海七大城市的八大地标楼宇点亮视频宣传，获得广大群众的打卡、点赞、转发，形成了全社会关心支持“土特产”发展的良好氛围。

新时代新征程，面对建设农业强国、加快农业农村现代化，越是落后的产业、越是偏远的地区、越是分散的主体，越需要加快推进农业农村信息化、数字化、智能化，越需要大力实施数字乡村发展战略。未来，将紧紧围绕解决好“三农”问题，打造农业农村综合性服务平台，健全农业社会化服务体系，继续发挥12316信息服务、农村电商、农业品牌以及“土特产”推介活动的作用，积极探索，更新服务方式，推动县域数字农业农村电商与实体经济融合创新，促进农业农村产业提质增效，带动农民增收和城乡共富。

第二节　中国农技推广信息服务云平台

一、平台简介

为贯彻中央推进“互联网＋现代农业”有关决策部署，解决农技推广信息化工作主体协同不够、信息孤岛严重、供需不匹配等问题，建设一个连通管理人员、农业专家、农技人员、农民的信息管理与服务载体，实现数据资源向上集中，服务向下延伸，给农技推广服务插上“信息化翅膀”，按照农业农村部“农业科技服务资源一张网”的思路，国家农业信息化工程技术研究中心牵头组织开展了App、Web端、微信公众号“三位一体”的中国农技推广信息服务云平台建设。平台在农技服务多源大数据资源汇聚、农技服务大数据挖掘与智能决策技术等方面实现集成创新，提供农技推广互联网数据汇聚引擎、农技服务供需精准匹配调度、体系成效评估星云图、热点农情快速预警等专题功能，借助中国农技推广 App 面向用户提供服务。平台获得 2016—2018 年度全国农牧渔业丰收奖成果奖一等奖。

二、平台服务情况

中国农技推广信息服务云平台紧密围绕农业生产和农民需求，以手机这一“新农具”为抓手，利用新颖的信息化传播手段，快速打开了工作局面，截至 2023 年底，注册用户数超过 1500 万个。平台不断升级完善，拓展服务功能，在推动农科教工作管理和农业技术推广等方面逐步发挥出不可替代的重要作用。

（一）拓展农技服务

1）打通专家咨询渠道。对“农技问答”模块进行了功能升级，研发专家答疑服务板块，不仅实现了国家产业体系专家在线答疑解决农民实际问题，同时针对无效问题自动沉底、精细化分类等功能优化，通过对浏览量、关注度等关键指标挖掘利用，自动汇聚整理了各地有效生产经营技术需求 100 万条、热门问题 640 万个，挖掘提取了 150 余万条典型农技知识问答。

2）扩充技术资源和问题数据库。依托产业技术体系及有关农业科研院所，按不同省份、农产品种类等多种维度建立先进适用技术和资讯数据库，进一步扩充了服务资源。同时基于海量问答数据，建立了农技问答数据资源智识库，上线基于问答训练的智能回答机器人，大大提高响应速度，每天为全国用户提供超万次的智能问答交互服务。

3）丰富服务功能模块和提高用户使用便利性。上线了“专家答疑”“省市县服务大数据”“科技壮苗”“科技特派团”等模块，形成“大豆玉米带状复合种植”“再生稻和早熟油菜种植技术培训”“国家乡村振兴重点帮扶县服务成效”“共建先行县　携手绘蓝图”“不误农时抓春管　农技人员在行动”等 30 多个专题专栏，汇聚各类专题信息上万条，全国农技人员、农户等浏览量达 2500 多万次，同时拓展了通知公告、政策法规、“三农”资讯、院校推广、科技动态等栏目，进一步丰富了服务功能，发挥了对帮扶县地区的农技线上服务作用。引导广大农技人员上传服务日志，增强了线上展示和自服务功能。

4）构建科技网上大集云服务。依托农业农村部科技“三下乡”活动，根据农事时节开设“科技在春”“服务三夏”“科技在秋”等专栏科技服务，集聚全国农业科技力量为广大农民群众提供 24 小时全天候技术服务，不仅提供在线农技问答、服务日志等内容，同时拓展在线学习渠道，为下乡服务制度化、常态化工作机制提供有力的支撑。

5）形成生产技术需求与农情分析报告。首先平台动态调取基层农技人员服务情况、农情数据和农户上传问题等多类数据进行分析挖掘，形成生产技术需求与农情分析报告；然后利用大数据技术通过筛选、清洗、归类、多类型数据融合分析，分区域实现各地区农情研判，提供农情分析报告生成服务；最后在线开展特定主题技术需求调查分析，通过对平台日常问答、农情、服务日志及不定期调查问卷的数据分析，分区域进行归类总结，提供各地生产技术需求清单服务。

（二）提高农业科教工作管理服务

平台创新科技开展全国农牧渔业丰收奖在线申报工作，依托中国农技推广信息服务云平台，优化完善申报系统功能，完成在线查阅、网络评审、会议评审等全流程在线申报评审工作，解决了无法到场的实际问题，有效提升了申报和评审工作效率，探索出科教奖项线上评审流程和工作机制。中国农技推广信息服务云平台上全面展示基层农技推广体系改革与建设补助项目执行情况，对补助项目实施全面信息化管理，实现补助项目任务安排网络化、推广服务信息化、绩效考评电子化。逐步建立基于云平台记录的工作日志、互动问答、农情报送等重要工作信息的考核机制。

三、平台应用成效

（一）服务效果不断提升

平台的公益性定位、日益完善的应用功能、不断丰富的内容资源及开放融合的发展理念，保证了用户数量和用户黏性不断提升，越来越多的合作伙伴愿意把在线学习资源、专家资源、信息资源输送给平台，越来越多的基层农业农村主管部门主动参与平台的推广应用工作，越来越多的高水平专家和基层农技人员主动上线开展为农服务，越来越多的农民用户下载使用平台。截至 2023 年底，平台累计访问量超过 40 亿次，积累的问答信息、日志信息、农情信息等数据资源，已初步形成了大数据集群效应。

（二）应急管理作用显现

平台围绕农业农村部中心工作，多次针对科技壮苗、农业科技防灾减灾等应急工作，发挥网络媒体快速响应优势，通过直播培训、图文教程等形式在线提供技术指导，取得了良好成效。平台先后举办“科技壮苗远程培训”，在线收看人数近 240 万人，社会反响强烈；平台发挥自身优势，帮助各级农业农村主管部门和农业行业机构在春耕、夏耘、秋收等关键农时农季，开展农业实用技术培训 219 场，参训人数近 2000 万人，实现了让广大农民足不出户就能接受知识学习和技术指导。近年来，中央电视台《新闻联播》栏目，在抢农时保面积促春耕、夏粮收获、秋粮开镰等农事重要节点进行了多次专题报道。

（三）为农产品市场与技术成果撮合提供信息服务

针对平台承载的1500多万用户利用动态用户画像技术，链接形成了十多万个技术成果交流圈，日均带动技术成果撮合和意向性对接上万次，推动了专家成果转化落地，也为农技人员、农户快速便捷地找到自身需要的适用技术提供了支撑；利用平台的市场价格和供需信息自动采集与趋势分析服务，为农技人员提供市场行情和预警服务，辅助农技人员指导农民根据市场变化进行生产调整、规避市场波动风险。

（四）提供农情动态防控与辅助决策支撑

通过对全国农业科教云平台汇集形成的上百万件墒情、病虫害等农情信息，绘制非洲猪瘟、草地贪叶蛾、台风灾害等热点农情地图，为管理部门开展决策提供了翔实的数据依据；通过人工智能与大数据技术，提取标注产业和区域热点生产问题十几万个，挖掘分析出品种抗病性、环境诱因、土壤改良等季节规律性科学问题上万个，为农业管理部门重大农情处置和专家科研方向定位提供依据。

（五）构建基于农业技术问答的大模型系统

基于平台复杂文本、图像等信息的分析能力，接入不同来源的各种模块，整合多种输入来源，并推理出基于实时信息的最优策略。基于我国农业品类丰富、地形和气候差异大的特点，根据农户的种植 / 养殖等特点，及时推送和定制农户关注的技术资源并实现个性化服务。为了便于农户和服务专家的沟通质量，将图像识别、语音识别、智能问答等新技术应用到平台，提供精准的动植物生长管理、病虫害防治等咨询服务，从而节省了农民和专家的时间，提高农业解决问题的效率。

（六）“线上线下”齐发力实现农技服务“常在乡”

为落实《中共中央宣传部等关于学习贯彻党的二十大精神广泛开展2023年文化科技卫生“三下乡”活动的通知》（中宣发〔2023〕7号）工作部署，按照农业农村部统一部署，2023年9月22日在安徽省蚌埠市五河县开展“三下乡”活动，吸引场内和场外农户关注量达500万人次，平台“三下乡”已成为新常态，提高了全国农业科教云平台的用户黏性与美誉度，获得了积极的技术推广效果。

同时，平台在北京平谷大桃产业区域定期组织开展科学技术服务小分队深入乡村、果园、田间地头，开展果园管理、果树修剪、病虫害预防等技术知识培训，建设了农技指导直播间和平谷智能服务e站，提供“农时讲堂”“有问必答”“高手在民间”和“放眼看世界”等不同栏目，高效解决桃树生长过程的常见技术问题，同时定期开展直播与培训，按照时令和实际发生问题进行解决办法精确推送，累计培训200多期，服务超30万人次，覆盖平谷地区的10万桃农，全程深入基层一线开展各项现场培训活动，做到农业科技创新与应用推广相结合，把惠农强农富农政策宣传到千家万户，把先进的科学技术变成群众致富的有力武器，真正帮助群众解决生产生活中的难题，引导广大农民朋友学科技、用科技，走科技小康之路。

在抢农时保面积促春耕、夏粮收获、秋粮开镰等农事重要节点，开展“科技在春”“服务三夏”“科技在秋”等专题科技服务网上大集系列活动，提供科技资源在线、成果网上大集、生产直播培训、技术云下乡等服务，创新“云下乡＋云在乡＋常在乡”农业技术服务模式，以农技人员、农业专家为科技服务支撑力量，立足解决农民农业科技问题，面向全国开展春耕大田作物旺苗处理、病虫害预防、新品种引进与配套栽培技术、果树修剪技术、农资科学施用技术等在线直播培训100多场，累计观看人数达2350多万人次。

（七）开展专题专栏，提供全方位资讯服务

利用平台上报知识、技术、人才等资源，发挥专栏在线远程服务优势，年度开设“科技壮苗行动”“春潮涌动备耕忙”“全力加强重大动物疫病防控”“乡村振兴促进法”“不误农时抓春管　农技人员在行动”“做好寒潮天气防范应对工作”等30个以上专栏，累计积累相关信息20多万条，全国农技人员、农户等累计浏览2500万次。

第十章 10

乡村治理信息化

乡村治理信息化是指以数字信息技术为手段的乡村治理行为。数字信息技术不仅仅是治理手段，更是一种治理效果的体现。一方面，乡村治理运用数字信息技术提高治理效能；另一方面，数字信息技术帮助乡村治理升级，打造数字化、信息化、智能化的乡村治理体系。

习近平总书记曾指出，要用好现代信息技术，创新乡村治理方式，提高乡村善治水平。

近年来，我国数字乡村建设取得了显著成效，农村整体数字化发展态势积极向上。在乡村治理中，大数据、云计算、人工智能等新一代信息技术的应用，驱动乡村治理产生深刻变革，带动公共服务效能提升。

第一节　数字党建，持续深化乡村治理

一、数字党建形式不断创新

数字党建是利用数字技术，包括互联网、大数据、人工智能等，提升党建工作的效率和质量。

（1）提升基层党建引领乡村治理的组织力　基层党组织是乡村治理的核心力量。通过数字技术，可以加强党组织的凝聚力，提升组织力，从而更好地引领乡村治理。

（2）增强基层党建引领乡村治理的辐射力　通过数字技术，可以扩大党组织的影响力，使其能够更好地服务于乡村治理。

（3）强化基层党建引领乡村治理的整合力　数字技术可以整合各种资源，提升乡村治理的效率和效果。

（4）调适基层党建与乡村治理的耦合度　通过数字技术，可以优化乡村治理的结构，使其更加适应乡村的实际需求。

二、数字党建与乡村振兴进一步耦合协调

数字党建与乡村振兴的耦合协调，不仅可以提高党建工作的效率和效果，还可以通过数字化手段，推动乡村经济的发展，加强农村党员的教育，提高乡村治理的效率和水平，实现乡村振兴的目标。具体体现在以下几方面：

（1）利用数字技术提高党建工作效率　通过大数据、云计算等现代信息技术手段，实现党的组织生活、党员教育管理、党务公开、党内监督等方面的信息化、智能化，提高党建工作的效率和效果。

（2）利用数字化手段加强农村党员管理　通过数字技术，农村党组织能够实现工作流

程的在线化、规范化，提升管理效率。同时，利用大数据和人工智能技术，可以更加精准地预测和解决农村发展中的问题，助力农村经济社会发展。

（3）利用数字化平台推动乡村经济发展　通过搭建“党建＋大数据＋乡村振兴”数字乡村治理平台，充分发挥基层党组织作用，充分运用大数据手段，及时掌握村情民意，解决群众“急难愁盼”问题，提升乡村治理能力水平。

（4）通过数字化手段加强农村党员教育　通过数字化党建学习平台，农村党员可以方便地参加党组织活动、开展在线学习，提高党员队伍的理论素养和实践能力。

（5）通过数字乡村平台，实现乡村治理的信息化、智能化　通过线上平台，可以及时解决村民的问题和诉求，实现了基层治理的信息化、智能化。

（6）通过数字化手段，推动农村产业升级　数字乡村的建设和推广，带动了乡村振兴的步伐，农民生活水平得到了显著提升。

三、数字党建在乡村治理中的应用案例

在实际的乡村治理中，数字党建已经得到了广泛的应用。例如，贵州省安顺市积极构筑“党建＋大数据＋乡村振兴”信息平台治理体系阵地，搭建了全市首个县、镇、村、户四级“村村享 App”数字乡村平台，覆盖党建引领、产业振兴、宜居创建、乡风文明、乡村治理、群众监督六大模块和 32 个子模块，可实现党章党规一键了解、组织生活“直播式”开展、党务村务网上公开、高清摄像头管田间、宜居乡村智慧创建、大喇叭宣传动员等功能。青海省海北藏族自治州海晏县甘子河乡，以党建为引领，探索创建了“智融甘子河”信息平台，将数字技术广泛运用到基层党建、政务服务、生态环保、民生实事、产业发展中。河南省南阳市谢庄镇构建智慧党建“屏联组织”，依托智慧党建模块，从阵地平台化、教育透明化、组织矩阵化、功能模块化等角度为切入点，集成可视化的党支部和党员风采展示、党员管理、“四议两公开”、智慧“五星支部”创建等数字化管理技术，有效拓展了农村党建新阵地，提升了基层党建水平，推动了党建信息化水平。贵州联通帮扶贵州省黔西南州洛王村乡村治理平台能力搭建，通过“党建引领”模块，展示支部组织架构、发布党建新闻和党章党纪，解决流动党员不能随时随地了解党建消息的问题。

第二节　数字政务，构筑乡村服务体系

数字政务利用现代信息技术，包括互联网、大数据、人工智能等，对政府的各项服务进行数字化管理和提供，以提升政府的工作效率和服务质量。在构建乡村服务体系中，数字政务的应用能够有效提升乡村服务的信息化、智能化和专业化水平。

一、数字政务的应用场景不断拓展

数字政务通过利用信息技术和互联网技术，可以实现政务、生产、生活、金融、物流等领域的整合建设，以提高政府治理效能和公共服务水平。数字政务在各个领域都发挥了重要的作用，不仅提高了政府服务水平，也推动了乡村地区的现代化建设。

（1）政务领域　数字政务通过构建政务服务平台，实现政务服务的数字化、智能化，提升公共服务效率。

（2）生产领域　数字政务通过数字化技术，实现农业生产的规模化和组织化，从而提高农业生产率。例如，通过对农业生产、经营、管理等全流程大数据的积累、开发、挖掘，能够实现对农业生产流程的系统化整合。

（3）生活领域　数字政务通过建设便民信息服务站点，提供便民服务，如自助服务终端、涉农信息等。同时，也可以通过提供在线缴费、查询社保医保余额、社保卡挂失、修改密码等服务，方便村民生活。

（4）金融领域　数字政务通过与金融机构合作，提供农村综合金融服务站，实现农村金融便民服务，如存贷款、电子银行、便民缴费等具体业务。

（5）物流领域　数字政务可以通过建设物流信息平台实现物流的信息化，提高物流效率，如提供实时的物流信息查询服务等。

二、数字政务的应用实效显著提升

数字政务通过数字化手段，为乡村服务体系的建设提供了有力的支撑，有助于提升乡村的治理能力，推动乡村的经济发展，提升农民的生活质量，实现乡村的振兴。数字政务在乡村服务体系中的作用主要体现在以下几个方面：

（1）优化了乡村基础设施　通过数字化手段，优化乡村的基础设施，如通信网络设施、数字化农业设施、智慧教育医疗设施等，使乡村的信息大动脉初步形成。

（2）提升了政务服务水平　通过数字化手段，提升乡村的政务服务水平，如通过“互联网+政务服务”的方式，推动政务服务向乡村地区的延伸覆盖，提高村级综合服务信息化、智能化、专业化水平。

（3）加强了乡村治理　通过数字化手段，加强乡村的治理能力，如通过大数据技术，实现对乡村治理的精准化和智能化，提升乡村治理的效能。

（4）推动了乡村经济发展　通过数字化手段，推动乡村的经济发展，如通过互联网技术，帮助乡村实现农产品的线上销售，推动乡村的产业升级。

（5）提升了农民的数字素养　通过数字化手段，提升农民的数字素养，如通过互联网教育，帮助农民掌握现代信息技能，提升农民的生活质量。

三、数字政务在乡村治理中的应用案例

广东省中山市坦洲镇按照“一村一策”原则，建设了数字乡村智慧大屏，为推进党建宣传、平安乡村、基层治理等提供了智能方案。截至2023年5月，中山市222条行政村（涉农社区）数字乡村覆盖率达78%，智慧大屏上屏率达82%，位居全省第一。浙江省温州市未来乡村数字化场景建设样板按照“一舱十场景”架构编写，“一舱”即乡村治理端，汇聚乡村治理中的业务数据，通过统一数据仓进行数据汇总、分析、处理。四川省自贡市自流井区推出“积分制、清单制+数字化”智慧乡村治理，将村规民约及乡村治理工作具体要求细化、量化、实化为“积分规则”和兑换规则，以“文明”换“积分”，吸引群众主动参与、自觉参与，并借助“川善治”智慧乡村治理平台，将“积分制、清单制”从线下搬到线上，充分运用村务“大喇叭”“村民说事”等功能，让村上大事“网上知”、政务服务“掌上办”。广东省清远市通过加快农村信息基础设施建设，在省内率先实现了“数字乡村”全域覆盖和“综治管理一张图”，为乡村治理、惠民服务、智慧农业提供坚实保障。

第三节 数字乡村智治，推动全民监督

乡村全面振兴，数字化改革是牵引力，更是加速器。各省市县乡村以推进基层治理体系和治理能力现代化为目标，深化数字乡村“智治”能力建设，不断完善自治、法治、德治、智治“四治融合”的乡村治理体系，切实提升基层智治能力，提升乡村产业发展质量。以科技为支撑，创新数字驱动的乡村治理路径，提升乡村治理效能，建设基层数字化监督体系，推动乡村治理更精准、更科学。

一、以智治助推乡村“善治”目标实现

（1）以群众问题为导向，拓宽了乡村治理主体　在大数据时代，网络技术的普及使得村民不再只是乡村治理的旁观者，乡镇政府和村委会将村民看成合作治理的伙伴，为村民提供更多的渠道和机会。多地将乡村服务点与居民热线电话、移动通信设备和微信公众号相连，实现全天候、全时段的联系网络，互联网能对民众进行技术赋权，扩大他们的政治参与，使政治过程能够直接有效地回应公众意见和大众需求。

（2）提升了乡村治理的社会认可度　大数据系统的构建使乡村有条件、有能力、有保障地将过去市直单位的审批权力下放到村一级组织，密切涉及群众生活的多项事务，如医保、工商营业执照、老年证、执业证书等，都可以不出村办理，村干部、村级组织与群众的业务往来拉近了干群之间的关系，提升了乡村治理的社会认可度。

（3）破解了基层监督智慧化程度低、监督精准度低、问题发现难等瓶颈问题　我国长期以来所形成的治理模式是一种被动式的乡村治理，习惯于“头痛医头、脚痛医脚”，往往在出现了问题之后才着手解决，因此需要对现有政务事项系统总结，及时对各类可能发生的事件加以预测和分析，从而改变以往行政效率低下的局面。而借助数字化技术手段，对公众的需求进行快速回应，及时处理，并接受全面监督，这也是提高乡村治理能力和治理水平的必然要求。

二、智治创新方式提升乡村治理效能

（1）搭建数字平台　数字乡村智治的核心枢纽是数字治理平台，这是构建乡村数字治理的首要任务。通过搭建数字平台，实现了对乡村治理的全面、实时、精准的管理。

（2）实现数字入户　数字乡村智治实现了数字技术的广泛覆盖，让每一个乡村居民都能享受到数字技术带来的便利。

（3）促进主体联动　在数字乡村智治的过程中，需要政府部门、村民及各类组织的紧密配合，形成多元化的乡村治理主体格局。这样有效降低了治理主体间的互动成本，实现权责适配，提高治理效能。

（4）利用 AI 技术　AI 技术可实现对乡村用户信息的实时采集与处理，确定出用户特征信息；依据用户标准信息，对用户特征信息进行分析评估，确定出基于 AI 的数字乡村综合治理的用户分析评估报告并实现基于 AI 的数字乡村综合治理。

（5）构建数字乡村治理共同体　构建数字乡村治理共同体是实现乡村振兴的关键路径，也是推动乡村治理现代化转型的应有之义。通过凝聚乡村社会的理念共识，构建数字治理的新伦理规则，有助于树立乡村振兴的“德治”意识，在乡村治理范式转型过程中促进公共价值的再生产，可以提升治理效能。

（6）优化治理工具、增强治理能力　通过数字信息平台建立多元主体的有效互动机制，打造利益共同体和情感共同体，强化各主体间的信任感，促进多元主体关系网络耦合。

（7）实现治理资源共享化　将多元数字治理手段置于乡村社会各个场域，增强工作统筹力、组织覆盖力和管理智治力。实现横向功能扩展与纵向权力延伸双轮驱动，推进社会公共资源向乡村倾斜，实现成果共享、发展共赢。

（8）提升农民数字素养　提升农民的数字素养，是数字乡村智治的重要一环。农民的数字素养直接影响到他们对新技术的接受程度和使用能力，从而影响到乡村治理效能的提升。

（9）建立健全的制度保障　制度是规范和引导乡村治理的重要保障。建立健全的制度保障，确保乡村治理的公正、公平和公开，提高乡村治理效能。

三、数字乡村智治的应用案例

重庆市大足区利用互联网技术，实现了互联网智慧养老服务，为老年人提供了便捷、高效的养老服务，同时也提升了养老服务的质量。湖北省宜城市的"百姓通数字平台"实现了农村公共服务的数字化，提升了农村公共服务的效率和质量，也为农村农民的生活带来了便利。山西省长治市壶关县水池村通过建立数字平台，推进数字化自治、网格化法治、星级化德治建设，实现了乡村治理的现代化。安徽省黄山市甘棠村通过引入"腾讯为村"数字化公益平台，将数字技术融入"村民—组织—村庄"基层治理网络，拓展了村庄"数"治空间，实现了村庄"智"治有方。

第四节　数字应急调度，完善乡村应急管理

数字应急调度是利用信息技术手段，将农村地区的公共服务、社会管理和经济活动数字化、智能化、网络化，推动农村数字化转型升级的发展模式。它聚焦统、防、救三大目标，主要面向安全生产、自然灾害、公共安全、城市生命线等重点领域，通过汇聚多元感知数据，运用风险普查成果，建设数字分析模型，对安全防范工作从风险管控、监测预警、分析研判、应急处置和灾后恢复全流程进行一体化、闭环化、可视化管理。随着乡村振兴战略的深入推进，乡村的应急管理需求越来越大，数字应急调度在乡村应急管理领域的应用将得到更广泛的推广和应用。

一、实践基层数字应急能力建设新路径

（1）构建责任体系，严格责任落实　乡村应急管理工作与互联网、大数据相融合，利用信息技术建立全面覆盖的联防联控网络平台，做到预防在先，对紧急情况早发现、早处理。农村社区突发事件具有时效性、紧迫性、不确定性等特点。这就要求农村网格化管理需要构建起功能更强大、覆盖面广泛的联动信息库，提高农村网格化管理的智能性，形成县乡村和县直有关职能部门工作责任联络体系；按照属地性、便利性原则，将全县各乡镇、村（社区）进行网格区域划分，定格、定员、定责、定岗，做到横向到边、纵向到底无盲区。

（2）健全工作机制，有序规范运行　建立健全应急部门和相关职能部门分工合作、协调运转的工作机制；建立健全网格事项流转处置工作机制，实现"大事全网联动、小事一格解决、清单式管理、网格化服务"。设置社区网格范围，细分应急管理事务，实现应急管

理网格化精准预警，整合原有设在村内部的综合治理、社区治理、应急管理等各系统指挥信息资源，建立一体化的信息系统和综合指挥平台，推动信息化引领下的应急管理一体化建设，进一步提升农村应急管理水平和服务效能。

（3）加强队伍建设，整合分散职能 打造专职应急管理网格员队伍，严格规范人员选聘，提高待遇保障，相关部门定期对网格员岗位人员进行业务指导、培训和考核，实现“一员多职、一职多用”。同时，对网格员实行县、乡镇、村级考核，结果与绩效工资挂钩。凭借区域网格化管理，融语音、视频、GPS 定位为一体进行 24 小时安全监测，一旦发生紧急情况，迅速定位风险源，立即报警并启动应急预案，应急管理工作人员就能够灵活指挥、精确调度，高效开展应急处置工作。

二、数字应急调度大幅提升乡村应对突发事件的能力

（1）提高应急管理效率 数字应急调度能够实现信息的快速收集和处理，提升应急管理的效率。例如，通过物联网、大数据、AI 等技术，可以实时收集和分析各种信息，及时发现和处置问题。此外，数字应急调度实现了应急资源的精准配置，避免资源浪费，提高资源使用效率。

（2）提升应急管理效果 数字应急调度的应用大幅提升应急管理的效果。例如，通过数字技术，实现对自然灾害的精准预测，提前做好防范措施，减少灾害损失。此外，数字应急调度实现了对突发事件的快速响应和有效处置，提高应急处置的效率和效果。

（3）优化应急管理协同 数字应急调度可以优化乡村应急管理的协同机制，提升乡村应对突发事件的能力。例如，数字应急调度实现多部门、多单位的协同作战，提高应急响应的效率和效果。

三、数字乡村应急管理的应用案例

中移物联网有限公司联合中国移动通信集团内蒙古有限公司包头分公司，为包头市搭建应急可视调度平台并部署“和对讲”设备，提高突发事件信息汇集、监测预警、应急指挥和处置能力。重庆市应急管理局加快数据汇集和平台建设，完成“数字应急底座”的打造，初步实现一图通览、一网统管、一键调度，通过汇聚多元感知数据，运用风险普查成果，对安全防范工作从风险管控、监测预警、分析研判、应急处置和灾后恢复全流程进行一体化、闭环化、可视化管理。江苏省淮安市应急管理局围绕强化视频应用，建设了视频智能监管应用系统，充分利用已汇聚的包括企业、森林防火、公安、水利、交通等监控视频，依托 AI 视频分析技术，结合物联网监测数据，对企业、林场重点场所和重点区域进行 7×24 小时智能监测，及时发现值班人员脱岗、睡岗、未戴安全帽、异常烟雾火点等安全风险，结合分级推送模型，将报警推送至企业、县区或市级监管部门并自动弹窗提醒。

第五节 数字监测，高效帮扶防返贫致贫

站位“服务农户，振兴乡村”，守住“不发生规模性返贫底线”，是各级党委、政府的重要政治任务。各地要把防返贫动态监测和帮扶工作作为巩固拓展脱贫攻坚成果的重点任务和核心举措，把精准确定监测对象、简化工作流程、缩短认定时间作为工作重中之重。

一、建立高效帮扶防返贫致贫监测机制

（1）推行“网格化”管理，建立覆盖镇、村、组的多级网格体系　确定基层网格员及工作细则，推动关口前移、力量下沉，对农户开展常态化排查。加强“信息化”监测，利用各地防返贫监测平台，依托微信等即时通信软件，构建多级树状结构管理体系，全面提高监测的及时性、有效性、准确性。做到工作全程监管、任务清单交办、困难精准帮扶、结果定期通报、绩效量化考核。

（2）共享各类数据资源　集成民政、人社、残联、教育等部门多项数据，打破数据壁垒，纵向实现省市县乡村五级贯通，横向实现多部门工作协同，建立农户基础数据库、网格员数据库、农户就业数据库、风险排查数据库、农户诉求数据库等，并提供接口查询、前置库交换多种交换共享方式，为行业部门、各级乡村振兴部门科学决策提供依据。

（3）建立“信息比对”数据库　根据行业部门筛查预警职责清单，确定医疗报销费用、交通事故赔偿、家庭劳动力变化等预警标准，第一时间对数据筛查比对、综合研判，实现“早发现、早干预、早帮扶”，做到“应纳尽纳，应扶尽扶”。将防返贫动态监测和帮扶作为巩固拓展脱贫攻坚成果的关键抓手，落实帮扶措施，随机抽查村、户，进行核查检查，确保帮扶措施精准、有效落实。

（4）出具“一户一档”评估报告　注重运用数字技术提升工作效能，精心设计入户调查评估问卷，内容覆盖评估对象家庭基本情况、家庭收入情况、家庭财产状况、“两不愁三保障”情况及“七清四严”情况、返贫致贫风险等九大类。结合邻里、村干部走访情况和行业信息比对结果，建立评估对象数据模型，分析研判评估对象遇困紧迫程度、严重程度，综合考量其困难类型、可能致贫返贫原因、帮扶需求等，对其是否符合纳入监测做出判断并给出具体帮扶建议，以一户一档的方式出具评估报告，通过防返贫动态监测数字平台上报各县有关部门，以此作为政府决策依据的重要参考。

二、数字赋能防返贫致贫成效明显

（1）实时监测　数字监测能够实时收集和更新数据，使得决策者能够迅速获取最新的信息，做出及时的决策。

（2）精准帮扶　数字监测能够通过算法模型，对大量复杂的数据进行深度挖掘和分析，从而找出隐藏的规律和趋势，为决策提供科学依据。

（3）数据共享　数字监测能够实现与行业部门、县、乡、村的数据联动，地区乡村振兴局每月与地区相关行业部门共享交换数据，推送疑似风险数据至县市进行二次比对，对确有风险的农户信息推送乡村干部入户核实，有效简化了入户工作量，提高了工作时效。

（4）预警功能　数字监测能够实现预警功能，一旦发现有返贫风险的农户，就会立即启动防返贫致贫程序。

（5）持续改进　数字监测能够通过数据分析，持续改进防返贫致贫的策略和方法。

三、数字监测防返贫致贫的应用案例

陕西省商洛市山阳县利用大数据智能平台，将全县易地搬迁群众纳入大数据平台监测中，实现了数字赋能、数据跑路、智能监测，有效破解了返贫风险隐患发现难、问题解决

不及时等难题。湖北省鄂州市华容区开发建设智慧防返贫监管预警系统，赋能防返贫“主动发现、动态监测、自动预警、精准帮扶、信息反馈”工作闭环，通过不断补短板、强弱项，固根基、扬优势，运用大数据技术实现对脱贫群众返贫风险的精准识别、及时发现、有效化解。山西省乡村振兴局构建“统一、智慧、融合、便捷、可靠”的防止返贫监测系统，主要建设防返贫基础数据仓库、防返贫监测信息系统、决策分析平台、移动应用程序等。湖南省怀化市鹤城区医保建立监测预警机制，强化对困难人员的医疗服务行为精准监督，有效减轻困难人员医疗费用负担，助力全区乡村振兴，防止因病致贫返贫现象出现。

第六节　数字技术，赋能乡村生态治理

乡村生态治理的数字化是指运用现代信息技术，如大数据、AI 技术等，对乡村生态环境进行实时监控、预测和管理，从而实现乡村生态环境的可持续发展。这种方式不仅能够提高乡村生态治理的效率和精度，而且能够帮助相关部门更好地理解和应对乡村生态环境的变化。

一、数字化在乡村生态治理中的应用广泛

（1）环境监测　通过安装各种传感器和设备，收集空气质量、水质、土壤成分等环境参数，然后通过大数据和 AI 技术进行分析，预测环境变化趋势，为环保决策提供科学依据。

（2）决策支持　利用 AI 和机器学习等技术，对大量的环境数据进行深度挖掘和分析，为决策者提供科学的决策依据，从而提高乡村生态治理的精确度和效率。

（3）公众参与　通过数字化平台，让更多的人参与到乡村生态治理中来，如通过社交媒体分享环保知识、发起环保活动等，提高公众的环保意识和行动力。

二、数字化在乡村生态治理中的优势凸显

（1）提高效率　数字化技术可以大大提高乡村生态治理的效率，节省大量人力物力。

（2）提高精度　通过大数据和 AI 技术，可以对乡村生态环境进行精确管理，提高治理的精度。

（3）提高透明度　通过数字化平台，可以让所有人都能了解到乡村生态治理的最新情况，增加治理的透明度。

（4）提高参与度　通过数字化平台，可以让更多的人参与到乡村生态治理中来，提高公众的参与度。

三、乡村生态数字治理的应用案例

浙江省嘉兴市南湖区在全省首创全流程数字化监管的“垃非”系统，通过构建“收、运、处”标准化运作新网络，探索“奖、评、查”高效监管新路径，激发“政、企、民”常态参与新动力，打造农村生活垃圾分类治理新模式。江苏省太仓市城厢镇东林村形成了“生态循环农业 + 农业智能化 + 农业物联网”模式，通过信息化手段，有效解决农业废弃物处理问题，实现化肥减量 20% 以上，农药使用量减少约 25%，节约灌溉用水 15% 以上，通过农业面源污染治理及农业化肥、农药减量，推动农业生产与生态环境的双向发展。

地方建设篇

第十一章 北　京

11

根据《数字乡村发展战略纲要》《数字农业农村发展规划（2019—2025年）》等中央政策文件，以及北京市委市政府提出的“加快建设全球数字经济标杆城市”和《北京市“十四五”时期乡村振兴战略实施规划》《北京市深入学习运用“千万工程”经验高质量打造首都乡村振兴样板的实施方案》《北京市加快推进数字农业农村发展行动计划（2022—2025年）》要求，北京市立足首都城市战略定位，牢固树立创新、协调、绿色、开放、共享的发展理念，坚持需求导向、创新驱动、政府引导、应用为先，充分发挥信息技术的支撑和引领作用，扎实推进农业农村信息化工作，为乡村振兴提供强劲动力。

第一节　农业农村信息化发展现状

一、2023年农业农村信息化基本情况

2023年是贯彻落实《北京市加快推进数字农业农村发展行动计划（2022—2025年）》（以下简称《行动计划》）的关键一年。北京市农业农村局联合市级单位和各涉农区，上下联动、通力配合，全力推进《行动计划》重点任务的落实，全市农业农村信息化工作取得了显著进展。全市数字农业农村总体水平为40.23%，比2020年提升5.33个百分点，全国排名由第17位提升至第11位。

二、农业农村信息化重点领域进展及成效

（一）持续提升农业农村信息化基础设施水平

1）网络基础设施建设水平持续提升。2023年新建5G基站2.9万个，累计达10.5万个，每万人拥有5G基站数全国排名第一，全市3908个行政村均完成5G网络覆盖。乡镇宽带通达率达到100%，光纤宽带接入通达的行政村数量比例达到100%。加快农村地区高清交互数字电视网普及推广，2023年度推广4K超高清机顶盒3.17万台，累计在网共计44.88万台。持续推动远郊农村地区为重点的光纤到户（FTTH）网络改造，农村地区双向网改造完成率超85%。

2）乡村传统基础设施数字化改造升级。持续开展农村公路基础数据和电子地图更新工作，形成2023年度农村公路基础数据和电子地图。提高“快递进村”服务能力，共覆盖12个涉农区的138个行政村，同比增长20.5%，累计为农村地区投递快件78.1万件，同比上升45.19%；完成代投收入76.8万元，同比上升55.5%。

（二）持续夯实农业农村数字底座

重点开展北京市农业农村综合管理平台（第一批）项目建设。开发完成农业科技综合

管理系统、农产品质量安全综合管理系统、农业综合执法综合管理系统等 7 个业务系统、2 个支持系统和“京农通”移动应用服务，实现了全平台统一门户、统一登录、数据统管统控、互联互通及业务全流程管理和留痕。同时，为加大对农业领域市场主体和社会公众的服务力度，平台移动端接入全市统一公众服务平台“京通”，并开通“农业农村”版块。

（三）全面提升农业生产信息化水平

1）提升种业数字化水平。完成全市种子管理机构及 311 家持证种子企业数据的采集和审核。依托全国畜禽种业统计调查系统，对全市 75 家持证种畜禽场进行信息监管，及时掌握畜禽种业生产经营现状。“畜禽分子育种大数据中心”二期完成项目招投标并开始建设。在奶牛育种板块，通过应用智能设备和建立计算模型，实现行为监控、体型在线评分及个体采食量的在线监测等功能。

2）推进种植业数字化。市农业农村局利用多期高分卫星遥感影像数据，采用人机交互和人工智能识别的方式，开展北京市复耕复垦地块和永久基本农田的监测和分析；制定了《高标准数字化种植基地建设标准（初稿）》，打造北京君蓝农业专业合作社、北京圣泉农业专业合作社两个示范点；形成了《北京市农田物联网监测设备技术要求（试行）》和《北京市设施园艺物联网监测设备技术要求（试行）》，并正式印发；建立农田物联网监测点 238 个，设施温室物联网监测点 3546 个，数据均已接入市级平台。

3）推进养殖业数字化。搭建“北京市畜牧业生物安全智能监管平台”，涵盖 8 个市级监管部门，31 家区级监管机构，全市 50 余家畜禽养殖场、屠宰场，26 个进京公路动物防疫监督检查站，实现生猪全程在线闭环监管，“点对点”跨省调运生猪 1.29 万批次，共计 260 多万头。

4）推进农机智能装备应用示范。在密云区打造小麦、玉米智慧农场，实现耕整地、播种、收获等全环节无人或少人化作业。在海淀区打造京西稻无人农场，打造可复制推广的全天候、全过程、全空间智慧农场示范样板。在昌平区建立露地甘蓝全程无人化作业应用场景。开展保护性耕作作业质量数字化监测，全市已安装车载智能监测终端 1478 台套，2023 年线上监测农机深松整地、秸秆还田和少免耕播种三项作业面积累计超过 130 万亩。

（四）多措并举推进农业经营信息化

1）推动环京周边蔬菜生产基地建设和数据监测。2023 年，京津冀三地共同遴选认定了津冀环京地区基地 60 家，总面积达 4.35 万亩。通过“京津冀蔬菜产销信息管理系统”采集地产蔬菜产销信息 19152 条，“菜篮子市场信号”微信公众号服务人数超过 14000 人。发布《北京电商销售净菜产品绿色分级包装规范》，建立鲜切预制菜监测点 2 个，开展鲜切预制菜试验示范，示范鲜切蔬菜加工保鲜技术 3 项。

2）提升农业金融服务数字化水平。持续推进农村信用系统建设，完成具备条件的新型农业经营主体的建档评级。截至 2023 年底，23 家银行机构与北京市农业融资担保公司完成对接，“信贷直通车”业务累计授信 977 户，金额达 10.9 亿元，较 2023 年初增长 97.37%。

（五）稳步推进乡村治理数字化

针对第一批 19 个乡村振兴示范村开展实地调研，梳理村庄基础情况、信息基础设施情况、产业数字化和数字治理情况，形成《北京市乡村振兴示范村数字乡村建设情况报告》，按数字化水平将村庄进行分类，为后续实际建设打好基础。市农业农村局结合自身职能，依据《数字乡村建设指南 2.0》，结合北京市实际情况和“百村示范、千村振兴”工程，编制了《北京市村级数字乡村大脑平台建设指南》，提出数字乡村建设标准。

（六）持续提升信息服务水平

1）深入推进信息进村入户工程。北京市3294家村级益农信息社全部通过验收，进入可持续运营探索阶段。村信息员队伍稳定程度达到60%以上，村群每周有服务、每月有电商交易额，公益类服务数据每周有更新，数据质量有提升。组织村书记、村信息员开展培训39场次，参与人员达1100多人次。整合供应链资源，打造“线上新发地”模式，产品直供农村市场，帮助农民团购生活必需品，实现“省钱”目标。

2）大力提升农民数字化素养。市农业农村局会同市委网信办开展“数字素养与技能提升进农村”活动，以“数字大篷车”车载展品的形式进行巡展。通过展示5G/大数据应用成果，体验虚拟现实（VR）、裸眼3D、机器人等数字科学技术，发放“智能手机使用手册”等宣传材料，开展“数字技能进农村”公益讲座等，深入全市13个涉农区，让农村居民近距离接触和体验数字技术，感受数字技术和手机带来的精彩生活；组织开展2023农民手机应用培训周活动，线上观看人员达11万人次，线下培训人员达1700余人次；依托“北京农业科技大讲堂”开展农技培训，2023年累计组织直播63期，观众达15.496万人次，有效提升了农业生产经营主体利用数字化新农具学习农技知识、开展农业生产、解决农事难题的能力；开设“2023北京市农业电商市场营销技能提升（初级）高素质农民培训班”“京彩e智·新农人电商培训”等各类培训班，培育乡村带货达人。面向镇村信息员，开展信息进村入户和农经统计培训共计50余场，参与人员达3200余人，有效提升了镇村工作人员的信息化工作能力和服务能力。

（七）强化科技支撑

1）加强关键核心技术创新。依托数字农业创新团队，开展部分关键技术及装备研发与示范，研发熟化农业生产关键环节数字技术10项，建设应用基地20家。开展设施温室植物生理生态传感器、环境传感器的研发与示范，提高设施生产的智能化水平。开展智能农机装备科技创新，研发了“采—收—运”一体式果园采摘机器并进行示范应用。

2）加强数字技术集成与应用示范。开展智慧农业创新场景建设，聚焦智慧农业等领域，选定10项智慧农业创新场景和2项孵化器并正式发布。经过专家评议，从揭榜单位中评选出11家中榜单位，其中有2项入选市经济和信息化局“北京市高精尖产业发展资金筑基工程智慧城市场景”。推进平谷区国家数字桃园标准化示范区和国家蛋种鸡物联网养殖标准化示范区建设。评选认定15家北京市农业农村信息化示范基地，其中3家认定为国家农业农村信息化示范基地。

三、当前工作中存在的问题与困难

（一）资金投入不足

数字农业农村建设需要足够且稳定的资金支持，尽管全市农业农村信息化建设资金投入逐年递增，但仍有较大缺口。资金投入问题依然是制约全市农业农村信息化发展的重要因素之一。

（二）数字化意识薄弱，内生动力缺乏

一些村级管理人员对数字化认识不到位，应用数字技术的意识不强，缺乏深入思考。部分经验型的生产经营主体对数字化装备的应用效果持怀疑和观望态度。数字化建设需要

进行整体设计，部分主体不愿承担应用成本、运维费用、流量费用及其他可能产生的风险，导致数字化系统和装备应用率不高。

四、下一步工作计划

（一）全面推进《行动计划》落实

编制《行动计划》2024年工作要点，定期汇总并更新《行动计划》落实情况。定期或不定期召集统筹协调机制会议，加强沟通联络，协力推动全市数字农业农村建设。

（二）推进北京市农业农村综合管理平台（第二批）建设

重点推进北京市农业农村综合管理平台（第二批）13个子系统建设。全部建成后，将涵盖市农业农村局全部业务版块，打破数据孤岛和系统壁垒，逐步实现涉农数据资源纵向融会贯通、横向共享共用，全面提升工作效率和决策水平。

（三）加快数字农业应用场景建设

加快数字技术与农业产业体系、生产体系、经营体系深度融合，全面提升农业生产智能化、经营网络化、管理高效化、服务便捷化水平。重点针对已经发布的智慧农业专项场景清单，通过揭榜挂帅，开展相关场景建设。

（四）数字乡村建设

重点针对19个乡村振兴示范村开展数字乡村建设，全面推广应用数字乡村大脑，因地制宜打造各类应用场景，探索自治、法治、德治、智治“四治合一”的乡村治理新模式。

第二节 农业农村电子商务发展现状

一、2023年推动农业农村电子商务情况

（一）农业农村电子商务进展

1）深化农村寄递物流体系建设。督导邮政企业打造产销对接体系，完善农产品寄递服务模式，为特色农产品提供包装、仓储、运输的标准化、定制化服务，壮大邮政企业“北京优农”精品项目培育。邮政渠道农产品交易额达10668万元，带动电商快包业务收入1778万元。

2）持续推进“北京优农”品牌建设。以京品蔬菜营销渠道建设项目为依托，以“北京优农”品牌为抓手，集合“云上京品”电商平台、直播带货、线下业务，继续合力打造“云上京品”特色馆营销矩阵。建立“北京乡村特产馆”抖音店，开展土特产直播带货，对78个商品进行商品策划及用户界面（UI）设计并上架，带动京郊特色农产品销售。邮政企业通过开展“北京优农”精品项目培育，利用线下+线上+直播等方式助力农产品销售，培育一区一品项目10个，邮政渠道农产品交易额达9847万元，带动电商快包业务收入270万元。

3）推动乡村旅游宣传推广。开展休闲农业“十百千万”畅游行动推介，制作80个“京华乡韵”系列短视频，评选92家休闲农业星级园区（企业）、10家乡村综合体典型案例，培育10个北京市乡村代言人（带货达人），充分利用网络媒体进行宣传，切实提升“京华乡韵”品牌影响力。举办“畅游京郊，玩转乡村”推介活动，发布6大主题45个旅游村落

“乡村 walk 地图”，全方位、多角度宣传推广乡村民宿资源线路。

4）持续开展直播助农。指导京东、抖音、快手等平台大力推进丰收节、山货节等直播活动助农；指导抖音平台开展戏剧上线、非遗上线等活动，助力农村特色戏曲和非遗传承；指导平台开展“来抖音学农技”“乡村大师课”“快手幸福乡村带头人”等活动，合计播放量突破 61 亿次，助力孵化乡村人才。开展“青耘中国”直播助农相关活动，围绕乡村农产品、乡村文旅、农民丰收节、定点帮扶等内容，成功举办直播活动 43 场，累积覆盖 1.3 亿人次，农产品销售额达 80 万元。

（二）存在的问题

1）缺少专项资金支持。电商发展目前更多依赖于企业自主发展，更多呈现探索特征，联农带农水平还有待提升，缺少财政专项资金引导。

2）农产品电商发展深度和广度仍须提升。电商企业销售能力、市场占有率、品牌影响力和核心竞争力不强。

3）部门间协调联动力度不够。电商销售农产品涉及种植、养殖及林果业等大农业范畴，以及商务局、市场监督管理局等部门，不同层级、不同系统间的统筹协调存在困难。需要各相关单位加大重视及相互配合的力度。

（三）下一步计划

1）争取加大政策与资金扶持力度。做好相关培训，大力扶持创新典型模式，积极引导各主体发挥创业创新主体意识，打造新型带动关系，提高联农助农水平。

2）加快构建市、区、镇（乡）、村四级电商服务体系和农产品现代流通体系，充分发挥联动力量，为农产品提供电商平台对接销售、快递揽收、培训组织等服务。

3）加大电商培训力度，壮大电商人才队伍。中高端人才匮乏、人才引进困难是电商企业存在的普遍问题。以合作社带头人、种植大户、返乡创业青年等新型农业生产经营主体为目标群体，开展农产品电子商务实用技术培训，组织人才交流会、完善人才服务保障。

二、“互联网 +”农产品出村进城工程建设情况

北京市延庆区作为农业农村部的“互联网 +”农产品出村进城工程试点单位，结合现有资源要素，充分发挥区域公用品牌引领带动作用，依托现有资源，扎实推进试点区建设。

（一）打造“妫水农耕”区域公共品牌

延庆区明确了以“妫水农耕”品牌建设带动农业产业发展的战略思路，大力推进品牌培育工作。制定《“妫水农耕”区域公用品牌联营管理规则》，建立了品牌管理体系。采用“政府主导 + 企业管理 + 市场运营”机制，规范化打造“妫水农耕”区域公用品牌。

1）搭建官方直销平台。一是借助微信公众号、小程序等方式建立线上官方直销平台，消费者可直接购买农产品，“妫水农耕”设有北京市 24 小时即达物流体系，与邮政、顺丰、京东签订长期合作，通过智能发货管理系统，实现订单审核、分配、配送等功能，确保高品质、高效率配送。二是借助景区影响力，在景区内建立数字化、无人化“妫水农耕”服务站，提供线下体验购物，使消费者进一步了解产品信息。

2）推介“妫水农耕”区域公用品牌。一是借助小红书、微信、抖音等平台，以短视频或图文方式向公众输出品牌文化，搭建“妫水农耕”新媒体矩阵，提高品牌知名度。借助传播契机推出“农文旅”融合旅游产品，加强文旅引领，推进“农文旅”对接，实现一、

三产业融合发展，打造京津冀“农文旅”融合区。二是借助“故事”+农产品、“旅游”+农产品将有机杂粮、有机蔬菜等近百种优质农产品与民俗文化、非遗相结合，促使公众认知从延庆生态环境转向“妫水农耕”区域公用品牌。

（二）推进“农邮通”三级物流体系建设

延庆区农业农村局与邮政延庆分公司签署战略合作协议（2023—2025年），对有机、绿色认证企业和国家级、市级、区级合作社进行销售环节补贴，通过降低运输成本促进本地农产品提升市场竞争力。建立“一区一仓配中心、一乡镇一中转站、一村一网点”三级物流体系，为区内70余家企业、园区、合作社提供“农邮通”物流服务。2023年，“农邮通”运输量稳定在2850车次以上，助销优质农产品8500余吨，其中商超2493车次，宅配订单31737单。截至2023年底，农产品运输业务已覆盖北京市并向津、冀辐射，延庆区北菜园、绿富隆、归原有机奶等40余家优质企业、合作社通过“农邮通”三级物流体系实现出村进城。

（三）推进新型村邮站建设

延庆区整合区域内行政村村邮站和益农信息社资源，通过功能叠加打造集邮政综合服务、益农信息服务于一体的村级综合服务平台，完成全区376个村新型村邮站建设，其中包含309家益农信息社。实现邮政普遍服务全覆盖，新型村邮员承担原益农信息员工作，通过微信小程序开展四项服务。此外，自2023年8月起，全区有231家益农信息社开展电子商务服务，占比74.7%，年底成交销售额达到14万元，助销沈家营镇农产品1.55万公斤，信息员享有部分提成，初步实现信息员通过项目实现就业创业目标。

（四）加强产地保鲜冷链设施建设

制定《2023年北京市延庆区农产品产地冷藏保鲜设施建设工作实施方案》和《农产品产地保鲜冷链设施建设项目工作流程》，征集冷库建设需求。截至2023年底，延庆区在建冷链库3座，在使用冷链库165座，总库容量25242.5吨，分布在51家农产品生产主体，主要储存蔬菜、食用菌、菊花等农产品。

（五）打通农产品出村进城“最后一公里”

为加快推进延庆区新型农业经营主体高质量发展，提高电商运营能力，延庆区农业农村局采用政府购买服务方式，开展农民专业合作社区级电商孵化服务项目。借助第三方公司在专业人才培养、电商平台培育、直播设施配备、宣传推介等方面优势，全力打造延庆区电商孵化平台，形成区、镇、主体“1+3+*N*”三级联动，全方位、立体化促进农产品销售转型升级。

此外，2023年，延庆区培育家庭农场示范乡镇3个。其中，张山营镇利用项目扶持资金，建设镇级家庭农场直播间，购置提词器、补光灯等直播设备并开展了相关培训。同时，区农业农村局组织开展了电商（主播）营销人才培训，通过培训，帮助农民专业合作社、家庭农场负责人熟练掌握店铺账号创建、运营和管理，熟练运用短视频拍摄和剪辑、直播间运营和维护、后台数据分析等技能，提升电商运营能力。

第十二章 天津

12

2023 年，天津市坚持以习近平新时代中国特色社会主义思想为指导，深入贯彻落实习近平总书记关于网络强国的重要思想和关于乡村振兴的重要指示批示精神，认真落实《天津市推进农业农村现代化“十四五”规划》《数字乡村发展战略纲要》《数字乡村发展行动计划（2022—2025 年）》部署要求，突出现代都市型农业特色，充分发挥信息化对乡村振兴的驱动引领作用，整体带动和提升农业农村现代化发展，全面推进数字乡村和智慧农业发展取得新进展、乡村振兴迈出新步伐、数字天津建设取得新成效。

第一节　农业农村信息化发展现状

一、2023 年农业农村信息化基本情况

天津市委高度重视农业农村信息化相关工作，市委主要和分管负责同志也多次对该项工作做出批示要求。2023 年，市委认真落实《天津市数字乡村发展行动计划（2022—2025 年）》《天津市贯彻落实〈2023 年数字乡村发展工作要点〉举措分工方案》等文件部署要求，积极投身乡村振兴和数字中国建设，从三个方面取得了显著成效。

1）天津智能农业研究院建设取得阶段性进展。由赵春江院士团队引进的天津智能农业研究院一期主体已建设完工，检测实验室、智能制造生产线即将投产并试运行，二期 2 号、3 号生产检测楼建设已经启动，集研发、中试、熟化、生产、加工、检测和数据服务于一体的智能农业综合研发创新平台初具雏形。项目全面建成后，将集聚国家级领军人才和创新团队，打造国际智慧农业创新合作交流平台，建成全国知名的智慧农业研发中心、装备生产车间和规模最大、最先进的装备检测中心，创建我国最具影响力的高端智慧农业示范展示窗口、农业大数据中心和全国农业机器人比赛的长期赛址，构建大田、果园、设施、畜禽、水产、加工、物流全领域的无人农场应用场景，形成产、学、研完善的全链条智慧农业产业生态，具备生活服务、会展服务等完善的配套条件，建设全国智慧农业研发创新高地。另外，院士团队承办召开的第七届世界智能大会智能农业高峰论坛成功举办，线上、线下共计 4 万人参会，对全市智能农业技术创新、应用示范和国际合作具有重要的引领推动作用。

2）农业农村信息化相关工作制度进一步健全完善。2023 年，市农业农村委和市委网信办密切配合，联合出台了《天津市数字乡村试点工作方案》，对全市数字乡村试点“走什么路、布多少点、谁怎么干”进行了顶层设计，直接推动了数字技术与农业农村发展的深度融合，进一步带动了农业生产智能增效，第一批可复制、可推广的做法经验正在形成。联合印发了《天津市贯彻落实〈2023 年数字乡村发展工作要点〉举措分工方案》，进一步

明确了工作职责和任务，确保了《天津市数字乡村发展行动计划（2022—2025年）》按计划压茬推进。

3）全市农业农村信息化建设试点获得国家部委认可。西青区、津南区顺利通过国家数字乡村试点地区终期评估，在117个试点地区中分列全国第3位、第21位，“津南区：利用PPP模式推进智慧城市和数字乡村融合发展”入选全国优秀案例。3个农业农村信息化案例入选《2022全国智慧农业典型案例汇编》，2个智慧农业项目获农业农村部数字农业农村新技术新产品新模式优秀项目推介，1家花卉生产企业被农业农村部认定为农业农村信息化示范基地。

二、农业农村信息化重点领域进展及成效

（一）智慧农业建设取得新成果

1）农业数字化向全产业链加速延伸。智能灌溉、精准施肥等新模式得到广泛推广，全市农业生产信息化率为30.5%，名列全国第7位。小站稻全产业链数字平台赋能津南区小站稻全产业链项目集群，从生产端和销售端共同发力，助力小站稻产业振兴。认定37个畜牧、水产养殖、农机和种业智能农业示范园区，数字农业农村新技术新产品新模式优秀案例在全国推介。东丽区东信花卉“Priva Connext”控制系统、北辰区鱼菜共生智慧种植、中化农业MAP天津中心、科芯农业设施大棚智慧农场等一批数字信息化应用场景落地生根。

2）农业智能装备进一步提档升级。农业用北斗终端及辅助驾驶系统广泛使用，累计补贴农机北斗终端和自动驾驶系统304台，安装渔船北斗终端394台、畜牧远程监测终端191台，无人机高效植保、撒施肥料作业面积达到150万亩，农业机械化逐渐向智能化转型。

3）农业智能监管水平不断提升。包括放心猪、放心鸡在内的农产品质量安全数字化监管追溯平台全面投入使用，农产品质量安全从“传统管理”转变为“现代治理”，老百姓“舌尖上的安全”得到切实保障。

（二）农业农村信息化基础设施建设取得新进展

城乡网络基础设施建立健全。全市累计建成5G基站7万余个，固定宽带网络质量实现明显提升，实现村村通5G，超额完成年度建设目标。市电子政务外网覆盖全市社区、村居，有效满足基层一线电子政务需求。建设改造海世盛通、北建通成等8个农产品冷链基础设施。推进邮政数字化综合服务平台建设，不断扩大便民类服务内容和跨行业跨部门平台合作。向市政务数据共享平台提供农产品质量安全机构考核资质证书等81类涉农数据，利用跨部门数据支撑开展涉农“证照分离”改革、农副产品粮油价格供求研究等应用场景建设。完成天津气象大数据云平台升级，新增海河流域灾害普查等303种产品和94种算法融入，发布各类接口272个。

（三）农业农村“三农”大数据平台稳定运行

1）升级老旧业务子系统。对污水处理、厕所革命等业务子系统中已不适合当前工作需要的模块进行升级完善，同步对区级使用客户进行专项培训，提高了系统使用率。

2）开发全新业务子系统。响应农担公司业务需求，重新开发农民专业合作社业务子系统，增加合作社成员身份信息校验，重构合作社成员计算模型，实现与农担公司自有系统的数据对接，提高了系统使用率。

3）增加网络安全运维投入。以市公安局安全重保网络攻击测试为契机，持续开展服务器安全检查、应用服务巡检、漏洞限时排查和整改，将系统 80 敏感端口升级为 5719 非敏感端口，主页登录地址由 HTTP 升级为安全性更高的 HTTPS。重保期间安排 2 位安全专家、7 位巡检技术人员进行 7×24 小时巡检，封禁暴力破解账号 157 个，全方位提高了“三农”大数据系统的整体安全性能，为各业务子系统稳定安全运行提供了坚实安全保证。

（四）农业生产信息化水平继续保持全国前列

2023 年，开展上一年度农业生产信息化情况统计，从大田种植、设施栽培、畜禽养殖、水产养殖 4 个方面统计了全市 10 个涉农区的农业生产信息化情况，重点摸清了稻谷、小麦、玉米等 14 类作物种植中农机信息化作业、水肥药精准控制、“四情监测”等应用覆盖面积与各类作物种植面积的情况；设施栽培业中环境信息化监测、环境信息化控制、水肥一体化智能灌溉等应用覆盖面积与设施栽培总面积的情况；牛、生猪、羊和家禽等畜禽养殖中养殖场环境信息化监测、养殖场环境信息化控制、精准饲喂、疫病信息化防控等应用覆盖存栏量与各类畜禽存栏量的情况；鱼、虾、蟹和贝等水产品养殖中智能增氧、自动投喂、疫病信息化防控等应用覆盖面积与各类水产品养殖面积的情况。

（五）农业经营信息化水平稳步提升

聚焦粮食安全数字化转型，开展粮食购销监管信息化建设，优化完善各级平台粮食购销监管功能。利用视频监控、粮情传感器等物联网设备对市储粮日常作业环节全程在线远程监管，实现储备粮管理“步步留痕、全程追溯”，确保系统业务线上线下相一致。上线运行天津市放心农产品质量安全监管平台，重点聚焦小站稻、肉类、鸡蛋、水产品、蔬菜等重点农产品的质量安全和追溯监管工作。用好智慧农业气象服务，完成“丰聆”微信小程序第一期建设，开发预警农业气象灾害的“小喇叭”“小警灯”技术，提升农业气象服务的智能化水平。

（六）乡村治理信息化持续深化走实

1）治理效能日益显现。静海区台头镇和宁河区岳龙镇小闫庄村等 10 个村被认定为国家级乡村治理示范镇村。新创建市级乡村治理示范镇 11 个、示范村 36 个。推广运用积分制的村达到 3013 个，建立清单制试点村 841 个。滨海新区海滨街联盟村和武清区王庆坨镇郑家楼村入选第四批全国“文明乡风建设”典型案例。

2）实施党建引领基层治理行动，发挥智治支撑作用，推进农村基层治理智能化建设。打造党员在线学习平台、党建先锋网等“互联网＋党建”载体，为农村党员服务到家。在网上办事大厅开设市农业农村委旗舰店，发布涉农服务事项 75 项。依托“天津市村务公开平台”公众号引导村民关注村务，累计浏览量超 317 万次。北辰区双街镇打造“党建＋”数字化平台，实施党务村务线上线下同步公开。

3）增强农村社会综合治理数字化能力。优化完善“津治通”平台功能，打造基层社会治理“一张网”，增强农村基层事件流转、处置能力。建立乡村文明积分管理平台，将乡村基层治理事务转化为数据化指标，构建“互联网＋网格管理＋文明积分”的乡村治理模式。建设公共法律服务一体化平台项目，优化公共法律服务智能终端设备应用，提升乡村智能法律服务水平。

（七）农业农村信息服务持续扩面

1）实现了农村人居环境信息化监管，建设农业农村生态环境综合管理系统，掌握畜禽养殖、农村生活污水治理及农村黑臭水体治理信息情况。运用卫星遥感识别、高架视频监控等技术，开展全市域裸露地表核查、露天焚烧火点管控等工作。组织有关涉农区对1596座20吨以上农村生活污水处置设施开展自行监测，进一步提升了监管效率。

2）建设农村寄递物流服务站，打通农村快递“最后一公里”，市邮政管理部门联合市农业农村委共同推动村级党群服务中心和农村商超建立健全农村寄递物流服务站，真正实现“多站合一、一站多用”。

3）组织全市农技人员积极使用中国农技推广App，通过网络平台推广、逐人建立台账、电话及时沟通、逐区开展培训、逐机构进行宣讲，采取发放使用奖励等方式，全市农技推广人员对中国农技推广App的使用率继续保持在95%以上。

三、当前工作中存在的问题与困难

虽然全市农业农村信息化发展已经取得了积极进展，但基础水平仍然较低，相比浙江等省份，全市数字乡村和智慧农业发展还面临一些困难和挑战，主要表现为以下三个方面：

1）区域间发展不平衡、不充分。不平衡体现在经济发达涉农区数字乡村和智慧农业建设发展水平较高，不充分体现在农业机械化智能装备的普及率还有提升空间。

2）农业信息化水平还不高。从各区智慧农业项目来看，主要是相对易于推广的信息技术为主，基本停留在一般、单一技术应用阶段，缺乏高精尖的精准技术，集成度也不高，挖掘和释放农业数字经济潜力的作用尚不明显。

3）资金投入不足的问题依然存在。农业农村信息化发展需要真金白银的投入，需要财政和社会资本的高效协同。目前，全市部分涉农区的农业农村信息化建设财政投入明显不足，制约了农业农村信息化的发展。

四、下一步工作计划

2024年，天津市将锚定现代都市型农业发展定位，深入研究新时代农业农村工作的特点规律，充分发挥信息化对乡村振兴的驱动引领作用，以智慧农业和数字乡村建设整体带动和提升农业农村现代化发展。

（一）着眼促进农业农村提档升级，推进数字驱动产业变革

1）紧紧依托赵春江院士团队，扎实推动天津智能农业研究院建设，力争年内项目一期竣工验收，实现投产、试运行，二期建设取得阶段性成果，三期启动建设，全力打造智慧农业样板。

2）提高智能装备水平。落实农机购置与应用补贴政策，持续加大农业用北斗终端及辅助驾驶系统在农机装备深松作业、渔船定位监管、畜牧远程监测、无人机植保施肥等应用场景中的普及推广力度，助力农业传统机械化装备向智能化转型。

（二）着眼促进农业农村全面进步，推动农业农村信息化可感可及

打造数字乡村试点。到2025年底，联合市委网信办分两批完成60个试点场景建设任务，实现数字技术与农业农村发展深度融合，带动农业生产智能高效、乡村数字经济快速发展、乡村治理效能有效提升、乡村网络文化繁荣发展、农村人居环境持续改善、农民素质素养与技能显著提升。

第二节　农业农村电子商务发展现状

一、2023 年农产品电子商务工作推动情况

天津市锚定“津农精品”品牌建设这个“牛鼻子”，利用农业产业电商化发展机遇，加快推进信息技术在品牌价值挖掘中的广泛应用，充分发挥网络、数据、技术和知识等要素作用，建立完善适应农产品网络销售的供应链体系、运营服务体系和支撑保障体系，促进农产品产销顺畅衔接、优质优价，带动农业转型升级、提质增效，拓宽农民就业增收渠道。

（一）建设成效及经验总结

1）“津农精品”品牌建设初见成效。天津市立足资源禀赋，积极打造“津”字招牌，累计认定绿色食品 185 个、有机农产品 8 个、地理标志农产品 9 个；新认定 27 个“津农精品”品牌，总数达到 225 个。2023 年，“津农精品”品牌荣登“中国区域农业形象品牌影响力指数”排行榜第 7 名，“津农精品”品牌农产品总销售额超过 100 亿元，100 余种品牌农产品进入北京市消费市场，销售额达到 15 亿元以上。举办了首届“津农精品”进北京推介活动，品牌知名度和影响力不断扩大。农业标准化生产不断加强，农产品质量安全监管和追溯体系进一步健全，地产农产品合格率保持在 98% 以上，北辰区、蓟州区入选第三批国家农产品质量安全县。静海区成功入选第四批国家农业绿色发展先行区创建名单。

2）“津农精品”营销渠道不断拓宽。围绕京津冀举办各类展销推介活动，持续开展“津农精品”直播联赛，话题累计阅读量超过 5000 万人次。组织参加全国综合性展会，积极对接电商平台，组织开展进机关、进社区等“五进”活动。与中国农业银行、中国建设银行、天津银行合作投放消费券 300 多万元，直接带动消费近 1000 万元。与蚂蚁集团合作，开通支付宝助农专场直播，在全市地铁站 12662 块大屏连续半个月滚动播出宣传海报。与邮政集团合作，推动“津农精品”入驻中国邮政“邮乐”主题直播间等，宣传效应、拉动效应明显。2023 年 9 月份以来，津南日思小站稻销售额达到 400 万元，同比增长 20%；中秋节、国庆节期间，宁河区七里海河蟹销量 700 余吨，销售额 5600 万元，同比增加 40%；以干鲜果品、绿色蔬菜为主的“蓟州农品”销售额达到 500 余万元。

3）开展电商直播助力农民增收。西青区培育曙光沙窝萝卜专业合作社、祥裕家庭农场抖音小店等规模农产品电商企业 10 余家，培育“沙窝老郭”等新农人开展直播带货，培训各类电商人才 1100 余人，实现网络零售额 1.7 亿元。宝坻区依托“劝宝农产品电商服务平台”，整合区域农业企业、专业合作社、家庭农场、种养殖大户经营主体及相关产品资源，开展品牌包装设计和直播宣传推广，推动农产品标准化、商品化建设。蓟州区引进“三农”主体电商孵化直播基地项目，主打“自品自带”，吸纳电商企业 10 余家、主播 30 余名。滨海新区组织“津门烟火　跨境尚品名都——天津市首届直播电商大赛”，安排 6 场“短视频 + 直播”主题活动，聚焦“神奇的保税仓”“疫情复苏下的商圈”“助农——特色农产品展示”“天津百年老字号”“身边好人好事”“优秀企业和文旅场所”六大主题进行内容输出，全力打造“跨境 + 直播”产业生态，拉动地区就业和电商消费。截至 2023 年底，天津抖音直播生态产业园和跨境电子商务示范园区（经开区）已逐渐实现双园联动，为区域内企业提供全方位数字化直播服务。宁河区整合七里海河蟹、“津沽”大米、齐天河等特色优质农产品，采用“小程序 + 微信群 + 抖音”的营销模式开展电商直播，销售品类达 107 个，配

送区域从京津冀地区辐射到云南、甘肃、陕西等多个省份。

（二）下一步工作计划

1）聚力打响沙窝萝卜、小站稻等特色产业品牌，持续擦亮"津农精品"金字招牌，利用电商和网络平台，开展"线上＋线下"展销，鼓励种植户借力短视频平台直播带货。整合官方微信公众号、微博、小红书、抖音等官方媒体账号，制定多平台官方账号＋多平台达人直播合作策略和内容规划，进行统一管理运营服务。

2）引导资源要素向农业农村汇聚，在提高种养殖业绿色高效发展、农产品高质量发展的基础上，吸引更多电商、视频平台与农业经营主体合作，推动农业企业、农民合作社和家庭农场等农业经营主体开展电商应用，推动农民收入和农村消费双提升。

二、2021—2023 年"互联网 +"农产品出村进城工程情况

为有力促进农产品产销衔接、推动农业转型升级，天津市积极发挥"互联网 +"优势，加强协调、持续推动，统筹网络、技术、数据和知识等要素，着力构建网络销售的运营服务体系和支撑保障体系，实现地产农产品优质优价，持续带动农民增收，助力农业高质量发展。

（一）建设成效及经验总结

1）相关制度进一步建立健全。市农业农村委与市有关部门联合印发《关于开展"互联网 +"农产品出村进城工程的实施方案》《关于支持实施 2023 年度县域商业建设行动的通知》《天津市农产品产地冷藏保鲜设施建设实施方案》等文件，深入静海区、蓟州区督导全国试点工作建设。

2）重点建设项目频频落地。一是争取农业绿色发展中央预算内专项资金近 3 亿元，支持食品集团冷链物流基地等冷链物流项目建设，实施了天津德瑞特蔬菜良种育繁一体化基地建设项目、天津市鲤鲫鱼水产种质资源场建设项目、天津市农作物品种测试站等现代农业提升项目建设，进一步巩固提升全市小站稻、黄瓜、鲤鲫鱼、肉羊等优势品种的科技创新能力和繁育推广能力，提升农业设施化水平。二是争取增发国债 9.2 亿元支持全市 40 万亩高标准农田建设项目，保障全市小站稻、小麦、玉米等优质农产品的生产和供给。

3）农村物流体系进一步完善。一是加快产地冷藏保鲜设施建设，截至 2023 年底，37 家建设主体共建设 132 个冷藏库，新增冷库库容超过 15 万米^3，农产品产后损失率明显降低，产地低温处理率显著提高。二是打通农村物流"最后一公里"。邮政、京东、顺丰、德邦 4 个直营品牌快递实现直投到村和到村揽收，有力保障了农产品出村进城通道高效畅通。

4）农产品销售活动形式多样。引导知名电商和流通资源平台与地方农产品销售网络合作，建立和完善线上线下相结合的农产品销售体系；在建设基础衔接上，将农产品出村进城与信息进村入户工作相结合，构建了市、涉农区与村级益农信息社相连通的运营模式，共同推动农产品出村进城。持续加大农产品产销对接力度，组织企业参加了"中国自主品牌日活动""聚天津优品　筑电商未来"品牌优选会、"互联网 +"农产品出村进城暨农产品产销对接会、"津农精品"赶大集、"中国农民丰收节""中国国际农产品交易会"等综合性展会活动，推动品牌农产品与城乡市场对接，吸引更多的市民主动消费、自觉宣传本地特色农产品，助力"互联网 +"农产品出村进城。

5）发挥区位优势，推动农产品上行。静海区鼓励电商企业建立 B2B、B2C 电子商务平台，在全市范围内布局 20 家 3.5 公里内自提和配送全覆盖的社区直营店，构建"互联网＋

农产品供应＋冷链配送”的新型运作模式，实现天津市服务范围全境覆盖。宝坻区成立新媒体运营部门，建设“劝宝超市”“劝宝电商”“劝宝生鲜直通车”快手及抖音平台账号，整合区内优质农产品，打造爆款，建立营销渠道，进行口碑营销。蓟州区、北辰区“村BA”，西青区“韵动西青画中跑”、宁河七里海、宝坻区“遇见宝坻·印象潮白”等半程马拉松等赛事活动引流效应明显，直接拉动当地农产品和“津农精品”销售。

（二）存在的问题

目前，存在的主要问题是特色农产品的市场化运作水平、市场覆盖率、品牌知名度和影响力等还需进一步提升。

（三）下一步工作计划

1）进一步完善县域商业体系建设和冷链物流体系建设，补足农村电商基础设施建设短板，促进农村电商发展提质增效。建设改造提升一批乡镇商贸中心，支持物美等连锁企业布局一批连锁便利店，支持邮政、顺丰、圆通等快递企业统一仓储、分拣、配送，实现“多站合一、一点多能、一网多用”。

2）加强农特产品，特别是“津农精品”品牌与电商平台的产销对接力度。借助网上年货节、双品网购节、海河消费季、天津电商节等活动，设立农产品专场专区，大力度推介全市优质农产品出圈出彩，成为“爆款”。

3）借助高素质农民培育、农村实用人才带头人培训、乡村产业振兴带头人“头雁”培育等项目，定期举办农业品牌专题培训班，加强品牌农产品质量认证、品牌建设、品牌营销、产品包装等专业知识培训，提高品牌经营主体的培育与运营能力。

第十三章 河北 13

2023年，河北省紧紧围绕实施乡村振兴战略，加快推进现代信息技术与农业农村各领域、各环节深度融合，以需求为导向，通过示范带动、强化推广应用，大力推进“互联网+”现代农业创新发展，加速农业产业数字化和数字农业产业化进程，促进农业现代化发展。

第一节　农业农村信息化发展现状

一、2023年农业农村信息化基本情况

按照《河北省智慧农业示范建设专项行动计划（2020—2025年）》和《2023年度智慧农业建设项目实施方案》等工作安排，积极推进各项工作落地见效，数字化服务农业农村能力取得明显提升。国家数字农业创新应用基地在深州、威县、丰南、昌黎落地，武强花生数字化精准种植、涉县中药材智慧园区、南和高端设施蔬菜集约化种植技术3个典型案例入选《2022全国智慧农业典型案例汇编》。雪川马铃薯全产业链数字化应用、保定市农药兽药包装废弃物押金制回收体系建设、金沙河合作社智慧种植入选2023年国家智慧农业建设优秀案例；太阳能淋灌机器人等6个案例入选2023年数字农业农村新技术新产品新模式优秀项目；玖兴农牧（涞源）有限公司等4家单位被认定为2023年度农业农村信息化示范基地；2023年度昌黎（蔬菜）和丰南（玉米）成功获批国家数字农业创新应用基地。河北省农业信息中心被农业农村部信息中心授予农村实用人才带头人农业农村电子商务专题培训班组织实施优秀单位、2023年数字农业农村新技术新产品新模式征集工作优秀组织单位、2023年“土特产”推介活动优秀组织单位。

二、重点工作进展及成效

（一）农业农村信息化基础设施建设情况

1）乡村数字基础设施建设不断加强。全省行政村、脱贫村宽带通达率达100%，4G网络通达率超过99%，所有县城城区实现5G覆盖，有效满足农业农村数字化应用场景需求。推动农村基础设施数字化转型升级，推进农村公路基础数据和电子地图更新、农村电网巩固提升、智慧水利建设等重点任务，加快补齐数字基础设施短板。

2）依托省政务云平台，建成了全省农业农村大数据云平台，开通云主机86台，部署信息系统29个。

3）建成了全省农业视频会议云平台，覆盖了各市、县农业农村部门和部分独立院落直属事业单位，包括220个分会场，通过提供稳定的视频会议服务，实现了视频会议、视频会商、远程培训等功能。

（二）不断完善农业农村大数据中心功能

1）开展归集共享行动，整合各类涉农数据资源，提升数据共享交换能力，按照农业基础信息等九大类编制资源目录并梳理对应的数据，提炼出元数据、数据集市，融合 4.6 亿条原始数据，初步建立了农业农村数据资源池。

2）利用财政资金，逐年完善农业农村大数据平台系统功能。建设开发了智慧农业数字化应用、特色优势产业集群数字化服务和农业全产业链大数据分析应用等子平台，农业农村大数据平台基座及子平台正在向市级和公众推广复用，推动形成横向互联、纵向对接、多级融合的涉农数据“共享通道”。

3）持续优化智慧农业“一张图”应用。以农业农村基础大数据平台为根基，不断完善生产智能化、经营多元化、管理数据化、服务在线化数字化支撑平台。利用平台资源，金融服务专员已为 51452 家农业经营主体（含农户）累计发放贷款金额达 163 亿元。

（三）开展智慧农业示范引领

1）实施智慧农业建设示范项目。2023 年重点支持晋州等 20 个县（市、区）开展示范区建设，用于加强智慧种植、智慧畜牧和智慧水产等应用集成。

2）开展智能奶牛场建设。重点在繁育环节奶牛发情自动提示、挤奶环节自动计量、全混合日粮（TMR）饲喂环节自动监控和外部环境自动监测四个方面提升改造，提高了奶牛场精细化、精准化管理水平。

3）推动人工智能、物联网等技术和装备在水产养殖基地集成应用。积极引进水体环境实时监控、自动精准投喂、网箱自动控制等智能化系统和装备，规模化水产养殖场实现物联网集约化 100% 全覆盖。

4）建设渔船渔港动态监控管理系统。推动海洋捕捞渔船北斗终端和船舶自动识别系统（AIS）防避碰设备安装，实现全省渔船渔港信息化数据“一张图”和相关数据互联互通、资源共享。推进渔船应用北斗通信导航设施，为 2500 艘渔船配备北斗导航设备 5000 台。

5）加快智慧农机发展。2023 年，重点围绕精细整地、精量播种、精准施肥和精确收获等精准作业技术，全力打造 31 个智慧农场，全省智慧农场总数已达 191 个。全省加快农机装备智能化改造，深松深翻作业智能监管实现全覆盖，全省各类卫星导航应用数量达到 5.9 万台（套），保持全国前列。依托院士团队，打造石家庄赵县、邯郸成安、雄安新区容城、辛集 4 个无人化农场。

（四）巩固“互联网 +”农产品出村进城工程建设

引导石家庄、衡水分别以梨和蔬菜为重点，开展整市推进重要农产品全产业链数字化试点示范，推动区域内农业全产业链数字化转型、强化数字化拓展应用、促进农产品销售等。组织实施“互联网 +”农产品出村进城工程试点建设，以益农信息社为重要抓手，探索打通线上线下营销渠道，鼓励农产品网络销售模式创新，促进产销精准对接。

（五）乡村治理信息化情况

1）依托全国防止返贫监测和衔接推进乡村振兴信息系统，建设河北省乡村建设信息数据监测平台，组织开展全省农村基本情况、基础设施、人居环境、公共服务等乡村建设信息数据采集录入工作，并对信息数据开展实地核验，从源头确保数据真实可靠。全省乡村建设数据采集当日采集、当日比对、当日分析的经验做法被国家乡村振兴局以简报形式推广。

2）持续开展“耕耘者”振兴计划专项培训，用互联网思维打造乡村人才振兴新体系，用互联网技术研发乡村治理数字新农具，用现代企业组织效率赋能乡村治理骨干和经营带头人。2023 年举办 12 期“耕耘者”振兴计划乡村治理骨干县级送教培训班、1 期专项培训班和 3 期研学培训班，线上、线下累计培训县、乡、村三级基层干部 8300 余名，创造激发乡村振兴内生动力的新模式。

（六）做好“互联网 +”政务服务

1）强化政府信息公开规范管理，完成规范性文件合法性审查，对涉及省农业农村厅职能范围的省政府规章、规范性文件进行了动态清理。持续做好行政权力运行公开，依规开展行政决策预公开，按时办结率、群众满意率均达到 100%。

2）做好政务网站及政务新媒体建设。明确管理责任，对子站开设、变更与关停，网站栏目，官方微信公众号的内容、链接和安全防护提出了明确要求，保障了网站健康、安全、有序运行。2023 年，通过门户网站发布各类政务信息 726 条，主动公开政务文件 273 件，其中规范性文件 5 件、农业农村领域业务性文件 163 件、政策类文件 16 件、人大建议政协提案办理结果 90 件，网站全年访问量逾 87 万次。通过“河北省农业农村厅”微信公众号发布政务信息 45 条，《河北农业》杂志发布政策要闻相关信息 24 篇。

3）完善益农信息社市场化可持续运营机制，充分发挥政府引导作用和市场配置资源的决定性作用，大力推进公益、便民、电商和培训体验服务，逐步形成“政府 + 运营商 + 服务商”三位一体发展模式。截至 2023 年底，全省依托益农信息社公益服务累计人数达 4199.5 万人次，全省依托益农信息社或平台的电子商务累计金额达 29218.6 万元。

4）做好农民手机应用技能培训工作。2023 年，全省按照农业农村部农民手机应用技能培训工作及中央网信办“农民手机应用技能常态化培训”活动有关工作部署要求，积极组织、大力宣传，重点围绕“提升农民数字技能　助力数字乡村建设”主题，整合各类培训资源，充分调动全省各级农业农村部门积极性，针对普通农户、基层农技人员、新型农业经营主体、大学生村干部、返乡创业人员、种养大户、农民合作组织成员、益农信息社信息员等人群，在总结历年经验的基础上，多措并举，在全省范围内组织开展了各具特色的农民手机应用技能培训活动。2023 年，全省累计培训信息员 166200 人次、举办培训会 972 场次。

三、下一步工作计划

1）持续开展智慧农业示范区建设。拓展智慧大田、智慧设施蔬菜、智慧畜牧、智慧新业态等场景需求，建设 20 个智慧农业应用场景。通过项目建设，在全省范围内选建培育现代“种养加”生态农业示范点，培育典型引领示范，争取成为符合国家数字农业创新应用基地标准的区域，持续打造可复制、可推广的智慧农业应用场景。

2）深入推进农业农村大数据建设。持续开展数据资源归集共享行动，不断丰富涉农大数据资源池，形成一套农业农村大数据采集和交换共享规范地方标准。推进大数据平台基座向市级复用，推动横向互联、纵向对接。建设农业农村管理数据化融合运维平台，强化行业数据统计、汇总、分析、应用能力，推进政务管理线上、线下结合。完善省级智慧农机系统，拓展数据梳理、实时作业分析等功能，积极推进与农机工业、种植业、养殖业等相关信息系统互联互通，建设国内一流农机管理服务平台。

3）持续开展农产品全产业链数字化服务试点市建设。推进农业生产经营主体互联网融合应用、推进农产品加工信息化、推进农产品电子商务、推进农产品仓储物流信息化、推进农产品质量安全信息化，推动全产业链数字化转型，提升农产品供给质量和效率，形成符合各地实际、可复制可推广的推进模式和标准规范。

第二节 “互联网 +”农产品出村进城工程建设情况

一、主要做法

（一）科学制定规划方案

印发《河北省加快推进数字农业农村发展实施方案》《河北省智慧农业示范建设专项行动计划》，联合省发展改革委、省财政厅、省商务厅印发《河北省“互联网 +”农产品出村进城工程建设实施方案》，为工程建设提供重要支撑。列支专项资金支持项目建设，指导试点地区结合当地特色产业合理制订项目实施方案。试点县严格按照方案要求，有序开展项目建设工作。

（二）严格落实建设内容

1）促进产销衔接。探索线上线下引导、交易的对接模式，促进农产品销售，开展辖区内主要农产品的生产和市场的监测，形成的数据与省级平台交互对接。

2）建立农产品网络销售体系。加大运营主体与网络销售平台对接力度，提升益农信息社服务站点农产品电商服务功能，统筹建立县乡村三级农产品网络销售服务体系。

3）培育电商运营操作人才。结合电商培训、新型职业农民培训（高素质农民培训）、益农信息社信息员培训等，利用腾讯会议、农业科技云平台等现有平台和资源，加大互联网、电子商务等公益培训力度。截至 2023 年底，全省累计培训 2.6 万余人次，提高了相关人员获取信息、管理生产、网络销售等能力。

（三）多级联动提质增效

省市县三级农业农村部门加强协调配合，有力地保证了项目的建设。

1）加强组织领导。省市县三级农业农村部门明确职责分工，建立健全相应组织机构，建立工作台账，有效推动工作落实。

2）组建工作群。由省农业信息中心牵头，组建了微信工作群，安排部署相关工作，沟通交流工作经验，帮助解决实际问题。

3）强化工作督导。定期对项目试点县工作进展情况实行专题调度，对进展较慢的项目试点县进行函询和实地督导，协调解决项目实施中遇到的困难和问题，确保建设取得实效。

二、主要成效

（一）农产品网络销售能力显著增强

各级农业农村部门深入贯彻落实国家数字乡村建设要求，大力实施“互联网 +”农产品出村进城工程建设，有效拓展了农产品电商营销渠道，培育了一批有规模、有水平的农业电商主体。辛集市翠王果品有限公司的主要销售渠道为电商，在天猫，京东、拼多多等平台成立了自营品牌店铺，年销售梨果 2.5 万吨，电商年销售额达 8000 万元。邢台市清河羊绒线上年销售额超100亿元，南宫汽车用品销售额超60亿元，平乡童车销售额达40亿元，南和宠物食品销售额近20亿元。

（二）产供销服务体系加速发展

农产品生产、加工、储运、销售服务体系得到快速发展，优质特色农产品产销衔接更加顺畅，有效提高了农产品供给质量。邢台市推动建设网红直播打卡基地20个。依托抖音、快手、淘直播等平台，清河成立了新零售网络直播孵化基地，聚集了一批拥有10万粉丝以上的“网红”。第三方大数据显示，全年电商直播场次超98万场，参与主播超6000人次，实现零售额达49亿元。网红直播、粉丝经济等新电商零售模式正成为拉动电商经济的新引擎。石家庄市2023年全市网上经营额在10万元以上的农业龙头企业、农民专业合作社、家庭农场和种养殖大户电商达到5500家，数量为2016年的20多倍。

（三）区域品牌影响力逐步扩大

通过项目建设，各试点县进一步明确了符合实际的特色优势产业，进一步明晰了产业发展规划，区域品牌影响力逐步扩大。定州新宗熏肉、定州八大碗、定州焖子手掰肠、定州甘文生卤煮鸡等众多特色农产品都成了网红产品，通过电商平台将定州特色优质农产品销往全国各地，摆上了千家万户的餐桌。保定市培育阜平县“阜礼”、易县“易州印象”、唐县“唐尧山下”等8个电商区域公共品牌，整合8个县共52家企业入驻“北京消费帮扶双创中心”进行展销，累计销售额实现8600万元。

三、存在的问题

1）政策资金支持不足，政府部门之间缺乏协调机制，农业农村电子商务投入存在重复建设、资源浪费等现象。

2）专业人才缺乏，新型农业经营主体的总体数量和规模不断扩大，但普遍存在规范化程度不高、质量参差不齐、电商知识接受能力差等问题。

3）信息数据应用水平较低，农业农村电子商务数据开放共享水平不足，农业信息数据标准化程度较低，信息数据简单堆砌较多，分析应用程度较浅，指导农业发展、提供管理决策能力不足。

4）配套体系不完善，为新型农业经营主体提供集聚、分级、包装、加工等一系列供应链专业化服务型企业稀缺，县乡村三级物流网络不健全，农产品物流寄递服务费用偏高，冷链物流体系薄弱。

四、下一步工作计划

（一）加大政策支持引导

强化政策引导和扶持，打通技术、资金、人才、场地等堵点，进一步促进农业农村电子商务与实体经济深化融合，鼓励电商企业下沉供应链，推动电子商务与乡村文旅进一步融合，促进新业态新模式电商发展，加强农产品网络品牌建设、品质管控和售后服务，引导电商企业逐步从价格竞争向品质竞争转变，促进电商市场秩序和营商环境优化提升。

（二）强化技术指导培训

加强对农业农村行业人员、电商从业者、农业经营主体和创业就业农民培训，集中开展农业技术、电商销售等专题指导，强化信息技术和农业农村电子商务意识，提高其获取信息、管理生产、网络销售等能力，带动农业农村电子商务发展，培育农业农村复合型人才，促进农业农村增产增收。

（三）夯实农业农村大数据基础

制定数据标准，完善数据分析模型，推进数据信息和业务系统融合共享，横向与市场、流通、监管和产销等系统对接，纵向实现市、县产业数据的有效连通，深化农业农村电子商务与农业创新融合，开拓大数据应用场景，提升数据资源利用水平，促进农业生产数字化管理和农产品线上线下销售。

（四）推动全产业链数字化转型

以特色优势产业为基础，完善农产品产供销全链条服务，构建农产品全产业链大数据分析应用体系，加大农产品仓储保鲜冷链设施和冷链物流服务网络建设，完善市场监测预警机制和农产品安全追溯监管体系，形成广泛的利益联合体，深入推进“互联网 +”农产品出村进城工程，提升农产品供给质量和效率。

第十四章 山西

14

第一节　农业农村信息化发展现状

一、2023 年农业农村信息化基本情况

2023 年，山西省认真贯彻数字乡村发展战略、《“十四五”全国农业农村信息化发展规划》要求，贯彻落实全国智慧农业现场推进会精神，加快推进农业生产智能化、经营网络化、管理数据化、服务在线化，全面提高农业农村信息化水平，推动信息技术与农业农村全面深度融合，农业农村信息化发展呈现加快发展态势。2023 年 3 月，向农业农村部推荐 6 个农业农村信息化示范基地，涵盖生产、经营、管理和服务四大类型，最终牧同科技股份有限公司、山西凯永养殖有限公司、太原市鸿新农产品有限公司 3 家企业入选。2023 年 5 月，配合农业农村部开展“智慧农业在大田生产中的应用研究”，起草省智慧农业发展情况调研报告，编写《山西省智慧农业典型案例》。2023 年 9 月，首次在第八届中国（山西）农交会设立农业农村电子商务和智慧农业展区，展示物联网、大数据、人工智能等信息技术和智慧种植、智慧畜牧、智慧渔业等重点应用场景。2023 年 11 月，组织 11 个地市农业农村局、厅属有关单位主要负责人赴青岛调研智慧农业。2023 年年底前，完成《山西省推进智慧农业发展实施意见（初稿）》，并安排 4000 万元专项资金支持 12 个省级智慧农业示范县开展建设。山西省农业农村大数据中心、山西远大纵横科技有限公司参与完成《数字乡村标准化白皮书（2024）》。省农业农村厅配合省网信办赴 4 个国家级试点地区开展调研。

二、农业农村信息化重点领域进展及成效

（一）不断夯实农业农村信息化基础

1）加快农村地区信息通信基础设施提档升级。持续开展了“乡乡镇镇通 5G”工程，农村地区千兆光网的覆盖率不断提高。组织开展了农村 5G 网络覆盖精准监测工作，按照工业和信息化部《关于开展农村 5G 网络覆盖精准监测工作的通知》，指导各基础电信企业，加快推进电信普遍服务管理支撑平台农村 5G“点亮”“擦亮”工作，深化农村地区网络覆盖，保持全省未通宽带行政村动态清零。

2）开展耕地质量评价和土壤墒情监测。组织全省 111 个农业县开展县域耕地质量等级年度变更评价，更新县域耕地质量等级评价数据库，实现耕地质量等级数据分图斑信息化管理。利用全国土壤墒情监测系统，分析汇总土壤墒情数据，每周发布《山西省土壤墒情监测报告》，提高土壤墒情监测评价可视化程度。充分利用自动化、信息化、网络化等现代

高新技术手段，配置自动监测设备、改进监测技术方法、提升监测效率，探索建立山西省土壤墒情监测平台。

3）启动全省高标准农田“一张图”基础数据库建设。通过套合比对全省耕地、永久基本农田、高标准农田图斑，结合“三区三线”划定成果，全面摸清本地区已划定的永久基本农田底数，厘清全省耕地及高标准农田建设现状和资源家底，建立从省到县的全省耕地及高标准农田“一张图”，形成电子数据图、研究分析报告及成果图集，在数字农田基础设施建设方面迈出了坚实的一步。

4）植保能力提升工程建设持续推进。按照“互联网＋”和“聚点成网”建设要求，依据国家“十四五”规划，分级建设农作物病虫疫情监测中心，在已建成的95个自动化、智能化田间监测点基础上，2023年在7个县（市、区）建成35个病虫害田间监测点。

（二）持续推动农业农村大数据建设

1）完善数字乡村信息平台建设。通过建设农业农村数据资源中心，实现全省三农数据资源的高效共享开放；通过建设“产业提升、乡村治理、惠农服务”三大业务应用中心，全面提升全省数字农业农村发展水平；通过构建农业农村一张图，实现全省农业农村资源的可视化、精细化管理；通过构建乡村振兴决策分析中心，为全省乡村振兴挂图作战、指挥调度、精准施策提供有力支撑。平台的上线运行，将为全省农业农村高质量发展提供有力的数据支撑。

2）持续扩展完善数据库。数据库系统网页版和政务钉钉正式上线运行，数据资源不断充实。按时完成领导驾驶舱填报工作，全年共报送领导驾驶舱数据98条。

3）开展数字农业农村技术服务工作。进一步提高农产品市场价格监测水平，办好山西农产品批发市场价格监测周报、月报，及时发布粮食、蔬菜、果品、畜产品、水产品及投入品价格数据。开展全省农业生产信息化发展水平监测评价，共有112个涉农县区开展农业生产信息数据填报工作。

（三）不断推动农业生产信息化水平提升

1）推进标准化养殖场建设。重点支持新建（改扩建）50个奶牛家庭牧场、奶农合作社和适度规模养殖场，完善自动化环境控制设备，配备智能监控、精准饲喂系统，提升奶牛养殖标准化、智能化、信息化水平，提高劳动生产率、资源转化率、畜禽生产率。

2）开展标准化蔬菜生产示范园建设。以数字转型为统领，实施装备配置工程，在省级标准化示范园区配备环境数据采集控制和生产状态监测等设备、可视化管理和产品溯源等系统，配套水肥一体化及小型园艺机械等农机装备，提升资源利用率、劳动效率和标准化生产水平，引领推进全省蔬菜产业的数字化转型。

3）开展水产绿色健康养殖建设。以实施水产绿色健康养殖技术推广“五大行动”为载体，大力推进数字信息技术在水产养殖中的应用。

4）开展智慧农田示范区。在全省8个高标准农田整县推进试点县建设方案中，明确要求各县建设1个数字化农田示范区，通过安装各类智能化物联网设备，完善数字化农田所需的智能灌溉控制系统、农业植保监测系统、农业气象监测系统等，实现智能感知、智能预警、智能决策、智能分析。

5）提升农机装备智能化水平。以新型农机装备引进试验开发项目为抓手，安排引导资金300万元，支持科研机构或企业研发16种新型农机装备。

（四）不断推动农业经营信息化发展

1）深入实施“互联网 +”农产品出村进城工程，率先建立省级产地冷藏设施信息库，实现全省农产品产地冷藏设施“一库三联动”。

2）在天猫、京东、抖音、快手等销售平台围绕重点节点开展直播带货活动。在北京、上海、广州等地成功举办“有机旱作·晋品”宣传推介活动。与省机关事务管理局合作，建立山西特优农产品线上线下北京展销中心。

3）全面完成山西省追溯平台和国家追溯平台对接工作，所有接口都联调测试通过，正在全面部署推进重点农产品溯源采集工作，基本实现全省农产品质量追溯“一张网”管理。

4）依托北京欧特欧国际咨询有限公司的第三方服务，对全省农产品电子商务大数据平台日常数据进行监测。

（五）不断提升乡村治理数字化水平

1）做好数字赋能乡村治理工作。与山西移动、山西联通、腾讯合作开发乡村治理平台，面向基层政府、村委、村民，提供乡村“一张图”、乡村党建、乡村治理、乡村安全、乡村民生、乡村产业、乡村社交等服务。

2）加强农村资源要素信息化管理。在全省 1 市 19 县开展农村产权流转交易和农村集体“三资”管理监测平台试点，并取得阶段性成效。“三资”管理监测平台建成集体资金监测、集体资源监测等 12 个监测模块，接收 43 个县的上报数据并完成数据落库工作。

（六）持续开展农业农村信息服务

1）开展高素质农民培育。按照“需求导向、产业主线、分层实施、全程培育”原则，坚持生产技术技能、产业发展能力、农民素质素养协同提升，实施农业经理人、返乡入乡创新创业者、新型农业经营主体服务主体带头人、乡村治理及社会事业发展带头人和“种养加”能手技能提升专项培训计划。围绕粮油稳产保供，开展大豆单产提升、玉米单产提升、油菜产业发展、专业农机手、重点区域产业带头人等培训行动，培训参训人员达 5 万人，颁证 4 万份，为乡村振兴提供了坚实人才支撑。

2）举办农民手机应用技能培训。2023 年，全省共有 39 万人次（其中信息员为 2.2 万人次）参与了相关培训活动，有效提升了农民数字素养。

三、存在困难及下一步工作计划

虽然全省农业农村信息化工作取得了一些成效，但与先进省份相比还存在很大差距，还存在农业现代化生产基础条件差、信息化人才及技术缺乏、财政和社会资金投入不足等问题及困难。下一步，省农业农村厅将认真贯彻中央有关文件政策要求，不断推进全省智慧农业发展，提升全省农业农村信息化水平。

（一）开展智慧农业示范县建设

出台山西省推进智慧农业发展的实施意见，开展智慧农业示范县建设，探索县域主导产业数字化转型路径，形成适合山西省的可复制可推广应用模式，推动全省农业生产信息化水平稳步提升。

（二）推进农业产业数字化改造提升

在设施农业方面，以智慧奶牛场建设为重点，大力推进自动数据采集、全程监测、智能预警、数据分析、智能决策等智慧生产管理，升级改造智慧牧场 50 个。以省级蔬菜标准化示范园为抓手，推进产业数字化转型，拟在全省继续扶持创建省级标准化示范园40个。持续加强渔业数字化改造，拟建成集水质监测、环境调控、智能投饲、智能增氧、视频监控等于一体的智慧渔场10个左右。建设具有产地交易、预冷保鲜、分拣分级、集货配送、电商或产地直销、信息化等综合服务功能的农产品产地集配中心15个左右。

在大田种植方面，完善“山西省农作物病虫害监测信息系统”，加强“互联网+”、大数据等信息技术应用，提高病虫害监测数据智能化分析能力，实现病虫害发生动态“一张图”呈现、监测点运行可视化，保障农作物病虫害监测区域站病虫信息上报完成率达到95%以上。建立全省小麦“一喷三防”无人机喷防作业调度监管平台，实现小麦喷防作业数据实时采集，作业航迹可追溯，喷防质量全过程评价。完成高标准农田可视化信息系统的建设工作，并投入使用。

在农机装备方面，以新型农机装备引进试验开发项目为抓手，引进改良或自主开发有机旱作农业新型装备和适宜山西省丘陵山区作业的中小型农机装备等急需新型农机装备15种。加强北斗智能终端在农业数字化转型中的推广普及，继续将辅助驾驶（系统）设备纳入农机购置与应用补贴范围。继续深入实施智能农机技术及装备的推广应用，逐步促进智能农机装备由点向面拓展。

（三）推进农业农村管理服务精准化

1）全面完成山西省数字乡村信息化平台建设任务，努力将平台打造成为全省农业农村系统信息化工作新平台和数字化转型新引擎，不断提升“山西农民网”微平台服务能力水平和数据服务能力。根据全省农业生产信息化发展水平监测数据编撰发布年度《山西省数字乡村发展水平评价报告》，指导各县（市、区）找准坐标位次，明确短板弱项，深入推进全省数字乡村发展行动。结合省农业农村厅政务信息化建设项目，继续拓展高标准农田“一张图”可视化功能。

2）继续做好农村产权流转交易平台全省推广应用各项工作，进一步完善配套制度，优化平台功能，强化基层业务人员培训。

第二节　农业农村电子商务

一、2023年农业农村电子商务发展情况

2023年，山西省面对农产品市场供给，围绕品牌打造、品质提升、标准化生产，不断夯实农产品生产基础，大力发展乡村e镇，培育农村电商新业态新模式，推动山西特优农产品迈向全国、走向世界。据第三方机构监测数据显示，2023年，山西省农产品网络零售额实现557149.7万元，同比增长29.89%。从山西省网络零售的电商平台分布看，抖音、拼多多和天猫排名前三，网络零售额占比分别为34.07%、17.05%和15.31%，合计为66.43%。

（一）聚焦高端市场，深度对接推动“有机旱作·晋品”叫响全国

在北京、上海、广州举办了3场“有机旱作·晋品”大型宣传推介系列活动。通过文化展示、曲艺表演、视频录制、网红带货、展销品鉴等多种形式，宣传推介了“有机旱作·晋品”省域农业品牌，以及代表晋粮、晋菜、晋酿、晋肉、晋果、晋药的品牌产品。邀请200余家当地知名商协会、采购商与山西省65家入选企业面对面开展展示展销、贸易

洽谈、合作交流等经贸活动，现场累计销售产品400余万元，达成签约合作项目20个，签约金额达3.65亿元，有力推动了山西省特优农业融入京津冀、长三角、粤港澳高质量发展。分别成立了三晋名优农产品北京直销中心、山西特优农产品上海精品街、“有机旱作·晋品”广州直销中心等驻外桥头堡，为区域间农业合作交流搭建平台，牵引带动更多“晋字号”特优农产品进入国内大循环中高端领域。

（二）大力建设乡村e镇

省商务部门深入推进乡村e镇“四大中心”建设。2023年，全省100个乡村e镇总投资规模达326.07亿元，总产值446.22亿元，网络零售额达72.27亿元，市场主体数量增加到9526户；建成电商公共服务中心98个、产品展示体验中心96个、电商直播中心97个、物流配送中心88个，有88个乡村e镇建成物流配送体系，物流中心面积达36.79万米^2，仓库面积达17.26万米^2，83个乡村e镇实现了统仓共配；有94个乡村e镇打造了区域公共品牌，打造“小而美”特色产品自主品牌597个，引进电商龙头企业265户，为县域大力发展特色产业、助力乡村振兴提供了有力支撑。

（三）推介农村电商创业优秀带头人典型案例

为做好“土特产”文章，探索农村电商新模式新业态，开展农村电商创业优秀带头人典型案例推介活动。经各市、县农业农村部门评价推荐，最终全省遴选出64个山西省农村电商创业优秀带头人典型案例，向全省推介供大家学习借鉴，进一步激发农民创业热情，拓宽特色农产品销售渠道。山西欣农电子商务有限公司田晓斌“平台电商的融合再生”、山西乐村淘网络科技有限公司赵士权“借势‘互联网+’链接‘三农事’”、山西贡天下电子商务有限公司张和平“特色+特产 新零售广贡天下”等典型案例成功入选。

（四）积极推动新业态新模式发展形成新增长点

提升省级电商直播基地示范带动作用。对2022—2023年度省级直播电商基地进行综合评价，对基地名录进行动态调整。举办了山西省省级直播电商基地建设培训班，邀请了全国头部主播等业内人士进行了授课，加强经验交流。据统计，2023年，24个省级电商直播基地和6个地市推荐优秀电商直播基地累计注册主播（账号）数达958个，累计引导成交金额达8.17亿元，带动山西产品销售金额为5.08亿元，直播场次30424场，直播时长135510小时，参加培训人员共计17588人，均实现大幅增长。加强人才培养，提高直播产业发展后劲。通过以赛（网红直播大赛）代训、以促（网络促销活动）助训，以培（各类技能培训班）施训等手段，积极加强直播电商人才培养，取得了良好成绩。同时，注重借助省内龙头电商企业力量，指导乐村淘在杭州举办2期乡村e镇电商带头人暨直播电商讲师专题培训班，参训学员共计127人，大力培育农村直播电商人才。邀请头部团队东方甄选开展山西省专场直播，提高山西省影响力。2023年4月22日—5月7日，共组织11个地市100余家企业在太原古县城搭建了11个地市名特优产品主题展馆，对各市名特优产品进行了集中展示，为东方甄选山西省直播活动暖场。共向东方甄选推荐名特优产品828个，老字号产品112个，老字号企业25家。在东方甄选本次直播带货活动中，销售总额达到1.3亿多元，下单量超200万单，进一步提高了山西省特优农产品的知名度和市场占有率。

二、“互联网+”农产品出村进城工程

三年来，省农业农村厅按照农业农村部部署，大力实施“互联网+”农产品出村进城

工程，不断夯实产业基础、完善流通体系、打造农产品品牌，培育农村电商人才，推动山西省特优农产品卖得出、卖得好。

（一）夯实基础，提升农产品电商供给能力

1）做优产业。新推荐国家级龙头企业7家，培育省级重点龙头企业162家，“晋兴板”“新三板”上市省级龙头企业36家。新创建国家级现代农业产业园1个、产业集群1个、产业强镇4个、农业现代化示范区4个，打造12个省级特优产业强县。大同市将天镇县上吾其村打造成全省唯一超万亩的设施蔬菜村。吕梁市建设35个千亩级粮食高产创建示范片，获“全国农业农村系统先进集体”称号。

2）完善标准。立项省级农业地方标准42项，地方标准化指导性文件4项；发布省级地方标准77项，发布2023年农业农村领域主推标准31项。制定“有机旱作·晋品”团体标准30项；顺利启动对2018年以前发布的354项省级农业地方标准的修订工作。

3）强化监管。大力推广“合格证+追溯”管理模式，绿色优质农产品生产经营主体全部纳入国家追溯管理信息平台。制定《山西省流通领域食品安全快速检测工作指南（试行）》。启用全国食用农产品批发市场食品安全监管信息系统，截至2023年11月上旬，系统录入入场销售者共计7000多户，入场销售者建档信息覆盖率为100%。

（二）畅通物流，补齐农产品产地冷藏保鲜短板

1）大力推进农产品产地冷藏保鲜设施建设。三年累计支持1322个农民专业合作社和家庭农场建设了4999个产地冷藏保鲜设施，新增库容439万米^3，新增农产品产地冷藏保鲜能力150万吨以上，推进农产品流通现代化，从源头加快解决农产品电商“最初一公里”问题。山西省项目建设在全国阶段性评价中排名全国第一。运城市临猗县探索“网店+恒温保鲜仓储”发展模式，实现了果品持续稳定保鲜，线上销售满意率大幅提升，该做法在全国110个试点县中评价第一，受到农业农村部充分肯定。

2）制定全省产地冷链集配中心建设实施方案。在大量调研基础上，制定农产品产地集配中心建设标准，成为全国首家制定标准的省份。同时为贯彻落实《全国现代设施农业建设规划（2023—2030年）》，制定《山西省农产品产地冷链集配中心建设实施方案》，对2024—2030年全省建设农产品产地冷链集配中心进行规划。

3）建立山西省产地冷藏设施信息库。探索建立山西省产地冷藏设施信息库，推动农产品产地冷藏设施“一库三联动”。山西省产地冷藏设施信息库与建设规划项目联动、与部项目统计系统联动，与安全生产管理联动。截至2023年底，全省已有3233个冷库主体填报问卷，进入数据分析阶段，下一步将和山西农业大学联合完成山西省产地冷藏设施发展报告和山西省产地冷藏设施分布地图。

（三）培育品牌，壮大“区域+企业+产品”品牌矩阵

1）宣传推介品牌。持续提升“有机旱作·晋品”品牌影响力，瞄准京津冀、长三角、粤港澳地区，在北京、上海、广州举办专场推介活动，签约3.65亿元。成功举办第八届中国（山西）特色农产品交易博览会，签约金额达251亿元。组织参加全国农交会、绿博会、优质农产品展销周等大型展销会，进一步推动“晋字号”农业品牌叫响全国。晋中市在全省第一个整市推进“特优”农产品走进北京、辐射全国。

2）创建特优农产品品牌。隰县玉露香梨纳入农业农村部2023年农业品牌精品培育计划。全年共24个优质农产品录入《全国名特优新农产品名录》，累计入选产品140个，全国排名第十位。90 个产品获得“圳品”证书，全省获证产品达到 204 个。新认定山西供应深圳农产品基地 62 个，“供深基地”累计达到 132 个。

（四）强化培训，培育农村电商人才

省农业农村厅将农村电子商务培训作为高素质农民培训的重点，重点聚焦新业态、新产业，开展电子商务、直播带货、创意农业等培训。2023 年，全省培育高素质农民 4.9 万人，评价颁证人数达到 4 万人。在全省遴选出 50 所高素质农民培育“百所示范基地（省级田间学校）”、100 名“金牌教师”、100 佳“技能农民”，促进高素质农民培训基地和师资队伍建设。对承担高素质农民培育项目的 660 家培育机构进行全面评价，推动各地完善培育标准规范，抓实落细培育环节，提升培育质量效果。选树乡村振兴优秀青年典型，推荐景鹏飞为第二届“全国乡村振兴青年先锋”候选人。全省乡村 e 镇中共有 98 个建立了电商产业培训孵化中心，共聘用专家 568 名，培育引进网红共计 706 人，带动就业人数达 12028 人。

第十五章 内蒙古 15

“十四五”以来，内蒙古自治区农牧厅高度重视农牧业农村牧区信息化发展工作，紧紧围绕实施乡村振兴战略、数字乡村战略总体要求，积极推进农牧业农村牧区信息化建设，不断提升“三农三牧”信息化水平，农牧业信息化发展取得阶段性成效，现将2023年工作情况总结如下。

第一节　农业农村信息化发展基本情况

根据2022年度全国农业信息化能力监测情况，全区农村牧区互联网普及率达到72.37%，20余个旗县互联网普及率高达90%以上，农业生产信息化率为17.46%，农牧业县域信息化发展总体水平为31.50%，居于全国第25位，农业农村信息化发展整体水平相对滞后。为切实加快推进全区农牧业数字化转型，按照《数字乡村发展战略纲要》《“十四五”农业农村信息化发展规划》要求，2023年区农牧厅制定印发《内蒙古自治区数字农牧业农村牧区发展规划（2023—2025）》，系统谋划全区数字农牧业发展，明确目标任务、部署重大工程、强化政策保障；印发《内蒙古自治区2023年数字乡村建设10项重点任务》，提出乡村数字基础设施建设、涉农数据资源共享共用、智慧农牧业示范、县域数字经济培育、乡村网络文化阵地建设、乡村治理数字化、乡村数字普惠服务提升、粮食安全数字化保障、数字乡村试点建设、数字乡村高质量发展政策保障10个方面的具体工作举措。

第二节　农业农村信息化重点领域进展情况

一、基础设施建设情况

全区12338个行政村中，通光纤行政村达到12268个，光纤通达率为99.50%，通4G网络行政村达到12209个，4G网络覆盖率为99.45%，宽带网络通达率为100%。中国广电内蒙古网络有限公司利用广播电视有线无线融合的方式，在33个牧业旗市开展智慧广电宽带网络覆盖与服务工程，实现12.4万户牧区最边远分散牧户20兆以上宽带网络接入。全区农村牧区公路总里程达到17.5万公里，实现所有乡镇（苏木）和具备条件的建制村（嘎查）通硬化路。全区交邮联运线路已达53条，乡镇快递网点2835个，新增嘎查村寄递物流点901个，嘎查村寄递物流综合服务站5151个，全区47个农村邮政代办局所转自办，131个抵边自然村全部实现了通邮。

二、农牧业大数据发展情况

区农牧厅组织编制《内蒙古自治区推进智慧农牧业建设实施方案》，加强全区智慧农牧业建设规划设计。在“云”上，推动全区农牧业大数据平台建设，政务数据与产业数据融合共享，应用数据挖掘、机器学习、人工智能等新一代信息技术，构建内蒙古农牧业“智慧大脑”，为政府决策指挥、农牧业生产经营提供智能化服务，实现农牧业农村牧区管理“一图决策，全面感知”。在“端”上，统筹指导各地立足当地优势产业，依托现代农业产业园、农业现代化示范区及社会资本，推动农牧业产业数字化转型。

三、农牧业生产信息化情况

围绕大田作物耕、种、管、收数字化需求，全区加快推进数字化生产、智能化管理和精准化作业，北斗卫星定位、无人机、手持设备等“空天地”一体化遥感设备、水肥一体化、田间监测设备在大田种植领域加快应用。全区已部署124台（套）固定式自动化墒情监测设备，接入农业农村部墒情监测系统的墒情自动监测设备共计101台（套）。加快推进农机装备数字化进程，植保无人驾驶航空器达到1519台（套），累计对4000余台（套）植保无人驾驶航空器、农业用北斗终端等智能农机产品实施了购置补贴。

四、乡村治理信息化情况

逐级建立全区乡村数据预警机制和重点人群定期预警工作体系。2023年以来，从医保、民政部门获得新增低保、特困供养、自付医疗支出1万元以上等重点人群预警信息209.2万条次，先后向自治区教育、民政、残联等10个行业部门推送监测对象和脱贫人口数据，通过民政厅家庭经济核对系统与住建、民政、人社等10个行业部门开展4次脱贫户和监测对象数据比对工作，比对数据200余万条次，为基层开展精准识别工作奠定了基础。以“12317”防止返贫自主申报热线和国家防止返贫监测手机App为基础，依托内蒙古自治区乡村服务信息系统，开发建设了防返贫监测自主申报微信小程序，并在汉语小程序的基础上开发蒙语版自主申报小程序，逐步建成“热线电话＋手机App+微信小程序＋嘎查村委会受理”四位一体农牧户自主申报渠道，确保各类农牧户均能找到适合自己的申报方式。

五、农业农村信息服务情况

1）优化信息服务体系。优化内蒙古农牧信息网、区农牧厅微信公众平台、“12316”服务热线平台，完善运行管理制度规范，面向全区农牧民做好政务公开、新闻宣传、技术咨询、政策解答、生产指导和监督投诉、益农信息政务等服务。推行“互联网＋政务服务”，对政务工作流程优化再造，结合现代信息技术助力涉农涉牧政务服务事项“马上办、网上办、一次办”，实现让数据“多跑路”，企业、群众“少跑腿”。加快政务信息系统整合，积极推进涉农涉牧非密信息系统登“云”上平台，区农牧厅门户网站、人居环境管理信息平台、农畜产品质量安全大数据智慧监管平台已在自治区政务云完成系统部署、数据迁移，并实现稳定运行。建成全区农牧视频会议指挥调度系统，实现了与农业农村部、所有盟（市）和60余个旗县（市、区）农牧部门互联互通。

2）发挥数据要素价值。建成农村牧区土地承包经营权确权登记数据库和信息应用平台，实现农户基本情况、土地承包管理信息和流转情况的查询和管理，直观展示全区土地确权工作成果。集中管理和备份全区 84 个旗县（市、区）、3 个开发区的确权登记颁证数据，完成确权耕地共计 9700 万亩，确权农户共计 332 万户，确权地块达 1900 多万块。通过影像、图形等方式对农户的承包地块、确权面积、承包合同、权属证书进行标记和展示，实现了“以人找地”“以地找人”的精准查询和“以图找人”的关联查询，得到了农牧民群众的广泛认可。同时，依托平台全区确权农户、土地基础信息数据，推动政府与金融机构数据共享，金融鉴权、授信、抵押、放款等业务流程线上操作，逐步实现农民抵押贷款，土地流转信息化、规范化，牧民用草场承包经营权抵押贷款上平台，建成农村牧区土地经营权流转管理子平台，有效解决了农牧民贷款难、贷款贵、贷款慢的问题。全区 9 个旗县实现土地流转线上办理，42 个旗县实现土地经营权流转线上办理，42 个旗县已正式开办裕农快贷（抵押版），72 个旗县已正式开办裕农快贷（信用版），流转土地 151.8 万亩，抵押土地 327.17 万亩，累计农户贷款授信金额达 26.6 亿元。

3）开展农牧民手机应用技能培训。围绕“提升农民数字技能　助力数字乡村建设”主题，以提升农民信息化应用能力、满足农民信息服务需求为目标，2023 年全年内蒙古自治区农牧民教育培训机构结合中央组织部、农业农村部实用人才带头人培训、高素质农民培育、大学生村干部示范培训暨耕耘者培训和农业农村部智能手机活动周等项目，共举办含有农民手机应用课程的培训 356 期，培训农牧民共计 2.67 万人，其中举办线上融合培训班 57 期，培训农牧民共计 6029 人；举办线下培训班 299 期，培训农牧民共计 2.07 万人，依托云上智农 App 对 14 万名农牧民用户普及智农手机应用技术。培训行动极大地激发了农牧民通过智能手机对互联网应用的热情，大力推进手机应用与农业生产经营和农村生活的深度融合，让“新农具”为农民美好生活插上信息化翅膀，助力乡村全面振兴。

第三节　农业农村电子商务发展现状

一、电商平台建设

引导帮助企业在抖音、快手、视频号、百度直播等视频电商平台开设销售窗口，建设运营直播间；支持企业在杭州（滨江区、余杭区、萧山区）及全区各盟市建设直播基地，集中授牌扶持直播基地和选品广场；支持区内企业搭建内蒙古农畜产品专营电商零售平台，对内蒙古农畜产品进行集中展示、陈列、销售，实现内蒙古农畜产品一站式销售。

二、电商直播渠道

1）开展“内蒙古草原情”直播助农活动。充分借助互联网的“东风”，利用“短视频+直播”作为“新农具”，牵头启动开展“内蒙古草原情”直播助农活动，邀请全国多频道网络（MCN）机构、电商达人到内蒙古开展直播溯源，直播销售额累计达 12.28 亿元，产品曝光量超 4.7 亿次，传播覆盖人群达 1.2 亿人，产品分播 590 多场。

2）启动“内蒙古牛羊肉”金产地项目。抖音平台首个金产地项目落地内蒙古，为全区牛羊肉商家提供了全网专项流量扶持政策。金产地活动邀请了抖音平台的 110 位头部达人作为内蒙古牛羊肉金产地推荐官，进行内蒙古优质牛羊肉溯源专场直播；在抖音平台开设了“内蒙古牛羊肉品类日”，通过资源位推荐、爆款货架流量扶持、超值购万人团等活动，拉动线上销售转化。同时，区农牧厅携手央视网、国家地理打造内蒙古牛羊肉产业带IP，助力源头好货品牌传播。全区共900家企业参加金产地活动，92个头部网红投稿478份，新增日均销售牛羊肉5.5万单，新增日均销售额达600万元，完成曝光量共计7000万次，全球支付用户数量达28万人。

3）举办快手商城货架产业带招商选品大会。选品大会旨在为企业探索电商营销牵线搭桥，各类内蒙古美食亮相内蒙古优质农畜产品展销中心，吸引了众多与会嘉宾的关注，推进内蒙古优质农畜产品进入全国电商市场，助力农牧企业借助电商“破圈”营销。

三、电商主体培育

联合抖音电商、快手直播电商、淘天集团召开内蒙古抖音电商食品生鲜行业产业带招商培育大会、内蒙古专场快手直播电商培训、内蒙古自治区品牌生态繁荣计划培训，线上线下共计1000余位商家与平台负责人参与培训。通过培训为用户提供互联网新媒体职业技能，利用“短视频+直播”作为“新农具”“新工具”，促进灵活就业，助力民生发展，为乡村振兴不断输出经济价值、人才价值和社会价值。同时，有效地提升了内蒙古电商渠道的销售能力，培育孵化了一批农畜产品“带货达人”，进一步促进内蒙古农畜产品的销售和消费升级；聘请11名网红主播作为内蒙古优质农畜产品“好物推荐官”，加强农推官队伍扶持和管理，持续培育孵化本土网红达人。

四、协调农畜产品产销衔接

系统梳理全区产品供应链，了解和收集信息，分析供应链问题，制定改进措施，对全区农畜产品进行分类整理；积极架接产销桥梁、拓宽销售渠道，通过线上与线下、零售与集采、展示与体验相结合的模式，打通销售堵点。与批发市场、大型商超、电商平台等广泛开展对接，多渠道发布信息。针对大豆、玉米等农产品难卖问题，迅速组织采购滞销农畜产品，开展多场产销对接活动，确保“产得出、供得上、卖得好”。

五、畅通电子物流渠道

加强与邮政快递业务合作，拓展寄递服务功能。积极参与农村牧区寄递物流体系建设，推进快递物流设施共建、配送渠道共享，加快线上线下融合发展。整合内蒙古现有物流云仓，与顺丰、中通、申通等物流公司建立合作，进一步降低内蒙古企业物流成本、加快内蒙古产品配送时效、提升用户体验感。

第四节 “互联网+”农畜产品出村进城工程情况

一、推动县域流通服务网络建设

全区围绕服务全面乡村振兴，加快构建布局合理、功能完善、运行高效的县域流通服务网络，着力提升工业品下行和农畜产品上行能力，建设县域集采集配中心、发展乡镇（苏木）综合超市、改造升级农村牧区综合服务社，形成以流通骨干企业为支撑、县域为枢纽、乡镇（苏木）为节点、建制村（嘎查）为终端的三级流通服务网络，着力打造“一网多用、双向流通”农村牧区现代商贸流通服务网络。经过培育，县域共拥有流通骨干企业41家，县域集采集配中心29个，乡镇（苏木）综合超市361个，农村牧区综合服务社5888个。

二、完善县乡村三级物流体系

坚持“瞄准通村路、建设扶贫路、衔接联网路、疏通旅游路、拓宽小油路、连通偏远路”，农村牧区公路通畅水平快速提升，实现了所有乡镇（苏木）和具备条件的建制村（嘎查）通硬化路，群众出行和农畜产品外运更加便捷，农村物流网络服务体系建设正在通过一条条农村公路的建成通车变成切实可行的工作目标。结合农村候车亭建设综合物流点，通过改造物流分拨中心、新增到镇到村邮路、建设镇村电商服务站点、设置村邮站或农村淘宝等措施，实现“一点多能，一站多用”、镇村全面覆盖，推进客货邮融合发展，农村地区和边境地区寄递服务水平进一步提升。

三、完善提升农畜产品市场网络建设

依托全区重要流通节点推动农畜产品批发市场或物流中心升级改造，提升市场功能。鼓励各级供销合作社及骨干企业积极与地方政府对接，承接当地农贸市场、社区菜市场等多类型的零售终端的建设、改造和运营，形成与批发市场相互衔接的销地市场网络。积极参与公益性农畜产品批发交易市场建设。截至2023年底，已建成农畜产品市场59个、农畜产品经营网点149个。

四、持续提升农畜产品冷链服务能力

加快产地冷藏保鲜设施建设，区农牧厅以培育壮大农畜产品流通骨干企业、补齐产销两端冷链物流设施短板、促进城乡冷链网络双向融合和搭建数据信息管理平台、优化资源配置四方面重点任务为抓手，不断加快构建农畜产品冷链物流服务网络。自2021年以来，全区累计建成农产品产地冷藏保鲜设施790余个，库容40余万吨。

五、推动建设农牧业品牌建设

实施“以‘蒙’字标认证为牵引、打造区域公用品牌行动”。区农牧厅研究制定了《2023年内蒙古农牧业品牌精品培育工作方案》《内蒙古自治区做优做强农牧业品牌工作方案》及“农畜产品区域公用品牌建设要求”地方标准和3项“农牧业品牌评价规范”团体标准；确定了以七大产业链及特色产业为主体的30个区域公用品牌和150个企业产品品牌精品培育名录。锡林郭勒羊肉、科尔沁牛、赤峰小米等11个特色农产品区域公用品牌和“草原民丰马铃薯”“极北香稻大米”等10个企业产品品牌入选“中国农业品牌目录”。57个区域公用品牌、256个企业品牌、225个产品品牌入选“内蒙古农牧业品牌目录”。乌兰察布马铃薯、科尔沁牛、锡林郭勒羊、敖汉小米4个区域公用品牌入选“农业农村部农业品牌精品培育名单”。30个区域公用品牌、150个企业产品品牌入选“内蒙古农牧业品牌精品培育目录”。

第五节 存在的困难及问题

一、在农牧业信息化方面

（一）数字技术认知和掌握水平有待提升

1）数字农业涉及面广、专业性强，而大部分农牧业生产从业人员年龄偏大，受传统农业生产方式影响较深，接受新技术理念的能力不强，实际工作中仍沿用传统方式，对于数字农业建设成果使用不足。

2）保障数字农业产品、装备长期运行管理的专业人才缺乏。不少地方反映缺乏专业技术人才支持，特别是既懂农业技术、又熟悉信息化的综合型人才更为缺乏，导致除数字农业产品、装备的安装调试，日常使用也需要依赖供应商提供支持，长期运行管理缺乏保障。

（二）数字农业建设发展缺少统一管理机制

1）各地区开展数字农业应用示范，大多都是独立开展，缺少统筹规划，信息不透明，存在重复开发建设，特别是对于公共基础部分复用不够，导致重复开发和资源浪费。

2）自治区和盟市缺少用于汇集各类智慧农业应用和系统数据的平台，各类农业数据管理系统和信息平台相对独立，缺少将应用和系统数据汇聚、集成和整合使用的平台工具，难以通过综合分析总结规律和经验，为智慧农业应用推广提供强有力支撑。

（三）农业数据有效互通共享难度较大

1）各类数字农业研发主体采用的数据采集、传输、交换等标准不统一，导致多源数据融合应用非常困难。

2）政府与市场、企业与企业数据互通共享或交换交易存在壁垒，限制了数据流动和价值发挥。政府部门对作物、土壤、气象等对数字农业极具应用价值的数据和智慧农业示范性数据开放程度不够，企业出于商业考虑，对自有数据共享意愿不强，这些因素都在一定程度上制约着数字农业的发展。

（四）数字农业推广应用资金投入不足

数字农业投入成本高、收益慢，一般的企业、合作社、家庭农场和农户没有足够的经济实力，而且从投入到成本收回获益的周期较长，大规模推广应用需要有较强实力和较高认知的主体支持。目前，数字农业项目建设和运营主要依靠政府农业项目或财政资金，社会资本投入比例不高，且存在“重建设、轻维护”的情况，项目质保期过后，系统设备更新、数据采集等方面缺乏资金支持，导致平台运行使用效率不高。

二、在农牧业电子商务发展方面

（一）通信设施建设和维护难度大

随着 4G 网络建设的推进，还有部分行政村地处偏远、自然环境复杂，这些地区的特点是地广人稀、周边未通电，距离市电引接及光缆引接点距离远，投资成本高、建设难度大，部分行政村道路等基础设施差，基本施工条件得不到保障。全区的林区、牧区基站用电主要依靠太阳能发电，冬季受气温低、大雪覆盖太阳能板、阴天影响，基站时常断电而无法正常运行。

（二）农村寄递物流体系仍显不足

盟市综合快递物流园区和旗县级快递物流集散中心普遍不具备仓储、电商、冷链等功能，快递物流服务网络体系不能充分适应上下游产业链的需要，往往只能完成快件的处理分拨，交通运输、仓储、配送、快递等物流资源分割，服务能力较弱。面对不同规模、业态和地域的电子商务需求，以及快速变化的商业模式，快递物流从量和质两个方面均难以满足实际需求。县乡村三级物流节点建设未满足发展需要，集散共配网络连通度和覆盖率不足。农村寄递物流服务各类参与主体之间的协同较欠缺，不同运营主体之间在共同配送、数据共享等环节存在壁垒。

（三）农村物流成本居高、效率低下

全区农业生产基本是以农户为单位，生产规模小、产品集聚难、物流运作组织难度大，而农村物流主体以个体运输业户为主，社会化、专业化和信息化程度较低，运输形式以公路运输为主，全区地域广，村与村之间距离相对较长，专门从事农村物流的企业和车辆严重不足，造成物流成本高、盈利空间小，制约了农村物流的发展。

（四）缺乏复合型专业人才

受地域、经济等因素制约，全区职业教育和培训资源禀赋与发达地区相比还有很大差距，严重缺乏既具备农业专业知识又具备信息应用技能和电商营销能力的复合型专业人才，而且农牧民居住分散，职业培训成本高，需要继续加大对职业教育的政策、资金支持力度。

第六节　下一步工作计划

一、加强信息化复合型人才培育

面向全区农牧系统及大型农业企业、社会化服务组织、新型经营主体和农牧民等各类主体，开展智慧农业政策知识、技术知识和实操技能、电子商务等方面的宣传教育，制作全区农牧系统干部和高素质农民教育培训的教材，利用短视频、微信公众号等新媒体渠道广泛传播，加快推动政府部门和农牧业从业人员对数字农业的统一认识，引领带动乡镇企业、合作社和种植大户等新型种植主体升级转型，推动“互联网 +”与农村一、二、三产业深度融合的发展新格局。

二、推动全区农牧大数据平台建设

基于国家农业大数据平台基座，推动自治区农牧大数据平台建设，实现与国家农业大数据平台基座统一、资源共享、协同一体，自治区、盟市、旗县三级农牧部门系统关联和数据贯通。推动建立市场运作的农牧大数据产业服务平台，建立不同类型数据的共享服务机制、开展数据资源交易，支撑全区数字农业发展。

三、加快农牧业数据标准体系推广应用

推广应用国家农业农村大数据标准体系、平台开发标准、安全标准和运维标准等建设与运行规范，解决各地农牧业信息化水平参差不齐、数据标准不统一、数据横纵贯通难、管理成本高等问题，提升数据质量和标准化水平，增强数据可采集、可应用性能力，实现

数据规范性、开放性和共享性，加快数据流通、释放数据价值，提高政府管理效率和业务协同能力。

四、加强数字农业发展资金支持

加快推动数字农业试点示范，采用政府引导、多方参与、协同治理、政产学研用、多方协同等方式，探索数字化项目政府服务与市场服务并主的智慧农业建设机制。加强农业现代化示范区与数字农业项目衔接，申报国家数字农业创新应用基地时，优先支持农业现代化示范区，统筹利用好现有涉农政策和资金渠道，集中支持示范区数字农业重点项目建设。

五、加大对偏远地区通信设施的投入力度

制定相关政策，与相关企业、社会组织建立合作机制，共同推动偏远地区的通信发展。通过政企合作、校企合作等方式，实现资源共享、优势互补，共同推动偏远地区的经济社会发展。同时，开展电信知识培训和技能教育，加强相关法规和安全意识的宣传教育，提高农牧民对通信设施的接受和使用能力，确保通信设施的安全运行。

六、进一步提升旗县域流通服务网络建设水平

探索建立县乡村一体推进机制，通过重点旗县培育，以点带面，积极培育壮大流通服务龙头企业，建设旗县域集采集配中心、发展乡镇（苏木）综合超市、改造升级农村牧区综合服务社，逐步完善三级流通服务网络。将旗县、乡镇（苏木）、村（嘎查）三级流通服务网络建设与基层社、综合服务社“数字化”发展统筹起来，提高现代物流水平，做强流通终端，拓展电子商务、寄递物流等服务功能作用，提升基层经营网络综合服务能力，实现“一点多能、一网多用、双向流通”，做好农畜产品流通经营服务。

七、提升乡村物流服务水平

依托城乡交通运输一体化示范创建工作，持续完善乡村交通运输基础设施、客运服务，推动货运与物流服务一体化发展，推进快递物流服务网络体系、农村寄递物流体系和冷链寄递物流工程建设，持续完善“客货邮”融合发展，推动乡村物流整体水平提升，助力乡村振兴。

第十六章 吉 林 16

第一节 农业农村信息化发展情况

一、2023 年农业农村信息化基本情况

吉林省高度重视农业农村信息化发展建设工作，近年来相继制定出台了《吉林省实施数字农业创新工程推动农业高质量发展的实施意见》《吉林省数字农业发展“十四五”规划（2021—2025 年）》《吉林省人民政府办公厅关于智慧农业发展的实施意见》等政策文件，明确了全省农业农村信息化发展的原则、目标、任务和一揽子举措，为农业农村领域数字赋能建设提供了良好政策环境。

2023 年，吉林省通过整合涉农应用，建设完成贯穿省、市、县、乡、村五级，服务涵盖农业生产、农村经营、农民生活和乡村治理四大领域的吉林省数字农业农村云平台；上线运行了手机应用端“吉农码”小程序，应用用户数量已发展到 227 万人，实名注册用户达 48.7 万人；完成了第二批“数字村”示范应用建设工作，总数达到 577 个；开展了第二批省级智慧农业示范基地建设认定，累计达到 22 家。省农业农村厅主导设计的《云·码·村·社数字农业农村一体化解决方案》荣获农业农村部“2023 年数字农业农村新技术新产品新模式优秀项目”，推荐的吉林恒通生态智慧农业和吉林福豆农业智慧农业建设案例荣获农业农村部“2023 年智慧农业建设优秀案例”，推荐的吉林省恒通生态农业科技开发有限公司和吉林吉运农牧业股份有限公司被农业农村部认定为“2023 年度农业农村信息化示范基地”。

二、农业农村信息化重点领域进展及成效

（一）农业农村信息化基础设施建设情况

（1）升级完善“吉农云”平台功能　重新规划设计平台主界面，完成良种、良田、良机、良法等 13 个子平台和生产经营主体管理、农产品溯源等 32 套应用系统的开发运行。截至 2023 年底，手机端“吉农码”应用用户已发展到 227 万人，实名制注册用户达 48.7 万人。

（2）引入社会资源成立服务联合体　集聚大专院校、科研院所、智能科技等 11 个领域的社会资源，发起成立了数字农业农村服务联合体，推动实现跨界融合、优势互补、机遇同惠、共建共享。截至 2023 年底，服务联合体成员单位已发展到 64 家。

（3）推进完成第二批“数字村”建设　发动社会资本投资新建了示范型“数字村”18 个、基础型“数字村”210 个，总数分别达到 30 个和 547 个，四平铁东区、白山浑江区、

东丰县和舒兰市实现了县域全覆盖建设应用。

（二）农业农村大数据发展情况

（1）启动玉米全产业链大数据中心和平台建设 与农业农村部大数据发展中心达成共识，以玉米单品种大数据应用为切入点，率先建设吉林玉米全产业链大数据中心，合作共建全国玉米全产业链大数据平台。截至2023年底，中心和平台的数据底层和基本架构已搭建完成。

（2）开发建设吉林省农业机械化智慧云平台 吉林省农业机械化智慧云平台实现对作业机具、作业过程的实时动态监测管理，全省已接入物联网监测终端57608台（套），覆盖全省48个县（市、区），监测面积达3454万亩。

（3）开展畜牧业大数据应用 省畜牧业管理局建设了全国首创“吉牛云”大数据平台，创新研发“吉牛·云繁改”系统，上线运行“繁改App”，推动肉牛繁改员为养殖户提供及时便捷服务，平台已为超22万头母牛提供繁改服务，采集配种数据24.3万条、接生数据19.1万条。

（三）农业生产信息化情况

（1）开展省级智慧农业示范基地建设工作 省农业农村厅积极争取省财政厅支持，2023年继续投入1000万元资金开展了省级智慧农业示范基地认定工作，经自愿申报、专家评审、现场评估，认定“长春国信现代农业科技发展股份有限公司”等12家申报主体为省级智慧农业示范基地，累计建成示范基地22个。

（2）培育智慧化龙头企业 基于“吉农云”开发了“龙头企业+数字化应用板块”，为企业生成后台管理系统、数据可视化系统和手机端数字化应用工具。截至2023年底，已为隆源农业和福豆农业两个龙头企业提供土地类型、土壤墒情、地力肥力、作物长势、灾情虫情等数据服务，助力企业提升生产、经营、管理水平，实现节本、提质、增效。

（3）联合推动农业MAP战略 以推动“土地适度规模化”和利用现代农业科技“把地种好”为突破口，会同中化现代农业（吉林）有限公司，在全省布局建设MAP技术服务中心38座，每年为100万亩以上土地提供技术服务，线上线下累计培训指导农民超6万人次。

（四）农业经营信息化情况

（1）开展了种植业生产经营主体数字化转型应用 指导四平铁东区永发合作社等经营主体上线应用数字化经营主体管理系统、生产指挥调度系统和手机端小程序，开展了农资集采、大宗农产品集销、云财务委托管理及农机智能化改造、农机作业调度、生产数字化规划等25项生产经营全过程数字化应用服务功能，形成了种植业合作社数字化经营管理的全套解决方案和应用典型。截至2023年底，全省传统农民专业合作社转型“数字社”试点已发展到48家。

（2）培育智慧化三产融合主体 以休闲农业主体为重点，基于“吉农码”应用，推出了“数智乡旅”模块，设计涵盖热门景点、精品线路、酒店民宿、美食餐厅、乡村特产等八大板块，充分展示地域乡村文化、特色农产品，让广大消费者了解更多休闲农业信息，感受乡村魅力。自2023年5月上线以来，“数智乡旅”小程序已入驻424家经营主体，上线产品726款，消费用户达到7644人。

（3）开展玉米市场形势分析与舆情监测 省农业农村厅完成玉米市场分析月报12篇、年度报告及展望1篇。年监测统计数据总量约15万个，制作分析图表500余张，组织益农信息社报送玉米价格、玉米水分和当地售粮进度数据1000余次。在春耕、秋收时节，对玉米种子、化肥、农药、柴油、机械租赁、人工、产量、价格等成本收益情况开展调研，抽样调查样本145户，统计核算数据12000余个，形成春耕生产专题报告和秋粮购销专题报告2份。

（五）乡村治理信息化情况

（1）加强数字乡村发展的顶层设计　省农业农村厅会同省委网信办、省发展改革委、省工信厅等部门建立吉林省数字乡村发展统筹协调机制，进一步加强数字乡村工作的统筹协调，不断推动数字乡村向纵深发展；出台《吉林省贯彻落实〈数字乡村发展行动计划（2022—2025年）〉重点任务分工方案》，就数字乡村发展工作统筹协调、整体推进和督促落实。

（2）推广应用“吉农码”小程序　在“吉农码”开设乡村治理和便民服务功能，其中“政策直达”累计发布惠民、惠企、惠农政策1733条，浏览量近20万次；“金融在线”板块平台受理贷款1258笔，贷款总金额达12076万元。截至2023年底，“吉农码”应用部门已达到53个，业务范围已覆盖农产品电商、乡村游、村治宝、信息进村入户等7个子平台，服务板块达24个，提供百余项服务功能。

（六）农业农村信息服务情况

（1）开展农业农村信息服务专题培训　在省农业农村厅网站开设“2023年吉林省农民数字素养技能培训”专题，以图文、视频等方式，及时传达农业农村部和网信部门有关要求，发布电子商务和数字普惠金融相关培训内容，增强农民运用数字化手段增加收入的本领。

（2）利用农业农村部培训平台开展线上培训　按照农业农村部市场与信息化司相关培训文件要求，组织全省各市（州）、县（市、区）农业农村局按照“培训周活动日程”安排，扎实开展农民手机应用技能培训周活动，累计线上培训人数达135283人次。

（3）组织专家开展咨询服务　在“吉农码”上开设专家咨询栏目，线上解答农民群众在农业生产技术、产品品牌打造、惠农政策解读、农产品市场行情、外出务工等方面的问题。在农业视频专区，围绕农业生产中的种植、养殖、加工、农机作业等关键技术，组织省内知名农业专家录制微视频和撰写技术咨询材料供农民群众观看，全年发布各类农业视频112个、技术指导文章268篇。

（4）开展12316综合信息服务工作　2023年累计服务用户6.39万次，电话接听率达98%以上，解答满意率达到100%。向全省农户下发农业技术类指导短信2.33亿条次，播出《吉林乡村广播12316》节目233期。秋收时节，组织省农业农村厅网站、吉林省信息进村入户平台、易农宝、吉农码、微信群等渠道多次发布气象灾害预警信息，阅读量达500余万次。

（5）积极开展“三农”宣传工作　2023年，省农业农村厅官网发布信息4100条，向农业农村部网站报送信息5000多条，全国农业农村信息联播工作的3项主要指标居全国前列；省农业农村厅在2023年度全国农业农村信息联播暨三农舆情应对培训班上做经验交流。2023年11月18日，围绕加强信息员队伍建设，举办了全省农业农村系统信息员培训班，提升报送信息质量，全年审批各地报送信息1100条。

三、当前工作中存在的问题与困难

（1）发展智慧农业基础还不够实　相比传统农业，发展智慧农业对生产经营主体的规模化经营水平、产业融合发展水平、科技融合创新能力等方面提出了更高的要求。当前全省农业生产经营主体尚处于规模化、园区化的转型期，短时间内大规模推动普及智慧农业生产方式难度较大。

（2）数字素养整体还不够高　全省智慧农业尚处于起步和转型升级阶段，生产经营主体和部分农户虽然能够看到建设智慧农业是今后必然的发展方向，但认识不够充分，理解不够深入。

（3）引导资金投入还不够足　在省财政厅的支持下，省农业农村厅虽然统筹安排了一部分资金用于支持智慧农业建设，但与全省智慧农业发展的总体需求相比还有很大差距。

四、下一步工作计划

（1）抓紧推动“吉农云”全覆盖应用建设工程　继续升级“吉农云”平台，完善良田、良种、良机、良法四大板块，优化“云财务”“金融服务”“保险服务”等服务应用，延伸平台末端应用的广度深度。动员各方力量，加快“数字村”建设进度，推动与中国移动通信集团吉林有限公司智慧农业战略合作协议落地，组织培训，部署启动3000个“数字村”建设，提高“吉农云”推广应用覆盖率，通过智慧农业与数字乡村融合发展，持续拓展场景，扩大应用。

（2）持续开展建设主体培育壮大工程　指导各地开展智慧农业示范基地建设，2024年计划建设认定10个省级示范基地，总数达到32个，在省内东、中、西不同区域打造一批智慧农业先头部队。会同中化现代农业（吉林）有限公司新建MAP技术服务中心1座，累计达到39座。指导第三方社会服务机构开展涉农企业和新型经营主体服务对接活动，推动农业主体数字化转型升级。利用高素质农民培育项目，大力开展智慧农业技术应用培训，尽快打造一支既懂农业又懂数字技术的新农人队伍，助力生产经营主体加速转型。

（3）加快实施玉米全产业链大数据平台建设工程　尽快建成全国玉米全产业链大数据平台，发挥平台市场吸纳和利益链接功能，引入社会各方资源，在农安、德惠、榆树、长岭、梨树、铁东等县（市、区）率先开展10万亩建设试点。全面应用农作物全产业链数字化解决方案（玉米），打造“农机、农艺、农数”相融合的单产提升和产销一体化智慧农业生产经营新样板，引领玉米产业发展新格局。

第二节　农业农村电子商务发展现状

一、农村电商方面

（1）构建了政策支持体系　根据商务部要求和省委省政府的部署，制定出台《吉林省人民政府办公厅关于推动农村电子商务加快发展的实施意见》，基本建立了吉林省支持农村电商发展的政策框架。

（2）构建了公共服务体系　累计争取中央财政资金近6亿元，支持32个县实施了34个电子商务进农村综合示范项目，示范县覆盖率达到82%；累计使用省级财政资金7250万元，在34个县（市、区）实施了省级县域农村电子商务试点项目建设，支持40个乡镇、400个行政村建设“电商镇”和“电商村”。加强与邮政、淘宝等平台企业的合作，邮乐购平台覆盖全省大部分行政村，有16个县（市、区）实施了农村淘宝项目建设。在政策和市场的双轮驱动下，建设改造了县、乡电商服务中心268个、农村电商服务站5316个，构建了物流配送体系。已建成县级物流配送中心31个、乡镇物流分拨中心341个，培训39.5万人次、孵化网商12.1万人，基本实现了农村电商公共服务县、乡、村三级全覆盖。

（3）构建了营销推广体系　采取“以评代培”的办法连续举办了两届“吉林好网货”大赛，打造了长有煎饼、单氏苏打小米、膳蔻甄选黑山黑木耳等近200款“吉林好网货”。充分发挥农村电商渠道优势，积极举办“农村电商精准扶贫产品展销会”“农村网络直播促销季”“中国新电商大会”等线上线下促销活动，进一步拓展销售渠道。在阿里巴巴平台（淘宝、天猫），全省农产品网络买入卖出比实现了1∶1.14的顺差，农产品销售额全国排名第16位，人参、鹿产品、黑木耳市场占有率分别达70.8%、45.5%、29%。

（4）构建了培训孵化体系　积极适应直播电商、社交电商发展新趋势，对乡村干部、返乡大学生和农民、退伍军人等对象开展了以抖音、快手、淘宝等平台为主的直播电商、社交电商培训，培育孵化农村电商企业8980户、网店5.7万个、网商12.1万人、网络直播电商企业993户、网络主播5112人、直播产品3806款。据统计，全省在阿里巴巴平台（淘宝、天猫）上活跃的农产品网店近6万个，带动创业就业13.2万人。

（5）构建了物流配送体系　整合县域物流资源，完善利益联结机制，着力总结推广“电子商务与物流快递协同发展”“城乡物流高效配送”“农村服好务、客货同运”等模式，优化物流配送路线708条，建设县域物流集配仓储中心或物流产业园127个、乡镇物流快递节点889个、农村物流快递站4917个，农村收费与省会长春市基本持平（省邮政公司提供）。解决了日用品下乡、农产品进城的“最初一公里”和“最后一公里”物流瓶颈问题。大安市“城乡货运公交模式”被列入国家城乡高效配送工作指引。

二、“互联网+”农产品出村进程工程方面

（1）搭建了农产品产销对接服务平台　会同省商务厅，积极引入社会资本参与，搭建了“互联网+农产品出村进城平台”（以下简称平台），从省级层面打通了农产品上行的数字通道。平台主要包括线上批发（B2B）、消费者购买（B2C）、团购秒杀、视频直播间、供求信息自动匹配、品牌服务、招商七大功能，为各地产品供应商与采购商提供数字化交易对接服务工具，为淘宝、京东、邮乐购等线上电商平台、微商平台提供标准的数据接口服务和农产品资源输送对接服务，引导多方参与、多渠道解决农产品销售问题。截至2023年底，平台现有入驻商家301个，累计销售额达到5.1亿元。

（2）夯实了农产品顺畅流通物质基础　2021年以来，省农业农村厅使用中央转移支付资金3.63亿元，组织建设农产品产地冷藏保鲜设施1230个，总库容达40余万吨，基本打通了农产品上行的“最初一公里”，提升了农产品产后分拣、预冷、包装和初加工能力，有效保障了种植户错峰均衡上市需要，提升了生产经营主体的综合收益。在此基础上，一些地方建立了电商服务站，配置了冷藏保鲜运输车队，从销售和流通两个环节助力农产品出村进城。

（3）探索了符合各地实际的推进模式　通化县、扶余市、长春市双阳区等6个试点县（市、区），紧紧围绕“互联网+”农产品出村进城工程试点10项重点工作任务，探索了“政府引导+合作企业+数字村”“政府引导+合作企业+龙头企业”“政府引导+龙头企

业 + 合作社”建设模式。

经过 3 年的探索，吉林省初步积累了一套推进工程的现实经验：

1）完善的顶层设计是引领工程的重要基础。省农业农村厅联合省发展改革委、财政厅和商务厅，制定了《吉林省“互联网 +”农产品出村进城工程实施意见》，组织召开专题会议，明确各试点县（市、区）工作推进机制，结合本县自身实际，制定施工图、明确时间表，提供了工程推进的根本遵循。

2）健全的工作机制是推进工程的重要支撑。各试点县都成立了以县政府领导为组长，农业农村、发展改革委、财政、商务等部门为成员的领导小组，明确职责分工和目标任务，制定扶持政策，实现了责有人负、事有人干和各个环节衔接有序。

3）积极的建设企业是实施工程的重要依托。各试点县加强与签约企业合作，给予一系列政策资金支持，合作企业积极主动作为，开展农产品仓储冷链物流设施、电商直播平台等建设，为试点县“互联网 +”农产品出村进城工程建设打下了坚实基础。

第十七章 黑 龙 江 17

第一节 农业农村信息化发展现状

一、2023年农业农村信息化基本情况

迅速落实全国智慧农业现场推进会部署，研究起草《关于黑龙江省大力发展智慧农业的实施方案》和《黑龙江省智慧农业建设指南》，谋划举办全省智慧农业推进会议。加强试点示范建设，推荐穆棱、青冈、铁力3地参加全国数字示范项目评选，建设省级数字农业试点县10个，铁力市金新农生态农牧有限公司、北大荒农垦集团有限公司红兴隆分公司、中农发牡丹江军马场有限公司入选全国农业农村信息化示范基地。加强重点项目建设督导，采取定期调度和实地检查方式，督促同江、绥滨落实国家数字农业项目，加快资金拨付。配合省委网信办，争取2023年全国数字乡村建设工作现场推进会落地佳木斯。落实数字经济、平台经济、数字政府、双化协同转型试点等专班工作任务。

二、农业农村信息化重点领域进展及成效

（一）农业农村信息化基础设施建设情况

协调推进边境沿边沿线通信基础设施建设，实地勘测点位，加快推进5G基站和双千兆网络建设，补齐通信覆盖盲点。经过各电信企业多年建设，全省4G网络、光纤宽带已基本覆盖全部行政村，已在农村地区建设5G基站4504个，2023年底实现5G网络覆盖全部行政村。通过建立县乡村三级物流体系，为快递进村、农产品上行提供服务。截至2023年底，已打造县级共配中心71处，其中“邮件处理中心＋上行农品仓＋下行批销仓”30处；打造重点乡镇中心133处。建设村级邮政综合便民服务站6961处，县以下非城非镇建制村覆盖率达到100%，并全部安装邮掌柜（电商系统）和中邮E通系统（自提系统）。前期依托国家资金扶持的电子商务进农村项目，在黑河逊克、牡丹江林口、大兴安岭呼玛和齐齐哈尔依安建设冷库，配备和购置冷链运输车辆。完成第二批政务数据开放目录资源梳理及确认工作，涉及农业农村部门目录119条，其中可对社会开放数据95条。

（二）农业农村大数据发展情况

组织召开全省智慧农业发展大会，邀请中国农业科学院、中国农业大学、哈尔滨工业大学、东北农业大学、中国联通智慧农业军团等单位的10位智慧农业领域专家围绕智慧农业展望、农业智能装备研发与应用、智慧农业场景创新应用、数字赋能乡村治理做主题分享，探索适合黑龙江特点的智慧农业发展路径。

（三）农业生产信息化情况

自2013年建立了全国首个省级农机管理调度指挥中心以来，通过物联网、大数据、云计算等新一代信息技术的应用，实现了免耕播种、深松整地和秸秆还田农机作业精准监测，极大地提升了全省农机信息化、智能化管理水平，并一直走在全国前列。截至2023年底，省农机管理调度指挥中心运行的农机作业监测终端达9.11万套。全省农作物病虫疫情监测点达6000个，配备监测设备1.9万台，建立了全国唯一省区全覆盖的病虫疫情在线监测网络体系。开发应用“掌上植保”App和微信小程序，推进植保技术服务数字化和掌上化。全省植保无人机保有量达3.1万架，飞防作业面积达4.6亿亩次，两项指标均排在全国首位。

（四）农业经营信息化情况

以国家农产品质量安全追溯平台推广应用要求为主导，以全省质量农业为牵引，积极推进农产品质量安全追溯平台的功能完善，对省级追溯管理平台进行更新，开发了土壤有机质含量、成分等信息录入模块。做好与国家农产品质量安全追溯平台的数据互通互联和数据共享。截至2023年底，国家（省）农产品质量追溯管理平台入网企业达2800家。推进打造20个乡镇（村）合格证服务（检测）站，为开具农产品承诺达标合格证提供信息化支撑。

（五）乡村治理信息化情况

1）统筹推进应用“龙江先锋”系列媒体平台开展农村党员教育。发挥“龙江先锋”省市县三级党建云平台作用，开设“数字乡村”栏目，上传包括农村基层党务工作、农村实用技术等10部党员教育电视片供农村党员干部学习使用，发布农村基层党建相关信息37条。积极打造“身在最北方·心向党中央”党员线上教育系列特色品牌，结合第二批主题教育，谋划“坚定不移跟党走 乡村振兴建新功”送党课进乡村活动，推动新时代党的创新理论“飞入寻常百姓家”。

2）提升农村视频监控覆盖。全省现有农村公共区域视频监控点位51472路，行政村“雪亮工程”覆盖率达78%。

3）强力推动公共法律服务平台建设。充分发挥公共法律服务职能作用，着力解决乡村群众法律方面的“急难愁盼”问题。围绕推进服务均等化，建成纵向覆盖城乡、横向涵盖七大功能的省市县乡四级公共法律服务实体平台1455个，年均办理法律服务事项17万件。

（六）农业农村信息服务情况

制定农产品达标合格证亮证行动方案，在齐齐哈尔举办“学法力行、亮证行动”，积极推广“电子合格证＋追溯码”“检测＋合格证”等应用场景和模式。完善省数字农业服务平台，汇聚农业主要业务数据和基础数据资源，应用新一代信息技术，提升数据统一管理和综合利用水平。推动信贷直通车服务常态化，会同黑龙江省农业融资担保有限责任公司与6家金融机构，开展“政银担”金融服务模式，开通绿色通道，简化融资流程。

三、当前工作中存在的问题与困难

与发达省份相比，黑龙江省农业信息数据采集、归集、共享体系建设相对滞后，数字化应用创新不足，尚未形成服务农业产业链的应用效果。农业信息平台基础设施建设投入不足、融合程度不深，网站内容和质量还需要进一步提升。

四、下一步工作计划

1）加强数字化建设与应用。把握行业发展趋势。积极与数字农业相关行业主体沟通，及时掌握数字农业应用新进展、新成果，引领带动全省农业信息服务提档升级。

2）推进试点建设。组织数字农业试点县评选，探索成功模式，深化农业“网联、物联、数联、智联”应用，多维度、全链条改造传统农业。

3）推动关键领域数字化。聚焦粮食安全压舱石、农业现代化排头兵和农民增收目标，推动品牌农业、金融保险、生产托管、行业监管等关键领域数字化，实现数字技术与农业产业体系、生产体系、经营体系深度融合。

4）争取相关支持。按照农业农村部要求，组织各县（市、区）积极申报国家数字农业创新分中心、国家数字农业创新应用示范项目。加快农业现代化示范区数字技术发展，打造数字农业应用样板。

第二节　农业农村电子商务发展现状

一、农产品电商情况

（一）强化品牌宣传活动

在央视和黑龙江卫视持续投放“黑土优品”广告，协同《全省新闻联播》栏目推出“黑土优品”系列报道40余期，黑龙江卫视其他频道报道200多期。先后组织参加农交会、进博会、北京服贸会、中部农博会等30余场大型展会和产销对接活动，设立“黑土优品”特装展区，举办主题推介会，集中宣传推广“黑土优品”。省级报纸各端口发稿共计3302篇，创新推出“龙江好物”“龙江好品牌”“黑土优品有问必答”等报道321期。经强力宣传打造，一批“龙字号”农业品牌跻身知名品牌榜单，全省11个农业企业品牌入围2023年中国500个最具价值品牌名单，“北大荒”以2018.59亿元的品牌价值位列第40位，位居农业类品牌榜首。挖掘各省龙商会、驻外办事机构和乡友人脉资源，拓展“黑土优品”销售渠道，在深圳市开设全国首家“黑土优品”专店，在北京办事处设立“黑土优品”专营店。首届中国（黑龙江）国际绿色食品和全国大豆产业博览会期间，位于哈尔滨市国际会展中心E馆的“黑土优品展示运营中心”正式对外开放，展区总面积达4000 $米^2$，全面展示420家企业的2100款品牌产品。

（二）开展培训扩大交易规模

利用“中国主播龙江行”“名县优品　县域电商直播节”，举办乡村振兴青年创新创业交流沙龙、“龙青电商”黑龙江省青年电商技能培训班、产品对接会等，培训电商人才2000余人次，助企行动累计培训企业达到1405家。指导省电子商务协会开展“千村千品帮万农”之农民电商“小能人”公益系列活动。为全省13个市（地）517个村屯推荐选拔的1300多名农民电商“小能人”提供直播电商相关技能培训。联合省民政厅，共同支持黑龙江省电商协会组建了黑龙江省电商乡村振兴专委会，助力全省乡村振兴发展，培育“三农”电商人才，打造电商产业供应链。

（三）组织推广直播电商

省农业农村厅会同省直部门，持续开展"中国主播龙江行·绿色龙江之黑土优品"直播活动，邀请东方甄选、辛选集团等头部主播团队赴黑龙江直播带货，俞敏洪亲自到场直播解读"黑土优品"，累计销售农产品9000多万元；辛选团队直播专场销售额达1亿多元。活动期间累计开展12项主题活动、21场子活动，组织电商平台37家，带动企业750家，组织推荐1465款本地产品，累计直播2646场，参与主播达到176人次，完成商品交易总额共计2.03亿元，单场最高直播观看量达到2000万人次，相关短视频全网播放量破5亿人次。在天猫平台"黑龙江原产地官方旗舰店"开设"黑土优品"销售专区，北京龙禹集团企业购平台上架"黑土优品"，小康龙江电商平台开设"黑土优品"微信商城。开展"名县优品县域电商直播节"活动，在全省12个市（地）15个县（市、区）开展了15场主题活动，累计直播场次302场。开展中国主播龙江行之"乡村振兴·千村千品帮万农"公益直播专场带货活动，十几位本省知名主播和20个脱贫县主播组成直播矩阵，大力宣传推广黑龙江优质农特产品资源，推动农副产品销售，活动期间累计销售额超过1000万元。据北京欧特欧国际咨询有限公司的监测数据显示，2023年前三季度，全省农产品网络零售额达到111.3亿元，同比增长12.1%，高于全国增幅5.4的百分点。

二、"互联网+"农产品出村进城工程推进情况

黑龙江省认真落实《农业农村部办公厅关于开展"互联网+"农产品出村进城工程试点工作的通知》要求，持续推进3个"互联网+"农产品出村进城工程试点，以试点县带动全省"互联网+"农产品出村进城工作。

（一）完善农产品产地基础设施建设

组织2021年和2022年农产品产地冷藏保鲜设施建设"回头看"工作，完成项目自评和国家现场评估，组织专题工作推进会，制定年度建设方案，组织各地经济主体开展农产品产地冷藏设施建设。协调7家省直单位，牵头制定、出台《黑龙江省农产品仓储保鲜冷链物流设施建设工程推进方案》，细化重点工作，落实建设任务。按照农业农村部工作要求，主动对接省乡村振兴局，协调乡村振兴部门，利用乡村振兴衔接资金支持农产品产地冷藏保鲜设施建设。制定《冷链物流和烘干设施建设专项实施方案》，配合制定《全省现代设施农业建设实施方案》《设施农业现代化提升行动实施方案》，支持加快发展现代设施农业。积极争取国家中央预算内投资对黑龙江省高标准农田建设支持力度。哈尔滨市、齐齐哈尔市骨干冷链物流基地纳入国家年度建设名单。2023年度共争取中央预算内投资5100万元，支持哈东综合保税物流园区等冷链物流项目建设。

（二）加强宣传推广与业务办理

充分发挥广播电视全媒体宣传的优势，通过印发宣传提示，召开宣传工作通气会等形式，对全省实施"互联网+"农产品出村进城工程组织了广播电视宣传。各级广电媒体将相关宣传与"三农"工作、乡村振兴等主题宣传有机结合，围绕政策解读，对各地各部门推动农产品供给、农业基础设施建设、农产品质量安全、农产品电商销售等工作的进展成效开展了广泛报道，推广了"兴安嘉品"等先进典型，并通过融媒体平台多渠道发布。省农业农村厅聚焦"当好国家粮食安全'压舱石'"主题，组织全省市（地）级播出机构开展了主题报道集体创作，将在农民丰收节前后集中推出。利用"3·15""4·26"等宣传日，

在窗口、园区、企业、街道等公共场所进行宣传发放《一张图就能看懂》和《商标、地理标志业务指南》等资料，使更多的申请人了解知识产权受理工作流程；在知识产权局官方网站向申请人公开窗口和个人服务承诺，以及服务内容、工作流程、申报材料、收费标准等，提升受理窗口服务质量和工作效能，真正实现了“一站式服务”“办事不求人”；在黑龙江省知识产权公共服务（运营）平台发布商标大数据信息，开设“黑龙江省地理标志展示”“黑龙江省商标展示”专栏，进一步提升商标品牌信息推广度。

（三）强化食用农产品安全监管和标准体系建设

起草下发《黑龙江省市场监督管理局关于开展流通环节食品安全专项整治的通知》，严查市场开办者、入场销售者主体责任落实情况，查验、留存进货凭证和承诺达标合格证等产品质量合格证明，对无追溯凭证的食用农产品禁止销售。对食用农产品“治违禁控药残促提升”三年行动明确的重点品种督促市场开办者加强自检，对两批次及以上检出使用禁限用药物或农兽药残留超标的场内销售者加强抽检频次，严防无合法来源和不符合食品安全标准的食用农产品流入市场。通过建立食品安全信用档案归集机制，有效提升了全省农产品交易市场食品经营安全智慧监管效能。开展网络销售主体食品质量安全执法办案。为助推全省农业高质量发展，加强农产品生产各环节地方标准制定工作。下达 2023 年农业地方标准制修订计划。与农业农村部门配合，逐步完善农业标准体系建设，制定完成 10 项农业生产地方标准。鼓励电商、企业参与地方标准制修订。

（四）高质量推动品牌农业建设

严格依据《黑龙江省“黑土优品”农业品牌标识管理办法》，开展四批“黑土优品”标识授权使用申报和评审工作。截至 2023 年 9 月，全省有 378 家企业的 923 款产品纳入“黑土优品”标识授权范围，实现十大重要农产品品类全覆盖。获得标识授权的企业主动参与各类品牌宣传推广和产销对接活动，1—9 月全省累计参加各类产销对接活动 40 多场次。省政府主管领导在海口消博会上主题推介“黑土优品”，人民日报全程直播，央视国际频道向全球英文推荐“黑土优品”，传播量超过 1 亿次。省政府主管领导在 2023 年中国农业品牌创新大会上，作为唯一省级政府代表完成“黑土优品”品牌主旨演讲，全程现场直播，共 70 多家省内外媒体做专题报道。

（五）加强应用人才队伍建设和扶持

指导各县职教中心和涉农高职学校等，发挥学历教育与培训并重法定职责，发挥学校人才、技术、资源等优势，为县域农民开展针对性培训，提升服务农产品出村进城工程能力。黑龙江农业经济职业学院与鸡东、宁安、海林、嘉荫等县（市、区）开展蔬菜经济作物实训考察、基层农技推广体系骨干人才、专业生产型高素质农民等 6 个专题培训项目，累计培训 1752 人。结合黑龙江省 2023 年度省级科技特派员选派任务，按照县（市、区）科技需求，共选派 33 名省级科技特派员，争取资金 66 万元，开展电商服务工作，并向农民和贫困户公布个人联系方式，随时帮助农民解决农产品在互联网上的销售问题。

（六）推广互联网应用新业态新模式

深入实施创业带动就业行动计划。加大《黑龙江省促进创业带动就业行动计划（2022—2025）》宣传落实力度，全方位落实创业担保贷款、创业补贴等政策，重点帮扶农村劳动力等重点群体更好地实现就业创业。2023 年 1—7 月，全省为农村自主创业农民和返乡创业农民工发放创业担保贷款 4.25 亿元。以创业培训“马兰花计划”为载体，支持有培训需求的返乡创业人员参加创业培训，提升创业能力和水平。2023 年 1—8 月，全省共开展创业培训 2.27 万人次。建立并下发农产品产业化龙头等重点客户名单，并逐一确定营销牵头行动，不断提升客户营销的针对性和有效性，全力做好金融服务。针对食用菌等林下经济产业，省工商银行、省建设银行、农合机构等推出了“助耳丰”“菌农乐”“林创贷”“木耳贷”等特色信贷产品。2023 年 7 月末，全省金融支持农产品加工业贷款余额 308.71 亿元，同比增长 1.91%。支持玉米、大豆等五大重点产业贷款余额 258.36 亿元，支持食用菌、森林食品等七大特色产业贷款余额 42.53 亿元。

三、主要问题和下一步工作计划

黑龙江省农村电商起步晚，仍存在新型经营主体思想观念落后、实力电商平台少、专业人才缺乏、农产品品牌影响力不高等问题。黑龙江省地理位置偏远、地域跨度大，农产品物流成本高成为农产品出村进城的主要瓶颈。下一步，全省将扎实推进“互联网 +”农产品出村进城工程，进一步提升农产品流通效率，助力农民增收。

1）构建完善的网络平台。进一步与大型电商企业对接合作，加强与全国农产品主销城市交流，吸引更多电商到黑龙江发展，构建覆盖乡村的网络销售平台和物流配送网络，解决好“互联网 +”进农村“最后一公里”问题。

2）培养和引进农业电商人才。鼓励各级教育机构开设农业信息化或电子商务相关专业，培养高素质、多层次的农业信息化人才。制定相关优惠政策，吸引电商人才入驻县乡或龙头企业。定期举办电商培训，培育一批本地电商人才。

3）加强示范推广。通过观摩会、现场推进会等方式，及时总结好经验、好做法。做好先进典型的宣传推广，运用网络、电视、报纸、新媒体等，加大“互联网 +”农产品出村进城工程宣传力度，引导和带动经营主体改进农产品品质，提高农产品品牌知名度建立起有效的产销对接机制。

第十八章 上海 18

第一节 农业农村信息化发展现状

一、基本情况

为加快农业农村信息化发展，近年来，上海市大力推进农业数字化转型，着力解决农业农村发展“痛点”，积极发挥信息化对乡村振兴的驱动引领作用。根据农业农村部 2022 年度全国农业农村信息化能力监测情况，上海农业农村信息化发展总体水平为 57.7%，仅次于浙江、江苏，位居全国第三位。在数字乡村试点中，上海市奉贤区、浦东新区两个试点区在智慧农业发展方面取得了非常优异的成绩，在全国 117 个区评比中仅次于嘉兴平湖市，位列第二、第三名。

为有效促进农业农村信息化发展，市农业农村委不断加强制度保障，加快形成数字化转型工作格局。

1）加强组织领导。近几年，市有关领导多次听取农业数字化转型工作汇报，召开专题会议研究部署重点工作；成立工作专班，由市农业农村委、市经信委、市财政局、市大数据中心、市农业科学院、市测绘院等部门作为成员，加强部门联动，形成工作合力，充分发挥协调督导作用。

2）完善政策体系。制定《上海市乡村振兴“十四五”规划》和《上海市推进农业高质量发展行动方案（2021—2025 年）》，确定农业农村数字化转型的主要目标和重点任务。启动编制现代设施农业布局规划，综合统筹上海“2035”总体规划市域空间格局、产业基础和国土空间潜力，结合区镇发展意愿，12 个片区规划布局方案已基本稳定；启动编制《关于加快推进本市农业科技创新工作的若干意见》，把智慧农业作为未来 3 ~ 5 年的重要发展目标，不断加大科创支持力度，努力破除智慧农业堵点卡点。

3）创新推进机制。将数字农业建设列入年度乡村振兴重点任务清单，纳入“挂图作战”机制，按月进行目标管理，对推进滞后的区予以亮灯警示，在全市形成“你追我赶”的氛围。

二、农业农村信息化重点领域进展与成效

（一）农业农村信息化基础设施情况

全市深化促进农业农村地区 5G、“双千兆”网络高质量发展，更大力度推进城乡一体化的 5G“满格上海”、千兆光网“光耀申城”等行动，9 个涉农区的 5G 室外基站已建设完成超 76000 个。同时，全市以公共服务标准化为基础，全面铺开广电信息服务网络建设，

松江区建成以大小网络服务移动点、街镇服务营业网点为抓手的广电网络基本公共服务三级管理网络，各乡镇实现服务全覆盖。金山区构建“一云两端一播”的“121”融合传播新体系，推出有线大小屏、广电云服务、智能终端三位一体的定制化信息服务产品。

（二）农业农村大数据发展情况

1）建立健全公共数据管理制度。印发《上海市农业农村委员会公共数据管理规范》，进一步明确了各部门数据管理职责，对数据采集与归集、共享与开放、异议核实与处理、安全与保护等方面做了明确规定，有效促进和规范市农业农村委公共数据共享、开放、利用与安全管理等工作，有助于农业农村治理能力和公共服务水平的提升。

2）推进公共数据上链试点。根据市委市政府有关工作要求，市农业农村委承担全市公共数据上链试点工作，认真比对大三定、小三定、权责清单，逐句拆解职责事项编制职责、数据、系统目录并逐一关联，圆满完成试点工作。

3）落实“聚数工程”任务。完成上海农业生产现状用地地图服务在市大数据资源平台地理空间库的注册，有序推进农田资源目录数据入湖，地图服务已汇集本市 9 个涉农区的 220 万亩农业生产现状用地，70 余万个地块数据，包括地块编号、地块面积、生产经营主体等信息。

4）推动长三角地区数据共享共用。联合江苏省、浙江省、安徽省农业农村厅推进长三角地区农机、渔船数据共享应用，全市农机、渔船数据通过长三角数据共享平台实现跨省对接。

5）深化电子证照管理应用。市农业农村委所有政务服务事项都接入市档案局归档系统，实现一网通办，办件信息一键归档。好办服务通过融合电子证照实现两个免于提交，在线电子签名实现申请表免提交，简化申报流程提升网办用户体验。新增 6 类电子证照实现同步制发及电子送达。配合安徽省农业农村厅推进农机证照数据共享应用，全市农机数据已归入市大数据资源平台。

（三）农业生产信息化情况

1）持续推进全市农业生产作业信息精准报。2023 年度，全市信息直报数据已超 1600 多万条。粮田、菜田等地块信息的校准工作持续开展，通过多方校核保证基础底图信息的准确性。以合格证监管为抓手，通过统一利用“神农口袋”在销售环节开具电子合格证，从而推动主体及时完成信息上报。探索将农业生产作业信息融入主体征信报告，作为农业主体申请贷款的审批依据之一，以激励农业主体更加精准、及时地完成信息直报，目前有 68 家合作社通过“神农口袋”入口通过贷款申请审批，贷款金额达到 5000 多万元。

2）持续优化畜牧管理信息系统。加强畜牧统计监测预警，开展统计监测实地检查，完善强制免疫“先打后补”、无纸化检疫出证等功能。2023 年累计采集数据 2900 多万条，涉及全市 219 家畜禽规模养殖场、18 家屠宰场、8 个指定道口、113 个检疫点，覆盖畜牧养殖、防疫、检疫、屠宰、市境道口等核心业务环节，基本实现畜牧全产业链的数据贯通。此外，2023 年 10 月，动物检疫合格证明申报成功入驻一网通办“随申办企业云”超级应用。

3）大力推进无人农场建设。印发《上海市粮食生产无人农场建设奖补实施办法（试行）》《上海市粮食生产无人农场考核验收办法》《关于切实加强 2023—2025 年上海市粮食生产无人农场建设的通知》等文件。综合考虑和平衡产业规模、农田设施、经营主体，以及地方财力配套等情况，确定 2023—2025 年粮食生产无人农场的具体建设目标任务。2023

年，全市已建成9000亩粮食生产无人农场，其中，嘉定区4100亩，松江区3200亩，市农业科学院1700亩。

（四）农业经营信息化情况

1）积极打造农业领域专业化平台。市农业农村委立足都市农业高质量发展的要求，围绕“四个三”的目标任务，即通过建成“三个一”（一图、一库、一网），串联“三个人”（生产者、管理者、消费者），用好“三要素”（人、地、钱），最终实现“农民有效益”“市民有口福”“政府精准管”的三大目标，通过多年努力，基本建成了“1+*N*+*X*+数字底座”的数字农业架构，为农业领域实现“一网统管”提供了强有力的数字化支撑。

2）推进“一网通办”改革，助力“两张网”协同发展。继续推进申请材料两个“免于提交”工作，完成“双100”高频事项动物诊疗许可证审批“智慧好办”改革，方便企业高效办理相关许可证；推进“企业专属网页”建设，完成3项涉农数据归档入库、7项涉农主体赋予分类标签、1项证照提醒；拓展移动端服务，推进市农业农村委“随申办企业云”建设，在“随申办企业云”开通农机行驶证登记“好办”服务改革，完成动物检疫合格证明进驻“随申办企业云”；推进政务服务事项“两个集中”，完成委属单位7项许可事项进驻行政服务中心，提供一窗受理、一门式服务。

（五）农业农村治理信息化情况

1）基于全市“随申码”技术，加快“申农码”应用推广。市农业农村委印发《关于对全市农业生产经营主体“申农码”赋码与发牌的通知》，进一步了明确“申农码”是全市农业主体的唯一数字身份标识，是农业主体从事农业生产经营活动的数字凭证，是市“随申码”在农业领域的一种超级应用。联合市大数据中心积极推进“申农码”应用，打通农资门店进销存系统，实现买药人亮“随申码”“申农码”实名购买农药场景；连通“沪农安”监管系统，全市农产品网格化监管人员日常巡查、飞行检查等业务实现扫码监管；以农产品承诺达标合格证为唯一载体，实现“申农码”、承诺达标合格证、绿色认证标识三合一，实现农产品生产、监管、认证等信息“一码通查”“扫码溯源”。

2）基于全市“一张图”服务能力，深化农业农村“一张图”。农业农村“一张图”作为全市“一张图”示范应用，基于全市统一的底图使用规范和坐标系，实现了数据、服务、分析能力全面对接和打通，累计调用6种轻量化地图底图和80余个各类影像服务。同时，市农业农村委不断深化农业农村“一张图”，会同市测绘部门持续更新一图数据，以基层业务为驱动，实现农业用地现状数据每周更新。利用大棚智能识别算法模型，实现全市连栋（玻璃）大棚位置的智能识别，形成连栋（玻璃）大棚专题数据图层。推进一图数据应用，打造高标准农田监管和农机社会化服务应用场景。聚焦幸福乐园，加快融合农村养老、医疗卫生、教育、文化、体育等数据，基本完成各类设施空间信息采集和绘图，并实现可视化展示。

3）持续强化精准化监管手段。在农产品质量安全方面建立健全农产品质量安全网格化管理体系，落实属地监管责任。通过全面推进移动监管系统应用，制定全市农产品质量安全“互联网+监管”工作方案，加强乡镇农产品质量安全监管员队伍建设，明确各网格责任人员，根据网格划分情况形成本辖区的网格化管理图。全市8000多家农产品生产主体建立了信用档案，2281名市、区、镇、村“四级”监管人员、463名抽样检测人员、336名执法人员实现线上工作。在长江禁捕智能管控方面，利用物联网、互联网、人工智能、大数据、无人机、卫星通信等先进技术，通过雷达、光电对禁捕区船舶进行智能分析、智能告警，值班人员辅助研判，指挥人员按市—区——线执法人员进行指挥调度，实现了智能发现、智能告警、综合研判、指挥调度、属地监管、及时查处和信息共享的智能闭环，解决了长江禁渔执法“看不见、辨不清、跟不上、抓不到”的问题，实现对全市长江禁渔管理区域3200平方公里365天24小时、全水域、全天候、“水、陆、空、天”一体化监控。

（六）农业农村信息服务情况

1）制定数字素养提升月活动方案，积极组织各项活动。为提高本市青年农场主短视频制作技能，促进农产品销售网络平台和直播带货能力，结合提升月活动，举办青年农场主短视频制作与应用培训班。让学员了解优质短视频脚本打造、拍摄技巧、后期剪辑及制作之后的后期运用等。聚焦个人品牌培育，开展新农人品牌IP打造培训班，提升新农人IP对自身和企业发展的商业价值，利用短视频、直播来宣传和推广自己的农产品和企业，打通从田间到餐桌、从产地直达消费者的去中心化营销体系。助力实现“手机成为新农具、直播变为新农活”，帮助学员把自己的产品推广至更多的消费者。

2）线上线下结合，推动高素质农民培育。充分利用农业农村部农民教育信息管理系统，指导各区及时录入信息数据，利用系统实时跟踪培训对象、培训内容和培训进度。通过信息资源整合，全面掌握经营主体发展方向，为精准培训提供决策依据。鼓励农业专家、农技推广人员、培训机构、培训教师利用“全国农业科教云平台”开展线上指导服务。推进专家服务基层，主动对接家庭农场、合作社等新型农业经营主体的技术需求，开展适用农业新品种、新技术的试验示范等相关指导培训，推进农业科技成果转化落地推广。深入推进农业专业技术人员继续教育，实施专技人员知识更新工程。开展高素质农民培训，支持农业从业人员接受中高等农业职业教育，提高其综合素质和职业能力。

三、存在的问题与困难

近几年，市农业农村委根据市委市政府有关工作部署，大力推进农业领域数据共享应用，面临部市系统对接、数据共享难度大的困难，迫切希望得到农业农村部支持，真正做到部市系统实时对接，数据全面共享开放应用。

四、下一步工作计划

1）以全市城市码统一标准规范为基础，探索“一机一码”“一船一码”“一棚一码”等图码融合应用，强化设施农业上监管、农机服务、渔船作业及渔船监管等数字化能力。

2）探索利用全市“一张图”遥感AI能力，开展全市大棚遥感自动识别、水稻遥感识别、高标准农田监测等创新应用。

3）依托市政务区块链，探索构建“申农链”，将地产优质农产品从生产、加工、监管、保险、仓储到销售各个环节的关键数据上链存证。

4）围绕到2025年全市建设10万亩粮食生产无人农场的总体目标，力争2024年新推进建成3万亩，逐步实现粮食生产由机械化向智能化迈进。

5）围绕智慧种业、智慧农场、智慧设施农业等发展方向，研究制定农业生产、经营、管理、服务等数字化标准，逐步建立健全数字农业标准体系，夯实数字基础，提升农业数字化水平。

第二节　农业农村电子商务发展现状

近年来，上海市涉农电商发展迅速，一大批大宗农产品交易平台、生鲜电子商务平台发展如火如荼，已成为上海农业发展的核心动力之一。

一、创建共享平台，推进地产农产品电商品牌建设

创建绿色农产品网上直销平台，做优做强“鱼米之乡”“浦农优先”“我嘉生鲜”“金山味道”“崇明米道”“金品泽味”等各级政府搭建的地产农产品线上统一销售平台。通过农产品品牌创建和各类农事节庆活动开展线上展示展销活动，组织入驻农产品电商运营主体开展直播、秒杀、折扣满减等活动，并且组织开展企事业单位、工会团体与电商企业的对接。

积极对接主流电商平台，与盒马鲜生、叮咚买菜、东方购物等大型电商合作，以农业产业化联合体为牵头单位，对接销售金山稻米、草莓、葡萄、蟠桃、食用菌、小皇冠西瓜等特色农产品，让品牌农产品搭上进城“快车”。健全完善供应链体系。崇明区组建河蟹、白山羊、米业等产业集团，建立“龙头企业＋产业联盟＋行业协会”产业联合体和“村集体经济组织＋农业龙头企业＋农户”家门口产业模式，推动抱团发展，不断推动中华绒螯蟹、崇明白山羊、崇明蔬菜、崇明大米等特色农产品扩大产量、提升质量。

二、完善末端服务，促进农业电商智慧化发展

构建智慧化零售终端的网络布局，推动智能售货机、智慧微菜场、无人回收站等新型智慧零售终端线下设点，加大智能快件箱在社区、商务中心、高校、地铁站周边等末端节点的线下推广应用，形成区域覆盖的线下零售终端线网络体系。完善供应链末端服务体系，创建“无接触式配送”共享货架模式，由行业协会组织生鲜电商企业，如叮咚买菜、盒马鲜生、美团买菜、每日优鲜等，与社区物业加强沟通合作，提升对生鲜农产品的配送效率与服务质量。搭建社区生鲜电商平台，通过在社区设立农产品智能自提保险柜，直接联通农产品生产基地与社区居民，为市民提供 24 小时买菜服务，打造家门口的“社区智能微菜场”，为社区居民搭建了以“平台＋产地直供＋冷链自营＋站点直投”为核心的生鲜农产品服务体系。

三、加强人才培训，培养新型农业电商人才

鼓励高校开设电子商务专业，开展系统化专业人才培育。上海共有 10 所本科院校、10 所专科院校开设电子商务专业，通过学历教育、职业培训、技能大赛等多项途径，面向全国培育农商互通、农村电商人才，打造国内领先的农商互联网培训体系。依托生鲜电商经营主体，打造专业化人才队伍。本来生活、叮咚买菜、盒马鲜生等生鲜电商企业的农产品供应链体系在不断优化完善，从生产、包装、保鲜运输、售后等一系列环节，制定了统一的企业标准，并基于农产品的生产管理、采摘、分拣、包装、品牌塑造等环节，对农业生产主体及物流运输和销售运营等主体按照企业标准进行专业化培训。开展农民数字素养与技能提升活动，结合本市全民数字素养与技能提升月活动，开展青年农场主短视频制作技能培训。

四、主要问题与建议

冷链物流成本高，与其他商品不同，生鲜商品易腐烂、保质期短、对物流速度有着较高要求；生鲜产品产业链条长，质量参差不齐，标准化程度不高；现代零售业对电商产品的规格和标准化要求比线下更高，使农产品上线销售带来困难。

第十九章 江苏 19

第一节 农业农村信息化发展现状

一、2023 年农业农村信息化基本情况

2023 年，在农业农村部市场与信息化司的关心指导下，省农业农村厅深入贯彻落实中央和省委省政府有关决策部署，先后实施智慧农业升级赋能行动、农业数字化建设行动等，创新发展举措、强化工作推动，加快推进农业农村信息化发展。根据 2023 年发布的《中国数字乡村发展报告（2022 年）》，江苏省数字乡村发展水平位居全国第二位，累计有 24 个县（市、区）入选全国县域农业农村信息化发展先进县，数量居全国前列。2023 年 9 月，省农业农村厅在全国智慧农业现场推进会上做交流发言，同时现场展示“苏农云”建设成果。省农业农村厅被中央网信办、农业农村部等部委评为“2023 年全民数字素养与技能提升月”工作表现突出单位，是全国唯一入选的省级农业农村部门。

二、农业农村信息化重点领域进展及成效

（一）农业农村信息化基础设施建设情况

加快推进农村地区信息通信基础设施建设，实现全省行政村“村村有 5G”，千兆光网基本覆盖城乡所有家庭。2023 年度全省共建成 294 个智慧广电乡镇（街道），南京市溧水区、常州市溧阳市、苏州市吴江区和淮安市金湖县被国家广电总局列为“全国智慧广电乡村工程试点县（市、区）”。强化智慧公路、智慧航道、智慧港口“由点成网”的成果应用，实现建设成果共享和联网运行。汇聚各类水利水文数据、模型和知识，建设全省统一的水利基础数据。制定 2023 年农产品产地冷藏保鲜设施建设实施意见，安排省级财政 7500 万元资金，积极推动农产品产地冷藏保鲜设施工程建设，2023 年共新建农产品产地冷藏保鲜设施 202 个。

（二）农业农村大数据发展情况

1）“苏农云”全面建成应用。2023 年 6 月，江苏省农业农村大数据云平台（即“苏农云”）正式上线运行，副省长徐缨出席了上线仪式。“苏农云”打造通用统一的“数字底座”，实现全省涉农数据汇聚治理和系统整合，形成数据库 86 个、数据项 24 亿条。建设数据应用“一张图”400 多张，建设智慧种植、智慧畜牧、智慧渔业等十大辅助决策专题应用，打造覆盖全省的“智慧大脑”。面向系统内外不同应用需求，分别建设数字工作平台和数字服务平台，搭建高效便捷的“数字门户”，集成融合各类业务管理、政务服务及数据共享等功能，实现“一站登录、全网漫游”。

2）大数据应用成效初显。“苏农云”目前已覆盖全省13个市、90多个县（市、区），实现省市县三级全贯通。大数据指挥中心累计接待全国各地考察420多批、7000余人，省委副书记沈莹等领导在调研中听取“苏农云”汇报，并给予充分肯定。“苏农云”还被评为2023数字江苏建设优秀实践成果“十佳案例”。

（三）农业生产信息化情况

1）协同创新能力不断增强。推动产学研深度融合，发挥各类智慧农业产业联盟及南京国家农创中心、农高区等平台作用，不断集聚国内智慧农业资源，协同推进智慧农业创新，研发生产的植保无人机、果蔬采摘农用机器人、动物识别电子标签、水产物联网传感器等技术产品处于国内先进水平，一批动植物生产模型实现了推广应用，奶牛反刍物联网监测系统、智能云控畜禽收集冷藏装备等8项成果新入选全国“三新”优秀项目。实施农机装备智能化绿色化提升行动，推动智能农机装备研发，挖掘应用示范场景。

2）智慧农业载体和典型不断涌现。突出现代农业园区和规模种养基地等关键载体，加快建设智慧农业园区、数字农场（牧场、渔场）、“无人化农场”，形成一批农业数字化建设典型和标杆，昆山陆家未来示范园“A+温室工场”等4个案例入选全国智慧农业典型案例汇编，江苏省农业科学院等5家单位入选2023年农业农村信息化示范基地。新建成45个智慧农业园区、97个数字农场（牧场、渔场）、30家省级数字农业农村基地和20个“无人化农场”。

3）数字技术示范推广不断加强。大力推广应用数字技术和装备，积极引导现代农业载体推进“智改数转”，根据《中国数字乡村发展报告（2022年）》，全省农业生产信息化率达48.2%，大田种植、畜禽养殖、设施栽培生产信息化率均高出全国平均水平24个百分点以上，水产养殖信息化率高于全国平均水平18个百分点。实施农机化“两大行动”，加强北斗导航、自动驾驶、传感器等技术在农机装备上的应用，全省拥有各类无人驾驶拖拉机、无人驾驶联合收割机、农业机器人、农用无人驾驶航空器超过5万台套，全年共有7.7万台重点农机安装了北斗定位终端。持续推广省农业物联网管理服务平台，2023年已新增智慧农业应用主体800多家，总数超过4500家。

（四）农业经营信息化情况

1）进一步谋划工作推进举措。指导各地以“互联网+”农产品出村进城工程为工作抓手，推动数字技术在产前、产中、产后应用，促进“产业+电商”融合发展，推动地方打造赣榆海鲜、高淳螃蟹等全国知名的电商产业集群。面向全省组织开展农业电商典型案例征集工作，积极发挥典型示范带动作用。

2）积极推进线上助农营销。持续发挥淘宝、京东、抖音等大平台优势，助力特色农产品走向全国市场。指导各地结合重大节日和节庆活动，举办各类丰富多彩的电商助农活动。各地通过“政府搭台、企业唱戏”，融合“线上直播+线下展销”，加大对本地农产品的宣传推广，打出农产品消费帮促“组合拳”，全省由政府部门指导或举办的活动超过150场。以“数字赋能‘土特产’”为主题，在全省开展征集工作，高邮鸭蛋等7个“土特产”入选全国推介名录，部分产品已通过新华网等中央媒体开展专题宣传。

3）不断加强电商人才培训。持续开展农产品电子商务“万人培训”和农民手机应用技能培训，与相关厅局共同举办全民数字素养与技能提升月活动，省农业农村厅被国家有关部委评为工作表现突出单位。指导开展的“苏货直播新农人直播电商公益培训”线上线下共培训 1.8 万余名新农人。2023 年 11 月，组织省内 25 名农业农村电商带头人，赴浙江参加为期一周的农业农村部农业农村电商专题培训班，面向全国展示江苏农业电商人才新风采。

（五）乡村治理信息化情况

出台《江苏省社会救助信息共享和数据利用管理办法》，建立农村低收入人口数据库，并将数据共享至省教育、人社、残联等部门，推动专项救助政策落实。根据《关于深入推进智慧社区建设的实施意见》的相关精神，组织开展智慧社区建设试点工作，提升线上线下相融合的社区治理服务能力。初步建成全江苏省农村宅基地审批系统（试用版），在"6+3+16"试点地区开展农村宅基地线上线下审批试点，基本实现对宅基地申请、审查、审核、审批、监管、验收和归档等各环节的流程管理，组织全省农村宅基地线上审批业务培训，推动线上审批。

（六）农业农村信息服务情况

1）加快汇聚服务资源。坚持"政府＋运营商＋服务商"三位一体发展模式，主动与科研院所、苏农农化、电信、银行、有线、邮政等单位建立合作关系，引进和开发符合农村实情、满足农民需求的服务项目。2023 年，指导苏农农化组织开展"冬季设施栽培作物服务专项行动""粮食及经济作物优质高产肥料运筹服务专项行动"等活动共计 71 场，服务新型农业经营主体及农户超 5000 户。各地根据当地实情积极引入服务资源，促进惠农补贴查询、新农保和水电气、代购代收、"农民课堂"远程教育等一批服务在基层集聚。

2）探索推动"一站多用"。引导各地探索推动益农信息社与快递、电信、供销、电商、邮政、金融等商业网点、服务站点叠加服务功能，促进一站多用。兴化市竹泓镇竹二村将益农信息社与电商服务中心、快递站点共建共用，每季度为村民提供线上创业服务培训，帮助村民在电商平台上销售当地农产品及特色产品木船，站点每年还代收代发各类物流包裹超 1 万件。

3）加强培育数字素养。指导各地将农民手机应用技能培训与农产品电商"万人培训""e 起致富"苏货直播新农人培育行动等培训工作相结合，统筹规划、一体推进，建立常态化的培训机制。

三、当前工作中存在的问题与困难

虽然省农业农村信息化建设取得了较好成效，但也存在一些困难问题。例如，农村数据资源共建共享的协调机制尚未有效建立，一些公共服务资源虽然延伸至农村，但服务广度、深度和质量与智慧城市相比还存在一定差距；不少地方对推进农业数字化的重要性认识不足，区域间发展不平衡；智慧农业建设一次性投入较大、后续维护成本较高，农业经营主体不敢尝试；农业生产领域缺乏面向全链条的数字化服务解决方案，专业化服务平台和服务团队匮乏；部分地区对电商人才返乡创业的政策支持力度不够，农村招不到、留不住人才的现象依然存在；大型电商平台入驻成本高，农民利润空间不足；农村基层工作人员信息化专业人才较缺乏等。

四、下一步工作计划

1）持续推进农业农村信息基础设施建设。加快农村地区 5G 网络规模部署，提升农村地区宽带速率。继续全力推进智慧广电乡村工程建设实施，做好智慧广电乡村工程全国试点，打造智慧广电乡村工程的江苏样板。加快建设农产品产地冷藏保鲜设施。

2）不断提升大数据建设应用水平。强化“苏农云”平台数据分析，持续推动数字服务平台共建共用，进一步开展宣传推广和培训指导，积极引导各类主体上平台、用平台。

3）持续深化农业产业“智改数转”。围绕重点产业、主导产业、特色产业等方面，推动农业“智改数转”取得新突破。加快农业数字化整市推进试点，重点围绕推动农业产业数字化、农业社会化服务数字化、农业公共服务数字化，督促地方加快试点工作步伐，初步形成一批试点成果。

4）持续开展农产品电商升级赋能行动。以特色产业链数字化建设为契机，指导各地深化“互联网 +”农产品出村进城，强化数据要素赋能，打造集产供销管为一体的优质农产品数字化产业链，推动形成一批跨县成链的产业集群。

5）加快推进数字化赋能乡村治理。不断深化“智慧民政”一体化信息平台建设，加强部门间数据共享交换，指导各地积极开展智慧社区建设试点工作。

第二节 农业农村电子商务发展现状

一、2023 年农业电商发展情况

2023 年，江苏省加大农产品出村进城推动力度，全省农产品网络销售额达 1359 亿元，同比增长 10.8%，实现稳中有进的发展态势，工作成效和亮点如下：

1）进一步谋划工作推进举措。将农业电商作为培育农业数字经济新动能、高水平建设农业强省的重要内容予以扎实推进。加强系统谋划，省农业农村厅联合省商务厅和省邮政管理局，牵头制定《加快推进农产品电子商务高质量发展的实施意见》，围绕产业链打造、基础设施建设、电商营销和主体培育等重点环节，创新谋划工作思路，明确下一步工作举措，以电商新业态赋能乡村产业高质量发展。加强资金扶持，不少地方针对自建平台和农业经营主体，专门设立农产品电商奖补资金，激发当地经营主体电商创业积极性。

2）积极推进线上营销促销。指导各地以“互联网 +”农产品出村进城为工作抓手，做优做强乡村“土特产”。发挥大型平台优势，与淘宝、京东、拼多多、抖音等平台持续合作，助力特色农产品走向全国市场。举办全省“互联网 +”农产品出村进城交流培训，邀请盒马鲜生、京东、省供销社农展中心、行业协会和科研院校等登台分享经验，推动优质资源对接。以“数字赋能‘土特产’”为主题，在全省开展县域“土特产”征集工作，有 7 个入选农业农村部推介名录，溱湖簖蟹、滨海白首乌已通过新华网等中央媒体开展专题宣传，进一步打响了知名度。发挥产业集聚效应，着力推进农产品电商特色产业集群建设，推动地方打造赣榆海鲜、高淳螃蟹等全国知名的电商产业集群，促进“产业 + 电商”融合发展。

3）持续提升新业态发展水平。加强直播电商、社交电商、社区团购、休闲农业等新业态培育。指导开展电商直播活动，各地结合重大节日和节庆，通过“政府搭台、企业唱戏”，融合“线上直播 + 线下展销”，举办各类丰富多彩的电商直播助农活动，加大对本地农产品的宣传推广，打出农产品消费帮促“组合拳”，全省由政府部门指导或举办的活动超过 150 场。

4）不断加强电商人才培训。围绕提升农民数字素养，持续加大农产品电商主体培育。面向广大农民，开展农民手机应用技能专题培训，将培训地点设置到村镇，手把手指导农民掌握手机“新农具”。会同省农培站以农业农村厅办公室名义下发通知，持续开展全省农产品电子商务“万人培训”，分解落实 1 万人培训指标，全面提升广大农民电商营销技能。

5）深入推动电商监测分析，优化监测指标。在 2023 年初发文部署开展农业电商监测工作，紧密结合近年来电商发展新形势，进一步优化监测指标，细化监测维度，并按季度对各地电商工作开展统计，全面掌握全省农业电商发展态势。开展重点监测，在全省 13 个设区市各选取 10 家具有代表性和一定规模的农业电商企业或自建平台作为监测点，定期调度农产品网络销售情况及变化趋势。根据监测数据表明，2023 年全省 84% 的主体销售额实现增长，有 6 家销售额实现翻倍，发展形势不断向好。

二、下一步工作计划

1）提升产业链数字化水平。以农业全产业链建设为契机，指导各地深化“互联网 +”农产品出村进城工程，加强数字技术在产前、产中、产后中的应用，提升生产加工、经营流通、质量监管等各环节的数字化水平，构建完善“1+1+*N*”的市场化运营机制，整合优化全产业链优质资源，打造集产供销管为一体的优质农产品数字化产业链，推动形成一批跨县成链的产业集群。

2）提升农产品电商发展水平。以“为农民办实事、为农民谋发展”为出发点和落脚点，多渠道发挥电商平台、快递企业和行业协会资源价值，鼓励各地举办线上农产品宣传推介、直播带货、自建平台助农营销等活动，拓展农产品线上销路。加大助农行动宣传推广和典型培育力度，不断打造打响“互联网 +”帮促助农公益品牌。

3）提升农民数字素养水平。持续开展全省农产品电子商务“万人培训”、农民手机应用技能培训、“苏货新农人”培育等活动，引导企业、协会、院校等广泛参与，鼓励地方创新开展实操观摩、“以赛代训”等多元化培训模式，强化“乡土主播”培育，提升新农民新主体电商创业创新技能。

第二十章 浙江 20

第一节 农业农村信息化发展现状

一、2023 年农业农村信息化基本情况

2023 年，浙江省深入贯彻党的二十大做出的关于加快建设农业强国、数字中国的战略部署，坚决落实省委三个“一号工程”决策部署，系统构建目标体系、工作体系、政策体系、评价体系四大体系，制定出台数字乡村引领区建设行动计划等系列文件，抓紧抓实数字乡村试点建设，创新谋划智慧农业“百千”工程等重大工程，着力提升农业农村数字化生产力，加快推动数字乡村高质量发展，赋能乡村全面振兴和农业农村现代化先行。

二、农业农村信息化重点领域进展及成效

农业农村信息化围绕“全国数字乡村引领区、乡村数字经济、农业农村数字化改革”三条主线：

1）创新打造全国数字乡村引领区。全域推进数字乡村建设，制定首个《数字乡村建设规范》地方标准，首创网信和农业农村部门双牵头的统筹协调机制。抓紧抓实数字乡村试点建设，在全国 117 个数字乡村试点终期评估中，德清、平湖、临安、慈溪分列第 1、5、10、11 名，呈现“一优多强”的良好发展态势。

2）融合推进乡村数字经济发展。大力实施智慧农业“百千”工程，制定发布未来农场、数字农业工厂建设指南，提炼编写《智慧农业十大模式及典型案例》，有效推广“农业产业大脑 + 未来农场”，建成数字农业工厂 417 家、未来农场 33 家。加速农村电商发展。深入实施“互联网”+ 农产品进村出城、“数商兴农”工程，坚持特色化差异化发展思路，培育网络零售额超千万的电子商务专业村 2643 个，2023 年 1—12 月，全省实现网络零售额达 30638.7 亿元，同比增长 13.3%。探索推进创意农业发展，着力培育体验农业、众筹农业、订单农业等乡村新业态，开展民宿餐饮、乡村旅游线路等线上宣传推介，促进乡村康养、农耕体验等多业态融合发展，休闲农业总产值达 456.17 亿元，同比增长 17.16%，休闲农业接待人次达 3.67 亿人，同比增长 13.86%。

3）深化农业农村数字化改革。升级打造“乡村大脑 + 浙农应用”综合场景，实现省市县三级全贯通。“浙江乡村大脑”累计归集“三农”数据超 27.4 亿条，建立图层 114 张，集成智能模块 17 个，“浙农码”赋码用码量超 4 亿次。迭代开发“浙农牧”“惠农直通车”等重大应用，加快功能服务与农业农村线下场景的衔接融入，日均访问量超 120 万次。

三、当前工作中存在的问题与困难

虽然浙江省数字“三农”工作取得了一些成绩，但是从建设数字经济强省和数字乡村引领区的要求来看，还存在以下突出问题和短板：

1）队伍体系还待健全。各地推进数字“三农”工作的协同机制还不完善、工作职责还不清晰、队伍体系还不健全，相关工作分散在不同的处（科）室，沟通衔接不够顺畅。

2）乡村数字经济的评价体系尚未建立。乡村数字经济涉及面广，尚无统一的指标体系、评价体系和统计标准。

3）政策支持有待加强。推进智慧农业发展的政策体系还不健全。

四、下一步工作计划

2024年，浙江省将紧扣上级决策部署，全域推进数字乡村引领区建设，数字乡村发展水平继续保持全国第一，加速推动智慧农业“百千”工程建设，奋力打造乡村数字经济高质量发展新高地。下一步具体工作将围绕“五个点”，落实落细“五项举措”。

（一）抓重点，加快推进智慧农业提能升级

1）建设一批数字农业工厂、未来农场。深入实施智慧农业“百千”工程，加快推广智慧农业十大模式，新创建数字农业工厂120家、未来农场12家。

2）召开一个智慧农业现场推进会。推进先进数字技术率先应用、智慧农业模式最先推广、乡村数字产业优先集聚、乡村数字经济首先做大。

3）形成一批智慧农业技术和理论成果。

（二）疏堵点，持续推进数字应用实战实效

1）实施一个强脑行动。加大数据治理、回流、共享力度，完成数据归集35亿条、共享10亿条；提升“三农”地图服务性能，开放100个以上图层；优化升级知识、规则、算法，加快智能模块、生长模型开发。

2）迭代一批应用。推进“惠农直通车”“浙农粮”“浙农经管”等迭代开发。

3）推广一批应用。加快“浙农田”“浙农优品”“浙农机”等推广工作，加强适农化、适老化改造；农民信箱新接入涉农服务组件15个，强化“每日一推”等功能，力争打造“三农”领域的“浙里办”。

4）探索一个评价机制。加强“浙农”应用的日常运行情况监测和评价闭环管理。

（三）创亮点，不断推进“浙农码”赋能提升

1）出台一个指导意见。印发《关于加快“浙农码”在农业农村领域推广应用的通知》，推进“浙农码”在“三农”领域的全方位应用，日均赋码用码量超50万次。

2）推广一码赋能模式。总结提炼“浙农码”赋能区域公用品牌行动经验做法，全面推进“浙农码”与农产品质量安全追溯系统融通，复制推广有效赋能路径。

3）探索村社领域应用。加大“浙农码”在村社领域一码覆盖，推进党务、村务、财务等公开事项码上关联，尽快实现“一村（社）一码”“一户一码”。

4）推进功能拓展。加强“浙农码”技术升级，在码上标识、码上溯源、码上预警基础上拓展服务功能。

5）全面对接“全农码”。加强与农业农村部大数据中心对接，争取在省内召开现场会

或者发布会。

（四）补弱点，稳步推进数智生活提质扩面

1）集成落地数智综合服务。有效破除城乡数字“鸿沟”，结合和美乡村创建，集成落地一批医疗、教育等数字服务场景，累计建设乡村数智生活馆 400 个以上。

2）整县制推进试点。选择 10 个县开展整县制建设试点，探索乡村数智生活普惠共享新路径。

3）总结提炼长效运营模式，包括“政企共建”“市场化运作”等模式，争取成为全国模式。

（五）强基点，加速推进数字乡村合力共建

围绕数字乡村引领区建设，争取更多的成果在互联网大会等重大活动中展示。

1）发挥部省共建机制作用。积极争取第二批国家数字乡村试点和国家智慧农业引领区创建。

2）强化省市县协同联动。用好省级统筹协调机制，发挥好 33 家省级单位作用，充分调动市县共建引领区积极性，促进“条抓块统”、步调一致。

3）实施联盟助力行动。充分发挥数字乡村联盟作用，重点从成立智囊团、实施“十亿助力”行动、开展“金翼奖”评选、开展数字乡村发展水平评价等方面入手，全面助力引领区建设。

第二节 农业农村电子商务发展现状

一、2023 年主要工作情况

据商务部门数据显示，2023 年浙江省实现网络零售逾 3 万亿元，同比增长 13%。其中，农村网络零售额超 1.2 万亿元，占全省网络零售额的 39%，同比增长 11%。

（一）持续注重农产品品质安全

1）大力推进标准化生产，实施“一县一品一策”行动，按照“一个农产品一套管控策略”原则，推动特色农产品的标准化生产，创建国家现代农业全产业链标准化示范基地 8 个，标准化生产基地 93 个，按照“可看、可学、可复制”的思路，通过关键技术熟化应用样板展示，以点带面整县制提升标准化生产能力和农产品质量安全水平。

2）创新“一标一品一产业”融合，以省级精品基地和国家地标保护工程为主平台，整建制推行“六个一”发展模式（即建设一片规模基地、制定一个操作规程、新增一批绿色食品、打响一个区域品牌、提升一个特色产业、带动一方农民致富），全省农产品地理标志和绿色食品实现跨越式发展。截至 2023 年底，已累计建设国家地标保护工程 42 个、省级精品基地 45 个，有效期内绿色食品主体 2273 家，产品达到 3031 个，三年实现总量翻一番，年均增速和总量规模均位列全国第一方阵，其中绿色食品主体数跃升为全国第三位。

3）强化农产品质量安全。科学制定农产品质量安全监测计划，以省级风险监测为主、市县监督抽查为主的监管模式，动态监测重点产业、重点产区、重点品种、重要时间节点和社会关注度高的农产品质量安全状况，提高监测靶向性，动态调整监测参数，优化监测的频次和数量。

（二）加快建设农产品产地冷链物流

强化规划引领，编制出台《浙江省农产品产地仓储保鲜冷链物流建设规划（2023—2027年）》，明确工程建设的总体思路、工作目标、重点任务、实施步骤和保障措施等；研究制定《浙江省农产品产地冷链物流“百千”工程实施方案》《农产品产地冷藏保鲜设施建设参考技术方案（2023年）》，推动分类分级建设，构建功能衔接、上下贯通、集约高效的产地冷链物流服务体系，补齐补强农产品产地冷链物流短板。2023年，新创建5个国家农产品产地冷藏保鲜设施建设试点县，建成产地冷藏保鲜设施266个，认定首批省级冷链集配中心27个，推动产地冷链物流网络不断完善。

（三）多方式推进农产品产销对接

1）强化政府引领示范推。深化电商进农村综合示范工作，协同商业部门组建专家咨询委员会，强化34个示范县监督指导，在江山、天台举办示范县现场培训会。制定示范县验收管理办法和验收指标体系，确保示范项目建设高效规范、成效显著。

2）联合平台经济重力推，依托盒马“产—供—销”平台，推进数字新零售产业基地建设，浙江省已建成38个盒马村，盒马门店中浙江农副产品达500余种，其中有100多种商品向全国供应；联合淘天集团推出“品牌繁荣计划”，扶持农村电商产品入驻天猫平台；推动阿里巴巴“数字乡村”和“产业带直播计划”，举办“共享浙里货 共富山区路”全省直播电商大赛，助力薄弱地区电商发展；指导交个朋友、遥望科技等国内头部MCN机构举办“浙江好物专场”及“活力浙江 共享亚运”专场融媒直播等活动，为振兴浙江本土品牌产业再添新动力。

3）举办各类活动大力推。举办第七届中国农村电子商务大会，深入探讨中国农村电商发展现状与趋势动态，研究交流农村电商在助力乡村振兴过程中的模式与经验。组织开展“2023浙江网上”、第五届“双品网购节”、“618”年中大促等活动，带动线上消费超6300亿元，年货节销售额同比增长11.3%，“618”年中大促销售额同比增长15.2%。

4）联合多方力量齐力推。成立浙江省“公益直播联盟”和浙江省直播电商共富荟等平台载体，组织电商平台、主播及媒体资源走进乡村，开展景宁畲乡“三月三”直播、“仙居杨梅节”直播等助农公益活动，以直播助力推介地方好物、电商赋能特色产业发展，在拉动山区经济、促进农村电商发展、营造电商干事创业、推动共同富裕等方面发挥更大作用。

5）创新业态探索推。推动互联网与特色农业深度融合，培育推广体验农业、众筹农业、订单农业等乡村新产业新业态，组织品牌推荐和线上线下结合的农事节庆活动。

（四）强化农业品牌赋能价值

1）完善政策制度，出台《浙江省农业品牌目录制度（试行）》，建立农业品牌培育保护机制，发布198个省级农业品牌目录名单，化示范引领作用。制定《浙江省特色农产品优势区认定管理办法》《浙江省精品绿色农产品基地创建办法》，培育具有开发潜力、市场前景好、管理规范的特色企业和特色产品，形成“一市一品”“一县一品”品牌格局。截至2023年底，全省已创建农产品区域公用品牌245个、农业企业品牌9412个、农产品品牌1.14万个，培育丽水山耕、西湖龙井、安吉白茶、三门青蟹、湖州湖羊、仙居杨梅等一批高附加值、高知名度的农业品牌。

2）强化商标认证，制定出台《浙江省地理标志农产品保护工程创建办法》，加强农户和农产品生产企业“三品一标”认识，增强主体品牌意识，加快“三品一标”申报认证步伐，加强绿色、有机和地理标志认证与管理，推进企业建章建制，加强包装标识管理和规范使用。全省累计认证“三品一标”农产品8848件、地理标志产品165件，品牌呈现出全方位、宽领域、多层次发展趋势。

3）完善营销体系建设，构建集品牌背书、文化赋能、品质塑造、体验营销于一体的多元化营销体系，依托展会向省内外消费者宣传推介名优农产品。

（五）加快建设电商直播式“共富工坊”

以党建为引领，以产业升级为导向，以电商直播式“共富工坊”建设为抓手，让手机变农具、直播成农活、农民当主播，建成电商直播式“共富工坊”1544个，打造直播间9797个，培育主播超1.7万余名，直接或间接吸纳就业超12万人，有效实现了农民增收、企业增效、集体增富、百姓增信，不断擦亮浙江电商“金名片”。组织第二期典型案例、第二届优秀短视频和“最美坊主”评选活动，19个电商直播式“共富工坊”入选省委组织部、省委“两新”工委认定的首批省级示范“共富工坊”。举办电商直播式“共富工坊”建设现场交流会，发布《第二批百家电商直播式“共富工坊”典型案例》109篇，评选最美坊主60人，举办短视频大赛，获奖优秀作品65个，电商直播式“共富工坊”案例获评浙江省直机关双建争先品牌建设十佳案例。组织首届全省直播电商大赛，共50支队伍的150多位参赛选手参加培训，21支队伍跻身总决赛，以此为契机，持续发现、挖掘、汇聚全省优秀的直播电商人才资源，进一步焕发电商发展的勃勃生机和旺盛活力。联动平台，推动数字人在农村电商中的应用。召开山区海岛县座谈交流会，共商农村电商发展新举措。举办“共享浙里货 共富山区路”2023年浙江省直播电商大赛公益活动，通过“课程培训＋赛事PK”的模式，培养一批直播电商专业人才队伍。重点落地10个县域和挖掘县域各地新消费品品牌60余个，为全省培养数字化电商人才、直播电商人才600余人。

（六）利用数字科技赋能电商换市

1）不断做优“浙农码”，发挥码上标识、码上溯源、码上预警等功能，累计赋码用码量超4亿次，日均用码量超50万次；创新开展“一码赋能，十县联动”浙农码赋能公用品牌行动，为农产品打上“数字身份证”；农业农村部大数据中心将在“浙农码”基础上打造“全农码”，并全国推广应用。

2）开发“浙里田园”数字应用，创新采取“政府平台＋市场化应用”模式，围绕“3+1+N”核心构架，打造休闲农业政府管理、主体经营、游客体验三大核心业务场景，已入驻主体8000多家，上架商品近2万款，打造77条县域休闲农业产业链。

3）升级做强农民信箱，构建“1+6+1”总体框架，汇聚乡村“吃、住、游、乐、购”信息资源，丰富“六大服务”内容，新增优化30个功能模块，强化组件接入，开发核心数据看板等功能，打造“每日一推”，精选推荐优质产品、农业品牌、特色活动等100多条信息；全年发布产销对接等栏目信息2600条，发送防灾减灾等短信5亿条次。升级迭代“网上农博”公益平台，优化“政府管理＋企业运营＋主体参与＋市场运作”模式，促进农产品上行。

（七）加大提升新农人电商素养与技能

深化千万农民素质提升工程，打造一批数字素养与技能培训基地，汇集整合新技术推广、电商销售、新媒体应用、手机应用技能培训等优质培训资源，共组织600余场农民数字技能培训，3.3万人次接收培训，提升了农民群众对“新农具”的使用能力。结合十万农创客培育工程等，积极引进数字应用开发、智能农机应用、电子商务运营等紧缺人才，组织开展“十大数字乡村先锋人物”“百名数字新农人”寻找活动，挖掘发现一批先进典型。

二、下一步工作思路

紧紧围绕“优质农产品优价”主线，聚焦提升新农人电商素质能力，强化数字科技力量赋能，加快提升电商换市能力，联合各方力量，协同推进全省农村电子商务高质量发展，促进农民增收。重点抓好以下几项工作：

（一）强化政府引导农村电商提质增效

1）持续深化电商进农村综合示范工作，进一步完善农村电商公共服务体系、县乡村三级物流体系，总结推广示范县典型经验做法。

2）联合相关部门深入实施“电商兴农”和“互联网+”农产品出村进城工程，做好山区26个县和6个海岛县的电商资源对接服务。

3）进一步巩固电商直播式“共富工坊”建设成效，助力乡村振兴和共同富裕。

4）全面落实《浙江省关于加快推进电子商务高质量发展的若干意见》，通过举办电子商务领域的产业对接、展览展销、峰会论坛等一系列活动，浓厚电商发展氛围，提升全省电商国际影响力。

（二）加快新方式推动农产品电商发展

1）促进直播电商创新发展。实施“主播提级、选品提质、平台提效”等系列行动。丰富直播电商场景，支持开展品牌自播、村播、厂播、店播等特色直播。加快运用元宇宙等数字技术，不断创新电商业态，推动产业向智能化、数字化、网络化、服务化方向发展。

2）谋划系列电商促消费活动。根据商务部统一部署，继续办好“网上年货节”“双品网购节”等活动；在“618”“双十一”“双十二”等重要节点，联合头部电商平台、MCN机构，联动省市县相关单位，线上线下结合，谋划系列促消费活动，推动乡村品牌振兴。

3）举办第二届浙江省直播电商大赛，通过“课程培训+赛事PK”模式，培养一批熟悉直播电商知识体系和运用技能的基层专业人才队伍。强化推进农产品电商发展，全面摸底调查农产品电商发展情况。

（三）强化数字科技融合赋能

1）“浙农码”赋能提升行动。出台指导意见，推进“浙农码”在农业生产、乡村治理、农产品营销等各方面应用。总结提炼“一码赋能、十县联动——浙农码赋能区域公用品牌行动”经验做法，探索村社领域应用。全面对接“全农码”，复制推广“浙农码”成功经验。

2）强化农民信箱服务能力，推进涉农服务组件接入，强化“每日一助”“每日一推”功能，加大“土特产”推介，打造“三农”领域的“浙里办”。加大新版农民信箱的推广应用，紧扣乡村信息服务需求，扩大用户群体。持续优化信箱功能，提升用户体验感和内容丰富度。推动涉农服务应用接入，结合农事服务中心，探索社会化管理服务路径。

3）推进数字赋能休闲农业，迭代升级“浙里田园”休闲农业数字化应用场景，推进休闲农业提质增效。

（四）持续优化人才队伍建设

发挥科研院所、高校、企业等各方优势，构建多层次、多类型、多样化人才培养体系，积极引进数字应用开发、智能农机应用、电子商务运营等紧缺人才。完善农村数字化培训和实践体系，汇集整合新技术推广、电商销售、新媒体应用、农民手机应用技能培训等优质资源，为农民提供多样化、高质量数字素养和技能应用培训服务，持续深化十万农创客培育工程，打造数字乡村建设生力军。

第二十一章 安徽

21

第一节 农业农村信息化发展现状

一、2023年农业农村信息化基本情况

2023年，安徽省以数字乡村、智慧农业暨农业产业互联网“5+8”试点为抓手，推进大数据、云计算、物联网、区块链、人工智能等新一代数字技术在农业农村生产经营、管理服务领域应用，农业农村信息化取得积极进展。据2023年发布的《中国数字乡村发展报告（2022年）》显示，安徽省数字乡村发展水平达55%、居全国第4位，农业生产信息化率达52%、居全国第1位。有机良庄、安欣（涡阳）牧业、砀山县园艺场、牧翔禽业、芜湖东源共5家单位入选2023年全国农业农村信息化示范基地，明光市、芜湖市弋江区2个全国数字农业创新应用基地项目扎实推进。

二、农业农村信息化重点领域进展及成效

（一）农业农村信息化基础设施建设情况

加快推进乡村地区通信网络和光纤网络建设，行政村已实现4G网络100%覆盖和光纤宽带网络通达，乡镇以上实现5G网络覆盖，行政村驻地已有93.3%实现5G网络覆盖。农村地区水利、公路、电力、冷链物流等基础设施逐步开展数字化、网络化、智能化改造。

（二）农业农村大数据发展情况

率先在全国建成省级农业农村大数据综合信息服务平台，已对接整合14个重点业务信息系统和六大行业基础信息数据达1亿多条，实现对农业农村重点工作任务精准管理和指挥调度。安徽省农业农村大数据综合信息平台上线运行得到了农业农村部信息中心、周边省份农业农村部门、安徽省数据资源管理局的高度肯定，初步实现了用数据说话、用数据管理、用数据决策、用数据服务的设计目标。

1）实现了多系统数据集成共享。完成优质小麦主产区等36项农业农村基础地理信息上图入库，建成电子文档和地方标准共享能力平台，汇集全省涉农公文5.4万余篇、地方标准3298篇，与省内“5+8”试点和智慧农业农村应用等14个信息系统实现了平台链接，为数据管理和决策提供了高效技术支撑。

2）实现了“三农”决策管理精准化。通过农业信息综合服务平台，可以在线实时了解掌握“三农”重点工作的目标任务数据、过程监测数据和结果数据，变结果控制为过程控制，实现决策管理精准化；可以在线实时监控农业物联网、数字茶园、农产品批发市场的终端数据，实现产销管理的精准化；可以在线实时查看“一网通办”办理情况，在线动态

监控行政审批、公共服务办理情况，实现“一网通办”有效监督。

（三）农业生产信息化情况

推动数字技术在种植业、畜牧业、渔业等生产领域广泛应用，实现人力节省、投入减少、品质提升，综合节本增效 10% ~ 20%。全省建设数字农业工厂 105 家、数字农业农村应用场景 155 个。安徽现代雾耕农业科技示范园等 6 个案例先后被农业农村部信息中心评为全国 2023 年智慧农业建设优秀案例。南陵县立体循环智能育秧育苗模式等 9 个案例被农业农村部信息中心评为 2023 年数字农业农村新技术新产品新模式优秀项目。建成全省渔政指挥调度、省农产品质量安全追溯信息管理、省农机信息化管理服务、省植保无人机管理平台等重点业务信息系统，实现长江 400 公里江面禁捕全天实时监控，3 万家涉农企业质量安全线上追溯管理，3 万台农机、2 万架无人机精准化作业在线管理。在 2023 年小麦赤霉病统防统治中，调度指挥植保无人机作业面积超 4300 万亩次，覆盖率达到 47%。推进农田数字化建设，目前高标准农田智能灌溉面积达 24.3 万亩，智能农机应用面积达 596.8 万亩，四情监测和可视化监控面积达 623.7 万亩。芜湖市繁昌区与中国科学院计算技术研究所合作，运用农业大数据分析技术、人工智能大模型、第三代智能农机装备，探索水稻数字化种植“两精、三变、三减、一用”新模式。长丰县建设“数字草莓”大数据中心，实现生产全程可视化和联动控制，“长丰草莓”品牌价值、产值达“双百亿”。现代牧业、安欣牧业等牛羊养殖企业自主开发“一牧云”“云牧羊”等管理系统，实现全自动喂养、全自动清粪、全自动挤奶，降低了牛羊病死率，提升了乳制品、肉制品质量安全水平。全椒县建设稻虾共作智慧云平台，全县稻虾养殖信息化率达 46%，智能养殖小龙虾亩产增加 10%，成本降低 200 多元 / 亩。

（四）农业经营信息化情况

实施“互联网 +”农产品出村进城工程。2023 年，全省农村产品网络销售额达到 1229 亿元，比上年增长 20.4%。推进砀山、金寨、颍上 3 个国家级和 18 个省级试点县建设，推动新型农业经营主体与阿里巴巴、京东、拼多多等主流电商平台对接，全省各地累计开展产销对接会、直播促销等活动 670 余场。发展直播电商、垂直电商、休闲电商等新业态新模式，拓宽农产品上行渠道。2023 年 9 月，组织开展中国农民丰收节“金秋消费季”活动，累计带动线上线下农产品销售额达到 7.36 亿元。

（五）乡村治理信息化情况

省农业农村厅与阿里钉钉签署《推动乡村治理数字化助力乡村振兴合作框架协议》，共同打造数字乡村治理样板。与腾讯公司合作，通过微信小程序“村级事务管理平台”将“积分制”“清单制”“村民说事”等行之有效的基层治理模式推广到村庄。截至 2023 年底，全省有 259 个乡镇、1401 个村开展乡村治理数字化建设。凤阳县小岗村推深做实“党建 + 网格化 + 数字化”的乡村治理模式，全面助推乡村治理体系和治理能力现代化。绩溪县板桥头乡以信息化赋能现代化乡村治理内生动力，不断调动群众参与乡村治理积极性和主动性。5 个数字乡村试点县将乡村治理数字化作为试点工作重点内容，长丰县创新“平台 + 网格 + 机制”，搭建城乡一体化社会治理智能平台，完善“党建引领、多元共治”的基层治理架构。歙县基于 GPS 地图汇聚乡村基础信息、农户基本信息、村务基础信息等，建设包含乡村党建、乡村治理、绿色生活和信息服务 4 张子网的数字治理平台。金寨县统筹数字乡村与智慧城市建设，建成数字中台、*N* 个领域场景应用及配套保障体系，构建县、乡、村三级管理数字化应用。桐城市构建以数字化为基础、以网格化管理为核心、以联勤联动为机制的数字乡村治理服务新格局。

（六）农业农村服务信息化情况

2023 年 9 月，在全国率先推出农业认知大模型——安徽耕耘农业认知大模型，构建农业生产、政策咨询、政务服务、市场分析“四位一体”的智慧化服务，实现高融合、高智能、高效率的“服务不停歇，全年不打烊”。搭建省农村金融综合服务平台，并根据部省统一部署要求，组织对接融入省金融综合服务平台、农业农村部信贷直通车，完成了“三位一体”的系统架构建设。会同省征信、磐荣公司（农业农村部系统开发公司）、省建行三方合力推进“信贷直通车（安徽版）”（即省金融综合服务平台农业专区）建设，实现系统功能融合统一和底层数据互联互通。中化集团采取 MAP 农场模式，在庐江、阜南等 23 个县建立全程农事服务中心和农事综合信息服务平台，数字化服务面积突破 200 万亩。淮南市建成大托管农业产业服务一体化平台——农管家，实现线上农资集采购买、农技专家在线咨询、供需信息发布及银行保险等多项服务功能，有力支撑 300 万亩农业大托管业务开展。省农业农村厅印发《关于做好 2023 年农民手机应用技能培训有关工作的通知》，于 2023 年 7 月 24 日起同步开展农民手机应用技能培训周活动，组织农业农村部门相关人员、益农信息社信息员等收看全国农民手机培训周启动仪式网络直播。通过手机应用技能培训活动，相当一部分农民群众学会了在微信朋友圈发布农产品销售信息、快手直播农产品，通过网上直播销售。全年通过各种渠道开展农民手机应用技术培训的参训人数达 10 万余人次。

（七）农业产业互联网建设情况

选择省内具有竞争优势的种业、生猪、稻米、水产、茶叶、蔬菜、水果、中药材 8 个产业，由 8 个头部企业牵头，推进农业产业互联网建设，用数字技术整合人、技术、平台、资源、渠道等，实现全要素集聚，打通农业产业链。

1）种业互联网：荃银高科“种粮一体化”产业互联网平台，汇集农资、农技、营销、金融、保险等各类要素，目前已覆盖安徽省、山东省 23 个县，服务涉农主体 4000 多个，累计线上交易流水超 30 亿元。

2）生猪互联网：天邦股份应用圈舍环境监测、自动化饲喂、疫病监测预警、二维码电子耳标等技术，建设数字生猪养殖场，每头生猪生长周期平均降低成本 150 元，劳动生产率提高 35%。

3）稻米互联网：芜湖中联“五网合一”打造数字芜湖大米，建立水稻标准化数字化种植模型，农药、化肥节约成本 101 元 / 亩，产量提升 14.3%，每亩增收 500 元左右。

4）水产互联网：合肥渔业协会推进“合肥虾通”产业互联网平台建设，为养殖户、服务商、初加工企业等终端产品用户提供便捷服务。

5）茶叶互联网：省茶叶集团打造茶产业互联网，联通茶叶科研、生产、流通、消费各环节，关联监测、农事、物流、社会化服务、电商等多个服务系统。

6）蔬菜互联网：安徽新源打造蔬菜产业互联网，配套专门的蔬菜移栽机及高密度育苗技术，种苗成活率达 95% 以上，成本节约 50% 以上。

7）水果互联网：砀山县打造梨产业互联网平台，服务近 5000 家生产经营主体，砀山酥梨平均每公斤价格提高 0.8 元，亩均增收 2000 元以上，全县梨农增收 2.5 亿元以上。

8）中药材互联网：亳州兴禾打造中药材质量安全追溯系统，形成完整的追溯数据链，为合作社、新型农业、种植企业、加工制造企业服务。

三、存在的问题

1）农业数字化转型投入大。农业数字化建设需要高投入，后期运维成本高，投入回报周期长，目前主要依靠政府投资引导和推动。

2）网络基础设施薄弱。农业生产基地4G信号盲点仍然较多、通信信号弱，农村5G基站、光纤宽带、物联网设施等新基建数量和布局不能满足农业农村数字化转型发展的需要。

3）关键核心技术存在短板。关键核心技术创新不足，农业专用传感器、农业机器人、智能农机装备缺乏，动植物生产模型与农业产业互联网通用型平台等缺乏核心算法。

4）农产品电商成本高。直播电商是当前农产品电商的重要方式，通过网红、广告的手段获取流量和用户，需要支付较高的宣传推广费用，增加了农产品电商成本。

四、下一步工作计划

省农业农村厅将加快智慧农业、数字乡村建设，深入推进“5+8”试点，开展数字赋能行动，为全面推进乡村振兴、加快建设农业强省提供有力支撑。

1）深化生产数字化赋能。争创国家级智慧农业引领区，持续推进种植、养殖生产数字化转型，积极引导各地推广农机辅助驾驶（系统）等技术设备，开展四情监测、植保无人机飞防、智能灌溉、水肥一体化等数字农田建设，推广精准环境控制、精准饲喂管理、疫病智能诊断等数字化养殖技术，到2025年全省建成数字农业工厂400个以上。

2）深化经营数字化增效。深入实施“互联网+”农产品出村进城工程，建立完善适应农产品网络销售的供应链体系、运营服务体系和支撑保障体系，加强与阿里巴巴、京东、拼多多、抖音、三只羊等电商平台合作，开展“丰收消费季”等电商营销促销活动，大力拓宽农产品销售线上渠道。力争2025年全省农村产品网络销售额达1500亿元以上。

3）深化管理数字化提升。推进粮食生产安全监测监管等应用场景建设，依托省一体化平台，开展粮食生产、畜牧业、农产品质量安全、高标准农田项目、农药监督管理等内容建设，构建全省粮食安全“一张图”。实施涉农数据治理工程，逐步推进行业信息系统、数据资源整合共享。

4）深化服务数字化延伸。结合讯飞星火多模态大模型发展前沿技术，加强在智慧农事管理、农作物病虫害识别、农业灾害预警、农作物长势预测等场景的研究，推进通用人工智能在农业农村领域应用。推广乡村振兴综合金融服务平台，畅通涉农主体线上线下融资服务渠道。

5）深化乡村治理数字化升级。积极推广“积分制”“随手拍”等治理手段，加强生产管理、人居环境等领域的数字化管理应用，以智治为支撑，让乡村自治更高效、乡村法治更温暖、乡村德治更入心。

6）深化农业产业互联网提质。推动8个产业互联网头部企业建好产业互联网平台，梳理产业链要素，迭代服务能力，吸引更多新型农业经营主体和中小型企业等入网用网，为绿色食品产业集群发展提供支撑。

第二节　农业农村电子商务发展现状

一、农产品电子商务发展情况

坚持把发展电子商务作为促进产业发展、增加农民收入、助力乡村振兴的战略举措，实施农村电商高质量发展三年行动，加强农产品电商主体培育、人才培养、拓宽渠道。2023 年，全省农村产品网络销售额达 1229 亿元，同比增长 20.4%。全省认定省级农村电商示范县 20 个、农村产品网销额超亿元的电商强镇 11 个、县域电商特色产业园（街）区 5 个。

二、“互联网 +”农产品出村进城工程建设情况

近年来，全省各级农业农村部门认真贯彻落实党中央、国务院和省委、省政府决策部署，大力实施“互联网 +”农产品出村进城工程，积极建立完善适应农产品网络销售的供应链、运营服务和支撑保障体系。

（一）建设基本情况

1）积极推进试点建设。砀山、金寨、颍上 3 县入选全国“互联网 +”农产品出村进城工程试点县，并选择 18 个县开展省级试点。各试点县加强工作统筹和政策支持力度，结合本地特色产业，围绕打造优质特色农产品供应链、建立适应农产品网络销售的运营服务体系、建立有效的支撑保障体系等重点任务，推动农产品产得优、卖得出、卖得好。砀山县紧紧抓住互联网发展机遇，加快推进信息技术在农业生产经营中的广泛应用，全县拥有农产品电商品牌 2300 多个、电商企业近 2200 家，网店和微商近 6 万家，带动 15 万余人从事电商物流等相关产业，2023 年全县电商交易额达 70.93 亿元，其中上行农产品交易额达 60.59 亿元。金寨县发挥“互联网 +”在推进农产品生产、加工、储运、销售各环节高效协同和产业化运营中的作用，农产品网络销售额（零售额）达 7.94 亿元，同比增长 16.94%。颍上县建成电子商务产业园，孵化“阿凡提”“聚爱优选”“颍上神农”等涉农电商企业 98 家，农产品网络销售额从 2021 年的 23.42 亿元提高到 2023 年的 31.32 亿元，年均增长 15.65%。

2）强化供应链体系建设，提升绿色农产品供给能力。着力打造稻米、小麦、玉米、生猪、家禽、水产、中药材、蔬菜、林特、茶叶 10 个千亿级绿色食品产业，推进“秸秆变肉”暨肉牛产业振兴计划、绿色高端绿色食品产业集群建设，加快长三角绿色农产品生产加工供应基地建设。深入推进农产品品牌建设行动，协调推动农产品区域公用品牌、企业品牌、产品品牌建设。长丰草莓、黄山毛峰、砀山酥梨入选中国农业品牌精品培育计划，“谢裕大”黄山毛峰等 11 个品牌入选中国农业品牌目录农产品品牌。全省共遴选“皖美农品”区域公用品牌 43 个、企业品牌 55 个、产品品牌 309 个。完善运营企业、合作社、农户之间利益联结机制，发挥龙头企业、头部企业、链主企业等带动作用，引导其牵头联合全产业链各环节市场主体、带动小农户，统筹开展生产、加工、仓储、品牌、认证等服务，加强供应链管理和品质把控，提高绿色优质农产品市场竞争力。

3）加强运营服务和支持保障体系建设。推进种业、生猪、稻米、水产、茶叶、蔬菜、水果、中药材 8 个产业的产业互联网建设，用数字技术整合人、技术、平台、资源、渠道等，实现全要素集聚，打通农业产业链，为农产品出村进城提供运营支持服务。推进农产

品产地冷链建设，聚焦鲜活农产品主产区、特色农产品优势区，重点围绕蔬菜、水果等鲜活农产品，兼顾地方优势特色品种，支持县级以上示范家庭农场农民专业合作社示范社和已登记的农村集体经济组织建设农产品产地冷藏保鲜设施，有效解决农产品出村进城冷链“最先一公里”冷链物流短板问题。全省累计建设农产品产地冷藏保鲜设施3840个、库容180万米^3。加强农产品电商人才培育。依托高素质农民、农民手机应用技能培训等现有培训资源，开展农产品电商、线上线下融合销售、品牌建设与营销等培训，提高农民获取信息、管理生产和网络销售能力。持续对新型农业经营主体带头人、返乡农民工、高校毕业生、退役军人等开展电商技能培训，2023年累计培训6万人次。

（二）存在的问题

1）缺乏带动力强的龙头企业。县域范围内规模大、实力强、带动作用好的龙头企业缺乏，难以整合县内农产品资源，形成稳定强大的供应链。

2）缺乏具有号召力、广泛影响力的品牌。农产品大品牌少、精品品牌少，市场知名度较低，农业生产经营者缺乏品牌创建的理念，更缺乏对品牌声誉的维护力度和能力。

3）农产品冷链物流成本高。生鲜农产品对冷链物流需求较大，当前农村冷链物流成本较高、寄递站点少，农产品上行需要多次中转，无形中拉高了农产品销售成本。

（三）政策建议

1）加强龙头企业培育。大力发展绿色食品产业、特色农产品产业，培育带动力强、发展潜力大的农业企业，建强利益联结机制，带动小农户产品对接大市场，推动农产品出村进城。

2）加强品牌建设。进一步强化品牌建设，大力实施农业精品品牌培育计划，让更多的农产品品牌脱颖而出，实现更大的溢价。

3）加强农村冷链物流基础设施建设。推进县乡村三级物流加快融合，加快县级物流配送中心共同配送数字化、自动化、标准化建设，做细农村物流末端网络，为农产品出村进城提供支撑。

第二十二章 山东

22

第一节 2023年农业农村信息化基本情况

习近平总书记指出，“发展数字经济是把握新一轮科技革命和产业变革新机遇的战略选择”“没有信息化就没有现代化”，强调“要用物联网、大数据等现代信息技术发展智慧农业”“让人民群众在信息化发展中有更多获得感、幸福感、安全感”。总书记的一系列重要论述，为山东省用数字化赋能乡村振兴、推进农业农村现代化提供了根本遵循。2023年，山东省委、省政府对智慧农业、数字乡村发展高度重视，为加快数字农业发展，尽快取得突破，省农业农村厅与省委网信办联合印发《山东省数字农业突破行动实施方案（2023—2025）》。获批山东省济南市长清区国家数字种植业创新应用基地建设项目和山东省聊城市东阿县国家数字畜牧业创新应用基地项目。青岛市莱西市凯盛浩丰智慧农业产业园等6个项目案例入选农业农村部农业农村信息化示范基地。济南市仁风富硒蔬菜数字产业园、青岛市“后土云”、淄博市“数字朱台”等10个项目分别入选2023年全国数字农业农村“三新”优秀名单。青岛市智慧农业现场会成果和《淄博市六链协同建设数字农业硅谷》获农业农村部领导的肯定批示。经过全省上下共同努力，全省农业农村信息化发展取得明显成效。

第二节 农业农村信息化重点领域进展及成效

一、农业农村信息化基础设施建设情况

山东省是农业大省，农村常住人口超过3000万人，产业覆盖面广、体量大，要实现农业生产和乡村治理的数字化转型，必须要有坚实的数字基础设施提供支撑保障。2023年，全省加快乡村信息基础设施建设，全省行政村实现4G网络、百兆光纤宽带全覆盖，5G网络覆盖率接近90%，80%的乡镇具备千兆光纤网络接入能力。

二、农业农村大数据发展情况

建成省级农业农村遥感大数据中心、山东省农业云平台、智慧畜牧、渔船智能监管等一批数字政务服务平台，积极推动涉农政务数字化。截至2023年底，全省已建成农业农村各类主题库16个，汇聚数据3.3亿条，初步实现涉农数据资源跨部门、跨层级、跨地区共享交换。成功争取“省级数字农业农村综合管理服务平台（数字乡村大脑）”项目立项支持，为全省各级数字农业农村提供统一技术支撑平台，为全省涉农主体和对象提供统一数

字身份认证，并逐步构建统一的技术标准体系。各地也都积极探索推进数字化基础设施建设，青岛市建设了“青农云脑”大数据平台，淄博市建设了数字乡村大脑平台等，都对推进智慧农业发展发挥了重要作用。

三、农业生产信息化情况

积极运用物联网、云计算、卫星遥感监测、智能环境控制等数字技术，提升农业生产智能化水平。截至2023年底，全省共创建智慧农业应用基地760多家，覆盖大田种植、设施栽培、畜牧水产养殖等各方面，发挥了良好的示范带动作用。在种植业方面，深入应用遥感技术对全省主要粮油作物开展作物长势、气象灾情、病虫害遥感监测，对全省6044万亩高标准农田上图入库，在高标准农田“非粮化”监测、高标准农田建设成效评估等方面，发挥了重要的基础数据支撑作用。在设施农业上，发展高标准连栋智能温室达到5.64万公顷，建设了一批智能连栋温室、工厂化育苗、植物工厂等全产业链数字化栽培设施，设施环境监测与控制、水肥一体化智能灌溉等新一代信息技术成果大面积推广使用。在畜牧养殖上，建成省级智慧畜牧大数据平台，全省40%畜牧养殖主体已纳入平台管理，初步构建了产业发展、疫病防控、质量安全等全场景信息化管理模式。截至2023年底，共创建智慧畜牧业应用基地203个、智能牧场95个，普遍使用畜牧养殖物联网监控、养殖环境精准控制、全自动精准饲喂等系统。在水产养殖上，“国信1号”大型养殖工船、“深蓝1号”大型智能网箱等顺利投产，数字化技术应用均达到世界先进水平。

四、农业经营信息化情况

持续推广使用省级农产品质量安全监管系统，已基本实现国家、省、市、县平台互联互通，建设了农产品质量安全监管“一张网”。推进以食用农产品承认达标合格证制度为核心的追溯新模式，引导生产主体主动出具合格证并附证进入流通环节，截至2023年底，全省已在41万个主体上推行，开具合格证8257万余张。依托国家农机购置补贴政策，对植保无人机、智能拖拉机及联合收获机、北斗导航设备、辅助驾驶设备、农机作业监测仪等智能农机装备和终端设备予以重点补贴倾斜，引导支持农机装备智能化水平持续改善提升。截至2023年底，已补贴各类智慧农机设备及终端设备2.18万台（套），农机智能装备水平大幅改善提升，有力推动了智能农机技术推广应用和农机生产智能化转型。

五、乡村治理信息化情况

推动“互联网+政务服务”向乡村延伸覆盖，省级涉农“依申请”政务服务事项基本实现“一网通办、一次办好”，打造了智慧村务、“云公章”等一批贴近群众现实需要的数字化管理模式，给群众带来实实在在的便利。2023年底，淄博高青、烟台海阳、泰安肥城、滨州惠民4个国家级数字乡村试点成功通过中央网信办验收，获得中央网信办高度评价。同时，57个省级数字乡村试点建设扎实推进，并顺利通过终期评估，有效带动了全省数字乡村建设。

六、农业农村信息服务情况

积极争取高素质农民培训项目资金支持，在济南、潍坊、临沂三地分别举办了全省首批“农民数字素养与技能提升”专题培训班，累计培训农民合作社社长、家庭农场场长、种养大户等各类农业经营主体300人次，系统培训了农业生产数字化、农村电子商务、短视频直播带货、乡村运营数字化服务等课程，并赴河南数字农业硅谷现场实训教学，观摩了10个现场教学点、体验了12个智慧农业和数字乡村应用场景，教学活动深受学员好评和欢迎。

七、农产品电子商务发展情况

2023年，山东省积极引导发展电商平台、直播带货、短视频等新模式，农村电商从星星之火到燎原之势，已成为新农民的“新农活”。全省农村网络零售额达2051.8亿元，居全国第4位，同比增长33%，高于全国平均增幅15个百分点；农产品网络零售额达649.3亿元，居全国第3位，同比增长27.1%，增幅高于全国平均增幅11.8个百分点。农产品数字化百强县中，山东省占据了17席，居全国首位；淘宝村达到866个，占全国总数的11%。建成“齐鲁农超”山东农副产品展示交易平台，填补了省级品牌农产品电商综合服务平台的空白。鼓励支持国内数字经济头部企业参与智慧农业建设，阿里巴巴与淄博市联合打造全国首个“盒马市”，京东与济南市济阳区合作建设京东数字农场，腾讯与莘县共建辐射全国的蔬菜价格监测与预警中心。

八、其他亮点工作

2023年，认真筹备举办2023智慧农业博览会山东馆展览和第十二届中国国际农产品交易会山东省展馆，累计组织40多家智慧农业相关企业、100多项数字农业样板案例与成果参展，系统展示推介了山东智慧农业与数字强省建设发展成就，取得了良好宣传效果。

第三节　当前工作中存在的问题与困难

虽然全省农业农村信息化发展取得了一定成效，但总体而言仍处于初级阶段，仍存在诸多问题，主要包括以下几方面。

一、国产化核心关键技术和装备缺乏

生产一线应用的关键技术和设备仍以国外进口居多，主要进口国为荷兰、日本、法国、瑞典等，核心关键技术和设备国产化不足，如凯盛浩丰（德州）智慧农业发展有限公司的智能大棚整体全部采用荷兰技术，每亩造价高达170万元；烟台苹果、沾化冬枣等优质品牌农产品的智能精选分级设备大多进口自法国，单台价格近千万元；农业专用传感器也大多进口自国外。国产设备技术性能不够稳定可靠，核心技术和装备国产化不足，造成了智慧农业解决方案成本高昂，制约了智慧农业发展。

二、可复制可推广模式总结不够

智慧化在不同产业应用分化严重，在工厂化种植、养殖场景中，智慧化解决方案发展已较为完善，能够产生较明显的经济效益。而在大田种植场景中，智慧化解决方案成本高

昂、应用价值有限，多依靠政策项目补助进行建设，市场化推广使用困难。同时，智慧农业应用层次普遍偏低，相当一部分智慧化应用仅停留在视频监测、大屏展示、简单统计分析和初级水平的自动化控制层面，最终操作决策仍然依靠人工，距离真正的智慧化管理还有较大差距。迫切需要总结并推广适合不同产业类型、不同生产设施条件的智慧农业发展模式，进一步提高智慧农业的投入产出效益，真正将智慧农业的“盆景”转化成亮丽风景。

三、对智慧农业认知不足

智慧农业参与主体众多，但普遍各自为战，缺乏战略协同与规划。有的地方对智慧农业概念定位不清、认知不明，缺乏有针对性的推进措施。大部分应用主体仅满足于自用，对于共享数据资源、加强行业协作，仍没有准确认知。很多市场主体还存在“走一步、看一步”的发展心态，缺乏长期战略引导。

四、资金投入相对匮乏

目前各级政府对智慧农业的投入少，缺乏必要的财政保障支持，市、县级财政也未安排专项投入，仅能依靠在其他政策项目中设置智慧农业相关建设任务，智慧农业主题不集中，且多头管理、力量分散，无法形成促进智慧农业深入发展的强大合力。企业主动投入智慧农业建设的积极性也严重不足。

五、人才保障严重匮乏

智慧农业是技术密集型产业，需要配套高素质人才队伍。但大部分农业公司长期面临“引才难、留才难”的问题，人才流失严重，智力储备不足，企业发展缺乏后劲。同时，现有基层农业技术推广队伍中，懂智慧农业技术的人才极为匮乏，难以充分发挥技术服务作用。

第四节　下一步工作计划

一、积极争取部委支持

为做好下一步智慧农业建设工作，希望农业农村部等相关部委充分考虑山东农业大省地位和农业产业优势，支持山东建设“智慧农业先行省”，落地实施项目及资金。

（一）支持国家数字农业创新中心创建

支持山东创建国家数字农业创新分中心，根据山东农业特色优势，重点支持落地种植业（玉米）、设施农业（植物工厂）和智能农业装备（智能农机北方）等方面的创新分中心。

（二）支持智慧农业核心示范区建设

支持济南、青岛、潍坊 3 个智慧农业试验区及淄博市数字农业农村改革试验区建设，将其打造成智慧农业先行区核心示范区。

（三）支持智慧农业先行区整省推进

鼓励支持 133 个涉农县（市、区）分期开展智慧农业先行区创建，力争用三年时间，推动全省三分之二以上的县（市、区）完成创建，整体完成智慧农业先行省建设。申请农业农村部对山东省下达智慧农业先行省创建任务与创建资格，并进行最终验收确认。

二、切实加强自身建设

在积极争取上级部委支持的同时，山东省将持续加强数字农业和数字乡村建设，坚持系统观念和问题导向，把握关键环节，加快补短板、强弱项，着力提高农业全要素生产率和农村治理现代化水平。

（一）持续提升数字化基础设施建设水平

进一步加快乡村信息基础设施建设。实施好“双千兆”网络系统工程，持续提升农村5G网络覆盖水平和千兆接入能力。依托现代农业产业强县、产业强镇等，加快物联网、云计算和人工智能等设施布局。尤其要加快建设山东省数字农业农村综合管理服务平台（数字乡村大脑），为全省农业农村数字建设提供统一的技术支撑平台和业务应用中台。同时，高度重视农业产业互联网建设。加大对农业产业互联网基础设施建设的投入，打造培育山东省农业产业互联网领域的“卡奥斯”“浪潮云洲”等平台，以工业互联网理念和方式推进农业数字化转型。

（二）加快推进数字化应用

以数字化、智能化高质高效地提升精准精细生产水平和市场化运营水平，充分激发农业农村发展的活力和动力。

1）推进生产监测分析数字化。围绕推进农业现代化，注重使用数字化手段提高农事管理效能，全面强化农业生产决策分析能力。在种植业上，以小麦、玉米等主要粮食作物为重点，综合利用卫星遥感、无人机、地面物联网等信息技术，构建“空天地”一体化监测网络，实现农作物类型、耕作方式、种植面积、作物长势和作物产量等动态监测，更好地指导农业大田生产；在生猪生产上，引导规模养殖场普遍建立电子养殖档案，实现养殖、屠宰等数据直联直报，运用信息技术把能繁母猪存栏、生产性能等关键数据摸准，根据市场供需及时调整生猪产能，提高调控的精准性、有效性。

2）推进生产过程数字化。围绕推动新一代信息技术在农业生产中的深度应用，加快打造一批智慧农业应用基地，力争三年内创建500家以上，推广一批数字农业技术设备和解决方案。在粮食生产上，聚焦聚力大面积单产提升，强化技术模式集成应用，积极推广智能农机、智慧高标准农田、智慧灌溉等，支持大中型农机加装北斗导航定位、作业监测、自动驾驶等终端，充分挖掘单产潜力。在设施农业上，支持建设数字化现代设施，推动传统设施数字化改造，推广配置生长环境和生物本体监测、环境远程调控、水肥药精准管理、智能植保、自动作业、视频监控等设施设备，实现智能化生产。在畜牧养殖上，引导规模养殖户集成环境精准调控、生长信息监测、异常行为识别、疫病智能诊断等技术，配备精准饲喂、智能巡检、产品自动采集、粪污自动清理等装备，大力发展全程智能化养殖，提高养殖效率。在海洋渔业上，推进海洋牧场数字化发展，支持大型深远海养殖设施建设信息化系统，实现深远海渔业养殖智能化、数字化管控；推进传统设施渔业养殖标准化、工厂化、生态化改造，加快推广工程化池塘、工厂化循环水养殖模式，全环节提升智能管控水平。在盐碱地农业综合开发利用上，推广智能灌排、水肥一体化、多水源智能决策灌溉等先进技术装备，实现水盐精准调控。

3）推进农业全产业链数字化。农业数字化转型必须注重全产业链推动。围绕优势特色产业，用数字化手段对生产、流通、营销、运营、服务等进行全链条全方位改造，打造一批“链通数融”的特色产业链，以数据流带动技术流、资金流、人才流、物资流等，推动全产业链提档升级。充分利用大数据平台对接销售市场，打造一批“数字订单农业”“数字认养农业”“数字体验农业”等乡村产业新业态。强化数字技术赋能品牌农产品，紧紧抓住农产品电商这个促销售、带增收的“牛鼻子”，支持引导建设一批电商直播基地，定期组织开展营销促销活动，多措并举拓展农产品网络销售渠道。特别是用好“齐鲁农超”这一平台，发挥好山东品牌农产品供应链齐全的优势，形成对全省数字农业发展的有力牵引。同时，不断加强新场景的开发和打造，切实做好“数字 +”的文章，着力促进一、二、三产业深度融合，助力农业全产业链提档升级。

4）推进社会服务数字化。加强对农机规模作业、农业生产托管、病虫害统防统治、测土配方施肥、气象灾害预警等社会化服务的数字化改造，提升数字化服务水平，实现小农户和农业现代化的有机衔接。加快探索建立全产业链社会化服务平台，切实提升社会化服务效能。

5）推进安全监管数字化。依托各级农产品质量追溯平台，强化数字手段应用，着力构建从产地到餐桌的全链条食品安全追溯体系，确保“舌尖上的安全”。聚焦灾害监测预警处置、动物疫病防控、农机作业、海上渔船、农业投入品等安全监管，加快数字化技术与装备应用，提升防灾减灾和监管能力水平。

（三）积极培育农业数字化转型的生态和氛围

良好的数字生态是加快农业农村数字化发展的基础。当前最为关键也是最能抓在手上的，是充分发挥不同主体的积极性，联合构筑有助于数字化发展的产业形态和环境。

1）积极推动数字化装备和技术方案的研究开发。聚焦全省农业生产、优势产业发展需求，系统梳理装备、技术等短板不足，推动强化校企合作、科企合作，引导其有针对性地开展联合攻关，重点研发一批具有自主知识产权的数字装备和技术。特别是瞄准高端智能农机、作物生长模型等重点领域，加快提升全省数字农业创新能力和技术服务水平，努力打造黄河流域数字农业创新高地。依托有关科研院所，加快创建产学研深度融合的国家数字农业创新中心（分中心），争取早日实现零的突破。

2）积极推动各类生产经营主体数字化转型。聚焦产业园区，积极推广应用5G通信、农业物联网、智能农机作业、农业机器人等新一代数字化技术设备，把产业园区打造成高水平智慧农业园区。加快实施农业龙头企业提振行动，加强生产经营全过程数字化管理，推动农产品加工设备信息化改造升级、产品品牌数字化培育与提升，力争三年内推动100家省级以上龙头企业完成数字化改造。同时，分品种分区领域探索建设一批高水平的智慧农场、智慧牧场、智慧渔场，择优认定一批标杆性质的数字农业创新应用基地，充分发挥典型示范作用，以点带面促进共同提升。

3）着力抓好数字农业人才培育。以农民合作社、家庭农场、种养大户等新型经营主体和乡村电商能人、退伍军人、返乡就业人员等为重点，积极开展数字“新农人”教育培训，及时跟进提供数字农业创新创业指导与孵化服务，大力培养乡村创客。力争三年内培训3万人次，创建一批数字“新农人”教育培训基地和乡村创客孵化器。同时，着力提升基层农技推广人员的数字化服务能力，切实打造一批技术过硬、服务到位、特色鲜明的数字农业服务团队，切实打通数字赋能“最后一公里”。

（四）着力提高乡村治理能力

持续推动数字赋能乡村治理，促进乡村管理和服务精准化、高效化，提高农民群众的幸福感、获得感和满意度。一方面，加快“互联网＋政务服务”向乡村延伸，持续推进农村党务、村务、财务网上公开，推进村民在线议事、在线监督，提升村级事务管理智慧水平。加强农村集体资产和“三地”（农用地、农村集体经营性建设用地、宅基地）管理数字化建设，建立大数据监测体系，推动集体经济数据汇聚融合，实现农村财务、集体资产等“云监管”“云办理”。实施好“互联网＋基层治理”行动，探索农村“信用＋”等数字化服务管理模式，推动农村社会精细治理。另一方面，进一步完善信息化平台功能，推进农村地区数字社区服务圈建设，提高便民服务中心、便民服务站点的数字化服务能力，拓展乡村教育、医疗康养、寄递物流、政务服务等数据的民生服务功能。探索开展“微服务”，开发“智能记账本”“农民负担卡”“电子农补卡”等数字工具，满足农民群众生产生活需要。建立涉农信用信息平台，优化普惠金融服务功能，提升金融服务水平，努力解决农民“贷款难”、项目“融资难”问题。

第二十三章 广　东 23

2023 年以来，广东省各级农业农村部门在农业农村部的关心与支持下，坚持以习近平新时代中国特色社会主义思想为指引，深入贯彻落实习近平总书记视察广东重要讲话、重要指示精神，按照农业农村部《数字农业农村发展规划（2019—2025 年）》《“十四五”全国农业农村信息化发展规划》《“十四五”数字农业建设规划》的部署要求，聚焦大力发展智慧农业、推进数字乡村建设、推动农产品出村进城等重点任务，积极谋划，在信息化赋能市场体系和品牌培育，智慧农业应用场景、农业农村大数据、数字乡村建设等工作，取得良好成效，助力全省农业农村经济高质量发展。

第一节　工作举措

2023 年，广东省深入实施“百县千镇万村高质量发展工程”（以下简称“百千万工程”），在省委、省政府的统一部署下，将其作为推动广东高质量发展的头号工程。全省各级农业农村主管部门按照“百千万工程”工作要求，抓好农产品“12221”市场体系建设，培养数字农业新业态，积极推动农业全产业链数字化转型，发挥数字技术赋能效益，构建现代乡村产业体系。

一、以“12221”为抓手大力实施“百千万工程”

“12221”含义：“1”即建立 1 个农产品的大数据，以大数据指导生产引领销售；3 个“2”即组建销区采购商和培育产区经销商两支队伍、举办采购商走进产地 + 农产品走进销区两场活动、拓展销区和产区两个市场，最终实现品牌打造、销量提升、市场引导、品种改良、农民致富等“1”揽子目标。

1）以机制为保障。《中共广东省委　广东省人民政府关于做好 2023 年全面推进乡村振兴重点工作的实施意见》要求深化农产品“12221”市场体系建设，实施“粤字号”农产品出口促进工程，实施农产品地理标志商标品牌培育工程，支持县域组织开展品牌营销。“12221”市场体系建设内容写入广东省政府工作报告和中共广东省第十三次代表大会报告，成为全省乡村振兴工作的重要部署。

2）以数字为抓手，推动广东农业品牌高质量发展。广东创新性提出数字农业“三个创建、八个培育”要求，以产业数字化、数字产业化为发展主线，以全产业链思维驱动，以生态链思维统领，夯实广东数字农业高地。着力建设农业农村数据资源体系，推出菠萝、荔枝、柑橘、柚子等产销大数据。

3）以人才为支撑。广东加强乡村振兴人才队伍建设，将家庭农场经营者、农民合作社带头人、农业经理人等作为培训重点，推出系列营销和电商培训。壮大采购商队伍，组建广东农产品采购商联盟。做优采购商服务，设立基层采购商服务中心，推出一批政务“服务员”，提供优惠全方位对接服务。

二、实施数字乡村发展行动，稳步推进数字乡村建设

1）以政策为牵引，以机制为保障。省委网信办牵头，联合省农业农村厅、省发展改革委、省工业和信息化厅形成等多厅局部门，形成合力机制，实施数字乡村发展行动计划，加快推进数字乡村建设，促进农业全面升级、农村全面进步、农民全面发展。

2）坚持以试点先行，推进数字乡村试点建设。试点启动以来，省委网信办、省农业农村厅、省发展改革委、省工业和信息化厅等部门坚持统筹协调，积极指导帮扶，多次联合开展实地调研、座谈交流活动，深入基层了解和解决工作难点。各试点地区主动作为、真抓实干、大胆创新，依托特色优势产业，探索出一批具有较强示范性和推广性的新模式新路径。

3）围绕重点任务，推进落实数字乡村发展行动计划。以政策引导，以考核推进乡村信息网络基础设施建设提升，坚持将乡村信息网络基础设施建设工作纳入乡村建设行动重点任务和省委实施乡村振兴战略实绩考核内容。坚持协调推进、强化顶层设计，开发广东省乡村振兴综合服务信息化平台，推动形成乡村产业、乡村建设、乡村治理等业务数据互通的全省乡村振兴综合管理和服务信息化体系。

三、推动智慧农业创新发展

1）推展智慧农业应用场景建设。抓现代化海洋牧场建设，编制总体发展规划，出台全方位推进现代化海洋牧场建设政策措施。推动一批抗台风强的深远海养殖装备落地见效，促进市场主体信心倍增。建立项目审批联动机制，落实海域使用全优惠减免政策，加强用海用地要素保障。在潮州饶平、江门台山开展海上养殖综合整治试点。完善水产苗种管理立法，建立全省统一的海洋水产资源库，打造种业创新体系和优良种质生产基地。抓设施农业，实施现代农业提升行动。打造一批设施农业示范基地，重点支持设施工厂化育秧育苗等产业，应用推广“多层建筑养殖”“集装箱养殖”“大棚鱼菜共生”等现代高效技术模式。

2）提升乡村产业服务水平。抓农业社会化服务，创新建立省现代农业服务平台（“粤农服”App），集农业社会化服务交易、服务组织经营管理、农资农机团购、金融保险对接等功能为一体的数字信息平台，提升农业社会化服务规范化、标准化、数字化水平。抓科技服务能力建设，依托省级农技驿站组建农技推广服务驿站专家服务团队，建设农业技术服务体系。

四、持续深化农业农村大数据应用服务体系建设

建设广东省农业农村“一网统管”与大数据应用服务，提升乡村数字治理能力提升。

1）完善标准规范。编制大数据应用服务系列标准 9 项，引导各地市开展数字农业农村建设。

2）推进共性基础设施建设。持续推进农业农村大数据应用服务平台基座及数据运营工作，部署封装的省统一身份认证功能等多项共性应用、提供基础应用与数据处理能力支撑。

3）提升数据汇聚治理水平。对接多个业务系统、治理数据供专题应用，根据业务需求输出业务指标，形成农业自然资源、动物溯源、农业产业园、种业等专题数据，为业务分析、挖掘、数据共享奠定了坚实的基础。

4）进一步深化数据应用服务。开发知识图谱，构建广东省农业经营主体的数据画像等，探索农业农村公共数据资源等应用场景。

5）扎实推进“互联网＋政务服务”“一网通办”。广东省农业农村厅现行实施的行政许可事项主项20项、子项47项、实施项60项。

五、持续实施“互联网＋”农产品出村进城工程，深化农村电商发展

1）抓好试点建设，稳步推进实施“互联网＋”农产品出村进城工程。自2020年，全省积极推进实施“互联网＋”农产品出村进城工程，梅州市梅县区、广州市增城区、阳江市阳西县获批“互联网＋”农产品出村进城工程试点县称号。各试点县抢抓机遇、先行先试、大胆探索，全面推进各项试点建设任务。坚持以试点为抓手、以政策为引导、以考核为促进，遴选22个省级试点县，旨在树立典型，探索一批符合各地实际、可复制可推广的推进模式，以点带面，推动广东省“互联网＋”农产品出村进城工程工作落地生根。

2）多方联动，形成合力，激活农产品出村进城效能。结合农产品“12221”市场体系建设成果，发挥“互联网＋”优势、信息进村入户工程成效，联动高校、广东省“菜篮子”基地、电商平台、科研单位在广州、韶关、阳江、东莞、佛山等地举办多场农产品产销对接活动，聚焦供需侧对接、支配式产销模式和线上线下一体化营销三个环节，不断增强上下游产业的吸附力，提高农村电商产业的集聚度，并打造电商专业人才的汇聚地，完善农村电商生态圈，畅通农产品营销，提升农产品品牌的竞争力。

3）强化人才培育，组织行业专题研讨会议。组织开展广东农产品“12221”市场体系人才培训、农村电商人才培训，强化农产品营销培训，以人才培育促进农产品出村进城工程全面铺开。邀请华南农业大学、省农科院农业经济与信息研究所、阿里巴巴集团、广东京邦达供应链科技有限公司、德邦快递、顺丰速运、广州盒马鲜生网络科技有限公司等单位代表参与政策研讨会，共同讨论广东省农村电商、农产品贸易流通的基本情况和主要短板问题，探讨推动出台促进农村电商发展相关政策。

4）做好电商进农村综合示范创建工作。配合省商务厅做好电商进农村综合示范创建，持续抓好国家级电商进农村综合示范项目的验收、绩效评价、复核工作。

第二节　工作进展及成效

一、广东农业品牌建设成果显著

通过品牌项目和文化服务产业园建设，广东农业品牌建设取得显著成效。

（一）“粤字号”品牌更响了

全面推进“粤字号”农业知名品牌创建行动，塑强省级特色农业品牌、打造县域特色产区，逐步形成区域公用品牌、企业品牌、产品品牌相融合的品牌发展架构，培优一批省级特色农产品优势区和品牌示范基地，全省品牌产品效益较产业平均水平提升10%以上，

梅县金柚、英德红茶、高州荔枝、化州橘红、凤凰单丛茶、台山鳗鱼等一批县域公用品牌实现品牌价值超百亿。广东荔枝成为互联网营销热点、畅销国内国外两个市场，率先成为全国品牌典范，广东菠萝、广东（梅州）柚、阳西生蚝、惠来鲍鱼、澄海狮头鹅等一批“粤字号”农产品享誉全国、走向世界。全省“粤字号”农业品牌影响力和市场竞争力进一步提升。珠海白蕉海鲈和潮州凤凰单丛茶入选农业农村部2023年农业品牌精品培育名单，“凤中皇”清远鸡、“怡品茗”红茶等5个品牌入选中国农业品牌目录2022农产品品牌名单。

（二）销售市场更广了

在以国内大循环为主体、国内国际双循环相互促进的新发展格局下，大力拓展农产品国内国际市场新销路，打通了“从田头到餐桌”“从枝头到舌尖”“从国内到国际”的畅顺通道，形成产地和销区、省内和省外、国内和国外、线上和线下的产销对接合力。在国内，开展“南品北上，北品南下”系列省际推广活动；在国外，持续强化特色优势农产品海外宣传工作，持续开展“广东喊全球吃广东农产品”有关活动，推动徐闻菠萝、茂名荔枝、梅州柚、大埔蜜柚、狮头鹅、麻章富贵竹、郁南无核黄皮等广东优质农产品昂首走出国门，开展“荔枝丝路行”“广东特色农产品海外品鉴”等推广活动，不断开拓海外市场。

（三）人才队伍更壮大了

随着广东特色优势农业品牌的不断打响，市场体系和品牌建设人才队伍也不断壮大。数千名基层干部和企业主体参加了涵盖市场营销、品牌建设、数字农业等方面的培训，一大批“知农爱农懂市场”三农人脱颖而出。这当中有全面推进乡村振兴的农业干部、助推产业兴旺的企业家、服务“三农”发展的媒体人，还有大批豪情满怀投身乡村振兴的“新农人”，他们正逐步成长为推动广东乡村振兴的一支生力军。

（四）农民钱包更鼓了

在品牌推动下，广东特色优势农业产业知名度更高，产值提升，农民增收致富。以广东优势特色水果菠萝和荔枝为例，2023年，徐闻菠萝种植面积达35万亩，产量超过70万吨，辐射带动近5万农户、14.5万果农增收致富；全省荔枝产量达160万吨，同比增产10%，产值达到160亿元，同比增收5%。

二、数字乡村建设初见成效

通过多部门合力，实施数字乡村发展行动计划，数字乡村建设初见成效。

（一）数字乡村试点树典型

广东省数字乡村发展试点实施以来，各试点地区紧紧围绕试点工作要求，坚守责任担当、主动创新作为，凝聚干事共识、汇聚多方力量，沉心钻研业务、破解发展难题，推动数字乡村试点建设取得长足进步。数字乡村顶层运行机制渐成体系，乡村数字基础设施日益完善，乡村数字经济增长势头强劲，乡村治理“互联网+”效能持续提升，信息惠民服务普及化均等化，乡村网络文化蓬勃发展。30个试点地区的数字乡村建设已成星火燎原之势，为全面推进数字乡村建设和助力乡村振兴树立先进样板、提振发展信心。其中，阳江市阳西县作为国家级试点，其“以数字阳西建设助力乡村振兴”案例入选《国家数字乡村试点终期评估情况》的优秀案例。在各试点建设中，持续健全数字乡村工作推进机制，谋划出台数字乡村试点建设引导政策。21个试点地区成立以党委或政府主要负责同志为组长的数字乡村试点工作领导小组，7个试点地区成立以党委或政府部门分负责同志为组长的数字乡村试点工作领导小组，统筹协调数字乡村建设，定期召开专题会议研究工作举措，推动各项具体任务落细落实。坚持系统谋划的施政理念和主动作为的责任担当，因地制宜，共编制数字乡村建设规划、行动计划、实施方案等政策45份。据初步统计，试点地区涉及数字乡村的财政性资金投入超15亿元，撬动社会资本投入4.6亿元。例如，阳江市阳西县在深入调研全县33家单位的基础上，出台《阳西县“国家数字乡村发展试点县”工作方案》。

（二）乡村信息网络“面”与“质”显著提升

“十四五”以来，通过实施“信息基础设施建设三年行动计划”“乡村信息基础设施振兴工程”，广东省信息化基础设施建设步伐加快，“双千兆”网络协同发展，农村地区特别是粤东西北农村地区的信息基础设施建设取得长足发展。截至2023年底，光缆线路长度为410.2万公里，其中长途、本地网中继、接入网线路长度分别为6.6万公里、61.1万公里、342.5万公里。固定宽带接入端口总数为10395.2万个，其中FTTH/O端口数为10051.5万个，占固定宽带接入端口的比例为96.7%。移动电话基站总数为102.4万个，其中4G基站总数为56.6万个；5G基站总数为32.6万个，发展5G用户8240.2万户，5G基站数占比超全国10%，5G用户数、物联网终端用户数等指标均居全国第一。扎实推进农村“三线”整治，2023年底全省行政村“三线”整治覆盖率达80%。

（三）乡村治理服务数字化提升

坚持党建引领，筑牢乡村治理“灵魂”。广东始终坚持把党的领导作为乡村治理“灵魂”，以“党建＋治理”为核心，“互联网＋党建”在各地区全面铺开，党员教育服务的覆盖面、针对性和有效性大幅提升，强化农村党组织领导核心地位，着力打造基层党建最前哨。全省各城市在基层党务管理信息化、基层党建新媒体宣传、利用数字技术进行党员网络教育等城市智慧党建建设工作颇有亮点。例如，广州从化区打造“仁里集”云平台，集村务信息公开、网上办事、公共服务、农村电商于一体，设置“联系群众”栏目，建立党员网格化联系服务群众机制，获评广州党建十大品牌。番禺沙湾北村打造综合指挥调度平台，汇聚“专职网格员＋党群服务队”常态化摸排基础数据，形成城中村治理数据“一张图”。

（四）省级统筹建设工作平台，提质乡村振兴

以“乡村振兴数据运营工作平台”为依托，组建“乡村振兴考核系统”，组织各地市、省领导小组成员单位通过系统上传自评报告、申报改革创新项目、线上开展评议评分，进一步减少填表报数、减轻基层负担，确保考核更加精准、公正、透明。创新实地评估无人机和今日水印相机应用，全面客观评估人居环境整治和土地撂荒问题，实时查看走访情况，确保评估结果能溯源，及时掌握整改落实情况。增加实地评估评分板块，实时上传实地评估情况，确保评估工作公正透明、有理有据。通过“粤政易”平台组建工作联络群，在考核及评分过程中及时解疑释惑、沟通协调，全力组织保障好考核各项工作。通过构建“一张图”、打造“一中心”、建立“一队伍”，推动“一网统管”，提升社会感知能力，有效激发基层末端活力。以“智网工程”信息系统为基础，升级打造综合指挥调度平台，大幅提升复杂多跨事件协同处置能力。共享消防、应急、城管、智网、生态环境等部门的系统数据，创建不同风险监控点的图层，实时感知、展示风险源的动态，提升基层风险隐患防范化解能力和治理效率。推行异地巡查制度，推动基层网格员开展异地日常巡查作业，压实社区层级属地处置的责任。

三、智慧农业创新发展取得阶段成效

广东省智慧农业应用创新发展取得阶段性成效，在生产端，智慧种植业、智慧渔业、智慧畜牧业发展较快，成效明显。在销售端成效初现，智慧农业服务产业已初具规模。

（一）现代化智慧渔业应用场景丰富，海洋牧场建设初具成效

1）广东广州市番禺区国家数字渔业创新应用基地（淡水鱼）项目竣工验收。该项目为淡水鱼智慧养殖模式示范推广试点，带动传统养殖户转型升级，成为番禺渔业转型升级和番禺联农带农实现乡村振兴的重要示范。

2）国家数字渔业海洋牧场专业创新分中心项目获得农业农村部批复建设。该项目由中国水产科学研究院南海水产研究所承担，建成国内领先、国际一流的国家数字渔业海洋牧场专业创新分中心，以国家级海洋牧场示范区为重点，对接国家数字渔业创新中心和农业农村大数据中心，创新应用海洋牧场空间布局、观测手段、基础设施、数字渔业、集成应用、数据共享等内容，推进海洋牧场可视化、智能化、信息化系统建设，破解数字渔业海洋牧场创新应用难题，成为推动现代化海洋牧场建设，实现海洋资源养护和渔业持续健康发展，促进海洋牧场科技和数字渔业协同创新融合发展的抓手。

3）顺德区推进水产养殖基地“互联网 +”模式示范建设。佛山市顺德区优质草鲩产业园开发顺德“互联网 +”水产综合服务平台，整合交易、金融、仓储、运输与技术等环节，汇聚产业链上下游企业，以及政府、协会、金融等机构，打造水产产业数字生态圈，推动智慧农业、物联网技术在水产养殖的应用。

4）大力发展海洋牧场建设。编制总体发展规划，出台全方位推进现代化海洋牧场建设 17 条等政策措施。

（二）智慧畜禽养殖发展良好，效益提升显著

1）国家数字农业创新应用项目成效显著。广东省新兴县数字农业服务平台于 2021 年 9 月上线试运行，新兴县高度重视系统应用推广，截至 2023 年底，系统注册养殖场超 1000 家，基本实现了全县养殖场的全覆盖。开创养殖智慧监管新模式，创新提出服务化的监管理念，通过服务的理念实现对监管对象的人性化管理。

2）数字畜牧创新应用“梅开二度”。2023 年，广东省海丰县国家数字畜牧业创新应用基地建设项目（生猪）正式获得国家发展改革委、农业农村部批复并开工建设。该项目是广东省第二个国家级数字畜牧养殖应用创新项目。

（三）智慧种植业应用创新发展

1）大数据为荔枝产业产销牵线搭桥筑台。全省首个单品农产品全产业链大数据平台——茂名荔枝产业大数据平台，为荔枝产业发展注入新动能。平台通过运用“5G+ 物联网 + 大数据 +AI”新技术，构建了“一个中心、六朵云”技术体系，建立茂名市荔枝产业“一张图”，实现全市“一盘棋”统筹管理，打通服务群众“最后一公里”。

2）“兰先生”创新 AI 应用。肇庆市在 2024 年春节前，推出全国首款基于大模型技术的兰花 Al 智能对话机器人——“兰先生”，并上线“小肇上菜”商城小程序。该小程序引入最新 AI 数字人技术，针对兰花养护、病害防治、产销对接等兰花生产、销售中的痛点、难点和堵点问题，提供“农业 + 数字”的解决办法，让农产品平台销售和服务实现质的飞

跃，使传统营销插上数字化的翅膀。

（四）智慧农业服务产业已初具规模

1）智慧农业服务企业树典型。以广州市健坤网络科技发展有限公司、广州极飞科技股份有限公司为代表的企业获得农业农村部 2023 年度全国农业农村信息化示范基地（服务型）的认定。

2）农服产业发展显著。省现代农业服务平台（“粤农服”App）指导农业经营服务主体依托“粤农服”App 进行交易，提升供需对接效率，降低服务成本。构建农机服务春耕生产信息平台，采取多种形式构建农机春耕生产信息平台，利用 App 和微信小程序等方式开展技术推广、宣传培训、服务咨询，鼓励推广手机 App 申请办理补贴。全省各地春耕开展机械耕整地面积超 2000 万亩，水稻机耕面积达 1200 万亩，水稻机种面积 250 万亩，其中水稻精量穴直播、无人机直播面积近 10 万亩。推进建设广东农机指挥调度平台，构建全省农机管理、购置、补贴、作业等数据集中托管服务的业务资源中心。

第三节　存在困难与不足

1）资金支持不足。“互联网 +”农产品出村进城工程、数字乡村发展行动计划是国家在乡村振兴、农业农村高质量发展的总体部署，广东省在贯彻落实工作中亟须中央的专项资金支持，在推动工作中以政策为引领、以资金为支撑、以考核为手段，全面推进、久久为功，持续推动农业农村高质量发展。

2）产业链条延伸不足。农业品牌建设涉及全链条，需要政府、行业协会、企业、采购商、销售平台多方主体共同参与，需要强有力的顶层设计和机制体制支撑。品种培优、品质提升、品牌打造和标准化生产是全链条品牌建设的根本要素，但目前全省大部分品牌建设过程中各节点未能同步推动，能打通全链条开展的品牌建设较少，存在脱节、断链的现象，没有形成有效合力。

第四节　下一步工作计划

接下来，省农业农村厅将继续深入贯彻习近平总书记视察广东重要讲话、重要指示精神，落实广东省委“1310”具体部署，聚焦“百千万工程”目标要求，把广东省农业农村发展摆在更加突出的位置上，积极探索农业农村信息化建设的广东路径，重点做好以下五个方面工作：

1）强化多方合力，统筹协调，抓深抓实各项任务。围绕实施“百千万工程”，发挥市县和企业单位的主体作用，结合广东省“百千万工程”首批典型县镇村名单，推进数字乡村发展行动计划，树培农业农村信息化典型示范。扎实推进遴选 2024—2025 年广东省数字乡村试点工作。

2）做好指导督促，推动智慧农业创新发展，支持农业全产业链数字化转型。组织开展深入产业数字化技术应用情况调研，推动国家数字农业创新应用项目建设，实施现代设施农业提升行动，壮大农业社会化服务体系，及时总结和提炼试点地区产生的可复制、可推广的做法和经验，做好经验交流与示范推广。

3）深化农产品“12221”市场体系建设，全面推进“粤字号”农业品牌创建行动。继续坚持一手抓生产、一手抓市场，把市场挺在生产前面，通过品牌提升、管理优化、价值和效益更上台阶，培育壮大乡村新业态，持续带动广东农业增效、农民增收、农村发展的高质量发展新态势。

4）提升乡村数字治理能力，持续推动绿美广东生态建设，深化智慧绿色乡村建设。积极融入广东省委、省政府“百县千镇万村高质量发展”工程，借助“百千万工程”的信息综合平台，持续深化农村党务数字化建设和农业农村政务服务“一网通办”，构建乡村建设数字化管理模式。

5）加强宣传引导，营造全民参与良好氛围。充分发挥主流媒体宣传推动作用，讲好乡村振兴故事，多方位、广角度收集和宣传在农业农村信息化中的先进做法和典型经验，凝聚全社会共同参与和推动合力。

第二十四章 海南 24

第一节 农业农村信息化发展现状

一、2023 年农业农村信息化基本情况

2023 年，海南省农业农村厅坚持以服务海南自贸港建设和农业高质量发展为目标，高度重视智慧农业建设，紧紧围绕智慧海南总体方案，积极探索推进数字赋能现代农业发展，热带农业产业链数字化转型取得初步成效。

二、农业农村信息化重点领域进展及成效

（一）构建农业发展“智慧大脑”，推进农业监管服务提质增效

海南数字“三农”服务平台（一期）通过验收并投入使用。充分依托“三农”平台，打造多个服务与监管应用场景，推动政府管理方式转变，赋能农业监管和服务水平提升。

（二）加强数据共享建设，积极推动涉农数据共享共用

充分依托省数据共享服务门户，共享应用涉农政务数据资源，省农业农村厅已链接共享资源 818 条。“三农”平台已对接省民政厅、省气象局等 20 个厅局单位，实现业务协同。在 2023 年度数据共享考核中，省农业农村厅获得“优秀”等次的好成绩。

（三）创新智慧农业生产应用，推动农业企业数字化转型

把智慧农业作为推动热带农业高质量发展的重要抓手，积极推动新一代数字技术向生产一线延伸。成功召开了全省首次智慧农业发展大会，并发布海南省“2023 年度十大智慧农业应用场景”。省农业农村厅印发了智慧农业发展三年行动方案；申报了 9 个全国农业农村信息化示范基地（最终认定了 1 个）、9 个数字化程度较高的现代农业全产业链标准化示范基地；申报了 6 个数字乡村典型案例、6 个物联网赋能行业发展典型案例（最终认定了 1 个）；建成 2 个市级农村集体产权交易服务平台；3 个县（市、区）试点建设全县域乡村智慧治理；遴选 2 个海南省 2022 年度区块链创新应用试点（热带特色高效农业领域）项目；建设了 200 多家配备“水肥一体化管理系统”的热带作物标准化生产示范园、6 个大型智慧畜牧养殖场、5 个小型智慧示范橡胶园；打造智慧海洋牧场，投放了 2 个智能海洋养殖平台。同时，加强农民数字技能培训，省农业农村厅属单位——海南省农民科技教育培训中心被中央网信办、农业农村部等 13 部委评为“全民数字素养与技能培训基地”，为全省唯一获此殊荣的单位。

（四）推广智能农机装备应用，生产智能化水平逐步提高

全省已推广约 3000 台植保无人机，年作业面积超过 600 万亩次；安装 100 余套“北斗

智能监测及农机自动驾驶系统”终端，将一部分智能农机装备列入农机购置补贴范围。“农业农村部热带高效农业智能装备重点实验室（省部共建）”在海南大学智能装备研究所挂牌，引领海南智能农机产业发展。

三、当前工作中存在的问题与困难

当前，全省智慧农业方面还存在一些不足之处。

1）农业企业数字化转型意愿不强。由于智慧农业投入成本高、效益周期较长、系统维护管理费用较高，有的农业企业在数字化改造上顾虑产出效益，投资建设智慧农业项目的意愿受到一定影响。

2）现代信息技术与农机装备融合不够。海南省以传统农机生产为主，农机装备信息化、自动化水平不高。现有智能农机品种少、价格偏高、性能不稳定，推广应用受到影响。

3）农业生产信息化率偏低。海南省智慧农业发展起步较晚，各市县政府重视程度不够高，农业生产信息化率偏低。

四、下一步工作计划

下一步，省农业农村厅将加快发展智慧农业、建设数字乡村，支持信息技术在农业生产领域推广应用，促进数字农业经济发展，重点开展以下工作：

1）抓好海南数字“三农”服务平台（一期）的推广应用，同时加快推进海南数字“三农”服务平台（2023年）项目立项评审。该项目将在一期建设成果基础上深化平台建设，计划通过智慧农机综合管理服务系统、农作物病虫疫情监测系统、农事直通等十多个应用场景建设，发挥农业数据资源作用和创新引擎作用。

2）继续做好热带数字农业产业链引培工作，引导企业积极谋划智慧农业项目，申报智慧海南奖补资金，示范带动农业产业数字化转型。

3）组织开展农民手机应用技能常态化培训，推进手机应用与农业生产经营深度融合，提升农民数字素养。

4）推动高端智能农机装备应用，争取将多种智能装备纳入农机购置补贴范围，助力智慧农业发展。

5）开展全县域乡村智慧治理试点工作。指导万宁、琼中、乐东开展全县域乡村智慧治理试点建设，试点工作正在开展中。

第二节　农业农村电子商务发展现状

一、2023年农村电商、直播电商等工作

推进农村电商赋能乡村振兴。指导推进12个市县电商进农村综合示范建设，巩固拓展电商进农村综合示范政策成效。组织开展农产品“三品一标”认证帮扶培训，10个市县、29家企业参加培训，6家企业签订帮扶协议。修订农村电商发展实绩考核指标。2023年，全省农村网络零售额实现183.54亿元，同比增长26.35%，比全国平均水平高9.83个百分点；农产品网络零售额达207.84亿元，同比增长17.98%，比全国平均水平高6.89个百分点。

发展直播电商扩内需促消费。2023年，全省直播网络零售额实现120.11亿元，直播网络零售量达1.96亿件，直播观看人次累计10.56亿人次，直播场次累计15.59万场。其中，食品保健、珠宝配饰、3C数码零售额分别实现74.91亿元、8.66亿元、6.64亿元，在海南直播网络零售额中分别占比62.37%、7.21%、5.53%；茶叶冲饮、生鲜食材、营养保健零售额分别实现38.79亿元、21.95亿元、8.73亿元，在海南直播网络零售额中分别占比32.30%、18.28%、7.27%。2023年，海南知名的达人主播、店铺主要有“加加珠宝”“佟掌柜V”“泽西岛辉哥岛主”及“Apple产品青橙数码旗舰店”“瑞幸咖啡旗舰店”等。

2024年，全省将完善日常跟踪评估机制，加强督导，做好电商进农村综合示范后续工作。开展农村直播电商大赛，推动农产品产业链数字化转型，促进特色农产品网络零售额稳定增长。继续组织农产品“三品一标”认证帮扶活动，创建一批区域特色网络品牌。

二、2021—2023年“互联网+”农产品出村进城工程

（一）建设成效

海口数字农业试点建设项目的建设内容包括海口数字农业信息资源平台、荔枝产业大数据综合管控平台和荔枝产品追溯平台，通过大数据、人工智能、云计算、物联网等技术手段，打造农业基础数据采集、标准化种植、农产品安全追溯等智能应用，用数字化技术为海口农业产业赋能，为海口市农业发展奠定基础。

（二）存在的问题及解决措施

（1）管理方面

1）需加强信息员队伍建设：基于“村、镇、区、市”四级上报体系，建成基层信息员队伍，完善信息员数据上报、考核、督办、沟通反馈机制。

2）需深化数据采集体系：基于“村、镇、区、市”四级上报体系和各上报项，进一步深化数据采集体系，从生产数据采集扩展到乡村基层数据采集、品牌数据采集等，逐步完善海口农业大数据拼图。

3）需出台强有力的政策：紧紧围绕“数据多跑腿，人员少跑路”核心目标，制定《海口市农业信息化系统运行维护工作机制》，下发海口市农业农村局各科室、下属单位、四区、镇、村、涉农企业，加强督促检查，做好跟踪评估，要层层压实责任，不断创新政策和资金支持形式，提高海口市农业信息化管理效率，助力海口市农业高质量发展。

4）需加强宣传推广：要加大对工程实施的宣传力度，激发农村创业创新人员积极性，提高农产品品牌知名度，形成良好氛围，及时总结典型案例，推广成功经验，促进学习交流。

（2）应用系统方面

1）加强数据资产应用：基于已建数据中台积累的数据，进行数据分析、分类应用，完善和省厅及相关单位的数据对接，增强数据时效性，减少人工报送工作量及误差；同时将数据资产有条件形成面向农户、农企及公众的数据应用，助力信息共享。

2）加强全品类溯源应用及溯源环节：基于已建的荔枝溯源成果，以蔬菜、生猪及农产品“十大品牌”为抓手，进行全品类溯源机制建设；基于已建的荔枝溯源流程，进一步从种苗、农药、检验检疫等流程入手，完善溯源各环节，进一步加强农产品安全管理。

三、相关建议

“互联网 +”农产品出村进城工程是党中央、国务院为解决农产品“卖难”问题、实现优质优价、带动农民增收而做出的重大决策部署，作为数字农业农村建设的重要内容，也是实现农业农村现代化和乡村振兴的一项重大举措。

海口市积极落实党中央、国务院工作部署，通过开展海口市数字农业试点建设项目，紧紧抓住互联网发展机遇，加快推进信息技术在农业生产经营中的广泛应用。力求发挥网络、数据、技术和知识等要素作用，建立完善适应农产品网络销售的供应链体系、运营服务体系和支撑保障体系，促进农产品产销顺畅衔接、优质优价，带动农业转型升级、提质增效，拓宽农民就业增收渠道。实现以市场为导向推动构建现代农业产业体系、生产体系、经营体系，助力脱贫攻坚和农业农村现代化。

虽然工作取得了积极进展，但仍存在一些问题和挑战。为进一步推动“互联网 +”农产品出村进城工程，提出如下相关建议。

1）深化数据应用，完善系统功能——构建全面、高效的数据应用体系。在“互联网 +”农产品出村进城工程中，数据的应用是核心。为进一步提升数据的应用价值，建议构建全面、高效的数据应用体系。加强信息员队伍建设，明确各级“信息员”的责任分工，强化协调配合，形成强大合力。完善信息员数据上报、考核、督办、沟通反馈机制。

2）扩展数据采集范围，强化分析预警——打造全方位、多层次的数据采集与分析体系。数据采集是信息化建设的基础。为确保“互联网 +”农产品出村进城工程的顺利实施，建议进一步扩展数据采集范围，强化分析预警机制。从生产数据采集扩展到乡村基层数据采集、品牌数据采集等，扩大农业数据采集范围、规模和内容，逐步完善海口农业大数据拼图。

3）推广信息化应用，助力乡村振兴——构建信息化引领的农业现代化发展格局。信息化是推动农业现代化、实现乡村振兴的重要力量。为充分发挥信息化在“互联网 +”农产品出村进城工程中的作用，建议积极推广信息化应用，助力乡村振兴。一是总结推广成功经验。在海口数字农业试点建设项目取得显著成效的基础上，总结成功经验并广泛宣传推广，激发更多地区参与信息化建设的积极性和主动性。二是加强信息化基础设施建设。加大对农村地区信息化基础设施建设的投入力度，提高农村地区的信息网络覆盖率和网络服务质量，为农业生产和农民生活提供更加便捷、高效的信息服务。三是推动信息化与农业深度融合。结合农业生产的实际需求和市场变化趋势，推动信息化与农业深度融合发展，探索新的信息化应用模式和商业模式，为农业现代化和乡村振兴注入新的动力。

第二十五章 25

重　庆

第一节　农业农村信息化基本情况

2023年，在农业农村部的坚强领导和精心指导下，重庆市始终坚持以习近平新时代中国特色社会主义思想为指导，深入贯彻落实党中央、国务院关于全面推进乡村振兴、建设数字中国的战略部署，按照数字重庆大会和数字重庆建设推进会精神，加速推进农业农村数字化变革，着力推动数字技术赋能农业农村创新发展，全市农业农村信息化体系日益完善，数字乡村发展水平达到43%，保持西部地区领先地位。

第二节　农业农村信息化重点领域进展及成效

一、强化统筹推进，农业农村数字化改革蹄疾步稳

按照数字重庆“1361”总体构架，牵头成立农业农村数字化建设领导小组，建立“313”工作机制，组建7个数字化工作专班，聚焦聚力推进“三农”数字改革。

1）梳理核心业务逐项落地。根据梳理形成农业农村的7个重点业务领域，50项一级业务、188项二级业务、732项业务事项，构建数字三农“1+7+N”主体构架。

2）聚焦典型任务谋划重大应用。以“V模型”工作方法，构建“一件事”应用场景，集成改革长江治渔、“社会·渝悦·防贫”等16个市级重大应用，指导有关区县谋划“一件事”应用场景37个。

3）突出实战实效打造产业大脑。按照“一地创新、全市共享”原则，以“治理增效、服务提质、群众满意”为目标，谋划建设管用、好用、实用的农业产业大脑，全市生猪和脆李产业大脑已基本建成并上线测试运行，榨菜、茶叶、柠檬等产业大脑正按实施方案稳步推进。

二、加快补齐设施短板，乡村网络基础设施不断完善

大力实施数字乡村网络发展“五提升一补盲”行动，强化农村地区网络覆盖监测，开展5G行政村“点亮”及“网慧三农　点亮乡村”活动，针对网络弱覆盖区开展补网建设。持续实施电信普遍服务，2023年新建基站564个。持续开展数字乡村信息服务应用集中推广，根据农业、农村、农民的生产生活需求，为乡镇街道定制化开发个性化、特色化的智慧大屏（乡村电视），并提供“理论＋新闻＋政务＋服务＋商务”等一站式信息服务。全市

838 个镇街智慧大屏上线试运行，智慧大屏已上线镇街覆盖 IPTV 用户累计达 227 万户。

三、聚焦数据要素，农业农村数字基础持续夯实

1）加速完成数据资源归集。根据数字重庆应用“一本账”建设要求，将“三农”领域 19 个应用系统、225 类数据项全部迁移纳入市级公共数据仓体系，共归集数据项 3920 个，汇聚数据 2300 万条，基础数据归集率和共享率均为 100%。

2）推动业务协同和数据共享。初步建成涵盖核心指标、重点核心业务、数字化应用、数字化能力支撑及农业产业大脑五个板块的“数字三农”驾驶舱，整合接入数字化应用 10 个，已建成市农业农村委部门数据仓，“政务・长江治渔”应用专题库同步建设中。与农业农村部大数据发展中心签署合作备忘录，在大数据公共平台基座、“全农码”、耕地种植用途管控和农事直通建设等方面开展合作，形成部市共建共享数据资源新格局。

3）构建“地块级”数字底图。完成全市农业时空数据库和农业生产智能化分析平台建设，绘制水稻、玉米、油菜、柠檬等 13 种作物精准分布图，覆盖作物面积达 2700 多万亩。

四、加强示范引领，数字农业应用场景不断扩大

大力实施智慧农业“四大行动”，持续推进现代信息技术在农业农村领域创新应用，积极打造数字化应用新场景，不断扩大智慧农业应用范围，农业生产信息化水平不断提升。2023 年，共新建市级智慧农业试验示范基地 20 个，累计建成 290 个，其中，数字猪场解决方案、无人对靶施药机器人等 4 个案例入选 2023 年全国智慧农业建设优秀案例。大力推进国家数字乡村试点建设，全市数字乡村发展水平位居全国第八位，渝北区、巴南区在国家数字乡村试点终期评估中分列全国第六位（西部第一）、第八位（西部第二），垫江县、大足区、荣昌区排列靠前。

五、突出平台打造，数字农商发展规模不断壮大

大力实施“互联网 +”农产品出村进城工程，大力发展数字农业电商直播新业态，依托“巴味渝珍”市级区域公用品牌运营能力及品牌化数字化实践基础，建设数字农业电商直播产业园，开展数字农业电商直播产业园区域分中心、农副产品直播基地遴选，已在万州、黔江、巴南等 10 个区县建立“10”个数字农业电商直播产业园分中心，在重庆市磁器口陈麻花食品有限公司、重庆秦妈食品有限公司、重庆市涪陵区洪丽食品有限责任公司等企业及基地建设“100”个农副产品直播基地，进行 1000 名“三农”网红人才培育，打造数字农业电商直播“1+10+100+1000”产业体系。2023 年，全市农产品网络零售额突破 208 亿元，持续保持两位数增长。

六、强化智治赋能，乡村治理数字化水平不断提升

1）持续加强农村党务、政务、村务信息化建设。推进全国党员管理信息化工程建设，完善农村党员教育信息化平台功能，迭代建设党员教育“中央厨房”2.0 版本，全面升级功能模块。

2）增强农村社会综合治理数字化能力。全面推进“雪亮乡村”建设，加快农村地区公共安全视频监控补点扫盲工作，已实现全市所有行政村主要进出路口视频监控全覆盖，全

市新增农村地区视频监控3万余路。依托一体化智能化公共数据平台，统筹建设、全面部署一体化治理智治平台，构建镇街、村、网格数字化全息地图，对应“四板块”设置四条跑道和多跨事项，实现基层情况一屏总览、紧急事件一键调度、重点任务一网通办。平台上线以来，网格上报事件166万余件，办结率达99.7%。

3）持续完善农村智慧应急管理体系。初步完成数字应急数据底座，截至2023年底，共接入485类数据，数据总量达993万余条。

七、加强数字服务，农业农村信息服务能力不断增强

持续开展农村信息服务体系建设，聚焦5G助力数字农业农村建设在益农信息社示范点落地一系列应用，做深做实“四项服务”，建设信息进村入户工程良好生态联盟。发挥益农信息社贴近农民和村级信息员扎根农村的特点，推进农村信息服务站点“多站合一、一站多用”。持续推进农民手机应用技能提升，开展“新农具提升农民数字技能　渝益农助力数字乡村建设”培训活动，线上线下累计培训覆盖674万人次，居同期同类培训排名第一位。

八、强化技术攻关，数字农业创新应用不断突破

2023年，争取获批实施国家数字农业区域创新分中心（西南）和渝北设施农业、丰都肉牛2个国家数字农业创新应用基地项目，累计实施国家数字农业项目8个。市级“5G+智慧农业”创新应用实验室和“区块链+农业”创新应用实验室在种植、养殖和种业建设方面不断应用数字技术赋能农业生产，打造出数智稻田、种苗工厂、智慧果园等多种数字农业新模式，形成科技成果9项。创新“数字农业+金融+保险”等融合发展模式，探索开发“农品慧”“农牧慧”等数字化产品，其中“农品慧”自上线以来，完成农产品交易额超20亿元，开票金额达13.69亿元。

第三节　当前工作中存在的问题与困难

2023年，农业农村信息化工作虽然取得了一定成效，但仍面临着数字基础设施相对薄弱、数据要素价值挖掘不够、数字技术创新应用不强、数字人才支撑能力不足等问题挑战。

一、数字基础设施相对薄弱

网络基础设施建设滞后，一批关键性支撑系统还未能建立，农业生产基地4G、5G信号盲点仍然较多，农业生产领域信息化应用水平偏低。

二、数据要素价值挖掘不够

农业农村大数据建设顶层设计不够完善、体制机制不够健全，数据整合共享不够充分，应用场景不够丰富，数据要素价值挖掘利用不够充分。

三、数字技术创新应用不强

支撑数字农业发展的“产学研”技术力量较薄弱，科技创新平台和中试基地等落地载体较少，具备自主知识产权的农业专用传感器缺乏，农业机器人、智能农机装备适应性较

差，可复制可推广的成熟成套技术和应用模式有限。

四、数字人才支撑能力不足

农业从业人员年龄偏高、文化水平普遍较低，对互联网信息技术了解应用较少，难以应用数字化农业技术，部分惠及群众的数字化服务在末端的推广难度大。基层干部对数字农业农村发展认识不够，既懂产业发展又懂信息化的专业技术人才严重匮乏。

第四节 下一步工作计划

围绕乡村振兴战略和2024年中央一号文件精神，按照重庆市委、市政府“三农”工作安排及数字重庆建设总体要求，坚持“1+4+3+*N*”发展思路，突出5项重点工作，持续推动数字技术与农业农村经济深度融合，全面推进农业农村数字化转型升级。

一、探索打造1个“渝农大脑”

统筹谋划，分步实施，打造全市“三农”信息化决策、管理、服务的核心支撑平台和涉农系统整合的底座“大脑”。

二、夯实4个数字基础

以农村耕地、宅基地、集体建设用地“三块地”数据为基础，采用卫星遥感、无人机监测等技术，加快绘制农地“一张图”；依托“村村旺·农服通”智慧农业服务应用，全方位构建农业社会化服务体系，完善农事“一张网”；围绕农户信用体系建设，用大数据为农户、农业经营主体精准“建档画像”，健全农信“一本账”；依托“全农码”建立统一的农业农村数字身份体系，实现“人、物、地、事、财”要素资源关联，建设农品“一码通”。

三、推进3个技术模式创新

1）推动智慧农业标识解析创新。构建智慧农业标识解析体系，建设“统一管理、互联互通、安全可靠”的新型数字农业基础设施，提供顶级标识解析服务，打造可复制推广的融合创新应用。

2）建立智慧农业能力组件资源库。把多年积累、行之有效的传统农技、农艺、生产工具和经验等成果程序化、软件化，通过举办开发者大会，引导各类市场主体参与应用开发，实现“一地创新、全网共享”。

3）构建一、二、三产业融合生态圈。集聚农业农村领域的数创企业和人才，推进“政、产、学、研、用”五位一体融合发展，基于产品综合解决方案，打通一、二、三产业全链条。

四、推动*N*个应用场景落地

积极探索发展“产业大脑 + 未来工厂 + 未来农场 + 未来市场”模式，建设生猪、榨菜、柑橘、脆李等产业大脑，打造“长江治渔”“渝悦·防贫”“种粮宝”“渝农经管”“渝农快票”等数字化重点应用，落地*N*个数字化应用场景，着力推动“三农”工作体系重构、业务流程再造、体制机制重塑，实现农业农村发展质量变革、效率变革、动力变革。

五、突出抓好 5 项重点工作

1）加快“数字基地”建设。推进数字应用推广基地打造，2024 年，计划新建智慧农业试验示范基地 20 个。积极开展智慧农业引领区创建，以区县为单位谋划推进，探索形成区域性的整体解决方案。

2）壮大“数字农商”发展。有效统筹整合头部资源力量，深化拓展数字农业电商直播“1+10+100+1000”产业体系建设，促进农产品网络销售持续健康发展。2024 年，农产品电商网络零售额力争达到 220 亿元。

3）抓实“3 个核心绩效”工作。持续推进梳理核心业务，进一步细化业务事项编目，编制农业农村数字化 2024 年实施方案；推进数据归集共享，完善数据共享工作机制，加快建设应用专题库，基础数据归集率和共享率保持 100%；深化细化“一件事”谋划，做好进入“一本账”应用开发方案的编制工作，指导区县谋划“一件事”和审核工作，上线运行一批“一件事”典型应用。

4）强化“数字技术”创新。整合中国联通乡村振兴（重庆）数字产业研究院、国家数字农业区域创新分中心（西南）、重庆五所高校智慧农业学院、农业农村部西南山地智慧农业技术重点实验室（部省共建）等力量，打造一支数字“三农”创新团队，强化核心技术攻关。创新“数字农业 + 金融 + 保险”等融合发展模式，强化“农品慧”推广应用，探索培育“富慧养”等数字金融产品。

5）加强“数字素养”提升。构建生态，整合力量，合力助推西南大学等五所高校智慧农业学院建设，打造一批智慧农业产教融合实践基地，着力专业化人才培养。立足数字农业电商直播产业园，培育重庆千名乡土网红。广泛开展农民手机应用技能培训活动，全面提升农民数字素养。

第二十六章 四川 26

2023 年，四川省农业农村系统始终把农业农村信息化作为乡村振兴的新动能，积极探索智慧农业发展新模式，把智慧农业作为新时代新征程加快农业现代化的大事要事来抓，采取切实措施，将数字技术贯穿到农业发展的各领域各环节，提升农业生产、经营、管理及服务信息化、农村生活服务数字化水平，积累了较为丰富的经验。

第一节 农业农村信息化发展现状

一、2023 年农业农村信息化基本情况

2023 年，按照党中央、国务院关于实施数字乡村发展战略的决策部署，认真落实《中共中央 国务院关于做好 2023 年全面推进乡村振兴重点工作的意见》《数字中国建设整体布局规划》部署要求，深入实施《数字乡村发展战略纲要》《数字乡村发展行动计划（2022—2025 年）》，切实落实智慧农业赋能农业农村现代化总体思路，稳步推进天府粮仓数字中心建设，召开全省智慧农业现场推进会，推进智慧农业试点县建设，评选农业农村信息化示范基地，打造各类农业生产数字化应用场景，推动大数据、人工智能等新一代信息技术与农业深度融合，加快农业生产方式智慧变革，为全省农业农村信息化建设提供了有力支撑，以信息技术赋能乡村产业发展、乡村建设和乡村治理，整体带动农业农村现代化发展、促进农村农民共同富裕，推动全省农业农村信息化建设迈上新台阶。

二、农业农村信息化重点领域进展及成效

1）农业农村信息化基础设施持续优化。持续实施农村地区 5G 网络覆盖，延伸覆盖景区、道路和边牧等重点场景，全省行政村 5G 网络通达率达 82%，较 2022 年底增加 32%。全省农村宽带用户达 1570 万户，位列全国第一。提前四个月完成民生实事 1200 个 4G 基站建设，2023 年，优先采用 5G 方式建设 400 个基站，在远牧点、边界地区和重点道路沿线等信号薄弱区域，投入资金 2.1 亿元。加力加速支撑全省旅游经济发展，克服高原冻土等恶劣自然条件，创新打造四川特色绿色低碳光伏基站应用示范。支持三州地区太阳能供电基站课题研究，加快推进技术攻关，打造具有四川特色的绿色低碳光伏基站应用示范。

2）持续提高农业生产信息化水平。近年来，全省按照中央、省农业农村信息化建设发展战略，广泛运用物联网、云计算、大数据、人工智能等信息技术手段，加快提升全省农业农村信息化水平。出台相关政策文件，指导各地做好智慧农业建设和管理，实现数字技术与区域农业生产的深度融合。在成都大邑召开全省数字农业现场推进会，系统谋划未来一段时间智慧农业的发展路径。种植业方面，大邑县建设“数智粮油”服务系统，打造全

省首个“无人农场”，形成粮食生产数字化“平台＋中心＋农场”的市场运营模式。畜禽养殖方面，三台县推动生猪产业全链条智慧养殖，开发环控、饲喂、能耗数据采集系统，建设养殖大数据综合分析平台，有效提升产品品质、降低生产成本。水产养殖方面，天全县投入900万元打造渔业数字化、信息化、智能化应用场景；通威集团有限公司等龙头企业率先推广水体环境实时监控、饵料精准投放、病害监测预警等技术，打造数字化养殖模式。一些地方探索运用信息化技术赋能耕地用途管控取得一定成效。例如，德阳市旌阳区通过“三个一”举措（即整合数据，编制一张“耕地基础信息图”；收纳规整，赋予每个地块“身份证”；科学管控，用好一个追踪App），实现从静态管到动态管、从被动管到主动管、从粗放管到精准管的“三个转变”，有效防止了耕地“非农化”“非粮化”，确保“良田粮用”，探索形成一套耕地用途数字化管控模式。

3）积极推进智慧农业试点示范。近年来，大邑县、南充市嘉陵区、三台县、苍溪县、新津区5个县（区）在水稻、生猪、蔬菜、猕猴桃等领域成功获批国家级数字农业创新应用基地；邛崃市、三台县、宜宾市翠屏区、宁南县4个县（市、区）被认定为全国农业农村信息化示范基地；眉山市彭山区、沐川县、德阳市旌阳区等16个县（市、区）成功创建省级智慧农业试点县，累计投入省级财政资金4759.5万元。全省累计认定国家级数字乡村试点地区4个、省级数字乡村试点地区20个。通过持续不断地试点建设，不断探索数字技术赋能现代农业发展的实践路径，通过试点示范总结符合全省实际的可推广、可复制、可借鉴的智慧农业成功经验和模式，发挥示范引领作用。

4）试行推广运用“川善治”乡村治理平台。与省乡村振兴局联合试行推广运用“川善治”乡村治理平台（微信小程序），作为全省开展“积分制、清单制＋数字化”乡村治理试点和助力村级治理数字化、信息化的平台工具。通过一年时间试运行，逐步在全省的村（农村社区）推广运用“川善治”乡村治理平台。将腾讯公司与农业农村部合作的“耕耘者”振兴计划培训体系、“为村耕耘者”学习平台和“川善治”乡村治理平台有机融合，构建学习型、智能型、数字型乡村治理模式，打造具有全国影响力的乡村治理典型示范。截至2023年底，“川善治”已入驻村庄2039个，服务村民526833人，已推出大喇叭、村民说事、书记公开信、大事记、党群服务日记、通知和“三务”公开七大功能板块，其中，大喇叭5249条、村民说事1247条、书记公开信14488封、大事记4696件、党群服务日记64642篇、通知33079条、“三务”公开63915条。后续，还将根据用户要求持续对乡村治理其他方面的功能进行更新完善。

5）全省农民手机应用技能培训取得实效。联合中国电信、中国移动、中国联通等运营商，结合新型职业农民、农技推广服务等培训，结合线上线下，充分发挥手机“新农具”在发展农业生产、便利农村生活、促进农民增收等方面的积极作用，掀起了一波“农民学手机活动热潮”。一方面，进一步提升信息服务水平，向农民普及12316“三农”服务热线，有效开辟农业公益服务渠道，农民可从中了解技术推广、农业农村政策法规、市场动态、供求信息、动植物疫病防治、土地流转等涉农信息。另一方面，进一步提升高素质农民数量，仅绵阳市高素质农民新增人数就达到2200人，累计达到2.52万人；农村实用人才8.85万人，今年新增2500人；培训乡村产业振兴“头雁”带头人122人，建成省级高素质农民实训基地5个、精品考察学习线路5条、市级实训基地27个，带动农民使用手机培训 12.4 万人（次）。

三、存在的问题和困难

近年来，全省在农田水利设施、畜禽水产工厂化养殖、农产品加工贮运等方面对智慧农业应用需求较多，与先进省份相比，四川省信息化建设还存在财政资金投入不足、基础设施欠账多的问题，主要体现在以下几方面。

1）智慧农业标准不“多”。截至2023年底，国家还未制定统一的数字农业建设规范及标准体系。各部门、科研院所、企业等往往依据自身需求，建设了众多不同类型的信息平台，各平台之间无法互联互通互享，信息孤岛现象突出。

2）农村基础设施“弱”。现代农业园区、智慧农业示范基地建设仍处于起步阶段，山地、丘陵地区智能农机装备研发应用不够。智慧农业应用场景呈“点状”分布，个别应用场景存在“重硬件、轻数据”“大屏显示多、实际应用少”等问题。

3）融合应用不够“深”。全省农业生产信息化率相对较低，部门间各类涉农数据分散，信息孤岛问题突出，缺乏统一的综合管理平台。要素保障亟待加强，各级财政对智慧农业数字建设投入较少，尚未建立稳定投入机制，难以撬动社会资本投入。

4）专业技术人才“缺”。基层工作人员对农业农村信息化接受度不高，既懂农业生产、又熟悉信息化的专业人才相对缺乏。掌握数字技能的新型农民占比低，难以满足智能化生产需求。

四、下一步工作重点

1）深入推进涉农数据资源利用。加快构建省级农业农村大数据平台，拓展遥感、物联网、互联网等数据采集渠道，广泛汇聚智慧农业各方面数据资源。横向上加强自然资源、水利、气象、统计等省级部门的耕地、水资源、气象等数据联动。纵向上贯通省、市、县三个层级，建立涉农数据资源共建共享、协调联动的机制体制。加快建设全省农业农村用地“一张图”，构建农事服务“一张网”。

2）建立健全智慧农业标准体系。编制智慧农业通用技术规范和技术标准，围绕大田种植、设施种植、畜牧业、渔业及农业全产业链数字化转型、农业农村管理服务精准化等，形成智慧农业技术集成解决方案。市、县要在抓好国家、省级标准应用基础上，结合主要产业情况，加快制定地方标准。

3）着力打造智慧农业应用场景。围绕农业生产、农田水利建设、农产品加工贮运等方面，聚焦生产、加工、流通、销售等环节，加快制定智慧农业通用基础、数据要素、场景应用等行业标准。着力建设省级智慧农业引领区，分品种分区域探索建设一批高水平的智慧农场、智慧牧场、智慧渔场。

4）加大支持智慧农业发展政策。积极争取中央、省级财政专项资金，加大智慧农业项目支持，扩大智能农机购置与应用补贴支持，推动现代农业产业园、优势特色产业集群等对智慧农业予以倾斜支持。鼓励各地通过以奖代补、贷款贴息等方式，引导社会资本有序参与智慧农业建设；培育一批智慧农业重点企业，打造一批智慧农业典范，培育一批智慧农业专业人才。

第二节 农业农村电子商务发展现状

一、工作开展情况

1）持续推进国家级农村电商项目建设。2023 年，全省国家级电子商务进农村综合示范项目建成县、乡、村三级电商（物流）服务站点共 107 个，培训 4.56 万人，带动就业 27.91 万人；2023 年，全省农村网络零售额达 2553.8 亿元，同比增长 24.7%；农产品网络零售额达 503.2 亿元，同比增长 13.9%。

2）组织 2023 年乡村治理电子商务领域干部人才培训。全省各市（州）、各县（市、区）商务主管部门农村电商相关负责人及具体开展农村电商工作的干部共计 690 人参加培训，提升了基层商务主管部门应用农村电商促进农业农村发展的能力和水平。

3）持续打造“川货电商节”数字生活消费品牌。2023 年，“川货电商节”以市场化手段开展，川酒、川茶、川调料、川食品及四川老字号、非遗、地标等各类目品质品牌川货单品 2 万余个，开展为期 1 个月的网上促消费活动，京东、美团、抖音等重点电商平台配发消费券支持，线上线下超过 7000 万人参与。

4）开创“农产品 + 地方文化”的直播新模式。邀请东方甄选、辛选集团、“广州芈姐”等头部 MCN 机构来川开展直播带货四川专场活动，单场销售额均突破 1 亿元，带货超过 200 个巴蜀好物品牌，直播间最高同时在线人数超过 35 万人次，助力优质川货直播出川。2023 年，全省直播网络零售额达 783.5 亿元，同比增长 23.8%。

5）开展电商公共服务资源市州行活动，共开展 3 次，组织行业协会、龙头企业、头部主播等优质资源下沉，为中小微企业、个体经营户提供人才、信息资源、行业咨询等产业链资源整合的数字化公共服务，加快推进全省中小微企业数字化转型。

6）开展“四川主播学全国”活动。由分管厅领导带队，来自全省 13 个市（州）、18 个县（市、区）商务体系、省级电商新业态基地、MCN 机构、品牌企业、主播达人等近 100 人参加，在杭州成功举办四川主播学全国·浙江站资源对接会。邀请杭州本地直播基地、MCN 机构、供应链企业、主播达人团队等 50 余人，向杭州主播团队推荐品质川货，对接专场直播活动 4 场，成功签约 16 笔。

7）打造数字生活消费新场景。评选“蜀里安逸”数字生活消费新场景 5 个，指导县（市、区）打造产品高品质、业态多元化、消费全平台的电商新业态集聚高地。

二、2024 年工作计划

1）推动农村现代物流融合发展。开展“交商邮供”合作，继续合力共建农村客货邮体系，探索打通农村末端物流的“最后一公里”，降低农村电商物流成本。

2）从人才端夯实农村电商发展后劲。针对返乡创业大学生、致富带头人等开展多形式的农村电商培训，注重学习成果转化；继续开展乡村治理电子商务领域干部人才培训，提升商务系统相关工作人员工作能力。

3）聚焦聚力开展网络促消费活动。以电商思维打造“网红”产品，提升四川品牌网络竞争力，推动全省网上消费持续稳定增长。

4）培育壮大电商主体。推动电商要素集中集聚，提升电商园区数字化赋能能力，夯实四川电商发展根基；优化网上营商环境，建设全国电商发展先行省。

第三节 “互联网 +”农产品出村进城工程

四川省积极推进“互联网 +”农产品出村进城工程，重点围绕农产品供应链体系建设、特色农产品大数据开发、平台服务新业态模式创新等领域进行积极探索实践，扎扎实实做好各项工作，形成一批可复制、可推广的推进模式，切实发挥引领带动作用，取得了一定成效。

一、工作开展情况

1）市场导向的农产品生产体系建设逐步完善。依托优势特色产业，打造优质特色农产品供应链体系。全省遴选出的每个试点县针对各自资源禀赋优越、产业优势较强、有规模化种植（养殖）基础的特色农产品开展试点，因地制宜、因产品而宜，探索打造了适应网络销售的农产品供应链体系。

2）农产品网络销售服务体系逐步健全。全省试点县主要是采用市场化机制进行推进，依托试点参与企业及农业龙头企业、合作社、产业协会、信息进村入户运营商、电商企业等各类组织，因地制宜建立农产品产业化运营主体作为“互联网 +”农产品出村进城工程的推进主体。随着网络销售渠道不断拓宽，创新型营销模式层出不穷，不同类型的企业面向农产品出村进城的不同环节，开展专业化或综合化的服务，以各自不同的形式参与到网络销售服务体系建设中。通过与京东、淘宝、拼多多、有赞、832 扶贫网（脱贫地区农副产品网络销售平台）等平台合作，开设京东特色馆、网络店铺；通过有赞小店、一亩田、微店、环球捕手、贝店等平台，打造地方特色产品，增强网络品牌效应，为全省试点县特色产品打开网销之路。

3）整合资源，逐步打造全省农业农村新业态。全省实施“互联网 +”农产品出村进城工程不是另起炉灶，而是试点县根据自身情况和特点，在现有工作基础上查缺补漏、改造提升。在基础设施方面，全省积极引导试点县充分利用现有的标准化种养殖基地、智慧农业、产地初加工等项目，以及农产品仓储保鲜冷链物流设施建设工程等，建设完善生产、加工、包装、仓储等基础设施建设，推进设施设备共建共享，提升产地农产品的商品化处理。

4）促进全省农业农村全产业链数字化转型逐步凸显。作为数字乡村建设的重要内容，全省“互联网 +”农产品出村进城工程试点还承载着助力农业产业数字化转型、促进农村互联网新业态新模式发展的探索性建设任务。农产品出村进城连接着农产品的产销两端，覆盖农业全产业链的各个关键环节。

二、存在的问题

1）农产品竞争力不足。品牌影响力较低，全省农产品品牌化仍处在起步阶段，目前具有凝聚力的品牌还比较少，同时品牌缺文化、少特色，缺少包装；加工农产品还不多，大多数特色农产品仅停留在鲜销售阶段，深加工产品较少，产品附加值较低；农产品品质参差不齐，部分农产品生产管理标准不一，导致优质农产品不多，农民收益不明显。

2）农产品网络营销比例较低。农产品网络营销人才缺乏，各试点县普遍存在专业化的信息技术人才和网络营销人才十分稀少的情况，导致农产品的网络营销一直较为落后；冷链物流水平有限，全省农产品大多以鲜销为主，现有的物流发展水平还有待提高，加上专业化物流企业和人才欠缺，难以满足农产品网络营销的要求。

三、政策建议

1）加强农产品质量安全监管体系建设。试点县继续建立健全农产品质量安全追溯管理系统，以标准化、市场化、可追溯为要求，以试点推荐产品为主，按照“2+6 产业基地”现代农业总体布局，建设特色产业全程可追溯的农产品溯源示范基地，建立农产品溯源平台系统，做到全链信息可查可追溯，支持区域主要农特产品专业质量检测，打造“品质分级化、包装标准化、产品编码化”农产品电商质量控制体系。

2）加快智慧农业人才培养和队伍建设。加强农业人才队伍数字化建设，建立数字化人才培育机制，充分利用信息化手段，增设网络课堂，扩大人才培养范围；组建智慧农业专家库，加强与四川农业大学、四川省农业科学院等高校、科研院所和信息化企业的深度合作，强化“互联网＋农业”知识的培养，在现代农业示范（产业）园区、大中型种养企业、专业合作社的专业技能和知识更新培训中，有意识、有目的地增加农业信息化新知识和新技能应用的专题课程，使信息化新技术能用会用，为智慧农业发展提供人才支撑和保障。

第二十七章 云南 27

第一节 农业农村信息化发展现状

按照《“十四五”数字云南规划》和《云南省数字经济发展三年行动方案（2022—2024年）》关于数字农业发展有关工作要求，2023年围绕数字赋能乡村振兴战略实施，坚持以产业数字化、数字产业化为主线，通过打基础、建平台、促应用、拓服务，加快推动现代信息技术与农业生产经营深度融合，为全面推进乡村振兴、加快农业农村现代化注入新动能。

一、农业农村信息化重点领域进展及成效

（一）农业农村信息化基础设施不断完善

云南省行政村4G网络和光纤网络实现100%覆盖，自然村4G网络覆盖率达95%，行政村5G网络覆盖率达95.34%，农村家庭宽带基本具备100兆比特/秒以上接入能力。截至2023年10月，全省新建5G基站32669个，5G基站总量达98727个，5G基站总量居全国第14位，西部排名第2位，抵边行政村5G网络覆盖率达100%。万兆无源光网络（10G-PON）端口总数达457012个，千兆光网已覆盖到乡镇层级，满足用户高带宽、低时延需求。

（二）农业农村大数据持续发展

立足全省农业行业大数据产业发展基础和发展实际，聚焦农业行业大数据汇聚，充分调动企业、科研单位等多元市场主体共同参与农业农村大数据建设。

1）推进省级农业农村大数据中心应用模块开发。加快涉农数据向云南农业农村大数据中心汇聚，通过大数据中心数据共享门户发布，支持省专题数据库建设。

2）支持云南农业大学成功申报建设云南农业行业大数据中心（科研行业），依托科研机构研发、技术优势，探索大数据与行业深度融合应用场景，带动全行业数字化转型。

3）鼓励市场主体积极参与农业农村大数据开发利用。各地各类型主体依托产业资源和主体资源优势，建设数据平台，探索推进全产业链数字化转型。

（三）农业生产数字化水平大幅提高

依托省级数字农业创新应用基地，打造一批典型应用场景，牵引带动农业全产业链数字化转型。围绕粮食、茶叶、花卉、蔬菜、水果、坚果、咖啡、中药材、牛羊、生猪、食用菌等重点产业，推进5G、物联网、大数据、区块链、卫星定位等数字技术在耕种、施肥、饲喂、病虫害防治、资源环境监测、采收、加工、销售等环节的应用，形成可示范推广的典型数字农业创新应用场景。连续三年投入财政资金共3000万元，支持建设60个省级数字农业创新应用基地。督促新平柑橘国家数字农业创新应用基地建设，截至2023年

底，已完成项目初步验收。

（四）农业经营信息化明显提高

1）持续推进流通信息化。省农业农村厅制定印发了《云南省农产品产地仓储保鲜冷链物流建设三年行动方案（2023—2025 年）》，指导支持各州（市）加快冷链物流数字化发展，鼓励农产品产地冷链集配中心、骨干冷链物流基地等加大冷链物流设施数字化改造力度，推动冷链货物、场站设施、载运装备等要素数据化、可视化，实现各作业环节数据自动化采集传输。鼓励冷链物流基地、行业协会等搭建市场化运作的产地冷链物流信息平台，支持其平台与云南省农业农村大数据中心进行数据交换与共享，为仓储保鲜、分拨配送、冷藏加工等业务提供平台组织支撑。新建产地冷藏保鲜设施 450 个，争取国家现代设施农业创新引领基地（冷链物流）1 个。

2）创新推动品牌信息化。持续加大品牌培育发展支持力度，打造“区域品牌 + 企业品牌 + 产品品牌”的“绿色云品”品牌矩阵。建立完善“绿色云品”品牌目录制度，776 个优质品牌纳入目录管理，3 个品牌入选全国农业品牌精品培育名单。依托信息化手段积极推进产品、管理、营销等创新，搭建了以微信公众号视频号、抖音、小红书为主体的“一微一抖一红”新媒体传播矩阵。开展品牌形象设计，推出“云品小象”品鉴官。针对云品主要目标市场，选择以上海为中心，覆盖长三角和京津冀等核心区域的和谐号大编组列车进行冠名，建立流动的广告牌，持续举办线下展示推介活动，稳步提升“绿色云品”品牌影响力。

3）持续拓展农产品线上销售。深入实施“互联网 +”农产品出村进城工程，益农信息社行政村覆盖率达 100%。截至 2023 年底，依托益农信息社开展便民服务累计 91.22 万人次，累计金额达 1.975 亿元。主动对接阿里巴巴、京东、盒马鲜生、叮咚买菜、拼多多等国内知名电商平台和渠道商在云南建设直采直供直销基地，全国首个且最大“有机盒马村”落地昆明，农村电商持续较快发展。据省商务厅反馈，2023 年全省实现农产品网络零售额 534.4 亿元，同比增长 30.5%。

（五）乡村数字治理效能不断提升

省农业农村厅积极配合省委网信办协同推进数字乡村建设，印发省数字乡村建设年度工作要点，在智慧旅游、乡村数字化“智理”、数字农业等方面做出有益探索。共同组织开展了一批省级数字乡村试点，昭通市绥江县等 13 个县（市、区）作为首批省级数字乡村试点地区，加快打造国家、省级示范标杆。积极推进“互联网 + 政务服务”向乡村延伸，全省政务服务事项网上可办率达到 98.02%，全程网办率达到 81.97%；企业和群众办事主动评价率为 94.11%，好评率达到 99.99%。“一部手机办事通”持续打造“办事不求人、审批不见面、最多跑一次”的政务服务新环境，已上线 23 个主题共 1461 个事项，注册人数突破 3500 万人，办件量超过 1.4 亿件。党建、医保、社会保障、市场监管、住房保障、税务服务、交通运输、生态环境、林草、扶贫救治等方面的数字化管理水平不断提升，智慧边防建设走在全国前列。依托“智慧党建”平台和党员教育数据资源，创新研发使用“智慧党教”信息化管理系统，开设培训班 1.57 万期，培训党员 201 万人次。推进“互联网 + 公共法律服务”建设，发挥全省市县乡村全覆盖的 1.6 万个公共法律服务实体平台作用，运用“云南掌上 12348”微信公众号、云南法网、12348 热线和全省村居全覆盖的 14589 台“乡村法治通”公共法律服务机器人，为乡村基层群众提供覆盖城乡、便捷高效、均等普惠的公共法律服务。进一步发挥公共法律服务网络平台优势，2023年公共法律服务网络平台累计访问量达4626533人次，提供智能法律服务咨询175632人次，出具法律意见书71078份。加强农村智慧应急管理体系建设，建成全省灾情会商系统，连通省委办公厅、省政府办公厅等56个省级部门，覆盖省、州（市）、县（市、区）三级党委、政府、应急管理部门和全省1207个乡镇共1698家单位。培训全省应急管理人员、乡镇领导、村组灾害信息员共3.64万人，并在手机端安装灾情会商系统App。为全省1207个乡镇配备370兆赫应急指挥集群无线通信网POC公网对讲终端，实现应急管理部与省、州（市）、县（市、区）三级党委、政府、应急管理部门和全省乡镇日常调度、灾害事故救援任务中的通信保障。

（六）农业农村信息化服务更健全

1）持续推进"益农信息社建设"。截至2023年底，全省制作悬挂"益农信息社"标识牌12762个，其中中心站40个、专业型1586个、标准型2354个、简易型8782个，行政村覆盖率达100%。村级信息员累计培训数量达9.104万人次，累计发布信息7.27万条，依托益农信息社或平台便民服务累计人数达91.22万人次，依托益农信息社或平台便民服务的累计金额达4.373亿元，依托益农信息社或平台农产品交易的累计金额超过1.975亿元。

2）多层次、多形式组织开展农民手机应用技能培训活动。整合优质培训资源，充分利用各类农业培训项目，开展贯穿全年的"提升农民数字技能 助力数字乡村建设"培训周推广活动，结合高素质农民培育、农民工技能培训等活动制定农民手机应用技能培训方案。通过线上线下结合，线上以微信群、QQ群、村委会小喇叭为媒介，积极发动手机应用基础好的农民，在"农民学手机""云上智农"App或关注"农民学手机"快手号参加学习；线下深入村寨、田间地头，面对面、手把手地教农民学手机、用手机，解决农民生产经营中手机应用存在的问题。2023年，自培训开展以来，全省结合地方需求和特点，以农民喜闻乐见的方式开展手机技能培训活动，共举办培训班895期，培训农民11.39万人次，发放光盘、书籍、明白纸等各类农村实用技术资料8.84万份，跟踪回访学员6155人次。通过培训使农民懂得依托手机、网络等载体，学习各种生产经营等知识，有效拓宽了农户获取信息的渠道，提高了信息向生产应用能力和销售能力转化的效率，提高了农民防范电信诈骗、网络诈骗的能力。

3）全面落实全民数字素养与技能提升月工作安排。依托农业科教云平台"云上智农"开展"科技助农在线讲"培训行动，开展了粮食作物类主推品种推介和先进实用技术培训。全年共培训基层农技推广人员、高素质农民培育教师、高素质农民培训班学员、有关新型经营主体带头人及相关农民群众共计2.6万人次，助力粮食生产和特色产业发展。

二、存在的问题与困难

（一）农业农村信息基础设施相对薄弱

云南省农业领域信息化建设起步晚，信息化基础不够完善，农业农村基础数据采集、分析、处理体系不健全，以及农田气象、耕地质量、土壤墒情、水文等监测点偏少等问题在一定程度上限制了农业生产过程中大范围推广和应用物联网、互联网、大数据等现代信息技术。加之信息化资金量少，一定程度上制约了农业农村信息化发展成效。

（二）智慧农业技术有效供给不足

基于2023年了解的情况看，核心农业信息传感器、智能决策模型算法及高端农业智能装备大多依赖进口，国产技术设备在稳定性、可靠性、精度等方面与国外产品还有一定差距。同时，缺乏针对小农户、小地块、多山地的实用便宜、技术门槛低的智慧设备。

（三）农业科技创新专业人才支撑不足

1）人才队伍结构不够合理。涉农科研机构中非专业人员比重大、管理人员偏多。农业科技人员，尤其是州（市）级从事传统产业的科技人员较多，从事蔬菜、水果、花卉等特色经济作物和林业、畜禽业、渔业的科技人才相比较少，新兴学科的农业科技人才匮乏，既掌握生产技术，又掌握互联网、物联网的综合性复合型人才则更是稀缺。

2）农业科技推广队伍较为薄弱。机构改革后，州（市）、县（市、区）级农业技术推广部门职能扩展，人员编制却减少，农技推广体系职能弱化，基层农技人员被大量抽调从事非技术领域工作，队伍不稳定，参与农业科技成果试验、示范和推广的力度不够，基层农业科技推广队伍人员配置与职能职责不相匹配。

（四）数字乡村工作成效还不明显

当前数字乡村工作的全面性还不够，更多是集中在少数试点地区。全省互联网基础设施仍需要加强，农民数字素养亟待提高，数字化助力农村数字经济发展成效还不明显，对农业生产的带动作用还不强。

三、下一步工作计划

（一）加快推进智慧农业建设

高质量推进20个省级数字农业创新应用基地建设，加快新平县国家数字种植业创新应用基地项目（柑橘）实施，加大典型示范挖掘提炼和推广借鉴。深入落实省委领导与华为技术有限公司负责人座谈会议精神，围绕花卉、中药材、咖啡等优势特色产业，探索开展云南农业AI试验示范区建设，力争在花卉智慧育种、设施国产化替代上率先实现突破，加快打造高科技、高品质、高原特色数字化农业。

（二）加快畅通农产品上行渠道

围绕农产品销售渠道拓展，深入推进“互联网+”农产品出村进城工程实施，继续实施信息进村入户工程，积极协同交通运输、商务部门深入推进电子商务进农村，加快推动县、乡、村三级寄递物流体系建设，推动农村客货邮融合发展。强化自媒体传播矩阵，持续打造农产品网络品牌，加速推进农特产品网货化，稳步提升线上销售份额。

（三）提升农业生产抗风险能力

督促指导各州、市严格落实“菜篮子”市长负责制，加大农产品主要批发市场、销地市场信息监测预测体系，提高对农产品价格监测预警和对生产种植的引导指导能力，全面提升政府在稳产、保供、稳价方面的调控能力。

（四）持续推进品牌培育

开展2024年度“绿色云品”品牌目录征集认定，持续做好微信公众号、视频号、抖音和小红书等“绿色云品”自媒体平台的常态化运营宣传，组织各类线下展示推介活动，强化“绿色云品”整体品牌形象的多场景应用推广。

（五）加大农业农村数字人才培训

积极争取中央专项资金的支持，细化工作内容，丰富形式载体，开展好高素质农民培育和农民手机应用技能培训。把手机应用技能培训融入全年农民培训工作，确保手机成为促进农民增收的重要工具和平台。继续依托农民教育培训开展手机技能培训，充分利用手机应用技能培训活动周系列专题活动，大力培养发展农村电商带货主播，不断创新农产品电商销售新模式，助力云南的高原特色农产品推向全国、推向世界。

第二节 持续推进“互联网＋”农产品出村进城工程

一、工作开展情况

2023年，省农业农村厅围绕打响云品品牌、畅通上行渠道、强化营销推广，深入推进“互联网＋”农产品出村进城工程实施，积极协同商务部门开展“数商兴农”行动，推进电子商务进农村，推动农产品线上消费持续增长。

1）全力打造“绿色云品”品牌矩阵。推广持续加大品牌培育发展支持力度，打造“区域品牌＋企业品牌＋产品品牌”的“绿色云品”品牌矩阵。从2018年起，连续5年从茶叶、花卉、蔬菜、水果、坚果、中药材、咖啡等重点产业开展云南省“10大名品”评选表彰，累计113家主体获得表彰奖励。省农业农村厅制定印发《云南省绿色云品品牌目录管理办法》，完成2023年“绿色云品”品牌目录征集遴选，共计776个品牌纳入目录管理。深入开展农业品牌精品培育，昭通苹果、蒙自石榴、普洱茶、保山小粒咖啡4个品牌入选全国农业品牌精品培育名单。

2）加快畅通农产品上行渠道。聚焦补齐农产品“最先一公里”冷链物流设施短板，制定印发《云南省农产品产地仓储保鲜冷链物流建设三年行动方案（2023—2025年）》，重点面向肉类、果蔬、花卉等优势特色生鲜农产品，因地制宜推动建设产地仓储保鲜设施，推动建成以产地冷链集配中心和产地仓储保鲜设施为支撑的冷链物流节点设施网络，与骨干冷链物流基地、销地集配中心等形成有效衔接、上下贯通、集约高效的农产品产地冷链物流服务网络。

3）不断强化农产品营销推广。配合商务部门举办“2023云南网上年货节”，助推云南特色原产地农产品成为线上“爆品”，活动持续近30天，带动全省农产品网络零售额达23.22亿元，茶叶、咖啡、传统滋补营养品为最热销商品。举办第五届“双品网购节”，全省各州（市）共组织开展55场电商促销活动，组织云南高原特色农产品、“三品一标”等产品上平台、做直播等营销活动，活动持续15天，带动农产品网络零售额约23.33亿元，占网络零售额的27.1%。组织全省优质农业企业参展第七届中国—南亚博览会和2023年中国国际旅游交易会，在南亚商品（茶叶）节的3天时间内，累计直播销售茶叶商品达0.18亿元。省农业农村厅联合省委网信办共同牵头主办“云南美好生活”2023电商直播节，组织开展云南好物选品大会、电商直播大赛等活动，通过直播节带动全省农产品网络零售额增长。与盒马鲜生、京东、抖音等大型电商平台在促消费、云品上行等领域加大合作，持续推进建设直采直供直销基地，打造有机蔬菜、牛油果、樱桃、番茄等一批盒马村。协同商务部门在京东和抖音平台搭建“云品乐购”专区，打造云品常态化营销阵地。结合云南绿色食品、大健康等产业，设置主会场、地标寻味、直播种草等栏目，涵盖云茶、云咖、云果、云花等高原特色农产品，专区已入驻云企超1200家，其中新注册店铺95家，销售额超10亿元，推动“云企卖云品，云品卖全国”。

二、工作成效

农村电商公共服务体系进一步完善，农产品网络零售额大幅增长。截至2023年底，全省累计建成县级电商服务中心124个，乡镇级电商服务中心1227个，村级服务网点7786个；建成县级物流配送中心123个，乡镇快递网点1131个，快递覆盖8430个行政村，行政村快递覆盖率为70.25%。全省累计农村电商培训人数为764940人次，电商带动全县就业人数为245290人，新增网商总数为35370个。电商拉动消费增长的作用持续提升，数据监测显示，2023年全省实现网络零售额534.4亿元，同比增长30.5%；全省限额以上单位通过公共网络实现的商品零售额达156.98亿元，同比增长34.2%，2023年全省农产品网络零售额达534.4亿元，同比增长30.5%。

三、存在的问题

1）农村电商发展迅猛但规模不大。近年来，云南省农村电商发展迅猛，但是与东部发达地区相比，存在农产品商品化率不足、电商企业整体竞争能力不强、规模小等问题。全省实物商品网络零售额占社会消费品零售总额比重明显低于全国平均水平。

2）农产品可电商化水平仍然较低。农产品生产企业小、散、弱，企业品牌意识不强，标准化、规模化生产程度低，网上市场竞争力弱。部分深加工农产品缺乏相应资质认证，不能在有影响力的平台上销售，制约着农产品规模上行。

3）农村物流配送体系仍不够完善。云南省农村以山区和半山区为主，农村物流基础设施落后，严重制约农村电商发展。农村快递物流小、散、杂，乡镇站点多为加盟、代理和承包网点，大多数行政村没有设立快递服务点，物流快递在及时性、可靠性、服务水平、运输成本方面存在短板。

四、下一步工作计划

1）持续推进品牌培育。开展2024年度"绿色云品"品牌目录征集认定，持续做好"绿色云品"自媒体平台的常态化运营宣传，强化"绿色云品"省域品牌形象应用推广。制定丰收节庆祝活动管理规范，组织开展2024年中国农民丰收节系列活动。深入推进脱贫地区品牌公益帮扶行动。

2）持续助推云品出滇。精心做好第六届中国国际茶叶博览会（杭州）、第八届中国—南亚博览会及第二十一届中国国际农产品交易会招组展，围绕北京、上海、粤港澳大湾区等重点目标市场，持续组织开展专场展示展销。支持农垦集团、机场集团等在机场、重点城市开设"绿色云品"营销体验店，大力发展农产品电商，建立带货主播达人名录库，打造云品销售典型平台。结合网上年货节、双品网购节等，联动各相关部门开展多维度、多形式的电商专题促销活动。

3）持续打牢流通基础。协调乡村振兴部门共同推动将农产品产地冷链物流设施项目纳入乡村建设项目库进行推进，推动建设以产地冷链集配中心和产地仓储保鲜设施为支撑的冷链物流节点设施网络，按农业农村部统一安排做好农产品骨干冷链物流基地和农产品产地冷链集配中心征集遴选申报，争取更多支持，打牢农产品产地冷链物流发展基础。

4）协同推动农业电商发展。推进电商进农村综合示范项目从"重建设"向"重运营"

转变，从“政府投入”向“市场运营”转变，从“资金投入”向“资源投入”转变。加大主体载体培育力度，支持传统商贸企业电商化转型，拓展农产品线上销售渠道。鼓励电商服务企业开发品质、品级、品位和性价比高的产品对接电商端，挖掘、培育、推广一批有区域特色、有市场潜力、有带动效应的农特产品网络品牌，打造“网红”产品。大力培养发展农村电商带货主播，不断创新农产品电商销售新模式，助力云南高原特色农产品推向全国、推向世界。

第二十八章 28

西藏

第一节 农业农村信息化发展现状

一、2023 年农业农村信息化基本情况

西藏自治区制定出台《数字西藏建设行动计划（2022—2025 年）》《西藏自治区数字经济发展实施方案（2022—2025 年）》，将农业农村信息化建设相关内容纳入到全区信息化规划和数字西藏建设整体工作中推动。自治区农业农村厅编制印发《西藏自治区数字农业建设实施方案（2022—2026 年）》，工程项目及场景布局实现了对各地（市）及其主导产业、各类产业园区、示范基地、试点县（市、区）的集成覆盖；完成《西藏数字农业建设项目可研报告》编制工作，启动了国产密码应用方案编制工作。

二、农业农村信息化重点领域进展及成效

（一）加快平台建设

搭建农牧云平台和全区农牧统一数据库，建设了青稞种植、设施农业生产、农机作业监测等物联网监测信息系统，搭建了农牧综合信息服务平台，开发了“西藏农牧”手机 App 应用端，整合各业务数据平台，汇聚农牧业宏观经济发展、农牧业物联网监测、青稞遥感分析、耕地等多源多类数据，绘制了全区农牧数据“一张图”，按照自治区电子政务中心和大数据中心的工作部署，开展溯源、数据整理、录入工作。截至 2023 年底，自治区大数据中心已经正式从自治区农业农村厅业务信息系统中提取数据，通过对数据的建模运算，为决策分析提供支撑。

（二）拓展数字化应用场景

加大数字农业创新应用基地项目储备、对接、争取力度，接续推进各类示范基地创建，加快建设工布江达国家数字农业（藏猪）创新应用基地，桑珠孜区国家数字农业（青稞）创新应用基地获批投资 1997 万元，加强单品种全产业链大数据建设；建成（或启动建设）拉萨设施蔬菜、日喀则青稞、山南藏鸡、林芝藏猪、芒康葡萄、那曲牦牛等一批智慧农业试点；接续创建西藏农牧学院和自治区农科院农业研究所 2 个服务型信息化示范基地。通过开展第三次全国土壤普查试点，构建了曲水县“土壤三普”数据库，装载了曲水县“土壤三普”试点基础数据、过程数据及成果数据，为“土壤三普”全面铺开数据库建设积累了经验、打下了基础。

（三）强化设施装备建设

在全区主要粮食生产区建成 10 个青稞大田种植物联网监测点，在堆龙德庆区设施农

业园 50 座温室大棚开展了设施农业生产物联网的应用，在日喀则市桑珠孜区、山南市乃东区、林芝市巴宜区试点开展青稞种植卫星遥感监测，全区初步实现 6 万余亩制种基地数字化管理；着力优化农机购置与应用补贴政策，继续将农业用北斗终端列入农机购置补贴机具种类范围，加大对作业监测、无人机等智能装备的支持力度，在全区 105 个农机合作社的 400 台深松机上安装了北斗定位系统和深松整地作业智能监测设备，2023 年争取经费 307 万元在全区 25 个县（市、区）试点无人机植保作业面积达 15 万亩；通过数字化方式办理了全区第一批农机驾驶牌证。加大现代种业科技创新力度，继续组织开展青稞育种联合攻关，加快分子育种技术、人工智能等技术在育种领域的应用。

（四）提高农产品质量安全追溯数字化水平

抓紧抓实农产品质量安全网格化管理，加强对“西藏自治区农产品质量安全智慧监管平台”和“智慧农安”网格化管理平台 App 培训和应用，将各级网格化监管员、协管员、信息员共计 6285 人的信息全部录入平台，实行动态管理，建立起纵向相通、横向相连、段段融合的全智慧监管体系。日常巡查、合格证开具、检验检测数据全部从平台报送，实现了高效、便捷、可靠等目标，推动乡镇农产品质量安全管理网格化、规范化、精准化，夯实监管“最后一公里”，在线上运行的同时，在乡镇实现了农产品质量安全网格化责任上墙公示。昌都市卡若区荣获全国“基层农产品质量安全网格化监管服务典范”荣誉称号。加强风险等级管控，将 2022、2023 年度抽检不合格样品来源主体全部纳入重点监管名录，作为自治区级每轮抽检必检对象，层层传导“严”的压力。全区共有自治区检测中心 1 个，地（市）检测中心 7 个，均已通过“双认证”；县级检测站 34 个，快速检测业务已运行。

（五）农业信息综合服务

西藏农牧综合信息服务平台已全部建成并投入使用。在 13 个试点村开展了线上线下相融合的信息服务试点工作，农牧综合信息服务手机 App 已在 12 个应用市场完成注册和认证，现已投入使用。完成信息进村入户试点工程 13 个站点的基础环境优化和服务平台开发，正式进入运营阶段；协同推进益农信息服务社建设，已建设完成 13 个，广泛开展便民信息、政务信息、电子商务信息等数字化服务；持续推进农牧民手机应用技能培训，将农牧民手机培训纳入中国农民丰收节系列活动，组织各地（市）于 2023 年 7 月 24—30 日开展农民手机培训周活动，充分发挥手机在发展农牧业生产、便利生活等方面的积极作用。

（六）提升乡村社会治理数字化水平

全区“雪亮工程”项目完成竣工验收。持续完善“12348”西藏法网人民调解线上数据资源。截至 2023 年底，录入人民调解组织信息 6801 条，采集率达到 98%；录入人民调解员信息 34574 条，采集率达到 83%。

三、存在的问题

1）规划内西藏数字农业发展项目还未审批，各类项目建设普遍缺乏有效投资渠道和政策支撑，数字农业应用点状分布，产业链横向信息化联通不足，各层级纵向数据互通、信息整合不畅，数字资源难以有效地转化为实际生产力。

2）农业农村基础数据资源体系建设难度较高，数据资源收集水平较低，采用人工收集方式工作量大、占用行政资源，采用自动收集方式则日常运维成本高、受自然环境制约。

3）农业农村信息总体水平还很低，基层既懂农业又熟悉信息技术的复合型人才严重不足，信息技术与产品的应用推广滞后，在谋划项目时往往只注重国家投资领域，其他领域的统筹谋划不足。

四、2024 年工作计划

1）继续加强谋划推动。积极争取资金，推动《西藏自治区数字农业建设实施方案（2022—2026 年）》落实；继续推动产业园、产业集群以及各类涉农示范区、先行区、示范县数字化绿色化协同发展，提升数字化绿色化协同发展水平。

2）继续优化信息服务。整合资源推进农村信息综合服务体系建设，继续建设一批国家级“益农信息服务社”村级站；大力开展面向农牧民群众的手机应用培训，继续推广村务管理手机应用和“中国农技推广”手机 App。

3）继续提升平台功能。加快农牧行业监管信息系统的建设和应用，丰富数据收集手段、降低成本；提升现代农业装备信息化水平，扩大植保无人驾驶航空器作业范围。

4）继续完善产业链条。依托电子商务进农村示范、产业强镇等重点项目建设，组织好“互联网 +”农产品出村进城试点县创建工作；遴选条件成熟、基础扎实的行政村开展电商进农村试点示范，在示范村建设电子商务服务站。

第二节　农业农村电子商务发展现状

一、农业农村电子商务工作推进情况

（一）农村电商体系初步建成

推进电子商务进农村综合示范整区项目，区、市、县三级电商服务中心基本实现全覆盖，建成电商县级仓储物流中心 74 个、电商县级公共服务中心 74 个，西南地区首个高智能“地狼仓”落户拉萨。合作供应商累计 258 家，入库产品 1870 种，上架产品 1105 种。已签订农特产品供应链协议 258 份，其中扶贫企业 57 家，带动扶贫产值达 2233.9 万元，涉及扶贫产品 754 种，采购扶贫产品共计 1917.45 万元，间接带动就业 2186 人。

（二）助推农特产品出去

加大在“832”平台采购农副产品力度，全区共有 397 家供应商入驻，上传产品总数 1899 种，累计销售额达 7980.4 万元。持续推进大型专业电商企业（京东集团）与本地国有企业和示范县项目承办企业的融合发展，开设了“西藏特产馆”“西藏特色馆”“西藏扶贫馆”，开展了“双品购物节”“网上年货节”等各类节庆活动。西藏农产品网络零售额实现 22.99 亿元，同比增长 31.48%，有力带动了全区电子商务和传统产业融合转型发展。

（三）开展电商培训

积极开展电商培训，鼓励电商企业在电商运营、物流配送等就业岗位向大学生倾斜。2023 年，全区累计培训 3.3 万余人，其中培训农牧民、未就业大学生、返乡创业青年等群体共计 3 万人，向参加培训人员提供辅导、孵化等定向服务，为农牧区产业发展提供人才支撑。

（四）推进乡村文化数字化

全区建成 18 个传统村落数字博物馆，林芝市巴宜区鲁朗镇扎西岗村、拉萨市尼木县吞

巴乡吞达村和日喀则市康马县少岗乡朗巴村传统村落数字博物馆已在中国传统村落数字博物馆官网正式开通上线。

二、“互联网 +”农产品出村进城工作情况

根据《农业农村部 国家发展改革委 财政部 商务部关于实施“互联网 +”农产品出村进城工程的指导意见》及《农业农村部办公厅关于开展“互联网 +”农产品出村进城工程试点工作的通知》等文件精神及规定要求，拉萨市尼木县、当雄县和日喀则市桑珠孜区被选为“互联网 +”农产品出村进城工程试点县。开展县域农业农村电子商务发展情况调查，围绕试点县主导产业，支持有条件的新型经营主体发展电子商务拓展业务领域，鼓励传统商贸流通企业通过自建平台或利用第三方平台开展农产品网络销售。

（一）取得的成效

1）农产品质量得到保障，各试点县建立农畜产品质量追溯体系，整合农畜产品种养殖、生产、加工、销售等信息，加强农产品质量监管，给农产品建立透明的“身份档案”，从根本上保障了农畜产品质量。

2）市场对接进一步加强，通过建立农产品电商平台，利用京东西藏助农馆、京东西藏农特产品馆、苏宁易购西藏农特产馆、智昭同城等保供平台和网络渠道，推动特色农畜产品线上、线下销售，为农畜产品提供更广阔的销售渠道，农畜产品销量有了明显的增加。

3）支持“互联网 +”农产品出村进城，指导当雄县、尼木县和桑珠孜区创建国家、自治区现代农业产业园，全区 8 个国家级产业园均部署了生产信息化、经营数字化或电子商务等互联网新业态建设任务。

4）品牌培育力度加大，促进农产品产地的标准化、品牌化和产业化发展，为农产品“进城入市”创造条件。

（二）存在的问题

1）物流体系仍有待提高，全区各县（市、区）地处偏远、交通运输距离长，基础设施建设仍须加强，以提高物流效率。

2）“互联网 +”农产品出村进城缺少专项资金支持，涉农电商平台主体带动力还有待提高，应引导更多农牧民使用电商平台。

3）农产品质量安全监管仍须加强，支持试点县持续优化追溯体系，开展农产品质量安全监测。

（三）政策建议

1）加强物流基础设施建设，特别是在偏远地区，优化物流路线，缩短农产品运输时间，降低损耗，提高物流覆盖面和运输效率。

2）设立专项资金支持“互联网 +”农产品出村进城项目，开展电商人才等培训，提高农牧民电商平台的认知度和使用率。

3）完善质量追溯体系，加强质量监管力度，确保农产品的质量安全。

第二十九章 29

陕　西

第一节　农业农村信息化发展现状

一、2023 年农业农村信息化基本情况

陕西省全面贯彻落实《数字农业农村发展规划（2019—2025 年）》《“十四五”全国农业农村信息化发展规划》《陕西省数字政府建设“十四五”规划》，坚持全省农业农村信息化一盘棋的思路统筹顶层设计。省农业农村厅编制《陕西省“十四五”数字农业农村发展规划》，指导“十四五”期间数字农业农村建设工作；编制《陕西省智慧农业农村建设项目总体设计方案》《陕西省智慧农业农村建设项目（一期）实施方案》，争取财政专项资金 1190 万元，完成陕西省智慧农业农村建设项目（一期），实现省农业农村厅信息系统与数据的整合共享，为打造系统化、扁平化、立体化、智能化、人性化的现代农业农村管理体系提供有效支撑。同时，编制《陕西省智慧农业农村建设项目（二期）实施方案》，启动编制《陕西省省级部门数字化建设总体设计》，推进陕西省智慧农业农村建设项目（二期）申报工作。

二、农业农村信息化重点领域进展及成效

（一）信息化基础设施建设情况

2023 年实现了省农业农村厅机关、厅属单位、市县农业农村局电子政务外网全覆盖。搭建形成了以陕西省信创云平台为基础设施，电子政务外网为运行环境，省市县共计 1240 套国产化计算机为终端用户的全省农业农村政务信息化新框架。支撑政务管理平台及 7 个省级核心应用系统在信创环境下有序运行。

（二）农业农村大数据发展情况

推进陕西省智慧农业农村项目（一期）建设，融合农业农村信息监测、地理信息、物联网、数字乡村、政务管理等内容，构建协同管理平台。升级数据交换共享系统，汇聚全省农业农村行业基础数据和业务数据，形成行业大数据中心。整合治理省农业农村厅信息系统，梳理农业经济、农业基础、农业生产、农业发展、农业投入、农产品六方面的业务现状，形成公共基础、行业基础数据库。升级“三农”地理信息系统，创建“一张底图 +*N* 个农业专题应用图”模式。截至 2023 年底，平台接入数据 834 万余条、空间数据 288 万条，涉及行业库指标 3856 个，建成农业专题图层 56 张。

（三）农业生产信息化情况

实施农业物联网示范工程，推动生产设施智能化改造，加强种植业、畜牧业和农业管

理数字化改造。在西安市、榆林市、韩城市等地安装部署物联网数据采集设备，与省级农业物联网平台相连，形成点点相连、物物相连的全省农业物联网大数据应用体系。在咸阳市三原县、咸阳市兴平市、渭南市蒲城县、榆林市榆阳区等县（市、区）开展种植业生产智能化示范县建设，开展粮食大田农机装备作业、精准耕整地、精准收获等示范应用，探索大田种植智能化典型应用模式。在西安市周至县、汉中市略阳县开展设施农业生产智能化示范县建设，围绕猕猴桃等产业经营，开展环境监测控制、生产过程管理等设备设施的信息化改造，探索设施农业智能化改造典型应用模式。

（四）农业经营信息化情况

开展陕西省农业投入品监管系统推广应用，以信息化手段对农资门店销售行为进行监管，实时采集农资门店种子、农药、肥料等销售数据，采集农户购买信息，实现农户购买农资可追溯。通过数据分析，掌握县域产业布局结构和农户种植情况，为政府决策、农资监管执法提供依据。先后在勉县、靖边县、旬邑县、临潼区、佛坪县、紫阳县、渭滨区 7 个县（区）进行推广应用，覆盖 592 家农资门店，累计建立农户生产档案 25.6 万份，勉县、旬邑县和紫阳县的农资门店覆盖率达 100%。2023 年在西安、商洛两市整市推进建设应用。截至 2023 年底，建成种子数据库 91389 条、种子销售备案数据库 11055 条、农户档案数据库 25.6 万条、农药数据库 11158 条等陕西省投入品数据资源。

（五）乡村治理信息化情况

依托全省信息进村入户工程，建设陕西省数字乡村综合服务平台，提供村务和产业服务，面向乡村基层组织、广大农民提供办事指南、在线办事、民情直通车等村务服务，面向村级集体经济组织提供农村劳动力管理、产业培训、产业展示、产业经营监管服务。截至 2023 年底，陕西省数字乡村综合服务平台已在铜川市宜君县、延安市富县、汉中市勉县的 15 个村开展试点应用，在西安市灞桥区、宝鸡市太白县、延安市宜川县等 8 个县（市、区）的数字乡村示范强镇建设中进行推广应用。

（六）农业农村信息服务情况

组织开展全省农业农村信息化能力监测工作，通过对农业生产信息化和数字乡村指标试点监测，综合评价农业各行业信息化应用水平，衡量数字乡村发展环境和农产品经营、乡村治理、涉农信息服务等方面的信息化发展水平。推进数字乡村综合服务平台试点应用，结合数字乡村综合服务平台探索数字化促进乡村振兴的应用模式，找准农业农村信息服务存在问题，研究制定有关配套政策和标准规范，及时总结推广有益经验，全面提升农业农村信息服务水平。

三、当前工作中存在的问题与困难

（一）基础设施建设有待加强

1）农村边远地区网络基础设施覆盖率较低，光纤、4G 网络、5G 网络在自然村的覆盖率有待提升。

2）农业全产业链数字化程度不高。产业数据多集中在产后市场销售环节，而产前的耕地、种子、化肥、农药等具有导向性、预测性的数据汇聚不全面。

3）农业物联网技术在农村基础设施领域的推广应用不足，数字乡村基础设施管理水平参差不齐，制约了下一步数字农业农村发展。

（二）关键核心技术研发滞后

农业农村数字技术产品科研成果转化率和产业化程度不高，集成示范应用能力偏弱。适合农业农村生产经营的多功能、低成本、易推广、见实效的信息技术和设备严重不足。农田遥感、智能控制、专用传感器等装备的系统集成度低，加之价格高、运维难、操作性差，导致农业生产经营主体应用信息技术和智能装备的意愿不足。农业农村部门在借力数字技术分析决策服务、开发数据资源“金矿”上相对滞后。政企数字化、信息化协作还未破冰，共建共享不充分。

（三）生产经营主体数字化能力弱

数字化、智慧化产业园区及家庭农场、创新实验区建设力度不足，新型经营主体在数字农业农村建设中的应用管理水平较低，连接和带动普通农户增收能力不强、经济效益不高，普通农户认识数字农业、应用数字农业的机会较少。与江浙等发达省份相比，陕西省数字技术与农民生产生活融合还不紧密，农村普惠性服务应用平台和App软件系统较为匮乏，服务农民的信息系统针对性不强、操作不够灵活便捷。

（四）数字乡村推进机制还需完善

数字农业农村建设涉及多部门、多领域、多主体，在推进过程中，还需加强沟通联系、密切协作配合、提升工作合力，解决体制机制、资金投入、人才支撑等问题与困难。

1）数字农业农村资金投入力度不足，各地普遍缺乏相关资金扶持政策，难以满足新形势下数字农业农村发展的需求。

2）全省农业农村信息化机构不健全，人员力量薄弱，既懂“三农”又懂数字技术的复合型人才严重缺乏，人才“短板”问题突出。

3）数字农业农村学科群和科研团队规模偏小，科研实力强的数字农业农村企业较少，自主创新能力不足，成果转化和应用程度不高。

四、下一步工作计划

（一）推进智慧农业农村工程建设

持续深化种植业、畜牧业、农产品质量安全、农业机械化四个协同应用，力争在应用场景和部门数据共享上有突破，提高数据、业务、服务协同能力。加快农业投入品监管系统在市县的推广应用，实现农业投入品和农产品质量安全的双向追溯。加大数字农业建设力度，推动卫星遥感技术在耕地种植用途管控、高标准农田上图入库、宅基地监管等领域的应用推广。

（二）完善农业农村大数据延伸应用

按照“平台＋数据＋服务”模式向下推进延伸，推动省市县三级共建共享共用的大数据平台联动，完善数据目录，充实平台内容，拓宽数据采集渠道，对接特色化应用系统，因地制宜、因业制宜地挖掘打造一批大数据创新应用场景，提升各级农业农村大数据平台辅助决策和监测预警能力。

（三）加快省级系统平台延伸服务

开展物联网技术在大田种植、设施园艺、畜禽养殖、水产养殖领域的应用，继续探索农业生产智能化典型应用场景。继续开展“互联网＋”农产品出村进城工程示范应用，探索智慧冷库共建共享管理应用模式，促进当地农产品产销衔接、优质优价。探索总结基层智慧农业建设应用优秀案例，形成典型经验在全省推广，引领全省农业农村信息化建设工作。

（四）推进政务信息化建设应用

加强政务管理系统建设运维，提高办公效率，节约办公成本；做好省农业农村厅档案管理数字化，提高档案管理的便捷度。提升省农业农村厅门户网站政务服务水平，建设完善“三农”政策智能问答库，推动“三农”政策一网通问、一网通答，满足涉农企业和农民群众对政策信息的咨询需求；推进网站适老化建设和无障碍功能改造，提升网站无障碍服务水平。稳步做好视频会议系统技术保障，加强技能培训，做好日常维护，确保系统健康正常运行。

（五）增强网络安全防护能力

建立健全网络安全责任制考核制度，落实网络安全责任制考核工作。修订完善网络与信息安全管理办法、网络安全信息通报工作制度等规章制度。修订网络安全应急预案，开展应急演练，提升省农业农村厅网络与信息安全突发事件应急处置能力。做好网络安全日常管理运维，及时受理网信办、公安厅安全预警文件和安全事件通报，督促指导各单位防范和处理安全漏洞。结合实际需求，推进网络安全等级保护工作。

第二节　农业农村电子商务发展现状

一、农业农村电子商务

（一）工作情况

（1）开展电商培训，培育农村电商人才

1）举办了2023年全省新型农业经营主体电商人才能力提升培训班，20余家新型农业经营主体的60余名学员参加了培训，主要培训了电商直播理论和实际操作，有力提高了学员的直播带货技能。

2）选送了30名陕西学员参加2023年第2期中央组织部、农业农村部农村实用人才带头人农业农村电子商务专题培训班。

（2）举办第四届陕西网上茶博会

1）邀请50多家新闻单位的60多名记者和100多名自媒体达人（网络主播）参加网上茶博会，多平台多形式报道宣传。

2）邀请自媒体达人、网络主播100多人组成产区探访团，围绕企业品牌文化、品牌故事开展图文、视频直播200余场次，拍摄发布相关短视频180余条，制作发布宣传海报160余张，新浪微博话题“#第四届陕西网上茶博会#”阅读量超4.6亿。

3）邀请省内外70多位茶商、采购商、电商平台选品经理走进陕南茶区、关中茶叶加工区，6个茶叶产区县共组织100多家茶企举行多种形式的宣传展示、洽谈推介活动，28家茶叶企业与省内外采购商、电商平台达成合作意向，签订了28份购销合同。

（二）存在的问题

一是电商主体普遍规模较小；二是电商销售的农产品质量不稳定，持续供货能力低，物流成本高；三是电商人才匮乏；四是散落于基层的“单打独斗”的农村“网红”亟须规范引导和抱团发展。

（三）下一步工作计划

一是继续做好农村电商培训工作，打造一支扎根农村、服务“三农”的直播电商人才队伍；二是成立陕西农村电商直播联盟，引导农村电商队伍抱团发展；三是组建电商培训导师团队；四是开展农村电商创业示范点建设。

二、“互联网+”农产品出村进城工程

（一）建设成效

陕西“互联网+”农产品出村进城工程以统筹建立完善适应农产品网络销售的供应链体系、运营服务体系和支撑保障体系为主，已在渭南市澄城县、延安市富县、榆林市定边县、安康市汉滨区建设了智慧冷库管理系统，从可视化管控和信息化管理入手，对冷库分布、制冷设施、出入库管理等进行监测管理，汇聚各级智慧冷库管理系统数据，形成全省农业农村智慧冷库大数据中心，为政府决策提供数据支撑，推动“互联网+”农产品出村进城，进一步促进农产品产销顺畅衔接、优质优价，带动农业转型升级、提质增效。

（二）存在的问题

一是市场物流、信息服务等配套功能不够完善；二是融合发展氛围不浓，电商与农业、电商与旅游融合发展的深度、广度不够。

（三）政策建议

一是建设完善农村电子商务公共服务体系，继续推进智慧冷库建设，提升仓储管理能力，推动产业转型升级；二是培育农村电子商务龙头企业，进一步加强与合作企业的沟通，促进电商与农业、电商与旅游融合发展。

第三十章 30
甘 肃

第一节 农业农村信息化发展现状

一、2023 年农业农村信息化基本情况

2023 年，甘肃省按照实施乡村振兴战略的总体要求，深入学习研究《数字乡村发展战略纲要》《数字乡村建设指南》等政策文件精神，抢抓数字农业发展机遇，以建设现代丝路寒旱农业为抓手，不断挖掘高寒干旱气候条件下的农业发展潜力，围绕设施瓜菜生产、苹果产业、畜牧养殖、水肥一体化建设等方面，积极探索农业农村信息化技术发展应用，大力推进“互联网＋现代农业”模式，加大智慧农业在大田生产、设施种植、畜禽养殖等领域的推广运用力度，智能感知、智能分析、智能控制等数字技术加快向农业农村渗透，黄土高原区旱作高效农业、河西走廊戈壁节水生态农业、黄河上游特色种养业和陇东南山地特色农业逐步形成，全省数字技术与农业农村经济社会加快融合发展。

二、农业农村信息化重点领域进展及成效

（一）农业农村信息化基础设施建设情况

近年来，通过实施“金农”工程一期（甘肃建设部分）项目、“甘肃省农村信息公共服务网络工程”等重点项目，省市县农业农村数字基础设施建设不断完善。全省 56 个县、60 个信息采集点、8 个农产品批发市场、5 个省级监管机构均配置了信息采集设备，建设完成了省级农业数据中心，建立了农业监测预警体系，为全省农业经济运行和农产品产销分析提供了技术支撑。

（二）农业农村大数据发展情况

1）信息化系统平台广泛使用。中国农产品供需分析系统（CAPES）甘肃省级平台、农产品质量安全追溯、农机监理信息系统、农兽药基础数据、重点农产品市场信息系统、省耕地质量监测与保护管理数据库系统、新型农业经营主体信息直报等平台的功能不断完善，数据资源共享利用程度不断提高。

2）数字农业试点取得初步成效。通过农业农村部项目支持，在安定区、泾川县、静宁县、凉州区、肃州区开展国家数字农业创新应用基地建设试点项目，推进农业信息技术与农业生产、加工、仓储、销售的融合，逐步建立了政府、部门、企业、合作社、农户与市场的信息联结、资源共享机制，进一步探索打造了全省数字农业示范样板，培育了一批高产、高效、数字化管控的农业示范基地，利用其龙头企业影响力和规模化生产能力，为全省数字农业发展提供了典型示范效应。

3）智慧农业水平加快发展。依托国家级现代农业产业园、优势特色产业集群、农业产业强镇、省级现代农业产业园、国家数字农业创新应用基地等建设项目，在大田种植、设施农业、畜禽养殖、数字种业等领域，建设智慧农业示范点，着力发展现代寒旱特色农业，不断挖掘高寒干旱气候条件下的农业发展潜力，设施蔬菜、优质苹果、优质马铃薯等特色产业渐成规模。在2023年9月召开的全国智慧农业现场推进会上，陇南农产品电商发展模式入选大会典型案例。甘肃前进牧业科技有限责任公司、甘肃祁连牧歌实业有限公司入选农业农村部2023年度农业农村信息化示范基地。

（三）农业生产信息化情况

在全省各级农业农村部门的指导下，以“牛羊菜果薯药”等特色优势产业为主，在具备发展基础的龙头企业、合作社、家庭农场，配置自动气象站、环境传感器、视频监控、水肥一体化等设施设备，应用环境监测控制系统和生产过程管理系统，开展病虫害自动监测预警、生产加工过程管理、专家远程服务等，实现了智能化生产。

1）在土壤墒情方面，根据全省区域类型和全省农业区划、地貌类型、降水时空分布等特点，在重点县区建设了国家级土壤墒情监测自动站，并通过自动监测采集和人工监测调度相结合方法，在全省的陇东黄土高原旱作农业区、中部的陇中旱作农业区、河西灌溉农业区、陇南山地旱作农业区等四大节水农业的土壤墒情监测区域定期开展土壤墒情监测工作，实行周调度土壤墒情、周发布墒情简报制度，为农业灌溉和作物栽培提供科学依据。

2）在植保行业，结合国家植物保护能力提升工程项目——“全国农作物病虫疫情监测甘肃分中心田间监测点”建设，带动各级农业技术单位和生产主体加大数字化监测仪器设备的应用普及，提高植保植检行业数字化水平。

3）在马铃薯产业监测方面，全省自2010年起建设了马铃薯数字化监测预警系统，覆盖全省主要马铃薯产区，可实现马铃薯晚疫监测预警全程自动化和数字化。

（四）农业经营信息化情况

1）在探索规范运营机制方面，协调推进家庭农场“一码通”管理服务机制，积极推进应用家庭农场“随手记”记账软件。截至2023年底，全省共有1.6万家家庭农场成功赋码，8437家家庭农场注册应用“随手记”记账软件。

2）在全省农产品市场监测预警分析方面，甘肃省农业信息中心联合农业农村部信息中心开发建设了“中国农产品供需分析系统（CAPES）甘肃省级平台”，建立了19种（类）农产品产业链各环节的基础数据资源库，涵盖了全省20家农产品批发市场在内的全国200家大型农贸批发市场价格。该平台通过监测各大产业国内重点市场价格走势和全省产地及批发市场价格动态变化，为分析研判“牛羊菜果薯药”产销形势提出市场预警，开展农产品产销精准对接提供信息服务。

3）在质量安全追溯方面，逐步建成了省、市、县、乡四级，覆盖农业行政主管部门、农产品质量安全监管检测机构、农产品生产经营主体的甘肃省农产品质量安全监管追溯系统。2023年，开发了全省农产品质量安全大数据平台、智慧监管App、农产品合格证App等，创建了6个农产品质量安全追溯示范县，完成了与农业农村部国家追溯平台的对接，实现了数据信息互通互享。

（五）乡村治理信息化情况

1）学习运用浙江“千万工程”经验，持续推进“5155”乡村建设示范行动，积极推广全省3个国家试点县、15个省级试点县（市、区）乡村治理体系建设试点示范成果。大力推广一批务实管用的乡村治理模式，如庆阳市开发全市贫困村合作社管理平台、庆阳市“厕所革命”管理系统，建立农村土地承包经营权确权登记数据库，实现智能化管理；陇南市开发了网上村庄“陇南乡村大数据”平台，上线基层党建、政务服务、文明实践、廉政警示、法律服务、乡村振兴、供水直通车、培训就业、“三农”服务、健康证明、同城配送、价格行情、农技交流、拼车顺带、金服通、产销对接、找村医等15个单位的30项应用，开通了3288个村级移动门户网站，认证用户达130万人，系统日均访问量达20万次。“陇南乡村大数据”被中宣部列为创新案例，先后入选全国“大数据+扶贫”“中国网络理政”和数字农业农村新技术新产品新模式创新案例。

2）积极配合省纪委监委完成“甘肃省农村集体资产监督管理平台”与纪委监委系统“基层小微权力‘监督一点通’平台”对接，构建农村集体“三资”信息化、协同化监督新模式。2023年在全省“农村集体资产监督管理平台”建立村集体经济组织、村委会、组集体经济组织电子账套20519个，实现农村集体经济组织财务会计电算化、财务信息查询和预警、产权制度改革信息管理和查询等综合监管功能。

（六）农业农村信息服务情况

1）农业信息网站服务品质不断提高。按照政府网站集约化要求和工作部署，“甘肃农业信息网”全面开展网站集约化运维，实现了网站资源优化融合。进一步规范网上政府信息公开专栏设置并及时更新相关信息，结合省农业农村厅重点工作内容，做好栏目整体规划，及时开设“学习贯彻习近平新时代中国特色社会主义思想主题教育”“三抓三促”“聚焦2023中央及省委一号文件”“甘肃省第三次全国土壤普查”“招商引资”“学法用法”6个专题栏目。“甘肃农业信息网”全年上传信息1.1万条，网站浏览量总计158万次，全年向农业农村部网站报送信息1.3万条，根据农业农村部通报，2023年甘肃省信息发布量和浏览量均名列全国第一。

2）“12316”平台服务功能不断丰富。不断加大“12316”专家深入基层、实地指导服务力度，持续加强“12316”宣传，及时开展热线跟踪回访，进一步提升服务质量。平台全年受理各类咨询近50万个，日均咨询量达1300个，累计咨询量超过700万个，回访用户近2万人（次）。制作播出广播直播节目700多期，拍摄专题电视节目52期；组织专家出现场20余次，培训及服务用户达数万人。《甘肃农民报》专栏刊登“12316”原创稿件80多篇，微信平台关注用户达1.2万人，“12316”网站上传信息5000余条，累计发布各类农产品供求信息12万余条（次），处理“12345”转办工单6条。“12316”平台有效解决了农民朋友的实际诉求，也进一步畅通、扩大了广大群众的互动渠道。

3）农民手机应用技能培训广泛开展。紧紧围绕“提升农民数字技能 助力数字乡村建设”主题，开展了多形式、广覆盖的手机应用技能培训，共举办各类培训班185期，培训农民8600余人。通过新媒体直播、智慧农业及防范电信网络诈骗等专题的讲授和实操演练，有效提高了学员的手机应用技能。借助开展“耕耘者振兴计划”乡村治理骨干专题培训的机会，邀请相关领域专家学者就利用手机对乡村治理工具——“乡村事务管理平台”的操作和应用对257名乡村治理骨干进行讲授和实操练习，并组织学员利用手机填写网上问卷调查、完成课后作业和考勤签到等，通过手把手的培训和指导，有效提高了学员的数字化应用能力，为进一步提升乡村治理能力水平奠定了基础。组织推荐1072名农业广播电视学校（农广校）专兼职教师、农技推广人员、乡土人才、农民群众参加了中央校组织开展的“来抖音学农技”优质短视频创作学习和“中央农广校 × 乡村英才计划”数字新媒体培训营，为下一步手机应用技能培训奠定了师资基础，营造了良好的培训氛围。

三、当前工作中存在的问题与困难

1）农村信息化基础设施薄弱。全省农村信息化基础设施建设较为滞后，农业信息加工、分析、利用和服务发展较慢。农业信息服务还大多停留在政策法规、农业技术、农产品市场供求、价格发布、网上推广等方面，农业农村信息化服务体系尚未全面建立。

2）农业信息化推广经费不足。农业信息化技术研发和生产成本高，而且尚未形成规模。缺少扶持农业信息化建设发展的项目和专项经费，现有技术仍处于试验示范阶段，难以在生产中大规模推广应用。

3）农村缺乏信息化专业人才。全省农村信息化方面的专业人才比较缺乏，大多数农民、农业企业和合作社负责人对农业信息化缺乏了解，技术应用意识不强。在具体项目的规划、建设、运维等层面均需要依托区域外相关企业和机构实施，进而在项目的建设进度、优化改造、日常运维上受到一定程度的制约。

四、下一步工作计划

1）强化信息基础设施建设。以山地和高原等地形为基础，组织相关专业技术人员和科研院所，开展适合山地等地形地貌特征的智慧农业技术装备研究和信息化基础设施建设，提升农业装备、关键核心技术工具在农业中的应用，解决网络覆盖、信息通畅问题，统筹规划与建设农村物流基础设施，通过农村物流枢纽建设，将农产品的生产、加工、仓储、运输、配送等服务串联起来，形成县、乡、村三级网络体系。

2）吸纳社会资本投入农业信息化建设。充分发挥政府主导作用，通过以奖代补、财税倾斜等多种形式，加大金融对农业项目的融资支持，强化政府和社会资本的合作推广应用，积极支持符合规划的现代农业项目争取中央预算内投资、地方政府专项债券等资金支持，吸纳资金投入农业信息化建设，形成多渠道、多形式、多层次融资网络，建立多元化农业投资体系，为农业农村信息化发展提供资金保障。

3）分类推进智慧农业发展。聚焦“牛羊菜果薯药”等特色产业，开展数字农业创新应用基地建设。围绕大田和设施种植，探索开展智慧农业建设。通过应用北斗导航、无人机、巡检机器人、水肥一体化、智能农机等装备和技术，实现智能监测和生产控制。引导市县根据当地实际，分类建设一批智慧农场、智慧牧场和智慧渔场。

4）提升农业信息综合服务水平。继续完善提升“甘肃农业信息网”后台功能，全面提高网站内容质量，做好网页栏目维护分工，进一步优化省农业农村厅微信公众平台栏目结构和版面，精选内容、及时发布，不断扩大平台影响力；加大“12316”专家深入基层、实地指导服务力度，及时开展热线跟踪回访，不断提升服务质量，增强服务针对性；引导各类社会主体利用信息网络技术，开展市场信息、农资供应、废弃物资源化利用、农机作业、农产品初加工、农业气象“私人定制”等领域的农业生产性服务，促进公益性服务和经营性服务便民化；充分发挥全省农广校体系的组织优势和现代农业远程教育的传播优势，紧紧围绕农业实用技术、农产品直播营销、短视频制作技巧、防范电信网络诈骗、云上智能等涉农手机

App 服务等农民急需掌握的科普知识和操作技能，系统开展农民手机应用技能培训。

第二节 农业农村电子商务发展现状

2023 年，甘肃省认真贯彻落实党中央、国务院和省委省政府决策部署，坚持内外联通、城乡贯通、线上线下融通，以“畅通国内大循环、促进国内国际双循环”为工作主线，努力夯实农村电商服务体系，大力促进电商新业态新模式健康快速发展，全省农村电商助力乡村产业振兴支撑力持续提升，电商引领新消费驱动力持续增强。

一、2023 年农业农村电子商务发展情况

1）打造“云品甘味”省级数商兴农品牌。制定《“云品甘味”2023 数商兴农系列活动方案》，全省商务系统联合相关部门，联动电商平台（企业）开展贯穿全年的“云品甘味”数商兴农系列活动。举办“2023 网上年货节”“第五届双品网购节”“嗨购电商节”“甘肃特色产品线上促销季”“2023 年‘云品甘味’邮政‘领鲜季’”等网络促销活动，不断提升“云品甘味”品牌影响力，持续扩大全省农产品网上销售规模和效益。据监测，2023 年 1—12 月全省实现农产品网上销售额（含批发和零售）279 亿元，同比增长 11.16%，直接带动全省农民人均增收约 645 元。

2）促进新模式新业态发展。支持完成了 7 个县（市、区）实施电商新业态企业培育项目，社交电商、直播电商等新业态赋能传统行业，加速商贸流通企业转型升级。“北纬三十九”本土直播电商团队通过“追季节、销全国”的方式，深入田间地头、生产车间、农民合作社开展应季农产品宣传和直播带货 150 余场，农产品累计销售额超过百万元。2023 中国国际电子商务博览会期间，组织全省优质农产品网货、电商服务等 100 多名企业代表和主播赴义乌市北下朱电商小镇围绕直播电商开展见学培训，学习借鉴发达地区经验做法。组织全省县域积极参加全国农村电商直播案例赛事活动，其中陇南市荣获“整体推进县域直播特别奖”，民勤县县域案例入选全国优秀十大案例并位列第四名，环县县域案例位列第十四名。

3）畅通城乡流通，助力乡村振兴。持续打造以“臻品甘肃”省级电商平台为核心、以各县域端为支撑的同城配送体系。支持完成了 5 个县（市、区）县域电商产业融合集聚区项目建设，集聚区吸纳了近 200 家企业入驻，年销售规模超过 10 亿元，特色产业集群与电商深度融合发展，助力农民收入和农村消费双提升。制定《2023 年东西部消费协作和招商引资实施方案》，深化东西部协作消费帮扶机制，联合天津、山东等省份的商务部门，分别在山东济南、天津市举办消费帮扶对接活动，同时指导市（州）加强与东部定点帮扶省份对接，推动东西部消费帮扶走深走实。2023 年，天津、山东等东部定点帮扶省份已采购和帮销甘肃省农特产品 83.95 亿元，超额完成全年任务。

4）强化电商人才培训。联合抖音平台开展“乡村英才计划 · 甘肃直播电商数字人才培训”，累计培训 3213 人，学员创作 6450 条短视频，播放量达到 2300 多万次，整体关注量增加 3 万余人。联动市州开展全省优质电商主播研修培训、全省电商高质量发展助力乡村振兴培训、“三品一标”帮扶认证培训、观展见学培训等，培训近万人次，强化电商发展人才支撑。

5）深入拓展跨境电商业务。深入推进兰州、天水两个跨境电商综试区建设，线上公共服务平台备案企业突破400家，印发《甘肃省跨境电子商务产业园认定管理办法（试行）》，推动认定省级跨境电商产业园。作为全国农村电商“领跑者”的陇南市组建陇南市跨境电商联合会，承办2023第六届“一带一路”跨境电商国际论坛陇南座谈会，出台《陇南市跨境电子商务奖补办法》，开发苹果、核桃、蔬菜、豆制品等跨境出口农产品28种，远销俄罗斯、日本、加拿大、东南亚等20个国家和地区。

二、“互联网+”农产品出村进城工程推进情况

2020年8月，农业农村部办公厅公布了开展“互联网+”农产品出村进城工程试点县的名单，兰州市榆中县、白银市白银区入选。确定试点县区名单后，省农业农村厅印发了《关于组织开展“互联网+”农产品出村进城工程试点工作的通知》，制定了《甘肃省“互联网+”农产品出村进城工程试点实施方案》，要求试点县区结合当地实际，制定试点工作计划和实施方案，建立试点工作台账和跨部门推进机制，加快组建县级产业化运营主体，集聚相关政策和资源，完善相关管理制度，推动试点工作取得预期实效。试点县区农业农村部门与运营主体充分沟通，制定了实施方案，确定了建设目标，细化了主要任务。经过3年多的试点建设，榆中县和白银区“互联网+”农产品出村进城工程取得了一定成效，在全省起到了典型示范效果。

1）积极培育县级农产品产业化运营主体。榆中县依托县域农业产业发展优势，围绕高原夏菜、马铃薯、百合、中药材、畜禽养殖等特色产业发展需求，计划建成甘肃榆中农产品加工产业园，促进农业产业规模化发展。现已投资3334万元的津甘共建马铃薯深加工项目建成试运营，宏鑫中药材加工园区、大湾区高原夏菜深加工和正源中药材加工生产线，以及神果科技、富源百合加工产业链项目正在加快推进。全县累计建成中药材产地鲜切加工基地3个，年产饮片1000余吨，建成百合加工生产线3条，百合年加工能力达到1300万吨以上；建成肉产品加工企业1个，形成了驴肉酱、驴板筋、驴肉干等系列产品。白银区与甘肃中进邦农农贸有限公司签订《关于“互联网+”农产品出村进城工程合作框架协议》，确定中创博利科技控股有限公司和甘肃中进邦农农贸有限公司作为“互联网+”农产品出村进城工程试点的实施主体，联合涉农龙头企业、合作社、产业联合体、白银区农产品产销联合会、白银区电子商务协会及相关农产品线上销售的电商企业，发挥“互联网+”优势，大力推动农产品产销衔接，促进农业转型升级。

2）打造优质特色农产品供应链。试点县区结合农产品仓储冷链物流设施建设工程，统筹现有的农业产业园、示范园或电商孵化园等资源，建设改造具有集中采购和跨区域配送能力的农产品分拣包装集配中心，通过政企联动，实现了线上线下融合销售。榆中县结合农产品仓储冷链物流设施建设工程，通过整合现有农产品冷链物流资源，促进了农产品冷链物流产业升级，提高县域内冷链物流连通率和覆盖率，助力蔬菜产品广销全国60多个城市、80多个农产品批发市场。2023年全年外销高原夏菜约138万吨，其中约有90%的产品销往广州、深圳、福州、杭州、上海、粤港澳大湾区等东南沿海城市和地区，占全国1%的市场份额；约10%的蔬菜产品出口日本、马来西亚、新加坡等东南亚国家，将榆中县的特色农产品推向更广阔的市场。白银区结合农产品仓储冷链物流设施建设工程，配套农产品仓储保鲜冷链设施建设项目11个，整合实现现有农产品冷链物流资源，促进农产品冷链

物流产业升级。统筹现有的农业产业园、示范园或电商孵化园等资源，建设改造具有集中采购和跨区域配送能力的农产品分拣包装集配中心，作为出村进城的枢纽，通过政企联动实现区域食品线上线下供应充足，结合物流企业片区特色产业链发展等举措，突出线上线下融合销售方式。

3）完善农村电商服务产业链，促进特色农产品外销。榆中县通过引进专业直播团队、培训本土直播人才、优化直播场景等措施，深入探索发展网红经济。构建了“直播＋电商”“孵化器＋供应链”产业模式，密集开展系列“直播带岗”活动。每年承接兰洽会榆中直播推介带货活动，市、县区及各乡镇领导参与直播带货，拓宽营销渠道，进一步提高了特色农产品知名度。白银区充分发挥300多家供应销售网点及近百家专业合作社、产品供应基地的优势，以网络主播培训、主播带货、打造网红等多种方式，通过天下帮扶、天猫、淘宝、京东、拼多多、抖音、快手等平台实现白银区特色产品的对外输出。通过承接兰洽会白银市直播推介带货活动、参与乡村现场观摩活动等节会活动，积极探索“全域旅游＋网红直播＋电商”模式，重点开展美丽乡村旅游营销活动，实现旅游与数字经济的融合发展。

第三十一章 宁夏 31

宁夏紧紧围绕“六特”等产业，以“产业数字化、数字产业化”为引领，以数字赋能农业农村高质量发展为目标，坚持数字赋能农业发展思路，积极促进农业农村发展向生产智能化、经营网络化、管理数字化、服务便捷化方向转型，取得了很好的发展成效。

第一节 农业农村信息化发展现状

一、2023 年农业农村信息化基本情况

为夯实农业农村信息化发展基础，自治区党委、政府强化顶层设计，总体规划布局，制定印发《宁夏回族自治区数字经济发展“十四五规划”》《宁夏回族自治区农业农村现代化发展“十四五”规划》《宁夏数字乡村三年行动计划》等政策文件，明确农业产业发展方向和工作重点，围绕数字农业创新体系，着力加强物联网、云计算、大数据、移动互联、人工智能等技术在农业领域的推广和应用，推动数字技术、数字经济赋能“六特”产业，持续推进自治区现代农业产业体系、生产体系和经营体系建设，数字赋能全区现代农业发展取得了积极成效。截至 2023 年底，已建成国家数字农业创新应用基地 7 个，认定全国农业农村信息化示范基地 8 家，建成“互联网 +”农产品出村进城县级示范运营中心 9 个；建成“乡味宁夏”农产品电商服务平台，官方平台发稿 1280 余篇，发布视频 599 个，累计曝光量达到 1.5 亿次以上，成为宁夏农产品对外宣传推广的主渠道。依托示范园区、创新基地，建成种植业数字化园区 42 个，养殖业数字化园区 360 个，其中奶牛数字化养殖园区 294 个、肉牛数字化养殖园区 18 个、肉羊数字化养殖园区 13 个、其他数字化养殖园区 35个，推动特色优势农业产业链、供应链、价值链的整体创新。持续推进农田建设、管理、监测、评价和运行的数字化转型，全区累计完成大田智能灌溉 100 万亩；推进“互联网 +”高效节水试点工作，实现智能化控制面积 9.97 万亩。大力开展农业智能装备推广应用，建设 3 个智能化农机示范基地，实现对农机的远程调度，推进农机化与信息化、智能化的深度融合发展。

二、农业农村信息化重点领域进展及成效

（一）农业农村信息化基础设施建设情况

积极推进葡萄酒、枸杞、牛奶、肉牛、滩羊、冷凉蔬菜“六特”产业大数据建设，打造了一批数字农业核心示范园区，创建了一批国家级应用示范基地，有力促进了农业产业发展向数字化、智能化方向转型。全区奶产业规模化占比达到 99%，高于全国平均水平 30 个百分点，奶牛良种化率、机械化挤奶率、青贮饲喂比例均达到 100%；肉牛、滩羊产业

规模化养殖比例分别达到 50% 和 55%，牧场通过数字化改造实现畜牧良种化和养殖智能化。试点打造智能温室、二代节能日光温室和露地蔬菜 5G 数字农业试点基地 3 个，共计占地面积 82 亩，开展智能监测与调控设备研发配套、构建示范基地数字农业数据库等建设内容，推进设施农业技术研究和智能化改造升级。

（二）农业农村大数据发展情况

自治区农业农村厅各单位建设使用的农业信息系统（或平台）共计 99 个，其中农业农村部建设、自治区农业农村厅使用的系统为 67 个，自治区农业农村厅各单位建设管理的信息系统为 23 个，县（市、区）级农业农村局自建管理的信息系统为 9 个。

（三）农业生产信息化情况

1）畜牧业数字化改造提升快速推进。积极推进 5G 未来牧场建设，探索奶产业绿色可持续养殖新模式，全产业链数字化水平居全国领先地位。

2）种植业生产数字化服务水平不断提升。推进温棚智能环境监测、病虫害监测、环境自动控制、质量安全监控、采后商品化处理等环节的数字应用技术与智能装备的普及。全区建设智能温室 37 栋，配套智能化设备 390 套；建成设施蔬菜数字园区 42 个，配套物联网智能环境管控设备 3578 套，智能水肥一体化设备 215 台；推广露地蔬菜数字园区面积 19.93 万亩，配套水肥一体化设备 996 台。

3）农田管理数字化加快配套。推进数字赋能“三个百万亩”高效节水农业工程，配套数字化管理系统和智能监控设备，推动农田建设、管理、监测、评价和运行的数字化转型。

4）农机装备数字化全面推广。加强农机数字化平台建设和物联网技术示范应用，开展农业机械自动驾驶导航，全区在拖拉机上安装北斗终端自动导航驾驶系统共 389 套；推进农业机械作业质量监测，全区安装农机深松深翻作业监测设备 1500 台（套），年深松深翻作业面积达 100 万亩；开展植保无人驾驶航空器作业技术示范推广，全区拥有植保无人驾驶航空器 1386 台，全部采用北斗卫星自动导航、作业面积统计和航道自主规划，年作业服务面积达 390 万亩。

（四）农业经营信息化情况

1）推动产销一体经营。积极推进农业生产、加工、销售环节数字赋能，通过应用区块链技术，开展蔬菜质量安全信息化管理，实现农产品从原料种植、生产加工、包装物流到消费者全过程信息自动记录，稳步提升农业发展服务水平。青铜峡市建设了农业大数据智慧管理平台，集合全市 14.8 万亩蔬菜农业地理信息系统（AIGIS）种植地块电子围栏和农户信息，形成青铜峡市农业“一张图”板块，实现了农产品溯源管理闭环，为农产品优质优价提供了有力保障。

2）创新联农带农模式。积极探索“公司＋村集体＋农户”“电商＋特色产业＋村集体＋合作社”等产业发展模式，通过数字养殖平台及物联设备的科技赋能，运用科学精准化的管理模式，解决农户销售难、售价低的问题。

（五）乡村治理信息化情况

1）持续加强农作物病虫害数字化监测预警。升级改造宁夏农作物病虫害数字化监测预警系统，开展农作物病虫害在线监测、发生动态分析及预警防控等相关工作。实施农作物病虫害防控项目，主要对 600 余个监测点的 40 种主要病虫害开展监测调查及普查，全区发布《植保情报》280 余期，农作物中短期预报准确率达 95.1%，有效提升全区农作物有害生物监测预警能力。

2）健全农产品质量安全数字化监管体系。建立健全多层次、广覆盖的农产品监测体系，全年抽检各类农产品12910批次、速测14.6万批次，合格率达到98.6%。大力推行“合格证＋检贴联动”监管模式，推动465个标准化生产基地产品上市前自检出证，全年开具电子合格证680余万张。

3）深入推进农业投入品数字化监管。推进农药数字化统计分析。依托国家农药监测统计系统，开展全区农户用药调查工作。全区共调查农户1558户，通过统计分析计算出农药实际用量。2023年，全区农药实际用量2646.87吨（商品量），较上年减少1.36吨，三大粮食作物农药利用率为42.02%，较上年提高0.46%。推进农业环境数字化监测体系建设。

（六）农业农村信息服务情况

1）拓展提升“三农”综合信息服务。持续推进信息进村入户建设工作，依托宁夏农业“12316”综合信息服务平台，通过对信息服务内容的不断完善，充分发挥了平台的服务功能。

2）持续开展形式多样的专业技能培训。积极开展数字素养与技能提升培训，内容涵盖数字农业、农村电商、农村经济态势监测、农业实用技术、农产品直播营销、短视频制作技巧、涉农手机应用服务等农民急需掌握的科普知识和操作技能。全年共组织113个班共计6167名高素质农民学员上线“云上智农”参加线上理论学习；积极协商杭州遥望集团、快手平台等优质资源助力全区农村电商产业发展，开展农村电商人才培育，面向地方特色明显、发展潜力足、带头示范作用突出的农村电商经营者、网红、农村创业青年，组织开展乡村振兴重点帮扶县青年主播培育行动、农村电商“一村一品”带头人提升培训班及农村网红电商精英培训班等培训班共6期，参训人员达到435人；举办农村网格员农民收入数据采集手机App业务培训，培训企业、合作社、家庭农场、个体户等涉农线上营销人员共49人。

三、当前工作中存在的问题与困难

1）规划布局不足。缺乏中长期规划，基础建设和资金筹集缺乏有效衔接，政策支持力度弱，技术推广没有形成规模和体系，项目落实和产业融合存在脱节现象。

2）投入规模小。全区农业基础信息设施薄弱，财政投入不足，社会资本整体参与度不高，未能形成多元化投入机制，很难在较大范围内推广和应用新型信息技术。

3）数据整合程度低。全区农业各环节数据采集覆盖面不足，采集体量有限，没有统一的数据管理平台和数据标准体系，多头建设导致信息孤岛现象日趋严重，共享水平较低。数据碎片化比较普遍，数据缺乏准确性与权威性。

4）技术人才缺乏。全区涉农企业及相关信息技术服务业整体数字化水平偏低，技术开发、系统集成、设备维护、平台管理人才存在较大缺口，尤其是缺乏农业生产经营管理和数字化的新型复合型人才。

四、下一步工作计划

1）加快推进农业农村大数据建设。推进农业农村数据底座建设，建成全区统一的农业农村数据资源共享交换中心，加强农业农村基础数据资源采集汇聚体系建设，打破数据分割和系统孤岛壁垒，提供跨部门、跨区域、跨行业的农业农村数据共享交换枢纽。开展农业农村重要数据分级分类，加强数据安全，制定重要数据分级分类保护措施。

2）持续推进农业综合信息服务。开展“六特”农产品直播电商服务，培育农村电商人才，推进农产品商品化、品牌化和电商化，创新农产品电商销售机制和模式；完成宁夏农业“12316”综合信息服务平台与宁夏农业应急指挥平台运营维护工作，组织开展农业基点县统计、调查、考核，为信息进村入户与数字乡村建设提供强有力的支撑；推进农业农村经济运行监测预警工作，对重点农业产业开展调度监测，对重点农产品批发市场的农产品价格、“田头市场”产销运行情况进行监测预警与统计分析。

3）有序推进国家数字农业创新应用基地建设。继续建设盐池县国家数字畜牧业创新应用基地建设项目（滩羊）和兴庆区国家数字畜牧业创新应用基地建设项目（奶牛）这2个国家数字农业创新应用基地，建立贯通信息采集、分析决策、作业控制、智慧管理等各环节的数字农业集成应用体系，推动探索重点品种产业数字化转型路径，建立产学研用一体化的数字农业发展生态，为全国提供可复制可推广的应用模式。

第二节 农业农村电子商务发展现状

近年来，宁夏聚焦“六特”产业高质量发展，深入实施农村电商人才培育工程，着力培优环境、培养人才、培养产业，有效夯实农村电商发展基础。全区15个县（市、区）被国家确定为电子商务进农村综合示范县，在全国率先实现了电子商务进农村省域全覆盖，8个示范县跻身国家“农村电商提档升级”工程行列。据第三方监测统计，2023年宁夏农产品网络零售额达到141.84亿元，同比增长14.58%。

一、发展现状

（一）优化发展环境，壮大农产品电子商务规模

坚持以培优做强电商产业为抓手，打造“乡味宁夏”农村电商“一村一品”，鼓励全区各地结合本地产业特色、资源禀赋、区域位置，培育电商直播示范基地11家、电商特色产业基地49个，建成县级电商公共服务中心15个、乡村电商服务站点1397个，为农村电商发展提供硬件设施齐全、服务功能完备的区域性农村电商产业共享平台。运营“乡味宁夏”媒体矩阵，大力宣传推介宁夏特色优质农产品，提升“贺兰山东麓葡萄酒”“中宁枸杞”“宁夏牛奶”“盐池滩羊”“六盘山牛肉”等公用品牌影响力，涌现了西鲜记、红玛瑙、刘三朵等一批明星农产品电商企业，阿里巴巴平台有关报告显示，中宁县获全国农产品数字化百强县第50名，中宁枸杞连续三年居阿里巴巴平台农产品区域公用品牌前三位。推进农商互联产销衔接，结合“春节”“农民丰收节”等重大节庆活动，打造农村集市、农村电商、休闲农业等农村领域消费场景，开展产销对接和促消费系列活动共138场，线上线下消费额达到3.83亿元。举办宁夏农旅云端年货展销节、名优特色农产品迎新春展销会等系列促消费活动，销售总额达到1.3亿元。

（二）搭建孵化平台，增强直播电商人才力量

顺应电商新业态新模式发展机遇，多渠道全方位推进农村电商人才培育，电商人才队伍不断壮大。联合自治区内高校及电商平台公司创办“幸福乡村”电商学院，建立农村电

商专家库，进一步统筹整合培训资源，提升电商人才培训的针对性和实用性。依托农业农村部高素质农民培训项目，优选带动示范作用突出的农村电商领头人才，举办农村电商精英训练营、农村电商“一村一品”带头人提升培训班等5期培训班，共培训学员435人，“闽宁巧媳妇”“彭阳福娃”等一批具有地方特色的乡村网红成为“带货新星”。2023年，全区电商直播场次达6.66万场，实现交易额53.68亿元，同比增长36.8%，培育全区超百万粉丝主播11个、超50万粉丝主播33个、10万以上粉丝主播104个，其中，“牧飒”“小李飞叨”“草编哥”“蜂蜜姐”等实力不俗的本土网红达人和宁彝源、华宝枸杞、杞里香等优秀直播电商企业崭露头角。

（三）加强业态融合，推动农村电商多元发展

推进电子商务向休闲农业、农资商品赋能，促进农业产业转型升级。对全区812家休闲农业经营主体进行全面调查，建立休闲农庄名录库，并对农庄简介、特色活动等信息进行电子赋码，通过扫“一庄一码”进行在线预订、路线导航、产品购买、在线评价，提升消费体验，促进线上经营。建设“宁农旅”休闲农业线上经营品牌，运营宁夏休闲农业微信公众号，开设农庄推荐、精品线路、特色美食等专题，集中整合全区休闲农业的精品资源，根据季节特点和小长假时点分布，利用新媒体有步骤、有重点、分时段地向群众推介休闲农业和乡村旅游精品景点线路，打造的“农村电商+乡村旅游”“农村电商+乡村菜”等系列精品路线、精品美食店受到自治区内外游客的青睐。2023年度，全区各类农业休闲经营主体共接待游客1358.7万人次，营业收入达到14.09亿元。

二、下一步工作计划

1）培优农村电商主体。打造电商培训基地，支持涉农院校、培训机构等多元主体开展农村电商定向培训、订单培训。建立专家服务团队，通过实地指导、线上帮扶、技能培训、项目合作等方式，着力解决农村电商运营管理水平不高、实用人才匮乏等方面的难题。优化农村电商创业服务，探索无抵押贷款授信模式，解决小微电商企业贷款难题。鼓励农民合作社、农产品经销商等深化电子商务运用，利用第三方平台触网营销。

2）建强公共服务体系。进一步整合资源、规范配置，强化县级公共服务中心枢纽功能和乡村电商服务站点末端支撑功能，为农村电商从业者提供培训、扶持、激励等支持，完善电商孵化能力。鼓励有条件的市、县（区）加大农村直播电商产业园建设力度，支持电商服务企业拓展农村业务，发展代理运营等专业化服务。强化物流配送保障功能，促进农村电商与物流协同发展，提升县乡村三级物流配送体系成效和覆盖面，支持连锁经营、物流配送、电商等现代流通方式相互融合，发展物流共同配送等新模式新业态。

3）提升农村流通效率。支持指导市县组建农村电商联合会，探索建立“农产品供应商+联盟+销售企业”发展模式，推进生产端、供应链等环节有机衔接，让更多的社会网红资源参与进来，助力农产品上行。支持各地推进农产品网货转化，打造电商地方公共品牌，提升产品附加值和品质档次，升级“老字号”、开发“原字号”、壮大“宁字号”，打响区域网货品牌知名度与影响力。深入实施“数商兴农年”“电商直播季”等电商助农、电商消费促进活动，鼓励各地举办多形式的直播带货促销费活动，发展直播电商、文旅电商、社交电商等电商新业态，搭建线上平台与农村产业实体合作渠道，促进乡村优质农产品外销全国。

4）探索电商融合发展。发挥农村电商跨界融合作用，鼓励支持各类市场主体利用现代信息技术和互联网平台，发展创意农业、观光农业、认养农业、分享农业等新业态新模式，推进农村电商与餐饮、旅游、文化、健康等产业的深度融合，打造一批富有本土特色的爆款“互联网 +”产品，助力电商品牌“出圈”“出彩”。

三、“互联网 +”农产品出村进城工程推进情况

2021 年以来，全区有序推进“互联网 +”农产品出村进城工程项目实施，坚持抢抓互联网发展机遇，加快推进信息技术在农业生产经营中的广泛应用，推动完善全区农产品网络销售的供应链体系、运营服务体系、支撑保障体系。

（一）加强产地基础设施建设，提升优质农产品持续供给能力

截至 2023 年底，建成种植业数字化园区 42 个，奶牛、肉牛和滩羊智慧牧场 360 个，智慧农田 100 万亩，推进建设国家数字农业创新应用基地 6 个，开展数字农业示范项目 46 个，推进农业全产业链数字化改造提升，推动数字赋能“六特”产业高质量发展。加大农产品冷链物流设施建设支持力度，2021 年以来，全区建设农产品产地冷藏保鲜设施 1067 个，新增库容 20.93 万吨，有效提升了农村电商运营效率和服务品质。

（二）完善农产品网络销售体系，提高优质农产品市场竞争能力

加强与商务部门协作，积极搭建线上消费促进平台，打造“乡味宁夏”“西域有品”“中卫优品”等多个助农电商平台，在拼多多平台上线西部首个省域优品馆，带动拼多多平台宁夏产品销量同比增长 210%。携手京东平台推动“亚洲一号”落地并投入使用，建成宁夏单体面积最大的智能物流园区，带动电商物流协同发展进入新阶段。基于宁夏名优特色农产品展销中心平台，以节会经济激发农产品消费活力，在春节、元旦、国庆、中秋等节假日期间，支持指导各市县积极举办“年货大集”“浪宁夏 · 品味道”“农夫集市”等活动，拓宽农产品销售渠道。加强农村电商物流体系建设，建成 246 个乡镇快递网点、825 处快递末端公共服务站点，快递服务乡镇覆盖率达到 100%，上行下行贯通、城乡微循环畅通的农村电商物流配送体系基本成型。

（三）加强农产品品牌建设，提升优质农产品品牌影响力

推进新“三品一标”行动，累计培育区域公用品牌 20 个，创建中国特色农产品优势区 7 个，认定名优特色农产品品牌店 85 家，7 个产品品牌进入中国农业品牌目录。持续打造“乡味宁夏”新媒体宣传矩阵，培育和打造大美同心、西吉好东西、六盘牧场、灵性山河、闽宁禾美等一批农产品网络销售品牌，助力宁夏优质农产品线上销售，贺兰红葡萄酒、中宁枸杞、百瑞源枸杞等成功入选 2023 年杭州亚运会官方指定产品，贺兰山东麓葡萄酒、中宁枸杞、盐池滩羊品牌价值位列全国区域品牌百强榜第 8 位、第 11 位和第 31 位，贺兰山东麓葡萄酒产区跃升为国际产区品牌榜第 4 位，盐池滩羊肉成功入选 2023 年农业农村部农业品牌精品培育计划，有力提升全区特色农产品品牌溢价能力。在 2023 年中国农业品牌创新发展大会上，自治区农业精品品牌建设经验被作为典型案例分享。

四、存在的问题

1）市场主体培育有待进一步加强。与先进省份相比，全区电子商务产业总体规模小，电商龙头企业及产业平台体量小、竞争力不足，缺乏行业品牌。

2）农产品上行能力有待进一步提高。农产品上行态势良好，但农产品品牌化、标准化、电商化程度低，产品附加值不高，好产品不是好商品，好商品不是畅销网品，产业开发有待加强。

3）电商企业运营水平有待进一步增强。各县（市、区）电商企业运营能力普遍不强，管理粗放，大部分市县有园区、有配套、有孵化中心，但缺乏专业运营团队，无法适应新型电商的快速发展。

五、政策建议

1）加强农村电商人才培育支持。通过政策引导、项目支持，支持欠发达地区完善全链条人才培育体系、共享服务体系、专家资源库体系，加大农村电商人才创业培育孵化、就业供需对接等服务，助力农村电商产业发展。

2）加大农村电商产业支持。支持县域电商产业集聚区建设，加强县域直播电商基地、农村数字消费平台、现代物流配送体系、电商供应链体系等建设支持，对欠发达地区采取奖补资金、分类指导等方式，提升农村电商产业基地（园区）、服务中心公共服务效能，发展电子商务产业服务载体功能，促进形成特色化电商产业发展集群。

3）加大涉农电商企业扶持。通过资金奖补和项目扶持等方式，促进电商企业（平台）向农村地区延伸，唤醒产品、人才、物流、冷链等“沉睡”资源，提升农村流通新效能，推动农产品“触网”上行。

第三十二章 新疆生产建设兵团 32

2023 年，兵团农业农村局坚持以习近平新时代中国特色社会主义思想为指导，全面贯彻落实党的二十大和二十届一中、二中全会精神，深入学习贯彻第三次中央新疆工作座谈会精神、中央农村工作会议精神、习近平总书记听取自治区和兵团汇报时的重要讲话精神，贯彻落实党中央、自治区党委和兵团党委的决策部署，围绕中央农业农村工作、兵团党委农业农村工作重点，坚持农业农村优先发展主线，积极开展农业农村信息化工作，农业农村信息化工作取得了一定成效。

第一节　农业农村信息化发展现状

一、2023 年农业农村信息化相关工作完成情况

（一）第三师五十一团数字种植业创新应用基地建设项目（棉花）

针对规模化棉花种植生产、加工等环节对提质增效、节本增效与质量追溯的需求，集成应用大数据、云计算、物联网、移动互联、对地观测与导航等新一代信息技术，探索优质棉数字农业技术集成应用解决方案和产业化模式，推进农业生产智能化、经营信息化、管理数据化、服务在线化，建立完备的优质棉种植管理数字农业技术、装备与服务体系，建成国家级优质棉数字农业应用推广基地，建立可持续运行的示范工程运行机制，形成可推广的优质棉数字农业发展模式，在我国西部地区和棉花生产领域起到引领示范作用。项目建成后，实现劳动生产率提高 50% 以上，单位面积产量提升 10% 以上，水、肥、药等农业投入品使用降低 10% 以上；建立棉花数字农业生产技术规程 1 套，制定棉花数字农业技术规范 1 套。项目总投资 3000 万元，中央预算内资金 1800 万元，配套资金 1200 万元；项目建设期为 2021 年 4 月—2022 年 12 月。

1）项目建设进展情况：2021 年，下达中央预算内资金 1800 万元，第三师图木舒克市财政配套 1098.98 万元，实际到位资金 2890.98 万元。该项目于 2021 年 10 月 20 日正式开工，项目建设年限为 2 年，合同总价为 2890.98 万元，项目完成进度 100%，项目资金已执行 2890.98 万元，资金执行率为 100%，2023 年 3 月 25 日已完成项目验收。

2）软件建设情况：安装数字农业综合管理与集成应用各项软件平台，“空天地”一体化棉花农情遥感大数据观测体系初步建成，实现滴灌水肥一体化精准管理、棉花虫害精准监测与防控，固定基站、北斗自动驾驶全部安装到位，示范农机精准作业技术。完成土壤监测面积 1 万亩。邀请新疆行业专家对农户进行培训，培训满意度超过 90%。

（二）第十师北屯市一八八团国家数字畜牧创新应用基地建设项目（肉牛品种）

第十师北屯市一八八团国家数字畜牧业创新应用基地建设（肉牛品种）包括软件及硬

件两大部分。其中，软件部分包括智慧养殖生产管理系统、数字化精准饲喂管理系统、牛场粪污收集与管理系统、肉牛疫病防控及健康管理系统、肉牛繁育管理系统、区块链肉牛全产业链追溯系统、供应链管理系统、数据指标分析系统、交互服务系统、系统综合接口开发等，硬件部分包括系统无人采集数据终端物联网设施及设备、配套自动机械等现代化养殖设备等。项目总投资为 3400 万元，中央预算内资金 2000 万元，配套资金 1400 万元；项目建设期为 2022 年 1 月—2023 年 12 月。

1）项目建设进展情况：2022 年下达中央预算内资金 2000 万元，项目资金已执行 1729.22 万元，资金执行率为 86.5%。截至 2023 年 6 月，一期项目已全部完成合同内建设任务，2023 年 9 月 28 日完成项目初步验收，2023 年 12 月完成项目资金结算审计工作，项目结算金额为 1729.22 万元，已经全部支付完毕。

2）软件建设情况：基地建设肉牛繁育数字化管理系统、自动化精准环境控制系统、数字化精准饲喂管理系统、智慧牧场管理系统等，运用现代物联网智能装备与 5G、大数据等先进技术，实现智能环控、智能喂养、行为异常状态报警、科学算法等协同作业，提高肉牛养殖数字化水平，能有效提升养殖效率，降低疾病风险，增强产品品质，为从业者创造更高的收益，推动一八八团整个产业的高质量发展。

3）硬件设备情况：根据现场实际情况，已完成系统无人采集数据终端物联网设施及设备、配套自动机械等现代化养殖设备等硬件的实际安装、设备调试工作，并投入使用。

（三）第二师铁门关市三十四团国家数字种植业创新应用基地建设项目（中草药）

第二师铁门关市三十四团国家数字种植业创新应用基地建设项目（中草药）依托建设单位原有条件基础，围绕中药材数据资源分析与集成、数字化种植、数字化采收、数字化品控等生产管理关键环节，以及信息采集、传输、分析、管理决策的必要设备及关键技术，构建中药材数据资源分析及集成应用中心、中药材数字化种植服务系统、中药材数字化采收服务系统、中药材数字化品控服务系统，实现生产数据资源服务及分析决策。项目总投资 3300 万元，中央预算内资金 1980 万元，配套资金（地方预算内资金）1320 万元。

1）项目建设进展情况：2023 年，下达中央预算内资金 980 万元、第二师铁门关市配套资金 1320 万元，项目资金已执行 2300 万元，资金执行率 100%。2024 年拟下达中央预算资金 1000 万元。

2）软硬件建设情况：基地建设项目已完成包括中药材智慧农场管理系统集成及软硬件购置 5 台（套），中药材数字化种植服务系统集成及软硬件购置 2 台（套），中药材数字化采收服务系统集成及软硬件购置 1 台（套），中药材数字化品控服务系统集成及软硬件购置 2 台（套），以及自筹资金建设地面基础设施。

二、取得成效

1）建成棉花数字农业应用推广基地，占地面积达 1 万亩，包括“空天地”一体化棉花农情遥感观测体系、棉花田间管理数字技术示范、农机精准作业技术示范、数字农业综合管理与集成应用、示范区信息化基础拓展建设。

2）依托标准基础数据规范要求，完成了第十师北屯市一八八团农业、农村、连队综合的基础数据基座建设。同时，按照国家数字畜牧业创新应用基地建设要求，结合北屯市当地的区域特点，借助大数据、云计算、区块链、物联网等技术，完成了“种植—青贮—肉牛养殖”全产业链数字化建设，通过数据采集、整理、分析，实现饲草、加工、肉牛养殖产业分析报表，用于指导生产、协助管理，精准分析牛只饲养价值，进而对肉牛个体生产提供精准的科学决策依据。

3）三十四团国家数字种植业项目建成后，将提高三十四团中药材种植领域的数字化应用水平，特别是在中药材种植管理中信息智能感知、精准施肥、精准灌溉、精准调控、病虫害智慧管控、数字化管理系统开发等应用集成，通过中药材长势和生长环境实时精准监测、精准施肥一体化科学调控等智能化决策和控制、多维数据融合的中药材资源管理服务系统等方面应用，大幅度提升中药材种植业生产数字化、智能化水平，推动数字技术与中药材种植生产深度融合。

三、存在的问题

项目运用对农户综合素养的要求与现有素质不适应，仍须加强技术培训。

四、下一步工作

督促实施单位严格按照项目实施方案中的任务指标认真完成各项工作，并行维护好已建成的项目内容。

第二节　农业农村电子商务

一、“互联网 +”农产品出村进城工作推进情况及成效

截止 2023 年底，兵团第五师双河市被认定为“互联网 +”农产品出村进城工程试点。

1）加强组织领导，确保扎实推进。第五师双河市成立了以师市分管副师长为组长、师市农业农村、发展改革、商务、市场监督等相关部门为成员单位的“互联网 +”农产品出村进城工作领导小组，形成了职责明确、协调联动、齐抓共管的工作格局，确保“互联网 +”农产品出村进城工程扎实推进。

2）筹措资金，加强政策支持。师市党委为强弱项、补短板、攻难点，专门设立 1000 万元专项资金用于扶持农业产业发展奖补，加大“互联网 +”农产品出村进城工程经费多元筹集力度，为“互联网 +”农产品出村进城提供资金保障。

3）创新模式，大力拓展电商渠道。八十三团与中国邮政签订“博州精河沙山子红提葡萄邮寄合同”，依托邮政物流搭建了全国物流网络，初步实现了合作社物流全程航空运输。九十团坚持政府引导和市场化运作相结合，鼓励党政干部变身“网红”直播带货，团主要领导走进直播间为“双河蜜”品牌甜瓜代言，在打开农产品销路的同时，提升了师市特色农产品知名度。八十四团把网络“电商带货”作为促进职工群众增收、助力乡村振兴的重要举措，鼓励和引导职工群众在田间地头、果园开展电商直播，使直播变成“新农活”，为团场职工群众增收致富拓展了新空间，使小农户与大市场相互连接，有效解决了农作物销售难、价格低等问题，电商直播成为大受欢迎的销售新渠道。

4）强化业务培训，积极培育电商人才。八十六团推动运用“互联网 +”思维，着力培养一批精通网络营销和电子商务的青年人才，成立“双十一”“好萍食品坊”电商工作室，

带动连队职工 60 余人参与电商销售工作，挖掘本地区特色农产品 20 余种，销售年收益达 60 余万元。

二、存在的问题

1）缺乏专业团队。“互联网 + 农业”缺乏专业技术人才，即使是从事电商创业的人才，在“互联网 + 农业”方面也存在能力不足的问题。

2）资金投入乏力。“互联网 +”农产品出村进城工程无中央、兵团专项资金扶持，师市财力有限，难以保障基础设施改造投入。

三、下一步工作

加强推进“互联网 +”农产品出村进城示范项目建设。支持公共服务中心和乡村电商站点建设，充分利用本地商超、电商配送平台，支持和引导本地种植农户、农贸市场供应链，建立长期合作机制，丰富本地农产品销售渠道，实现“农产品进城”。

第三节　农业信息综合服务

一、农民手机应用技能培训工作推进情况

为切实开展好活动，兵团农业农村局深入研究制定实施方案，以教会农工手机直播、电商销售等手机应用技能为重点，促进农产品网络销售，为农民增收、乡村振兴贡献力量。2023 年 7 月 10 日，兵团农业农村局下发《关于做好 2023 年农工手机应用技能培训有关工作的通知》，要求各师农业农村局高度重视此次培训，采取传统手段与信息化手段相结合的方式，充分利用现代信息技术和远程手段开展全方位、多元化、可跟踪的手机应用技能培训的方式，扎扎实实地开展培训工作，及时研究解决培训工作中出现的问题和困难，确保培训取得实效。2023 年 7 月 24 日，新疆生产建设兵团农工手机应用技能培训周活动在兵团农广校（乌鲁木齐）启动，兵团农业农村局领导、相关处室负责人和兵团农广校全体教职员工共 53 人参加了启动仪式，各师农业农村局相关负责人、团场和连队相关人员共 166 人在各师农广校分会场同步启动活动周仪式。2023 年 7 月 24 日—7 月 30 日，各团场、连队积极响应，组织农牧团场职工共 2611 人次采取观看视频、现场讲解、专题会议等形式扎实开展培训，圆满完成了培训工作。

二、取得成效

1）农工培养了现代科技意识、市场意识、信息意识，提高了他们的信息收集、信息应用和信息反馈的能力，同时还提高了农工的法律意识和防电信网络诈骗的常识。

2）让农工学会了手机直播、短视频拍摄、电商销售等技能，学了会如何利用电子商务平台销售农产品，促进产销精准对接，实现优质优价；同时也让农工在网上购买到货真价实的农业生产资料和生活消费品，降低了生产生活的成本。

3）教会了农工如何利用手机学习相关的农学常识，通过利用“云上智农”App 和中国

农村远程教育网的农科讲堂，使广大农工学习相关的农业知识，并学会使用在线答疑解决生产中遇到的问题。

4）扩展辐射了农牧团场各项事业的发展。通过农工手机技能培训活动，不仅在农业方面，如今在餐饮、服装、副食品加工等各行各业都开始参与手机营销活动，并且收益增效显著。

三、存在的问题

由于培训时间有限，受部分农工文化程度和年龄的因素限制，还有相当比例的基层农工没有完全掌握手机操作技能。

四、下一步工作

1）进一步加强宣传，提高农工的学习自主能力，普及手机应用技能知识。通过宣传，使广大农工享受移动互联网带来的便捷，真正做到让手机成为职工群众发展生产、便利生活、增收致富的好帮手。

2）提升培训的信息化手段，充分利用抖音、快手、微信等多种平台，为农民手机技能培训添油加力，提高培训覆盖率。

3）继续不断创新培训方式，增强培训的灵活性和趣味性，努力把科技知识宣传应用到田头地角，真正实现职工增收致富。

第四节　数字乡村

一、数字乡村建进展情况

为贯彻落实数字乡村建设有关工作部署要求，兵团印发《兵团数字乡村建设行动计划（2021—2023年）》，推进兵团数字乡村建设试点，确定第二师铁门关市二二三团、第四师可克达拉市六十九团、第五师双河市八十一团、第六师五家渠市共青团农场、第七师胡杨河市一二五团、第九师一六三团、第十三师新星市红星一场、第十四师昆玉市二二四团、皮山农场9个首批兵团数字乡村建设试点团场。2023年8月，兵团党委网信办组织相关部门对试点团场进行了阶段性评估。从评估情况看，各团场资源禀赋不一、试点发展程度不一，总体处于初级阶段，但取得了一定的成效。农业信息化推广应用不断深入，流通服务体系不断健全，农村新业态培育不断加速，信息基础设施建设不断巩固，乡村治理数字化水平不断提升，乡村信息服务不断拓展，为后续继续深入开展数字乡村建设奠定了一定的基础。

二、取得成效

1）搭建兵团畜牧兽医大数据平台。启动兵团畜牧兽医信息化系统建设项目，依托自治区“畜牧兽医大数据平台”系统，搭建兵团畜牧兽医大数据平台，组织举办了14期共计2000余人次参与的信息化应用培训。截至2023年底，兵团畜牧兽医信息化管理系统已在兵师团三级的行政管理人员、官方兽医、养殖从业人员中广泛使用，平台用户已达6.7万人，其中涉及畜牧兽医经营主体5.5万人，行业管理及防疫员1.2万人，日均处理信息量约18万条，累计记录数据2.3亿余条。该系统实现了动物防疫、动物及动物产品的检疫、屠宰加工及病死畜禽无害化处理的信息化管理，实现了检疫出证线上审批，畜禽及产品流通调运监管动态分析，为行业管理决策提供了有力支撑。

2）推广应用北斗导航无人驾驶技术系统。截至2023年底，累计推广应用北斗导航无人驾驶技术系统2万余套，为推进农业机械化、智能化能力水平提升，已陆续在第八师、第六师建立“北斗智能+”集成应用示范典型，推动“北斗智能+精准耕地、播种、喷雾、收获”等农机信息化技术综合应用，提升棉花生产全程机械化、智能化水平。

3）提升农产品质量安全智慧监管能力建设。兵团农业农村局安排本级资金600万余元开展农产品质量安全智慧监管系统建设，截至2023年底，已完成监管系统、承诺达标合格证出证小程序和26个团场速测站建设。利用前端农药兽药等农业投入品购买、生产过程用药、上市农产品药物残留监测等数据，实现信息查询及统计分析，按照“用什么药检什么药”原则，开展上市销售前食用农产品快速检测全覆盖，为兵团农产品质量安全风险监测和监督抽查工作提供靶向性，有效支撑兵团农产品质量安全的决策管理。

4）开展数字农业试验示范。第二师三十团建立数字农业示范系统，示范面积达1250亩；第五师八十一团建设数字农业创新应用基地，建立“智慧农业”综合支撑服务平台，搭建“底层数据+业务系统+终端应用+分析系统+可视化系统”的区域数字农业生产体系。

三、存在的问题

1）统筹协调机制作用发挥不够。各试点团场对数字乡村建设缺乏系统认识，将数字乡村试点仅视为一个建设项目，对数字乡村建设内容的了解程度不够深入，统筹协调机制运行不畅。

2）人才支撑不足。既懂农业又懂信息化的复合型、实用型人才十分匮乏。

四、下一步工作

1）加强人才技术支撑。加大对团场连队干部、新型农业经营主体及职工群众数字技能培训力度，提升职工群众数字素养。

2）激活乡村要素资源。充分团结各方力量，调动社会资本广泛参与数字乡村建设。

3）加大工作宣传力度。充分利用媒体向职工普及信息技术，宣传数字乡村建设成果。

企业推进篇

第三十三章 33

淘天集团：数字化助力乡村全面振兴的创新举措

当前，我国正处在信息化与农业农村现代化的历史交汇期，数字经济已经与乡村产生了全方位的链接、嵌入、撬动和引领。实施乡村振兴战略，不能就土地谈土地，就农业谈农业，而是需要引入技术和数字增量，紧紧抓住信息化、数字化带来的重大历史机遇，以数字技术助力乡村产业高质高效发展，缩小城乡“数字鸿沟”。

一、基本情况

淘天集团是阿里巴巴集团全资拥有的业务集团，拥有淘宝、天猫、1688、闲鱼等商业品牌，并通过天猫超市、淘宝买菜、淘宝直播、数字农业等业务，提供超市、买菜、直播等服务。

淘天集团高度重视“三农”和乡村振兴工作，从最早的“千县万村”计划，通过一根网线将乡村的特色产品卖到全国各地，到如今集合多个业务部门的优势，在品牌打造、网络营销、供应链改造、数字人才培训、数字农业基地建设等方面形成合力，逐步将数字化力量应用到乡村生产、流通、销售全链路，并通过与地方政府、生态伙伴开展合作，持续发挥科技和商业结合的优势，让数字科技创新性地应用于乡村发展，在促进“农业强、农村美、农民富”等方面，为推动乡村振兴贡献了一份力量。

据统计，过去四年，淘宝天猫平台农产品网络销售额超过 1 万亿元，稳居全国最大线上农产品交易平台。2023 年，全国 832 个脱贫县在淘宝天猫平台销售额达 1370 亿元，160 个国家乡村振兴重点帮扶县销售额超 54 亿元，同比增长 28.6%。

二、主要工作与成效

淘天集团专门成立了服务农产品和食品上行的事业部，并依托天猫美食、淘宝美食、天猫超市、淘宝买菜、淘宝直播、数字农业等业务，基于数字技术和商业创新优势，大力推动“科技强农、直采助农、品牌富农、人才兴农”四大行动方案，初步形成了数字化助力乡村振兴的“组合拳”。

（一）科技强农：数字技术助力国产猕猴桃产业破解“即食”难题

我国猕猴桃种植面积和产量位居世界第一，但单位面积产量不高，种植标准化水平低，催熟方法较为传统，消费者很难买到好吃的即食猕猴桃，农民收益受到很大影响。2021 年以来，淘天集团数字农业团队、芭芭农场联合技术专家，基于大数据、国内外市场分析，以高品质即食猕猴桃为切入口，以数字化打通种、产、供、销全链路，在陕西、四川等地挑选优质果园，通过制定严格的原料采收标准、研发数字化的催熟技术、先进的仓储保鲜技术及完善的供应链体系，大大提升了猕猴桃的即食性，在给消费者带来美味消费体验、促农增收的同时，也为国产水果品牌发展带来积极示范效应，促进了国产猕猴桃产业高质量、高标准发展。据统计，仅陕西武功一地，该项目就为当地600余家农户每户平均创收2.5万元。图33-1所示为标准化果园。

图33-1　标准化果园

1）在种植环节，输出标准化种植技术方案，提高果品一致性。猕猴桃的糖度、硬度、干物质含量，是决定猕猴桃风味口感的重要因素。好的品质需要合适的温湿度和土壤有机质。在生产端，淘天集团通过选定优质果园、统一种植方案、全程监控等方式，提升果品品质，实现果品一致性，这是实现规模化催熟的前提和基础。在种植改良方面，核心是抓好关键物候期管理，通过投入品进行调控。在果园监测环节，投用了国产猕猴桃无损监测设备，猕猴桃无须下树即可获得糖度、干物质含量等样本数据，从而减少损耗并提高水果品质检测的准确度。

2）在储藏和保鲜环节，共建数字化产地仓，研发气调保鲜技术以促进规模化催熟。2021年以来，淘天集团与技术专家开展数字创新应用，攻克后熟技术“卡脖子”难题，打破海外技术的长期垄断，联合技术伙伴自研了先进的国产猕猴桃催熟和压差预冷一体化设备，完成了移动式催熟柜及催熟设备的数字化升级，可以远程实时监控催熟进程及催熟工艺，成功将猕猴桃储藏期延长到来年的4—5月，比市面上的常规品种多了3个月。在陕西武功、四川邛崃建成两个大型的数字化产地仓，猕猴桃进入产地仓后，经过质检、分选、催熟、预冷、自动化包装等一系列工业流水线般的操作，变成具有更高价值的即食猕猴桃，极大提升了即食猕猴桃的采购价格。

3）在分选和销售环节，搭建直采直销网络，促进全链路降本增效。在陕西武功产地仓，引进现代化数字果品分选线，1台设备1小时能分拣8万颗猕猴桃，每颗果子经过时可以拍摄40张照片，大小、糖度和外观可以同时测定，只有合格的果子才会留在生产线上，并按果子大小进行分选，实现了高效精准的果品分选。在销售端，充分发挥淘天集团供应链优势，基于确定性的物流时效，以及分布在全国的18个加工中心及销地仓，促进猕猴桃流通到盒马鲜生、大润发、淘宝买菜、天猫超市等线上线下渠道。根据渠道特性来确定不同的出库标准，确保猕猴桃到消费者手中时刚好可食用，彻底告别购买猕猴桃“开盲盒”时代，打出国货的影响力。

淘天集团建立了我国西北地区最大的即食猕猴桃规模化催熟中心，历经三年的沉淀和发展，从种植、仓储、保鲜、流通，到消费者可以即食的状态，形成了一套“组合拳”，带动了整条产业链生产能力的提升，对于产区合作商家原料采收标准、贮藏保鲜技术、催熟能力、品控验收方法与标准等都有显著的引导与提升作用，有助于引领整个产业的发展，促进我国猕猴桃做出品牌，逐步实现即食猕猴桃的进口替代。当前，淘天集团正在积极将这些技术应用到香蕉、芒果等后熟果品，促进中国果业振兴。

（二）直采助农：直采直销助力农业高质量发展

以前数字化更多聚焦在消费端，而数据作为一种新型生产要素，正在成为农业增产增收的“新农资”，农产品数字化场景正迅速从消费端的“餐桌”走向更上游的“土地”。淘天集团多个业务部门正在走向田间地头，建立数字农业基地，进行基地直采，为用户提供更多源头好货。

1. 淘宝买菜农场直采直销模式

淘宝买菜依托淘天集团强大的供应链能力，通过淘宝 App，在全国 200 多个城市提供生鲜食品、日用品的购买服务，并提供次日达和小时达两种服务方式。针对农产品非标、易损、供应链数字化难度大等特点，依托数字技术和农业基础设施，淘宝买菜探索直采直销助农模式，构建了“从田间到餐桌”的农产品直采直销网络，有效打通农产品上行通道，提高农产品流通效率。该模式通过上游确定性采购，依据既定的流通链路，在规定时间内将新鲜的农产品交付给用户，实现更便捷的采购链路、更新鲜的农产品、更低的农产品损耗等，帮助优质农产品卖出更好的价格，同时有助于解决传统农业企业区域化经营和物流专业化程度低导致的农货跨区域流通少的难题。据统计，淘宝买菜已在全国直连近万个农产品直采基地、700 多个数字农业基地。

2. 天猫超市“基地 + 产业 + 销售”模式

天猫超市旗下自有品牌“喵满分”，从 2022 年 4 月创立以来，始终坚持“只为满分好原料”的品牌主张，全球范围内寻找优质原产地，用更优质的原料、专业的商品开发能力、严苛的品控及全链路的管理研发商品，服务天猫超市 3 亿家庭的日常生活所需。2023 年 5 月 12 日，黑龙江省虎林市人民政府联合黑龙江省农业科学院、天猫超市，对 10 万亩大米联合种植达成合作，推出大米产业带“联合种植 + 品牌孵化 + 销售保证”的产、加、销一体化发展模式，深入发展“稻”经济、深耕“稻”文化。“双十一”期间，虎林大米从零开始，销售额突破 1450 万元，累计销售大米 3000 吨。

3. 芭芭农场“云施肥 + 真公益”数字化直采助农模式

芭芭农场是在淘宝 App 等运营的一款数字助农互动小程序。芭芭农场寻找优质生鲜水果产地，让消费者通过云种植方式，体验种植、丰收，品鉴全过程，消费者只需定期“浇水施肥”，就可获得一箱高品质的水果或粮油米面等农产品。截至 2023 年底，每天有超 6000 万人在芭芭农场“浇水施肥”，每天兑换超 50 万份免费农产品，这些农产品来自甘肃、新疆、云南等地精心挑选的芭芭农场线下基地。借助芭芭农场的力量，甘肃的民勤蜜瓜实现了从原先的“不敢种，怕卖不出去烂在地里”到“一天能卖 4 万 ~ 5 万公斤”的飞跃；陕西宜君红富士、四川盐源丑苹果 4 天售出 13 吨；福建平和的琯溪蜜柚取得销售近 135 吨的好成绩。

（三）品牌富农：数字平台助推农业品牌化升级

在数字经济快速发展的背景下，依托电商平台培育农业品牌已成为促产业、提收入的重要手段。近年来，作为品牌商家运营的主阵地，淘宝天猫平台立足于产地和产品特色，联合各大产地政府、商家共同促进产品品牌化发展。

1. 天猫平台助力新品牌“晓贵猴”火鸡面“双十一”热销1000万单

火鸡面是一种源自韩国并在我国逐渐流行的拉面，其辣椒调味粉来源于贵州遵义。遵义商家看准机会，以本地优质辣椒作为原料，创立了“晓贵猴”火鸡面品牌，并于2023年8月在天猫平台开店，价格比进口火鸡面降低了三分之二，口味基本没有区别。在2023年淘宝天猫平台价格力战役引导下，“晓贵猴”在9月迎来第一波爆发，发货量直接让当地所有的邮政仓“爆仓”。在天猫“双十一”期间迎来全面爆发，在天猫“双十一”全周期单品销量达到1000万单，打破了新品牌的订单记录，直接带动300个农户就业，平均每户增收4000元。

2. 数字化平台助力一枚土鸡蛋“腾飞”

淘天集团旗下淘宝买菜平台与安徽省好念头食品有限责任公司合作，为好念头鸡蛋提供稳定的直采直销网络，开展拼团、限时秒杀等营销活动，以及全链路溯源直播活动，并基于消费市场数据，为企业提供包装设计建议、核心卖点提炼、品牌形象建设等帮助，促进营销、品牌建设等环节数字化转型。2023年日均销量达3000单以上，年均销售额约2000万元，带动当地100余人就业。通过与平台合作，该企业逐步走出县城，2023年在杭州设立全国运营中心，设立武汉、无锡、西安、郑州四个加工仓，实现了从县城走向全国的农业梦。

（四）人才兴农：促进乡村数字化人才培育

人才振兴是乡村振兴的活力源泉。近年来，淘天集团依托淘宝教育、淘宝直播，积极与地方政府、企业合作，搭建县域数字人才平台，推动农民富裕富足。

1. 共建人才培训基地，拓宽农民增收渠道

自2014年起，淘宝教育积极参与到农村电商发展中。截至2023年底，已与区域政府、企业、特色产业园等共建82个数字经济区域人才培训基地，累计开设超1600个线下班次，覆盖超20.8万人次。针对区域产业特点，打造特色化课程，助力区域数字人才培育。与区域院校共建5个数字经济产教融合基地，依托基地建设培训学员超过1万人次；通过淘宝教育运营的线上学习平台——橙点同学，面向超20万名职业院校学生提供数字化电商运营课程与培训，涵盖店铺直播、内容运营、爆款打造和大促运营等。同时举办线上线下就业双选会100余场，支持学生群体提升就业能力，实现创业梦想。以四川甘孜州（康定市）乡村振兴数字人才培训基地为例，自2023年8月项目启动以来，在当地开展电商与新媒体相关培训和直播大赛，共吸引1156人次参与，覆盖汉、藏、彝、羌等民族，为区域产业发展储备了电商人才。

2. 开展“村播计划”，让直播成为新农活

2019年开始的“村播计划”是淘宝直播发起的一项助农计划，经多年探索，逐渐形成“政府指导支持、农人踊跃尝试、平台发挥优势、商家积极参与”的多元主体合作模式，帮助农人实现致富增收，助力县域产业升级。自2019年3月正式启动以来，已覆盖全国所有省份，培养超过11万名新农人主播，开展助农直播累计超过300万场，带动县域农产品800万个，县域农产品销量达1.3亿单。

以山东曹县为例，借助淘宝、天猫等电子商务平台，基于政策支持、园区建设、人才

引培、设施配套等方面，打造了e裳小镇、大集镇淘宝产业园等园区，形成了表演服、汉服、木制品、农产品等四大核心产业，成为全国第二大淘宝村产业集群。全县共有21个淘宝镇、176个淘宝村，电商年产值超305亿元，吸引1万多名大学生返乡创业，吸纳30多万人从事电商产业。电商已经成为促进曹县乡村全面振兴和共同富裕的重要路径。

三、未来展望

当前，我们正处在数字时代，无论是实现乡村全面振兴，还是农业强国建设，都迫切需要数字化赋能。下一步，淘天集团将全面贯彻落实中央有关精神，在相关政府部门和行业协会的指导和支持下，认真践行企业社会责任，全面支持促进乡村全面振兴重要战略部署，运用好数字化能力，重视直播电商等新业态新模式，大力推进智慧农业和数字乡村建设，助力农产品网络品牌和区域公用品牌建设，实现从“电商兴农”向“数商兴农”的转型升级，促进县域城乡融合发展。

第三十四章 34

农信通：人工智能助力农业现代化

人工智能（AI）的应用已经渗透到现代社会的多个领域，为我们的生活和工作带来了诸多便利，人工智能时代已全面来临。在农业领域，人工智能正在得到全方位应用，从选种、种植、养殖、监控到收获、质量检测等各个环节都融入了人工智能元素，大大提高了农业生产率，减轻了经营主体负担，保护了生态环境，助推了精准农业、高质量农业、可持续农业的快速发展。

北京农信通科技有限责任公司（简称农信通）作为有二十年经验的农业农村数字化企业，近几年在农业人工智能方面全力探索，形成了一系列产品和应用。

一、基本情况

农信通创建于 2002 年，总部位于北京中关村，是全球领先的农业农村信息化建设全面解决方案提供商和农业信息综合服务运营商，正在成为互联网时代的农业农村基础设施提供商。通过云计算、大数据、物联网、移动互联网、人工智能，以及通往千家万户、千乡万村、田间地头、坑塘圈舍的线上线下创新型服务网络体系，赋能农业、农村、农民、农企，致力“乡村振兴”战略，推进农业农村现代化和智慧化。该公司是国家级高新技术企业、全国农业农村信息化示范地基、北京市专精特新企业、北京市软件企业、北京市农业农村信息化龙头企业、北京市科技“星创天地”，获得专利 9 项、软件著作权 200 余项、新技术新产品 34 项，获得省部级农业科技奖励 6 项。

二、主要做法

（一）人工智能在果园中的应用

1. 果园精准管理系统

自动化管理和监控果园的生态系统。通过物联网技术和传感器技术，人工智能能够监测土壤湿度、温度、pH 值等参数，以及水果的生长情况和健康状况。果农可以根据数据及时采取措施来保护水果和优化果园的管理，从而提高果园的产量和质量。

（1）数据收集　通过布置在果园内的各种传感器（如土壤湿度传感器、气象环境传感器、植物生长传感器等），实时收集果园内部的环境数据（如温度、湿度、光照、土壤养分等）。同时，通过无人机和遥感技术获取果园的图像数据，用于分析果树的生长情况和病虫害状况。

（2）数据处理与分析　收集到的数据会传输到数据中心，通过大数据分析和人工智能算法进行处理和分析。该算法可以识别出影响果树生长的关键因素，预测病虫害的发生趋势，并评估果园的产量和质量。

（3）决策制定　基于数据分析结果，果园管理系统会生成相应的决策建议，如调整灌溉和施肥计划、预测病虫害发生并采取预防措施、优化果园布局等。旨在提高果园的产量、品质和经济效益，同时减少对环境的影响。

（4）执行与监控　根据决策建议，果园管理系统会自动或手动调整果园的生产设备，如智能灌溉系统、智能施肥系统、智能病虫害监测系统等，以实施相应的管理措施。同时，系统会持续监控果园的环境变化和果树生长情况，确保各项措施的有效执行。

（5）反馈与优化　在实施管理措施后，果园管理系统会再次收集数据，评估措施的效果，并根据反馈结果对管理流程进行优化和调整。这种持续的反馈和优化过程可以不断提高果园的管理效率和生产效益。

2. 果园病虫害识别与预警系统

（1）数据收集　使用高清摄像头、无人机或卫星遥感技术收集果园的实时图像和视频数据。收集果园的历史病虫害数据，包括病虫害类型、发生时间和影响范围。

（2）数据处理　对收集的图像和视频进行清洗、去噪和增强处理，提高图像质量。对图像进行分割和标注，标记出可能的病虫害区域。

（3）特征提取　利用深度学习算法［如卷积神经网络（CNN）］从预处理后的图像中提取病虫害的特征信息，提取的特征包括颜色、纹理、形状等。

（4）模型训练与病虫害识别　使用标记好的病虫害数据训练分类模型，如支持向量机（SVM）、随机森林（RF）或深度学习模型。通过不断迭代和优化模型参数，提高模型的识别准确率。将训练好的模型应用于实时收集的果园图像，自动识别病虫害。输出识别结果，包括病虫害类型、位置和严重程度。

（5）预警与决策　根据识别结果和预设的阈值，判断是否需要发出预警。如果达到预警条件，通过短信、邮件或App推送等方式向果园管理者发送预警信息。根据预警信息，果园管理者可以制定针对性的病虫害防治措施。系统还提供病虫害防治建议，如使用哪种农药、何时喷洒等。

（6）反馈与优化　收集果园管理者对果园病虫害识别与预警系统的反馈意见。根据反馈意见和新的病虫害数据，不断优化和更新模型，提高系统的准确性和可靠性。

3. 应用案例：山西省运城市临猗果业大脑

临猗果业大脑监测站如图34-1所示，临猗果业大脑结构如图34-2所示。通过在临猗

图 34-1　临猗果业大脑监测站

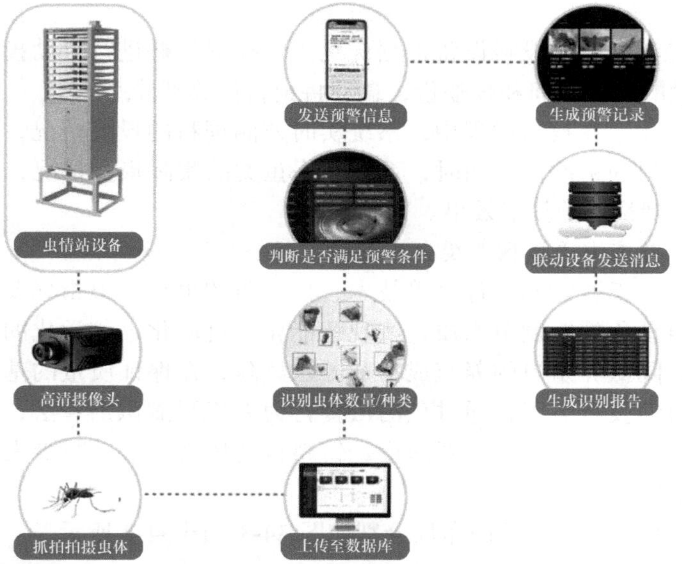

图 34-2　临猗果业大脑结构

县苹果种植基地安装各类环境传感器，实时监测果树生长区域二氧化碳、空气温湿度、风速、风向、降雨量、光照度、土壤温湿度、土壤酸碱度等参数；通过物联网、人工智能和云计算等技术，根据监测的数据远程控制水肥一体化设备的开启和关闭，及时调节土壤的养分含量，使果树始终在适宜的环境下生长；通过摄像头、无人机等设备拍摄苹果树的叶片、果实等，并利用大数据分析、计算机视觉和深度学习等人工智能技术对图像进行处理和分析，实现对果园病虫害的实时监测、快速识别和精准预警。

（二）人工智能在渔业养殖中的应用

1. 养殖环境监测与管理系统

（1）数据收集　用各种传感器（如温度传感器、水质传感器、pH 值传感器等）收集水产养殖环境数据。传感器可以实时监测水质、水温、溶解氧、pH 值等关键参数。

（2）处理与分析　在数据中心或云端，使用人工智能算法（如机器学习、深度学习等）对收集到的数据进行处理和分析，通过模式识别、预测分析等方法，发现潜在的问题或趋势。

（3）决策与预警　基于分析结果，人工智能系统可以做出决策，如调整饲料投放量、开启或关闭增氧设备等。如果发现异常情况（如水质恶化、水温异常等），系统会发出预警通知。

（4）执行与控制　根据人工智能系统的决策，自动化设备或机器人执行相应的操作，如调节水质、控制水温等，确保养殖环境的稳定和优化。

（5）反馈与优化　系统持续收集和分析数据，根据实际效果调整和优化决策算法。通过不断的学习和改进，提高水产养殖的效率和质量。

2. 自动智能投喂系统

（1）数据收集与监测　系统通过传感器技术实时收集养殖环境中的数据（如水质、温度、氧气含量等），以及监测鱼类的生长情况、进食速度和进食状态等信息。

（2）分析与决策　基于收集到的数据，人工智能算法对投喂策略进行优化。通过分析鱼类的摄食行为、摄食节奏等因素，系统可以预测鱼类的需求，并计算出合适的投喂时间和投喂量。

（3）执行与控制　智能投喂设备根据优化后的投喂策略进行自动投喂。投饲机、输送设备能够按照预设的投喂时间和投喂量，自动将饲料投放到养殖池中。

（4）反馈与优化　在投喂过程中，系统实时监测饲料的投放情况，包括投放量、投放速度等，以确保投喂的精准性。同时，系统根据鱼类的实际摄食情况，对投喂策略进行实时优化调整，以达到最佳的投喂效果。

3. 应用案例：北京市平谷区西樊各庄智慧渔场

基于物联网、人工智能和云计算等技术，按照鱼的生长各项指标要求，及时精确地监测数据，并进行自动化控制调节水质，实现智能化、自动化、科学化的水产养殖过程，从而实现科学养殖，降低养殖户的养殖成本和养殖风险，在保证质量的基础上大大提高了产量。在鱼塘安装自动投喂装置，通过鱼的摄食行为人工智能识别算法，智能分析鱼的摄食状态，判断投喂时间、投喂量及投喂速度，饵料自动按需投喂，减少人工撒料造成的饵料浪费并减少人工用量。

西樊各庄养殖系统实景及平面布局分别如图 34-3、图 34-4 所示。

图 34-3　西樊各庄养殖系统实景

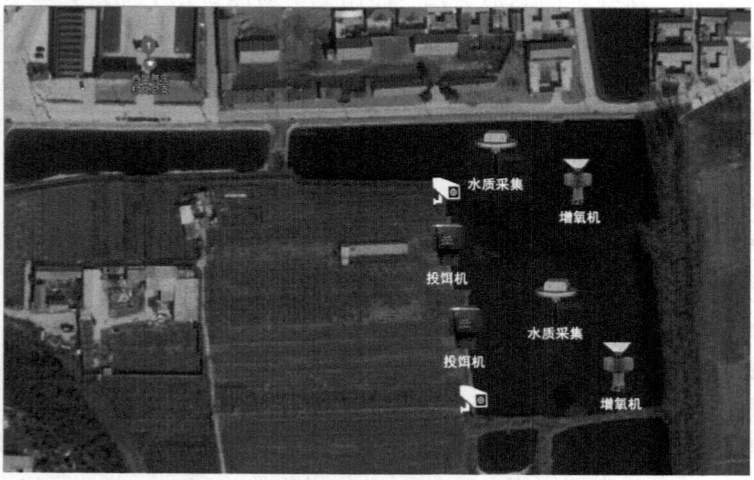

图 34-4　西樊各庄养殖系统平面布局

（三）人工智能在生猪养殖中的应用

1. 圈舍环境监测与调控系统

利用物联网技术，如耳标、腿环等终端设备，标示生猪的唯一性，并周期性上报信息。终端设备上装有计步器、定位芯片等，以实现生猪的联网和实时监测。通过收集的数据，可以分析生猪的生长情况、运动状态等，为养殖管理提供数据支持。

（1）数据收集与传输　传感器和摄像头会实时监测生猪的各种数据，如体温、活动量、环境信息等，并通过无线通信技术将这些数据实时发送到云端服务器。

（2）数据处理与分析　在云端服务器上，智能运算系统会对收集到的数据进行处理和分析，将原始数据转化为直观的信息，如可能生病的预测、发情期的预测、活动量的统计等。

（3）监测管理　根据处理后的数据，系统会对生猪的健康状况、饲养环境等进行监测，并与预设标准进行比较。如果数据异常，系统会自动触发报警或预警机制，以便及时采取应对措施。

（4）执行与控制　基于数据分析的结果，系统可以自动控制喂食、清理、除臭等养殖操作，实现自动化和智能化的养殖管理。

（5）反馈与优化　系统还会记录生猪的各项数据，并定期对数据进行分析和比较，以便优化养殖方案和提高生产率。

2. 自动饲喂系统

（1）数据收集　系统通过配备的各种传感器，如温度传感器、湿度传感器、体重传感器等，实时监测养殖环境和动物状态，收集大量数据。这些数据涵盖了生猪的饲料消耗量、生长情况、健康状态等关键信息。

（2）数据分析与算法处理　中央控制系统利用先进的数据分析和算法技术，对传感器收集到的数据进行实时处理和分析。通过对这些数据的深入剖析，系统能够准确判断生猪的饲料需求和健康状况。

（3）饲料投喂决策　基于数据分析的结果，智能饲喂系统能够自动调节饲料的投放量和频率。系统根据生猪的实际需求和饲料消耗情况，制定个性化的饲喂计划，以实现精准饲喂。

（4）自动化投喂执行　在决策阶段完成后，智能饲喂系统通过自动化投喂设备执行饲料投喂任务。设备根据系统发送的指令自动调整饲料的投放量和时间，确保生猪获得充足的营养。

3. 应用案例：天津市宁河原种猪场智能化养殖项目

圈舍环境监测与调控系统基于物联网技术、人工智能技术，通过氨气变送器、二氧化碳变送器、温湿度变送器等设备监测圈舍内的各项环境参数，并将监测到的实时环境参数上传至环境监控云平台，当环境条件异常时，实现除湿机、风机、开窗机、取暖设备等协同工作，智能调控圈舍内的环境条件。自动饲喂系统基于物联网技术、人工智能技术，通过传感器和大数据分析，实现对生猪饮食、生长状态、健康状况等信息的实时监测和控制。饲料的分配和营养成分的调控可以根据生猪的个体差异和生长阶段进行个性化定制，确保生猪获得足够的营养和能量，健康成长。

宁河原种猪场圈舍环境监测与调控系统及自动饲喂系统分别如图 34-5、图 34-6 所示。

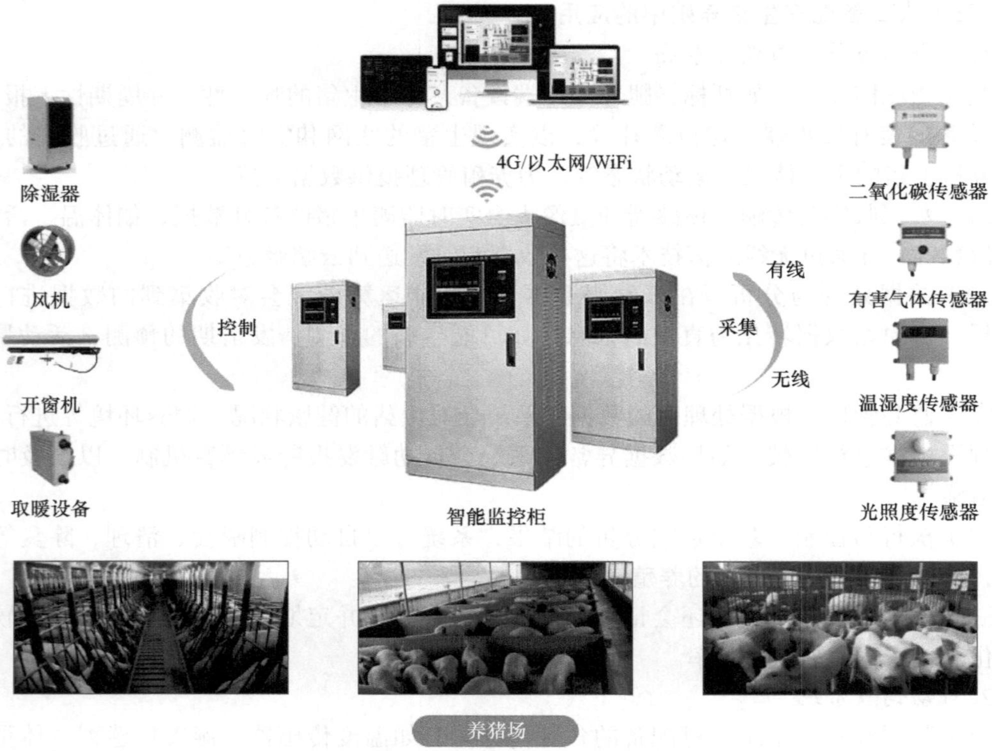

图 34-5 宁河原种猪场圈舍环境监测与调控系统

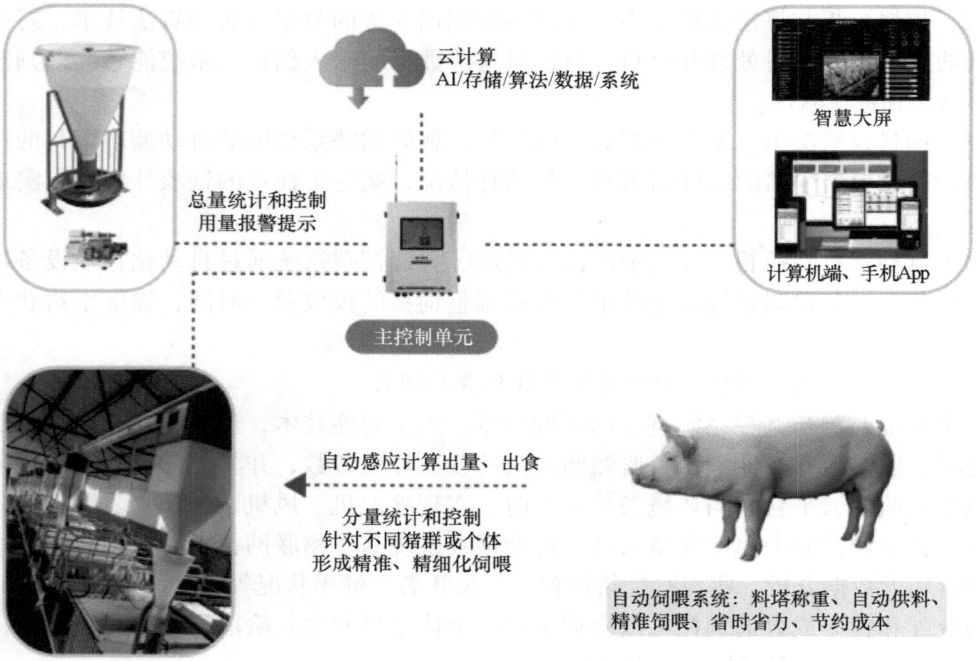

图 34-6 宁河原种猪场自动饲喂系统

（四）人工智能在监测预警方面的应用

1. 农作物面积遥感监测系统

利用人工智能技术，对遥感图像进行快速、准确的处理和分析，获取植被指数、植被覆盖度等作物信息，通过图像识别和机器学习算法对图像进行处理和分析，建立作物面积预测模型，从而实现对农作物种植面积的精准监测。

（1）数据处理与分析　人工智能具有强大的数据处理和分析能力，可以高效地处理大量的遥感数据。通过机器学习和深度学习算法，人工智能可以自动提取和识别作物面积的关键信息。

（2）作物分类与识别　基于光谱特征、作物物候特征及多源数据融合的农作物遥感识别方法，人工智能对遥感影像进行深度分析，实现作物类型的自动分类和识别。这有助于更准确地确定作物的种植面积和分布情况。

（3）实时监测与预警　借助人工智能技术，实现对作物种植面积的实时监测。通过对遥感数据的连续分析和比对，及时发现作物生长过程中的异常情况，为农业生产提供及时的预警信息。

（4）决策支持　人工智能为农业生产提供决策支持。通过对历史数据和当前数据的综合分析，人工智能可以预测未来的作物生长趋势和产量，为农业生产者提供科学的种植建议和管理策略。

2. 农作物产量监测预警系统（AI 气象与投入要素建模仿真系统）

利用图像识别和深度学习技术，实时、快速地监测农作物的生长情况，对农作物的产量进行精准预测。

（1）数据收集与处理　收集关于农作物生长的各种数据，包括气候、土壤、水资源、田间管理、植物病虫害等信息。这些数据可能来自各种传感器、卫星图像、农业统计数据库等。对收集到的数据进行清洗、预处理和特征提取，以便用于后续的模型训练。

（2）模型选择与训练　基于收集到的数据，选择适合的预测模型，包括传统的回归模型、复杂的机器学习模型，利用人工智能技术基于历史数据对模型进行训练，使其能够学习到农作物产量与各种影响因素之间的关系。

（3）产量预测　训练好的模型可以根据当前的农作物生长条件和环境因素进行产量预测。

（4）监测与预警　如果模型检测到某些指标出现异常，如病虫害爆发或气候异常，可以触发预警机制，提醒相关人员采取必要的措施来防止或减轻潜在的损失。

（5）优化与更新　随着时间的推移，农作物生长阶段环境和条件可能会发生变化。因此，需要定期评估模型的性能，并根据新的数据对模型进行更新和优化，以确保其预测的准确性。

3. 农产品价格监测预警系统

通过运用先进的人工智能技术，实现对农产品价格的实时跟踪、分析和预测，从而为农民、企业和政府提供决策支持。

（1）数据收集　利用现代信息技术手段，广泛收集农产品市场价格、供应量、销售情况等相关信息；同时，确保数据的准确性和完整性，为后续的分析和预测提供可靠的基础。

（2）数据处理与分析　对收集到的数据进行清洗、整理，去除重复和无效信息；然后，利用数据分析工具进行数据挖掘和分析，识别价格变动的趋势和规律。

（3）模型训练与预测　基于历史数据，利用人工智能技术训练预测模型。这些模型能够学习价格变动的模式，并根据当前的市场条件进行预测。通过不断地优化模型参数和结构，提高预测的准确性和可靠性。

（4）预警信息发布　一旦模型预测到农产品价格可能出现异常波动或潜在风险，系统将自动触发预警机制。预警信息将通过多种渠道向社会公布，包括媒体发布、手机短信、互联网平台等，以确保信息的及时性和广泛性。

4. 应用案例：中国农业科学院大豆全产业链大数据平台

大豆种植面积遥感监测分析系统（见图 34-7）通过智能图像识别、机器学习算法等人工智能技术持续监测 2019—2022 年东北主产区大豆种植面积，遥感识别使用分辨率为 10 米的卫星影像，通过遥感影像监测分析东北大豆种植面积。AI 气象与投入要素建模仿真系统（见图 34-8）结合大数据分析、深度学习和机器学习等人工智能技术，通过对遥感影像、气象条件和投入要素综合分析，预测和模拟不同条件下的农作物产量变化，实现农作物产前、产中、产后智能链式分类判别预警，AI 建模仿真，模型匹配模拟，模型结果仿真。农产品价格监测预警系统根据均衡价格理论，商品供给变动将引起价格反方向变动。大豆的价格高低主要是由大豆的供给和需求这两个因素共同决定的，当大豆生产量和消费量供需平衡变化时，大豆价格也相应变动。基于大豆消费量和生产量供需平衡关系，利用人工智能技术训练大豆中长期价格预测系统（见图 34-9），从而预测大豆中长期价格。

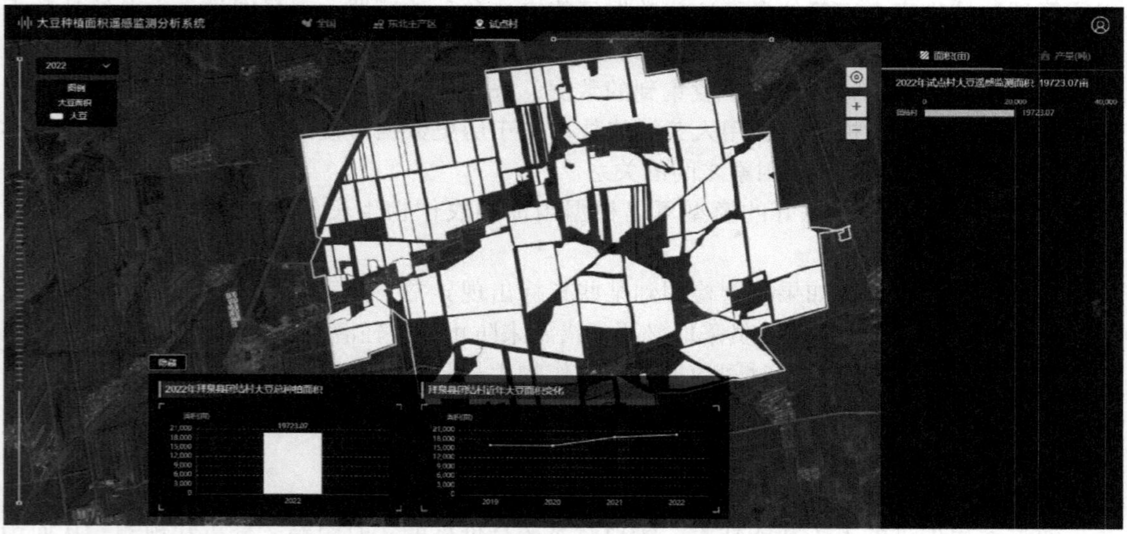

图 34-7　大豆种植面积遥感监测分析系统

图 34-8　AI 气象与投入要素建模仿真系统

图 34-9　大豆中长期价格预测系统

第三十五章 35

中国电信：5G与AI双引擎加速农业现代化，实现乡村振兴梦

《中共中央 国务院关于做好2023年全面推进乡村振兴重点工作的意见》中明确指出，全面建设社会主义现代化国家，最艰巨最繁重的任务仍然在农村。强国必先强农，农强方能国强。要立足国情农情，体现中国特色，建设供给保障强、科技装备强、经营体系强、产业韧性强、竞争能力强的农业强国。近年来，中国电信集团有限公司（简称中国电信）积极履行央企责任，坚持以习近平新时代中国特色社会主义思想为指导，全面贯彻落实党的二十大精神，深入贯彻落实习近平总书记关于“三农”工作的重要论述，坚持和加强党对“三农”工作的全面领导，坚持农业农村优先发展，坚持城乡融合发展，强化科技创新和制度创新，坚决守牢确保粮食安全、防止规模性返贫等底线，扎实推进乡村发展、乡村建设、乡村治理等重点工作，加快建设农业强国，建设宜居宜业和美乡村，为全面建设社会主义现代化国家开好局起好步打下坚实基础。

出于对农业农村工作的重视，中国电信在2020年9月专门成立农业农村事业部作为集团直属二级部门，2022年初又成立了乡村振兴研究院，各省公司和专业公司也组建了专门的农业农村部门，全面构建起面向农业农村领域专业精干、纵向贯通、高效协同的研发、运营、推广、交付和支撑服务体系，为持续深入服务“三农”提供了强有力的组织保证。

当前，我国正处于传统农业向数字化、智能化现代农业转型发展时期。中央在《“数据要素 ×”三年行动计划（2024—2026年）》中明确提出，要提升农业生产数智化水平，这是农业现代化的重要方向。随着人工智能站上风口，数字乡村也将成为新一代信息技术落地的重要商业化场景，以“5G+人工智能技术”为首的双引擎驱动构建数字乡村体系和模式将成为大势所趋，中国电信将始终保持在科技赋能产业的领先地位。

一、中国电信助力乡村振兴的战略思考

中国电信作为提供通信服务的先驱，多年来一直承担着国家信息流通和交换的重任，在国家经济发展中扮演着中枢神经的角色，重要性不言而喻。中国电信一直致力于推动农业农村行业的数字化基础设施建设。在农村地区，中国电信优先布局，通过宽带和移动互联网的普及，为乡村振兴注入了强大的科技力量。进入21世纪，随着互联网和移动互联网技术的飞速发展，信息化浪潮深刻影响了各个行业。现代农业的发展趋势是向工业化模式看齐，实现标准化和规模化。在这一过程中，中国电信凭借技术积累，利用大数据、物联网和云计算等前沿技术，改革了传统农业数据收集方式。通过在田间地头安装传感器设备，并利用移动终端收集数据，再通过WiFi、4G、5G和窄带物联网（NB-IoT）等通信技术，将数据汇总到云计算中心进行分析处理，中国电信在农业农村的数字化道路上走在了前列。随着时代的演进，中国电信已经从一个传统的通信服务提供商转型为一个数字信息通信技术（DICT）业务的领跑者，它不仅仅是一家运营商，更是一家具备高科技能力的数字化公

司。在人工智能成为未来竞争的关键因素之际，数据、算法和算力成了数字乡村智能化的三大驱动力，而中国电信正是我国少数同时具备这三种能力的企业之一。中国电信致力于乡村振兴，特别强调数字乡村建设的重要性。战场设定在县域，公司利用强大的销售网络深入省、市、县、乡、镇各级，依托渠道优势，为数字产品的推广奠定坚实基础。同时，中国电信乡村振兴研究院不断拓展生态圈，筛选市场上的优质合作伙伴，共同塑造金字招牌，采取双轨制的技术和营销机制，旨在为用户提供卓越服务，并激发合作伙伴的活力。

综上所述，中国电信已将数字化融入企业基因，以技术为核心竞争力，以营销为有效手段，与生态合作伙伴共赢，致力于为用户提供一流的服务，携手共同推进乡村振兴的伟大事业。

二、中国电信助力乡村振兴的实现路径

中国电信乡村振兴研究院在经过 3 年多的探索，已经快速在农业农村信息化智能化领域摸索出了一条适合自身发展和演进的产品路线。中国电信在农业农村行业的产品主要分为三大模块，分别是电信基础能力和战略新兴业务、农业农村数字平台和神农一号大模型，如图 35-1 所示。农业农村数字平台作为数据和服务中心，收集农业农村领域的相关数据，并通过数字乡村和智慧农业子平台进行初步处理和应用。农业农村大数据公共平台基座作为数据分析、存储、交换的基础设施，支持数据进行高级处理和分析。神农一号大模型利用农业农村大数据公共平台基座和农业农村数字平台提供的数据，应用先进的分析技术来发现趋势、预测未来和提供决策支持，它可以产生洞察力，指导农业生产和农村发展的最佳实践。电信基础能力和战略新兴业务为上述模块提供必要的网络和通信支持，包括数据传输、网络安全、云服务，确保信息流动的高效和安全。

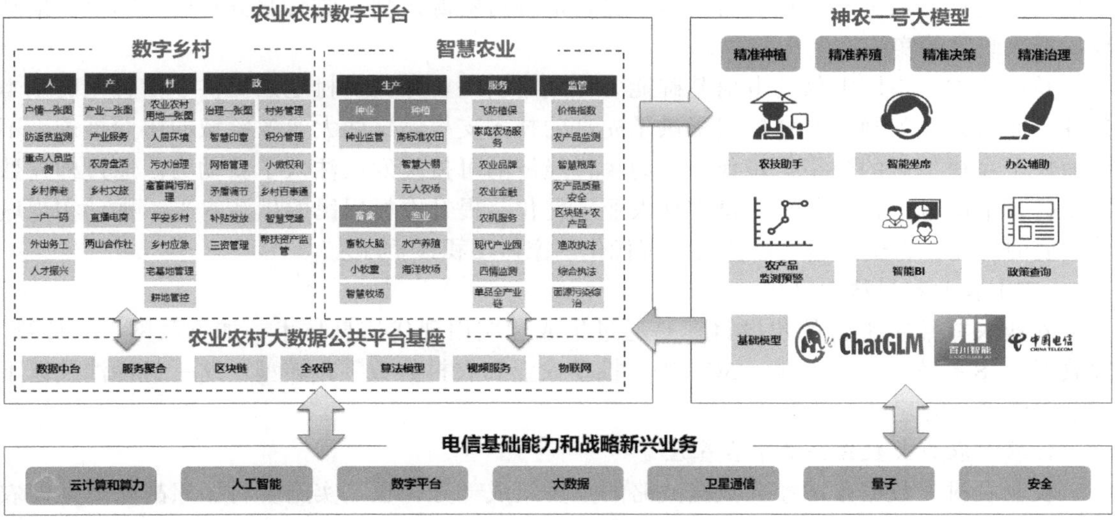

图 35-1　中国电信乡村振兴产品布局

在整个产品设计中，数据流从农业农村数字平台流向神农一号大模型，通过电信基础能力和战略新兴业务进行加工和分析。每个模块都依赖于其他模块的输出作为输入，形成了一个互联的、高效的决策和管理系统。

中国电信旨在利用数字化和智能化技术，提高农业生产率，推动农村地区的数字化转型，最终实现可持续和高效的农业农村发展。通过这种集成化的方法，能够在不同层面对农业和农村地区进行精细化管理，同时提供数据支撑的决策依据，以促进整个行业的现代化和信息化。

（一）电信基础能力和战略新兴业务

中国电信的电信基础能力和战略新兴业务服务范围涵盖固定线路、宽带、移动通信和企业通信等。公司的全国性通信网络提供了广泛的高速互联网接入服务，为各类用户提供了稳定和可靠的通信支持。在通信基础设施建设方面，中国电信已建立了庞大的网络体系，包括但不限于光纤网络、数据中心、4G/5G 基站，为数据的高速传输和安全提供了坚实保障，并为云计算、大数据等新兴业务的发展奠定了基础。中国电信通过遍布全国的固定和移动网络，实现了对偏远乡村地区的高速互联网覆盖，这是实现数字乡村建设的前提条件。通过移动通信和宽带服务，中国电信使得农村地区能够接入现代农业管理系统，运用物联网技术进行土壤、气象数据的实时监测，提高农业生产的智能化水平。同时，为农村电子商务提供了平台，使得农产品能够直接连接到市场，从而提高农民的收入。在云计算服务领域，中国电信已取得突出进展，提供从基础设施即服务（IaaS）到平台即服务（PaaS）和软件即服务（SaaS）的全方位云服务，为乡村提供了大数据处理能力，支持农业大数据分析，如帮助农民根据市场需求和气候变化做出更精准的种植决策。在人工智能方面，中国电信致力于在农业病虫害识别、作物监测等方面的应用，可以极大提升农作物管理的效率和精度，降低生产成本。在大数据服务方面，中国电信通过分析消费者数据、市场趋势和气候信息，为农产品定价、销售策略提供科学依据。在确保通信安全方面，中国电信的投资增强了农业数据的保密性，保护了农民、企业和政府的敏感信息。政府能够利用中国电信提供的通信服务和数据分析工具，更好地进行资源规划、监管服务和应急响应，推动乡村振兴政策的实施。

总而言之，中国电信的电信基础能力和战略新兴业务为乡村地区提供了信息化的基本条件，而新兴业务则为乡村振兴提供了先进的技术支撑。这两大业务领域的协同推进，不仅加快了乡村地区的数字化步伐，也为乡村经济的可持续发展注入了新动力。通过构建数字乡村，中国电信正在帮助国家实现农业现代化，提升农村居民的生活水平，推动实现城乡发展的均衡，为全面建设社会主义现代化国家做出积极贡献。

（二）农业农村数字平台

农业农村数字平台的建设目标是通过集成和应用现代信息技术，如物联网、云计算、大数据、3S 技术、人工智能、5G+ 等，推动农业和农村的数字化转型。这一目标涉及以下三个主要平台的建设和整合。

1. 农业农村大数据公共平台基座

农业农村大数据是国家大数据战略的重要组成部分，也是实施乡村振兴战略、建设农业现代化的重要支撑。农业农村部印发《“十四五”全国农业农村信息化发展规划》等一系列文件，做出“围绕乡村振兴和农业现代化发展的内在需求，整合数据资源要素，构建大数据底座，搭建大数据中枢”的重要工作部署。中国电信作为具备涉农大数据平台开发实力和建设经验的单位，与人民数据管理（北京）有限公司、北京中农信达信息技术有限公司、北京农信通科技有限责任公司组建联合实验室，在充分调研的基础上，合力开发建设农业农村大数据公共平台基座。大数据基座以“1+8+N”为整体架构，编制一套农业农村大数据平台建设标准规范体系，开发数据采集、数据治理、数据管理、计算分析、技术支撑、大数据“一张图”、数据共享交换、服务门户八大模块，建设N个业务应用。为各地农业农村数字化转型提供具有快速部署、灵活组建等特点的模块化、综合性平台基座，为全国农业农村实现数据汇聚贯通。中国电信通过多年在数字乡村平台建设中积累的数据中台能力，与农业农村部大数据发展中心联合打造农业农村大数据基座产品，实现农业农村大数据标准规范体系、数据资源中心、基础通用能力三方面的标准化、系统化建设，为县域农业农村实现数据汇聚贯通、深挖数据潜能、打造多跨场景数据连接器、赋能应用场景、助推乡村振兴创造条件。截至2023年底，中国电信已成功中标新疆维吾尔自治区、陕西省的农业农村大数据平台项目。

2. 数字乡村平台

围绕《中华人民共和国国民经济和社会发展第十四个五年规划和2035年远景目标纲要》的要求，遵循中央网信办、农业农村部、国家发展改革委等七部门联合印发的《数字乡村建设指南1.0》为目标，“加快推进数字乡村建设，构建面向农业农村的综合信息服务体系，建立涉农信息普惠服务机制，推动乡村管理服务数字化”。同时结合“互联网、大数据、云计算、人工智能、5G+”等现代信息技术为手段，整合打通涉农数据信息孤岛，形成农业农村全域大数据中心，为数字乡村治理奠定数字基础。通过建设数字乡村平台，为农业农村治理提供多部门联动、协同的信息化机制平台，围绕乡村产业、乡村治理、惠民服务三大核心目标，构建数字化、智能化、智慧化的生产、生活与管理应用，建立形成新一代数字乡村信息化管理机制与治理手段，提升乡村治理效率，提振农村产业，推动农业生产增收，实现共同富裕。

2018年起，中国电信立项启动“村村享”数字乡村综合信息服务平台建设，分别打造标准版、组装版、定制版3种版本，智慧党建、智慧广播、平安乡村、视频会议、政务（村务）服务、便民（养老、医疗、教育、文化等）服务、人居环境整治、脱贫巩固、乡村特色、乡村水务、乡村气象、数字孪生、“一户一码”、两山合作社、农户补贴申报、农户收入测算、乡村项目申报、外出务工监测、AI防溺水告警、小微权利服务、乡村两费缴纳登记、邻里互动等47项场景化应用（最后10项是2023年新增的应用）。中国电信还联合中国农业科学院、中国农业大学和北京邮电大学开展数字乡村、智慧农业发展研究及乡村振兴指标体系研究，指引行业发展方向。此外，承建并运营中央网信办数字乡村共建共享平台，承担完成乡村治理数字化、县域数字乡村建设等标准编制任务。

“村村享”标准版为新时代基层政府搭建了对内管理、对外宣传、便民服务的新渠道，打造了基层党建、乡村治理、应急指挥、平安乡村、便民服务、乡村特色等新模式，全面减轻政府基层工作者负担，构建县乡村三级联动管理服务新体系，提高当地政府办事效率，使得政府机构服务能力显著提高。

截至2023年底，平台已签约全国31个省份的1894个涉农区县，涉农区县覆盖率达82%；21个省份部署了省级平台。115个国家乡村治理示范县中签约了85个；117个国家级数字乡村试点县中签约了78个。2023年全年，平台签约数字乡村达标县219个（年化收入在40万元以上），累计签约数字乡村达标县达759个。中国电信打造了甘肃庄浪、陕西鄠邑、江西武宁、浙江余杭等一批数字乡村标杆，为基层政府提升乡村治理能力和治理水平提供了重要手段，同时也让有关地区农民群众切实感受到信息化带来的获得感、幸福感和安全感，创造了良好的社会效应。

3. 智慧农业平台

构建智慧农业平台，定位于打造成熟能力快速部署、集约能力迅速融合、定制能力支撑到位、生态合作海量汇聚为核心能力的农业行业应用使能平台。从产品化、能力化、运营化、个性化四个维度出发，旨在实现产品规模化和快速推广，助力营销服务的提效增质，发挥云网、渠道和规模优势，整合优质合作生态资源，面向核心、共性、个性需求，研制平台型、集约型、开放型应用产品，实现一点部署、全网服务，不断拓展和提升产品能力，依托智慧农业平台，逐步打造可持续发展、可运营的智慧农业服务体系。

在山东潍坊，在农业农村部信息中心指导下，中国电信联合潍坊市人民政府，打造“区块链＋韭菜”质量安全溯源平台，利用区块链技术的分布式部署、数据防篡改等特点，为农产品质量安全背书，让消费者买得放心、吃得安心，大幅提升农产品品牌公信力，有效实现产品溢价，售价涨到了 68 元 / 公斤依然供不应求。该项目获得联合国粮食及农业组织（简称联合国粮农组织）2022 年第三届全球农创客大赛银奖、农业农村部 2022 年度绩效管理创新项目第二名，同时帮助山东省潍坊市成功入选国家区块链创新应用综合试点。未来，潍坊试点经验将在潍坊整市推广应用，下一步将在农业农村部信息中心的指导下面向全国进行规模拓展。

中国电信自主研发了浙江省畜牧业云等畜牧监管平台。畜牧业云平台的成功构建，彻底打通了整个畜牧产业的监管流程，全省 1.3 万家企业均通过该平台开展检疫申报等相关业务。“浙江省智慧畜牧业云平台项目”成为智慧畜牧业的标杆项目，受到农业农村部领导肯定，并印发推广。截至 2023 年 12 月，已成功在上海、天津、宁夏、甘肃等省份复制推广。

中国电信“慧种植”针对全国大棚种植场景，融合物联网、云计算等技术，通过在大棚内安装自动化设备，同时提供感知、预警为一体的平台服务，为农户提供实时监控和数据分析功能，让农户可以随时随地了解种植环境的情况，对种植内部的空气与土壤的异常进行报警，实现无人值守。同时，平台根据现场种植的作物，为农户提供智能化种植建议，帮助当地农民实现科学种植、智慧种植的新模式。平台自推广至全国以来，已有 29 个省份开通并使用“慧种植”产品，稳定上线农户达 2000 户以上，覆盖全国大小种植场地 275 个，同时“慧种植”结合远程控制设备、视频监控设备，对 265 个老旧大棚进行智慧化升级改造，实现降低人工成本的情况下，结合科学种植，提升大棚产值，让农户切实享受到信息化时代下，种植农业的发展为农民带来的成效。

在杭州，西湖龙井作为区域公用品牌，存在经营主体多、销售环节多、品牌小而散、市场监管难等状况，每年春茶上市之际，总有不少假冒西湖龙井茶混入市场，影响了西湖龙井的品牌形象，制约了产业高质量发展和农民持续增收。中国电信利用数字化技术，帮助当地构建农产品品牌保护体系，建立区域公用品牌的授权使用机制，从源头控制品牌产品，杜绝假冒品牌产品在市场流动，推动农产品生产标准化、产品特色化、身份标识化、全程数字化，促进产业提档升级，提高品牌溢价能力。

在宁夏，围绕特色农业提质计划，聚焦“六特 ”产业，充分利用 5G、云计算、物联网、大数据、人工智能、北斗等新兴技术，以“转变经济发展方式、产业转型升级”为重点，打造红酒云、枸杞云、畜牧云等智能示范应用场景，助力产业高质量发展。

在广东新会，中国电信创新产业发展路径，承建了国家级陈皮现代农业产业园大数据平台，构建了“生产—加工—流通—销售—管理”于一体的全流程闭环溯源体系，有效保护了新会陈皮的产区品牌，提升了新会陈皮的商业价值。经过2018年以来的投入使用，新会核心产区年产值从40亿元提升至160亿元，带动新会陈皮实现产业升级。

在浙江吕山，为当地特色湖羊养殖提供数字化助力，实现对湖羊养殖全过程智能监控、精准分析、精细管理，并与浙江省畜牧业云平台数据打通，有效降低繁育及管理成本，助力实现“养好、卖好”的目标。羊只病死率降低50%以上，从传统的每人至多能管理100只羊到如今人均可管理3000只羊以上，种羊生产效益提高至300%。

在珠海，为当地特色海鲈鱼打造全产业数字平台，通过水产养殖环境关键因子的实时监测，实现水产养殖业的智能化监控，构建具有白蕉特色的现代水产养殖、全产业链安全追溯新格局，将白蕉海鲈养殖打造成全国的产业新名片。

在四川，中国电信深度参与四川省农产品冷链数智化平台建设。依托该平台，四川省政府及农业农村厅等相关单位提供“一村一库一张图”的乡村智能冷链体系，打通农产品冷链仓储和物流全链条，实现农产品产地冷链物流无缝对接，打造农产品“冷库云大脑”，积极助力当地政府落实农产品“保质出村，新鲜进城”政策，提高农产品流通效率。

在江苏兴化，作为全国重要的商品粮生产基地，积极推进从农业大市向农业强市的数字化转型。在中国电信的技术支持下，兴化建立了全国首个“5G+无人农场”，实现了“耕—种—管—收”的全过程数字化无人管理。该项目2022年通过项目实施，核心区内每亩稻田可节本增效120元以上，稻米产量可增加5% ~ 10%，精米蛋白质含量不小于7.5%，并成功入选工信部“2022年移动物联网应用典型案例”。

（三）神农一号大模型

神农一号是一款革命性的人工智能大模型，旨在解决农业现代化进程和基层农业技术推广服务中遇到的诸多挑战。结合山东、新疆、中国农业科学院、农业农村部信息中心等多方面的丰富农业基础和技术服务数据，大模型运用尖端的大数据技术，为政府、农业行业生产主体和农户提供全面的服务。

通过不断的使用和交互，神农一号能够为全国60万名农技员提供专业的技术支持，同时也为200万个合作社、400万个家庭农场等新型经营主体和农户提供关于科学种植、水肥管理、饲料配方、病虫害防治、动物疫病防治等方面的智能问答和解决方案。此外，大模型还为政府提供产销对接、辅助分析和决策工具，有效增强了农技推广服务队伍的能力，实现了服务规模的扩大和成本的降低。

神农一号的三大服务内容包括农技服务助手、农业语义驾驶舱和农产品价格监测助手。农技服务助手针对生产经营主体、农技员及专家，提供精准的农业生产技术服务。农业语义驾驶舱则将生产知识、农技服务和行业信息融合，优化农业农村行业数据的应用效率。农产品价格监测助手结合传统大数据和人工智能模型，为企业和政府提供农业展望报告，支撑农业产业发展规划和生产决策。

神农一号的强大之处在于其基于数据迭代训练和交互验证的特性，它的准确性和智能程度随着使用时间和频率的增加而提升，已在预测和决策辅助能力方面进行了试点验证，并成功打破了多学科知识融合的障碍。用户可享受即问即答的体验，高效便捷。神农一号不仅是一个工具，更是农技服务新模式的开创者，为农业现代化注入了新的活力。

三、中国电信助力乡村振兴的下一步举措

（一）加强农业农村数字化基础设施建设

继续升级和扩展网络基础设施，着重在农村和偏远地区加强 4G 和 5G 网络的覆盖，确保高速稳定的互联网连接。这包括增设基站、升级现有网络设备及采用先进的通信技术。不断提升宽带接入能力，推进光纤网络在农村地区的铺设，增加宽带接入点，提升网络带宽，确保农村用户能够享受到与城市相同水平的网络服务。建设农业物联网基础设施，部署传感器和其他物联网设备，以收集有关土壤质量、气候条件、作物生长等方面的数据，这些数据可以用来提高农业生产率和持续性。加大云计算和数据中心建设投入，加强农业云计算能力，建设和扩展数据中心，为农业数据提供安全、高效的存储和处理能力，支持大数据分析和决策制定。增强网络安全和数据保护，加大对农业数字基础设施的网络安全投入，确保数据传输的安全性和数据存储的稳定性，防止数据泄露和网络攻击。保持标准化和互操作性，制定和推行统一的数字基础设施标准，确保不同设备和系统之间的互操作性和兼容性，方便农业技术的集成和应用。

（二）完善农业农村数据平台和大数据基座

在过去几年内，中国电信已经初步在几个试点完成了关于农业农村数据平台和大数据基座的建设，接下来除了继续推广复制到更多省市，对现有数据平台做进一步优化和升级也是非常重要的工作。这些工作内容包括：对现有的农业数据平台进行技术升级，提高数据处理速度和准确性，增强用户界面的友好性和可用性，确保数据分析更加精准和易于理解；将更多类型的数据集成到平台中，如农产品物流数据、气候变化数据、市场需求数据等，以提供更全面的农业决策支持；开发和推广基于数据平台的智能农业应用，如智能灌溉系统、病虫害预测和控制、智能化肥药管理系统等，以提高农业生产的智能化和自动化水平；完善数据共享机制，鼓励和支持农业科研机构、高校和企业共享数据和研究成果，建立数据分析和共享的长效机制，促进农业知识的快速传播和应用；随着数据量的增加和应用的扩展，加强数据安全管理，采取更高级别的安全措施保护数据免遭黑客攻击和泄露，同时确保用户隐私得到妥善处理；为不同规模的农场和农业企业提供定制化的数据解决方案和咨询服务，帮助他们根据自身情况有效利用数据平台，提升农业生产和管理效率；与政府部门紧密合作，确保数据平台和大数据基座的发展符合国家农业政策和农村发展规划，为政府的决策提供数据支持。

（三）参与制定数字乡村平台建设标准体系

中国电信作为国内领先的通信服务提供商，在积极参与数字乡村平台建设标准的制定和研究方面扮演着至关重要的角色，2023 年曾先后参与国家乡村振兴局发布的《乡村治理标准体系建设课题》、全国信标委数字乡村标准研究组发布的《数字乡村平台建设标准研究报告》的相关工作。中国电信的下一步举措将重点放在与政府部门、科研机构及行业专家的持续沟通与合作上，共同打造一个全面而高效的数字乡村平台标准体系框架。在这个过程中，中国电信将深入探讨并明确数字乡村平台的技术规范和接口标准，确保这些标准不仅满足当前技术发展的需要，同时也具有前瞻性，能够适应未来的技术进步和市场变化。这些标准将包括数据格式、传输协议、系统互操作性、硬件设备兼容性等多个方面，以保障不同系统和设备之间的顺畅连接和高效运作。此外，中国电信还将密切与政府相关部门

协调，确保制定的标准不仅与国家的政策法规相契合，而且符合国家的农业发展战略和数字经济规划。这样的协调工作不仅能够保障数字乡村平台的建设和运营更加顺畅，也能确保平台的发展方向与国家整体战略相一致，从而更好地服务于农村地区的数字化转型。

（四）提升农业农村智能化水平

发展人工智能的“三驾马车”分别是数据、算法、算力，放到农业农村行业同样适用。

要想将人工智能技术真正应用到农业农村的应用场景中，使其更加智能化，首先就是要收集和整合数据，没有数据就好比无源之水，很难驱动下游应用蓬勃发展。因此，需要收集来自各种源头的农业数据，包括卫星图像、气象数据、土壤数据、动植物生长数据等，并将这些数据整合到一个统一的平台中。确保数据的质量，制定数据标准化的规范，以便不同数据源的信息能够有效融合和互操作。在保证数据安全和隐私的前提下，建立开放数据和共享机制，鼓励数据的交流和应用，促进农业技术和知识的共享。

其次是算法，截至2023年底，中国电信已经和中国农业科学院达成战略合作协议，共同推进神农一号大模型的研发和优化，提升模型的准确性和效率。针对不同的农业场景和需求，定制和优化算法模型。例如，为不同动植物、气候区域和土壤类型开发专门的模型，将不同的算法和模型集成到一个统一的平台中，以便更好地处理和分析农业大数据，提供全面的决策支持。

最后是算力，中国电信将投资建设更多高效能的智算中心，提升现有的算力。这将支持更复杂的数据处理和分析，尤其是对于需要大量计算资源的大模型。提供优质的云计算服务，合理化成本，使农业企业和机构能够根据需要访问更强大的计算资源，无须进行硬件设施的大量投资。

（五）深化跨部门和跨区域的合作

继续建立完善合作平台和机制，对内建立一个多部门协作平台，确保资源的有效协同；对外打造一个包括政府部门、学术机构、行业协会及私营企业的生态合作圈，从技术、研发、人才、市场多方面进行合作，定期组织行业交流会，建立完善信息共享系统，与国际组织和外国企业建立合作关系，引入先进的农业科技和管理经验。指导市场团队进行市场研究，分析不同区域和群体的特定需求，以定制相应的数字化农业解决方案。在不同区域实施示范项目，展示数字化农业技术的实际效果和应用价值。探索数字化农业技术在不同领域下的应用，如教育、农业、文旅相结合的青少年科研游学项目，开发多元化应用场景。增强团队能力建设，与农业科技领域的顶尖专家学者建立实验室，培养新型复合型技术人才，同时为全国范围内中国电信的农业农村条线的客户经理、市场经理、解决方案经理、项目经理赋能，提升他们在农业数字化领域的专业能力，更好地为客户服务。

未来，中国电信将加足马力，利用5G和AI双引擎，借助新一代信息技术（大数据、云计算、区块链、物联网等）为国家乡村振兴事业助力！

第三十六章 36

农芯科技：真芯为农，藏粮于技

农芯科技（北京）有限责任公司（简称农芯科技）是由国家农业信息化工程技术研究中心和国家农业智能装备工程技术研究中心联合成立的农业人工智能领域国家高新技术企业，入选北京市专精特新“小巨人”企业。农芯科技依托赵春江院士智慧农业团队在现代农业信息化技术研究与应用方面的优势，致力于农业智能芯片、高性能传感器、农用机器人、智能装备、“空天地”信息快速获取、农业知识模型智能推理、数字育种、云计算平台等核心技术产品研发，研发投入占总收入的20%以上。农芯科技建有PB级大数据中心和支持千万亿次浮点计算能力的AI算力平台，自主研发运营了大型金种子育种云平台、全国农业科教云平台，自研生产了50多个拥有自主知识产权的农机监测终端和农业智能装备产品，形成了覆盖种业、大田、设施、果园、畜禽、水产等领域的系列化“AI+农业”专业解决方案，目前已在31个省份推广应用，积累了大批AI赋能农业新质生产力发展的成功案例。农芯科技在京津冀、长三角、粤港澳大湾区均部署有分支机构，形成了设计研发、生产测试、售后服务闭环产业链，业务覆盖全国，年均收入增长达40%。农芯科技获得各类科技奖励16项，其中包括全国农牧渔业丰收奖一等奖1项、二等奖1项，神农中华农业科技奖一等奖1项，梁希林业科学技术奖一等奖1项，农业机械科学技术奖一等奖1项，北京市科学技术进步奖二等奖3项；授权专利110项，获得软件著作权131项，发布标准46项。

一、智慧农业服务现代大田建设

针对传统农业的局限，农芯科技采用物联网、大数据等现代技术，整合全产业链资源，实现农田精准管理。这不仅降低了人工成本、提高了资源利用率，还显著提升了生产技术水平和管理效率，推动了农业产业升级，对现代大田建设具有重要意义。

（一）运用信息化技术与装备，助力传统大田种植转型升级

智慧大田建设运用物联网等现代信息技术，实现大田作物种植的数据决策、科学预测、指导生产及高效化管理和服务。农芯科技通过布设在大田的传感器设备，实时采集监测农情数据，利用云计算、数据挖掘等技术分析形成数据决策模型，将分析指令下达给作业控制装备，从而指导农业生产和管理。智慧大田建设内容框架如图36-1所示。

天空地一体化观测体系利用田间传感器可实时监测环境参数和作物生长状况，结合遥感技术和GIS，为用户提供全面的农情信息。基于物联网设备构建完整的数据采集体系，实现为作物生长环境调优、病虫害防控和产量预估等提供决策支持。

数据决策系统包括大田四情监测、智能水肥灌溉、病虫害预警等，利用多种模型深度分析物联网数据，支持生产预测、领导决策和作业执行，帮助农户科学制定种植计划和管理策略。

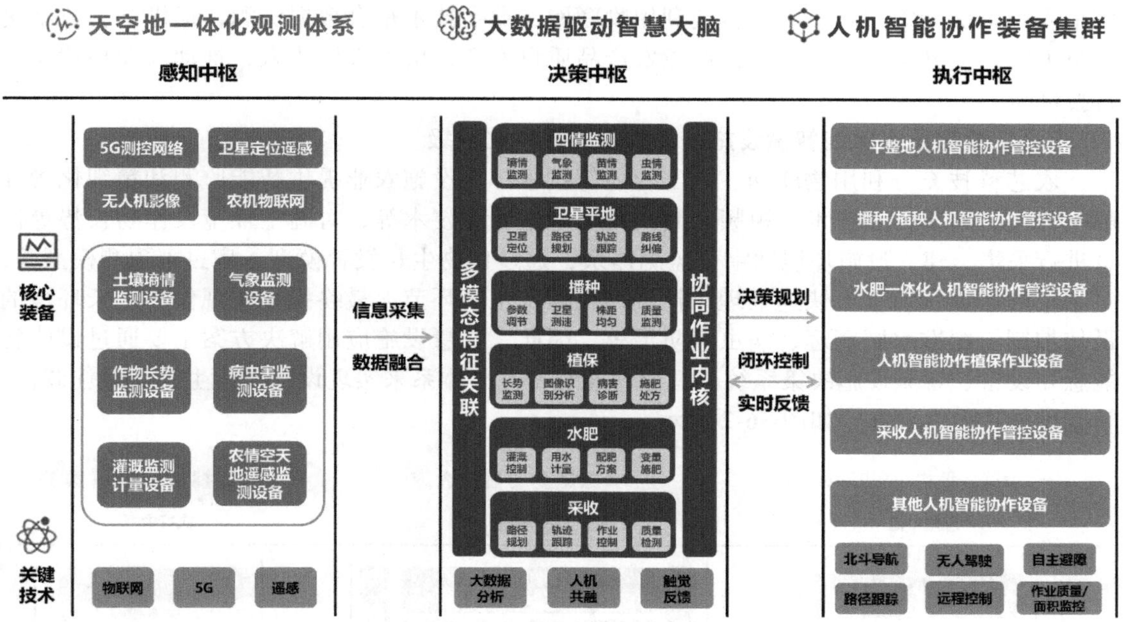

图 36-1　智慧大田建设内容框架

智能农机体系涵盖耕种、灌溉、植保、采收全过程。采用卫星平地、精准播种 / 无人插秧系统、智能灌溉装备，提高自动定量配肥、地面 / 无人机喷药植保和收割机无人驾驶的作业效率。智能监管终端精确监测作业数据，可支持农业补贴项目的面积核算。此外，北斗导航实现厘米级精准作业，全程机械化智能监测实现农业生产无人化、智能化、高效化等。

（二）建设现代农业产业园，打造智慧大田产业样板

扎兰屯市国家现代农业产业园（大豆）项目位于内蒙古扎兰屯市国家现代产业园内，项目包括 88 种硬件设备、26 项软件系统及展示体验中心、大屏等，主要建设内容包括：综合管理服务中心，展示大豆产业发展现状和未来，对科普教育和示范推广具有重要意义；大数据中心，对大豆全产业链数据进行采集和分析，构建智慧农业平台，支持决策制定；职业农民培训及创业基地，提高职业农民素质，构建深度交互的农民智慧教室；区域公共品牌及农产品建设，提升扎兰屯市大豆农产品品牌知名度；专家工作站，配置多种大豆检测分析仪器，针对技术难题和短板开展科研攻关，增强科技创新能力；大豆新品种研发基地，配备多种育种设备，致力于大豆新品种选育，提升扎兰屯市大豆产业创新技术水平；大豆种植社会化服务组织推广，打造可视化、专业化、可监管的农业服务平台。

项目通过集成应用智慧农业先进技术系统，推进扎兰屯市大豆生产向标准化、机械化、智能化方向发展。有效减少人工使用，提高大豆产量和品质，提升大豆品牌核心竞争力，促进园区一二三产业融合，形成了“生产 + 加工 + 科技 + 营销 + 服务”的融合运营模式，助力园区发展形成新的动力结构、产业结构、要素结构，创新农民收入增长新机制。

二、智慧农业服务现代设施建设

我国设施园艺产业发展迅速，但仍面临技术落后、资源要素投入过大、病虫害管控难、

质量安全难保障等问题。农芯科技利用物联网、数字技术整合数据资源，提供全套数字化解决方案，提高生产率、产量，保障农产品质量安全，增加农民收入，推动农业现代化和科技创新。

（一）数字技术赋能智慧设施，助力设施数字化升级

农芯科技充分利用物联网、人工智能等技术，为设施农业提供智能监测和精细化管理解决方案。基于传感技术、视频监测及图像采集处理技术等，对温室环境及作物长势等信息进行采集，建立设施环境数字化监测体系；通过作物生长发育模型、病虫害预测模型等，对采集的数据资源进行快速处理和挖掘，反馈到生产环节，最终指导实现作物生长环境的最佳控制、精准水肥管理、病虫害防治等。因此，智慧设施应用解决方案主要通过设施智能感知设备、智慧设施决策系统、智能作业装备三大体系来实现设施作物生长的最佳调控。智慧设施建设内容框架如图 36-2 所示。

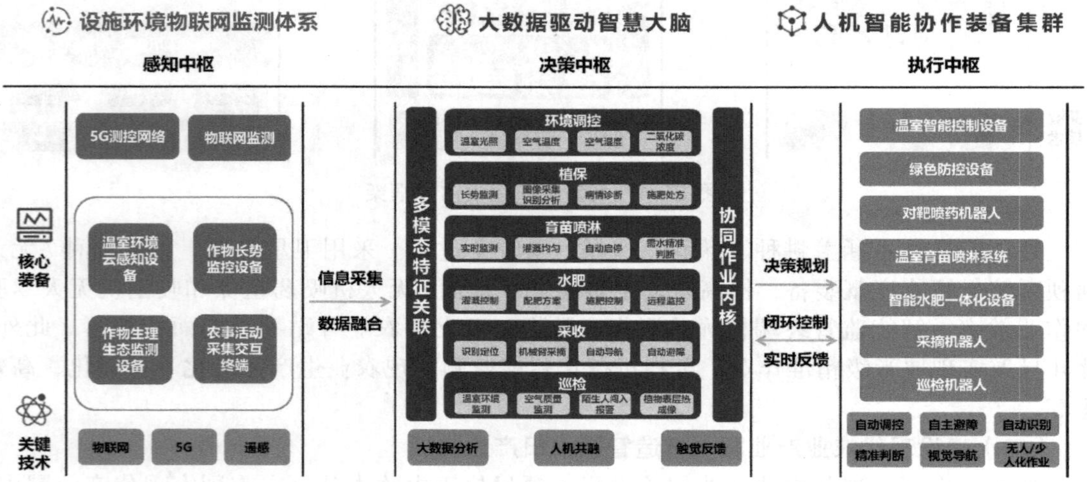

图 36-2 智慧设施建设内容框架

利用设施智能感知设备构建设施环境物联网监测体系，可实时采集温室环境参数、作物长势等信息，为精准作业提供决策支撑。智慧设施决策系统通过分析物联网设备数据，实现设施农业全过程智能化管理和数字化转型升级，包括环境调控、病虫害管理、水肥一体化等。智能作业装备体系包括温室环境控制器、植保机器人、精准土壤消毒机、育苗喷淋系统、水肥一体化设备、采摘机器人等，可实现设施农业全过程自动化管控。

（二）建设现代设施园艺，打造智慧设施行业典范

东港市国家现代农业产业园是我国最大的草莓生产和出口基地，规划面积 18.78 万亩，涉及 28.8 万农业人口。园区主导产业为草莓，并已形成完整产业链。农芯科技在园区建设了 412 套硬件设备、17 套软件系统，包括温室环控系统、气象监测站、基质秤、水肥一体化系统、绿色防控设备等。通过物联网、大数据、品牌数字化等技术，构建了智慧农业平台，实现了规模化生产标准化、产品销售品牌化。新技术的推广提高了草莓产量和品质，带动了农户效益，巩固了东港草莓产业地位，打造了区域草莓培育样板工程，为全市乃至全国的草莓产业提供了经验和技术标准，全面提升了产业园及本地区草莓产业的现代化水平，推动了东港市传统产业的转型升级。

三、智慧农业服务现代果园建设

果树产业在我国农村经济中占据重要地位，但受多因素影响，当前仍处于发展停滞阶段。农芯科技利用信息化技术、智慧农业技术与智能装备，打造无人或少人化果园，为果树产业供给侧改革提供示范。

（一）运用信息化技术与装备，助力果业无人化发展

围绕果园无人化或少人化生产管理，农芯科技通过在信息采集、智能决策、精准控制等多环节全面建设智慧果园发展体系，提升果园机械化、自动化、智能化和标准化水平，大幅提高果园生产管理效率。智慧果园建设内容框架如图 36-3 所示。

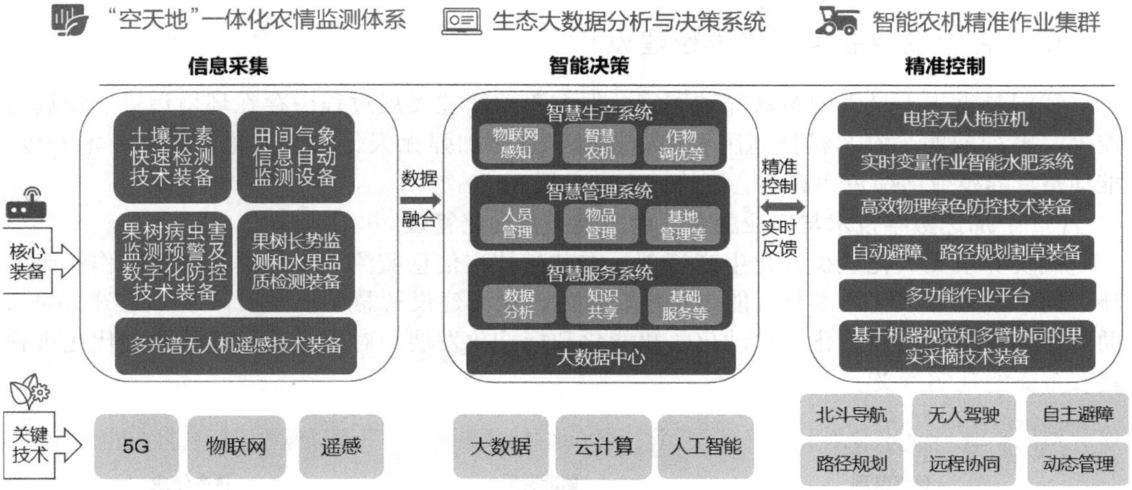

图 36-3　智慧果园建设内容框架

1）在信息采集方面，打造“空天地”一体化农情监测体系。通过生态多参数监测设备实时、自动获取土壤、气象、苗情、虫情等农情信息。基于激光光谱学土壤元素快速检测技术装备实现土壤温湿度、养分、重金属等快速测量；田间气象信息自动监测设备采集果园空气温湿度、大气压力、光照强度、风速、风向和降雨量等气候信息；果树病虫害监测预警及数字化防控技术装备及时采集果园病害、虫情信息，准确掌握病虫情发展演变规律；基于定量遥感和果树长势监测系统，实现果树长势与水果品质多个指标的获取，为果园面积遥感估算、长势监测、水肥管理、病虫害防治和产量品质预估等空间信息分析提供服务。

2）在智能决策方面，开发果园生态大数据分析与决策系统。构建果园智慧系统，包括智慧生产（物联网感知、智慧农机等）、智慧管理（人员管理、物品管理等）和智慧服务（数据分析、知识共享等），实现自动化、数字化和全面化服务。通过大数据中心整合农业知识库、实验室等资源，实现果园数据智能分析，为科学管理和最优决策提供支持。

3）在精准控制方面，搭建“北斗”定位的智能装备集群。构建智能农机体系，实现果园无人或少人化管理。应用北斗自动导航、无人驾驶等技术，开发电控无人拖拉机、智能水肥系统、绿色防控技术装备、自动避障割草机和多功能作业平台，以及基于机器视觉和多臂协同的果实采摘技术装备等，实现智慧果园土地耕整、水肥灌溉、植保作业、杂草清理、枝条修剪、收获运输等全环节无人化和少人化生产管理，提升果园效率，降低人工成本。

（二）建设现代农业智慧果园，打造乡村振兴示范基地

农芯科技助力山西隰县梨园建设完善的智慧梨园与大数据发展应用体系，形成以物联网、大数据、水肥一体化等产业链关键环节为支撑的数字资源体系。项目建成后，山西隰县梨园劳动生产率提升 25% 以上，梨园耕种收机械化率提高 10% 以上，同时通过提质增效，年节约水、化肥、农药、人工成本共计 225 万元。通过推广应用绿色防控系统，实现平均每生长季减少农药使用次数 1 ~ 2 次，化学农药的使用量减少 50% 以上；通过智能肥水调控，化学肥料使用量减少 50%，灌溉水有效利用率提高 20% 以上，项目在经济效益、社会效益和生态效益方面均取得了明显成效。

四、智慧农业服务现代养殖建设

我国是世界上最大的畜禽养殖国家，但在养殖产业发展过程中存在环境污染、疫病防控等一系列问题。农芯科技利用数字化技术，通过加强无人化或少人化管理和技术升级，推动畜禽养殖业向绿色、高效、可持续方向发展。

（一）加速数字技术与产业融合，助力养殖自动化管理

围绕养殖无人化或少人化生产管理，农芯科技在信息监测、智能决策和精准作业等多环节同步推进数字化技术与智能装备推广应用，全面建设智慧养殖发展体系（见图 36-4），助力推动养殖产业数字化、自动化、智能化和标准化发展，对推进我国养殖业现代化进程具有重要的现实意义。

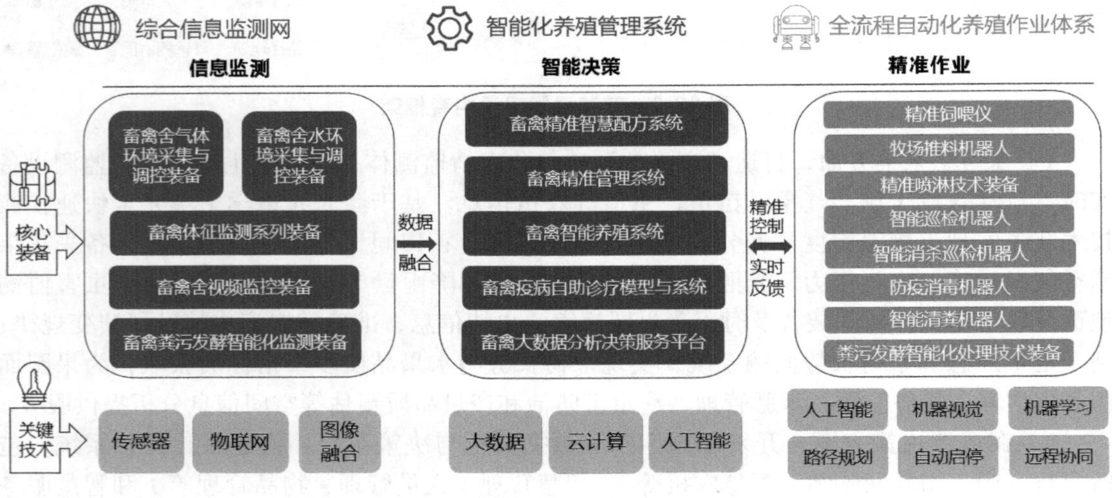

图 36-4 智慧养殖建设内容框架

1）在信息监测方面，打造综合信息监测网。建立全方位、立体化畜禽信息监测网，利用激光气体传感器监测舍内环境，多源图像融合技术监测畜禽体征，有效实现了畜禽信息实时、动态、精准获取，推动养殖业无人化、智能化、精量化管理，促进种养结合和有机循环。

2）在智能决策方面，开发智能化养殖管理系统。建立养殖大数据平台，实现信息聚合、统计、分析，助力决策优化。推出畜禽精准智慧配方系统，实现饲料成本最优化，降

低浪费、提高效率。畜禽精准管理系统实现身份识别、动态管理和设备远程控制。畜禽疫病自助诊疗模型与系统集成了专家技术与算法，可以提供快速在线诊疗和预警。畜禽大数据分析决策服务平台则实现繁育性状智能评价、遗传价值评估和智慧选育，针对繁育工作做出科学规划。

3）在精准作业方面，搭建全流程自动化养殖作业体系。引入人工智能、机器视觉等技术，部署精准饲喂仪、智能巡检机器人等设备，实现养殖饲喂、环控、巡检、消杀和清粪等全过程自动化和智能化，显著降低成本、提高饲喂效率、减少疫病发生，促进资源合理利用。

（二）建设数字农业创新应用基地，打造智慧养殖产业样板

农芯科技助力克什克腾旗肉羊种业，建设智慧型昭乌达肉羊原种场、改造核心育种区，构建了肉羊育种大数据综合服务及展示平台，实现科技成果转化、资源优化配置，有效推进肉羊种业多元化、标准化、品牌化、产业化、数字化发展。项目建成后，疫病减少 20%，饲料减少 5%，人工投入降低 50%，成功推动内蒙古乃至全国肉羊种业转型升级和高质量发展。

五、智慧农业服务现代种业建设

种子是农业“芯片”，为实现种业科技自立、种源自主可控，需要产学研用一体化发展，推动创新链、产业链、供应链联动，创新育新种、制良种机制，筑牢粮食安全基石。

（一）信息化 + 机械化，助力育种提质增效

农芯科技利用人工智能等技术，为种业行业提供种质资源库、育种管理系统、种植自动化机械等全业务应用的智慧种业一体化系统。智慧种业包括多元数据立体采集、智慧育种分析与决策、智能装备作业、品牌宣传等多个方面。智慧种业建设内容框架如图 36-5 所示。

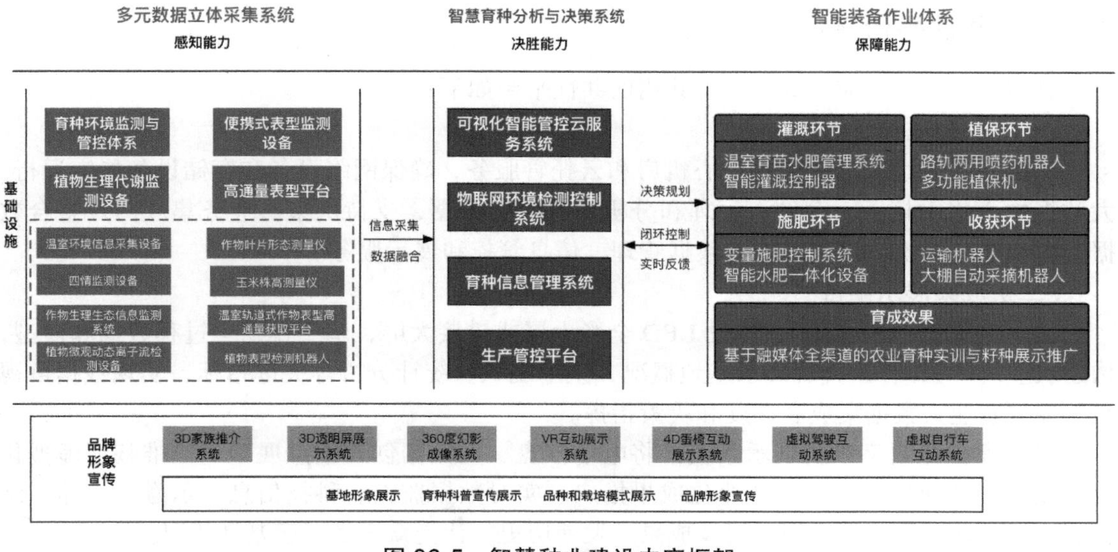

图 36-5　智慧种业建设内容框架

1）育种数据感知能力提升。集成配置基于多组学大数据育种技术的大群体、高通量、自动化获取作物表型、作物代谢、作物生长环境等测量系统，利用现代生物技术、基因编辑技术、大数据和人工智能等手段，开展育种技术创新，培育出高产、优质、抗逆、适应性强的新品种，保证作物生长环境符合其最佳生长状况，从而提高育种效率和成功率。

2）育种竞争决胜能力提升。推广可视化智能管控云服务系统、物联网环境监测控制系统、育种信息管理系统、生产管控平台等，应用智能化生产管理系统实现育种全程平台化、规则标准统一化、种质资源集约化、数据共享最大化、育种决策数据化，全面升级育种效率。营造人工气候室、食用菌工厂等精准生长环境，实现生长环境精准调控，完成作物生长过程自动捕捉和生物量自主测量。

3）育种后勤保障能力提升。智能化生产管理是智慧种业的重要支撑。智能化农业装备，实现精准播种、水肥综合调控、环境综合管控、农机农艺融合等农业生产环节的智能化管理，制定标准化生产、无人化少人化作业，提高了育种效率和质量。同时，建立智能化生产管理系统，实现农业生产全过程的数据采集、分析和应用，为农业生产提供科学决策支持。

4）品牌形象宣传能力提升。利用自主知识产权的数字化技术，结合 VR/AR 等互动体验，构建数字化展示平台，实现基地成果展示、育种科普宣传、品种展示和品牌形象宣传。通过 5G 和全景直播，实现物联网大数据与虚拟现实大数据深度融合，打造沉浸式远程控制和展示体验效果。

（二）建设现代育种基地，打造智慧种业示范窗口

肃州区国家数字种业创新应用基地围绕玉米制种全环节，建设数字种业展示中心、大数据中心和无人机表型平台。展示中心设有 LED 全彩大屏；大数据中心包括田间监测、劳动力管理等系统及 AI 分析平台；无人机表型平台用于生长数据采集。基地建成后，提升了玉米产业链发展水平，优化了创新结构，实现了数据整合与决策分析，推动产业转型升级，成为数字种业示范基地。

六、共性平台建设

针对以上五大类应用场景，可共用的共性平台如下：

（一）基础支撑平台

基础运行环境包括大数据中心机房和云托管服务，确保网络设备和存储设备稳定运行。大数据中心集中接入、存储、管理和分析园区涉农数据，支持决策。业务集成门户整合数据资源和业务系统，提供统一的数据管理、信息管控和展示服务。

（二）成果展示平台

（1）大数据“一张图”　建设 LED 全彩大屏或拼接大屏，基于作物全过程数据和模型，构建农业“一张图”，直观展示基地概况、生产现状、统计分析等关键指标，实现数据可视化，促进农业大数据集成、调度和决策指挥。

（2）虚拟化数字沙盘展示系统　将电子沙盘、大数据创新创意展示、三维基地虚拟化交互漫游、基地成果展示、产业化成果推广、实时数据监控、科技信息公示融为一体，结合实体沙盘，展示基地规划、科技成果、发展历史，让受众全面了解基地概况。

（3）智慧生产技术及成果数字体验系统　综合利用 VR 虚拟体验、幻影成像、裸眼 3D、4D 蛋椅、虚拟自行车等科技展示形式，对基地建设布局、种质资源、先进技术等进行数字化 3D 模拟，打造互动展厅，构建向外界展示发展成果的数字体验平台。

（三）行业应用平台

（1）农产品质量安全溯源系统　利用二维码、视频监控等技术，对农产品全过程进行监测和追溯，采集标准化生产、加工、运输等信息，为政府监管和公众查询提供数据支持，保障农产品质量安全。

（2）农产品品牌建设与推广系统　在消费端，利用数字化、多媒体互动技术，加强品牌文化、IP 策划，建立农业品牌数字化推广体系。结合增强现实、体感技术等，开发农业园区交互式互动产品，提升品牌认知和科技体验。

（3）露地蔬菜无人农场平台　露地蔬菜无人农场突破智能协作、避障、路径规划等关键技术，部署实时监测传感器，建立高通量无线网络，集成软硬件系统，实现耕整、移栽、植保、灌溉、采收等全程无人化。2020 年获得全国十大引领性技术，2022 年被评选为中国农业重大新技术，2023 年被农业农村部列为全国主推技术。

（4）数字乡村平台　数字乡村平台为智慧社区和数字乡村建设提供标准化数据集成服务，建立数字乡村指标体系和标准规范，创建我国最全面、更新最快的 PB 级大数据仓库，包含感知识别、产业规划、产业经济统计等算法模型和工具。在 16 个省份推广典型案例，支持乡村振兴战略，实现产业融合、精细治理、农技服务、生态宜居和便民服务。

（5）中国农业社会化服务平台　为解决农业社会化服务供需对接不畅、资源整合不足和信息化水平低的问题，2019 年 5 月推出了一款包括 Web 版、App 版和小程序版的综合服务平台。该平台整合了各地提供耕种、管收、托管等服务的组织，通过服务大厅和需求大厅实现农民需求与服务供给的精准对接，提升农业服务水平，解决农民用工难题。该平台汇集了农资供应、农事服务、农机租赁等多种服务，促进资源在区域间流动，提高服务效率。截至 2023 年底，平台累计签订销售合同 44.7 万份，合同金额达 52.24 亿元，覆盖全国 31 个省份，共开通 6079 个管理账号，促成交易合同 44.89 万份，交易额达 52.51 亿元。

（6）现代农业产业园综合服务平台　为解决政府管理部门对现代农业产业园建设情况监测评估不足的问题，开发了现代农业产业园综合服务平台。该平台与各级管委会建立沟通渠道，提供生产业务、区域品牌、金融服务等功能，实现全国产业园实时监测、评价和宣传推广。该平台的核心功能包括产业发展、科技装备、绿色发展等情况，帮助政府管理部门把控产业园发展趋势，解决产业发展难题。同时，通过数据分析、新媒体推广等手段，挖掘消费者需求，扩大产品销售渠道，提升品牌价值。截至 2023 年底，该平台服务于全国 31 个省份、300 个国家级产业园、7000 多个省市县产业园及相关部门，处理数据 300 余万条，指导答疑 500 余次。

（7）中国农技推广信息服务平台　该平台构建了农民、农技人员与专家三大体系的沟通桥梁。农民通过平台提出生产问题，农技人员按产业类型和区域进行解答并提供安全生产方案，农资店主根据方案配送农资，乡村农技人员现场指导。该平台通过知识链式分享、双向培训等服务解决农民学技术难等问题，让农技人员和农户受益于全国专家和资源。自 2017 年上线以来，该平台累计吸引了 500 多万名职业农民、8 万多家农技机构、50 多万名农技人员、2 万多名农业专家等资源。年均回答农民问题达 500 万条，开展专家咨询 20 万次，发布科技成果 5000 条，2 小时内解答率超 90%，支持超 5000 名用户并发访问。该平台已发展成为全国唯一活跃用户超百万的农业科技推广平台，进一步提高了科技助力农业发展的贡献度。

第三十七章 37

农信数智：企联网-IAP智慧农业生态平台，助力乡村产业振兴

北京农信数智科技有限公司（简称农信数智）成立于2015年，是一家农业数智高科技企业。该公司以“用数智改变农业”为使命，致力于用互联网、物联网、大数据、人工智能等新一代信息技术服务传统农业，从而提升农业的管理、生产与交易效率，助力乡村产业振兴。

农信数智致力于创建最具影响力的农业数智生态服务商，通过生产数智化、管理数智化、交易数智化，提升农牧企业的数智竞争力，推动中国农业数字化转型升级。

一、企联网数智农业平台（IAP）

企联网数智农业平台（见图37-1）主要面向农业产业链中的经营主体，为其提供智慧管理、智能物联、数字采销等全流程的企业数字化整体解决方案，实现生产标准化、管理智能化、购销便利化。通过数字化手段，连接企业上中下游，促进信息共享和流动，最终结合大数据分析，帮助从业主体进行智能化决策，从而达到提升企业生产率、降低管理成本、增强企业核心竞争力的目标。

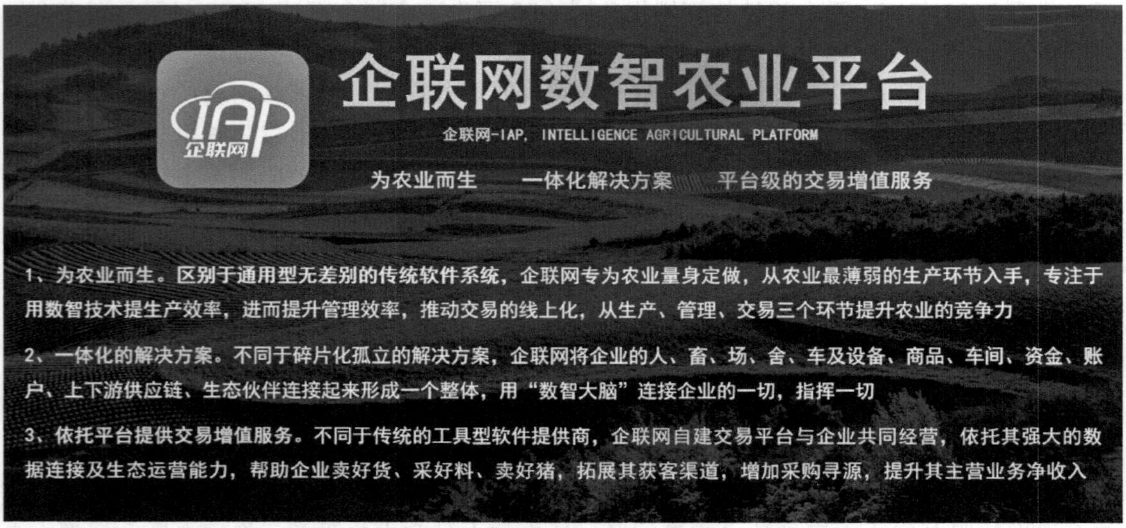

图37-1 企联网数智农业平台

企联网，区别于传统企业资源计划（ERP），以管理、生产、交易为三个支柱，利用互联网、物联网、云计算等信息技术手段及现代企业生产管理理念，为企业提供数字化管理、智能化生产及便捷化交易的一站式平台服务，构建一个连接企业上下游的行业级生态运营平台（EOP），使企业管理更加轻量化、智能化及平台化。

市场前台针对农牧企业需求和特征，用轻量化的应用为农牧企业提供便捷的获客、订货、品牌商城、渠道管理、采购等市场工具；业务中台用 SaaS+AIoT 工具为农牧企业提供产供销一体化的服务，使农牧生产全链条数字化、智能化；服务后台提供业财管一体化的协同办公体系，形成企业大数据平台，进一步服务企业业务与管理决策。

企联网平台已初步搭建成生产管理（MaaS）、智能设备（DaaS）、数字交易（TaaS）的 3S 产品矩阵（见图 37-2），可实现农业产业数字化提升的一站式服务。

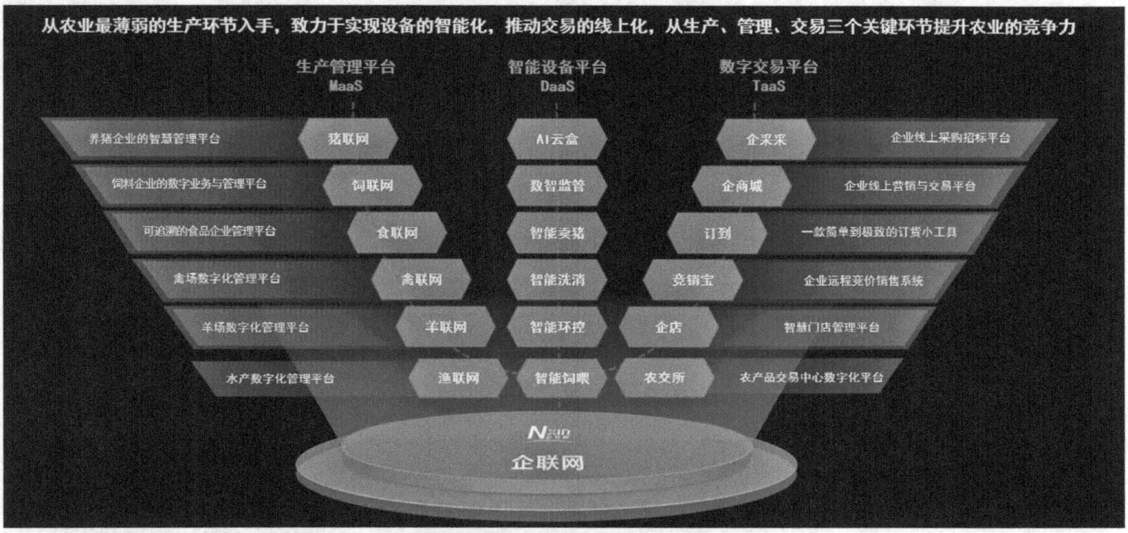

图 37-2　企联网架构下的 3S 产品矩阵

（一）生产管理平台（MaaS 平台）

生产管理平台（见图 37-3），聚焦于农牧企业的生产管理的数智化。实现人、畜、事、物、车及设备的全面且实时在线连接，尤其是与终端用户的自然连接，实现员工、用户及社群的线上化，决策的智能化，产品研发的线上化，业务过程的线上化，财务管理与资金的线上化。基于获取的数据，通过算法的不断迭代作为重要的能力赋能于每一位员工，允许基层人员直接与数据对话，自动协同彼此间的工作，实现管理的去流程化、决策的去中心化，形成“大中台 + 小前台”业务格局，促使管理扁平化，降低了管理成本，提升了经营效率。

（二）智慧设备平台（DaaS 平台）

智能设备平台（见图 37-4），将设备智能化，实现从人工作业到机器智能质的转变。以 5G 智能装备、养殖机器人、AI 芯片、深度学习及区块链技术等数智技术为底层基础能力，结合农牧企业的实际生产场景需求，开发相应的生产智能化应用系统，连接并打通各种设备硬件，打造智能物联平台。同时，基于自研 Loki 算法平台，以算法模型驱动智慧化生产过程管理和设备智能决策，从而实现从人工作业到设备智能的升级。

（三）数字交易平台（TaaS 平台）

数字交易平台（见图 37-5）为企业提供数字交易平台服务。传统的营销力重在线下的地推能力，重点是依赖线下的业务团队和经销商渠道，产业互联网时代，品牌企业要致力

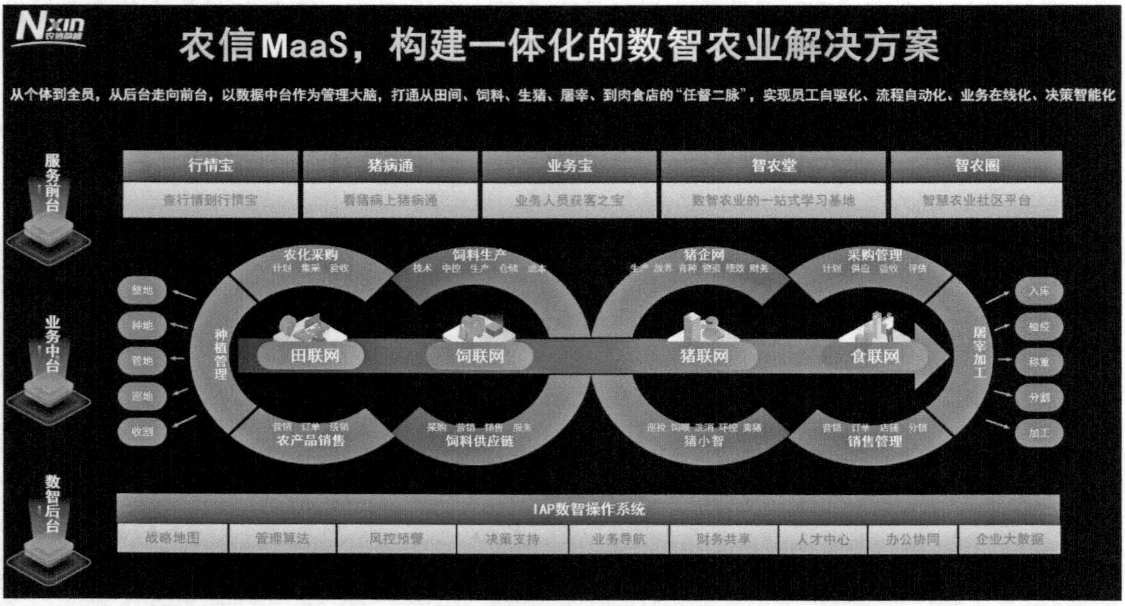

图 37-3　生产管理平台

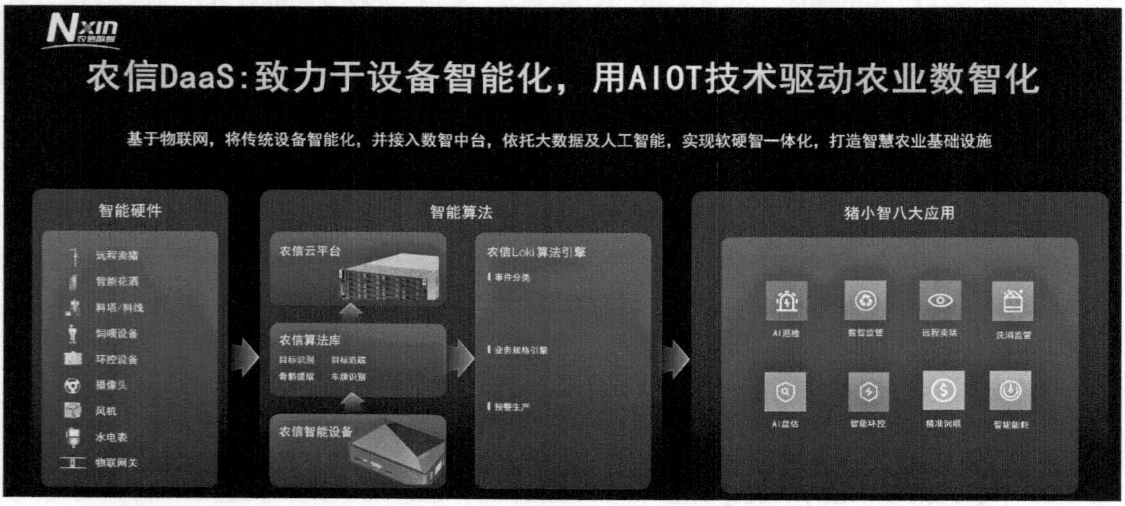

图 37-4　智能设备平台

于发展线上的传播、运营及履约能力，只有线上线下融合打通并形成闭环，才能形成新的数字营销力。数字交易平台就是为改变农牧企业单纯依靠地推团队或渠道拓展业务的传统方式，帮助农牧企业打造“线上营销＋线下服务”的O2O组合运营模式，从而实现从交易管理到供需匹配，将采销纳入“一张网”，实现线上化、透明化、数智化的交易转型。

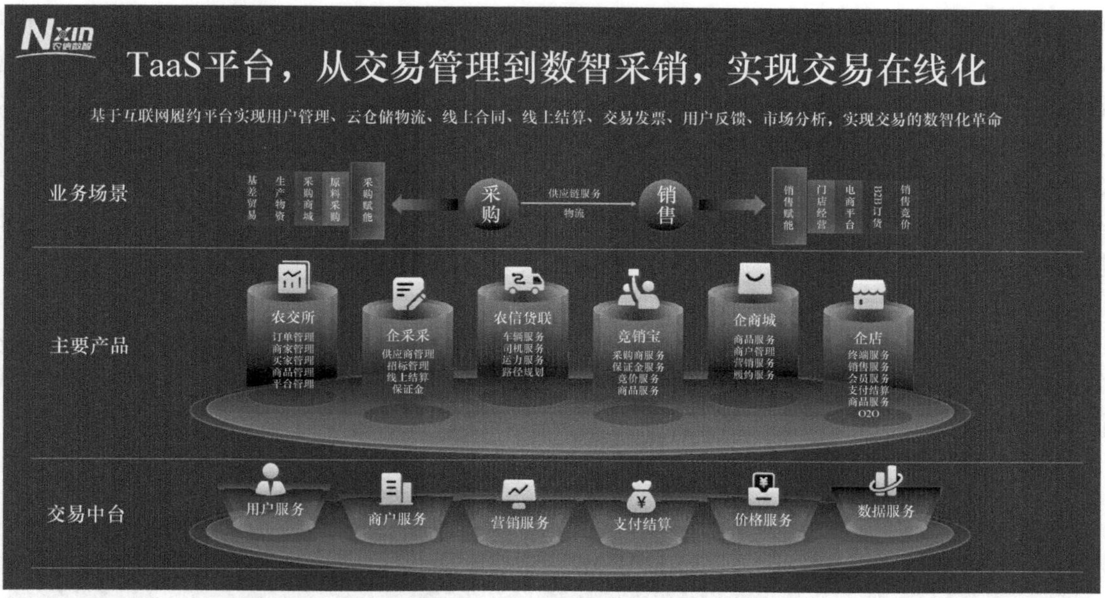

图 37-5　数字交易平台

二、猪联网

基于企联网 -IAP 的底层平台，农信数智聚焦生猪产业推出了核心产品——猪联网（见图 37-6），包括猪企网（猪场企业数字化管理平台，为猪场提供从生产经营到企业管理的全方位服务，实现猪场的线上化、数字化、智慧化管理，大幅提升猪场的管理效率）、猪企网 Pro 版（针对大型集团养殖企业的现代化管理诉求，面向百万级规模的猪场，提供集团化管

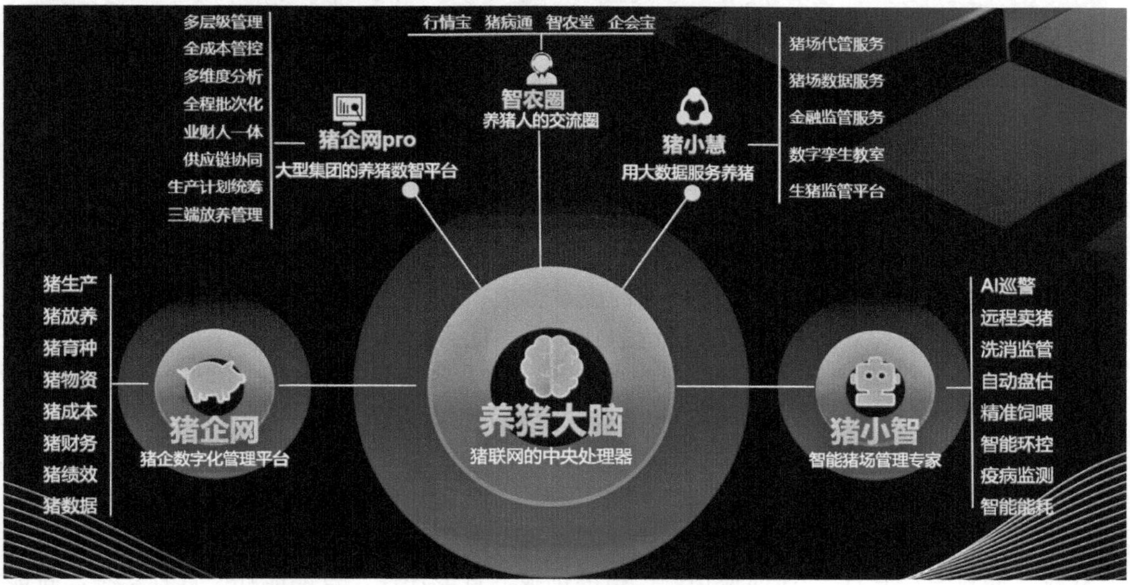

图 37-6　猪联网

理模式，着重强化了精益化、协同化的管理思想，提供从集团计划统筹、猪场生产管理到业财人一体化全面的数字化管理体系）、猪小智（在猪场 SaaS 化基础上，重点突出猪场远程化、智能化管理，通过智能网关连接猪场及设备，实时采集处理各类数据，依托养猪大脑与边缘计算技术，实现对猪场从出生到出栏全生产周期智能化应用）、猪小慧（猪场 GPT——基于生猪大模型的智慧养猪解决方案，通过自然语言交互，用“大模型＋大数据”驱动猪场管理智慧化，让养猪变得更加直接、简单与智能）、智农圈（围绕生猪企业及主体提供行业资讯、价格查询、疾病诊断、线上会议等全方位服务）。

（一）猪企网

猪企网（见图 37-7），面向猪场企业提供完整的数字化管理平台体系，实现业财一体化的闭环过程，涵盖生产、放养、育种、物资、成本、财务、绩效、数据八大功能。基于数据驱动，达到提升猪场的生产率、降低经营成本、增强企业整体竞争力的目的。

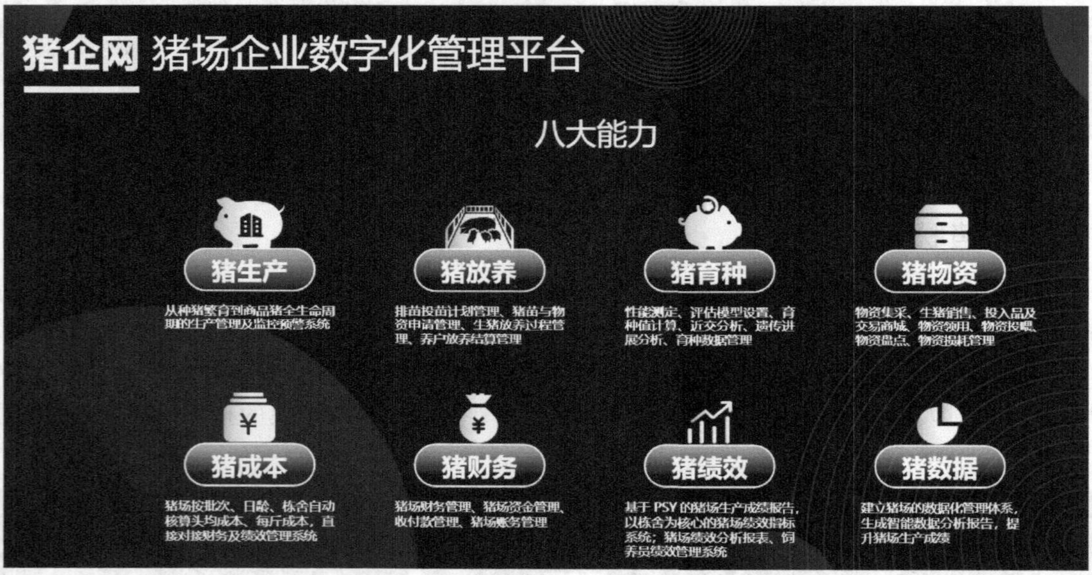

图 37-7　猪企网

（二）猪企网 Pro 版

猪企网 Pro 版（见图 37-8）秉承集团多层级的管理体系、集团多维度的分析体系、以出栏为导向的生产计划统筹、全程的批次化生产管理、三端一体的放养解决方案、针对猪养殖的供应链协同、全过程全生命周期的成本管控、以养殖为核心的业财人一体化八大设计思想，通过数智化管理体系、可持续运营体系，助力企业平台应用体系全面升级，让企业实现从集团到公司，再到栋舍的多级化管理，助推集团化、规模化猪企持续高效发展，随需享受云计算、大数据、人工智能等新技术带来的便利及价值。

（三）猪小智

猪小智（见图 37-9），通过物联网数据采集、智能化管控、互联网＋信息服务，将进一步精简工作程序和信息处理过程，减少猪场的人力和物力投入，从而降低管理成本、提升效益，涵盖生产管理、AI 巡检预警、精准饲喂、智能环控、智能能耗、远程卖猪、智能盘估、洗消监管、疾病监管、远程风控、环保管理、农户代养十二大功能。

图 37-8 猪企网 Pro 版

图 37-9 猪小智

（四）猪小慧

猪小慧是结合人工智能 GPT 和生猪大模型的创新技术，是农牧领域的行业大模型，如图 37-10 所示。通过大模型与知识图谱、大数据的结合，采用自然语言交互实现数据查询与分析，用“大模型 + 大数据”驱动猪场智慧化。猪小慧将为猪企提供突出的应用前景，如决策分析、行情预测、猪场预警、疫病防治等场景服务。

（五）智农圈

智农圈是公司产品的总入口。围绕生猪产业和养殖主体打造全方位智能服务体系，可提供市场信息及猪价查询（行情宝见图 37-11）、猪病远程诊断（猪病通见图 37-12）、猪友圈（见图 37-13）、养猪知识学习与技术培训（智农大讲堂见图 37-14）、行业线上会议（企会宝）等一体化服务，让服务更贴心、养猪更安心。

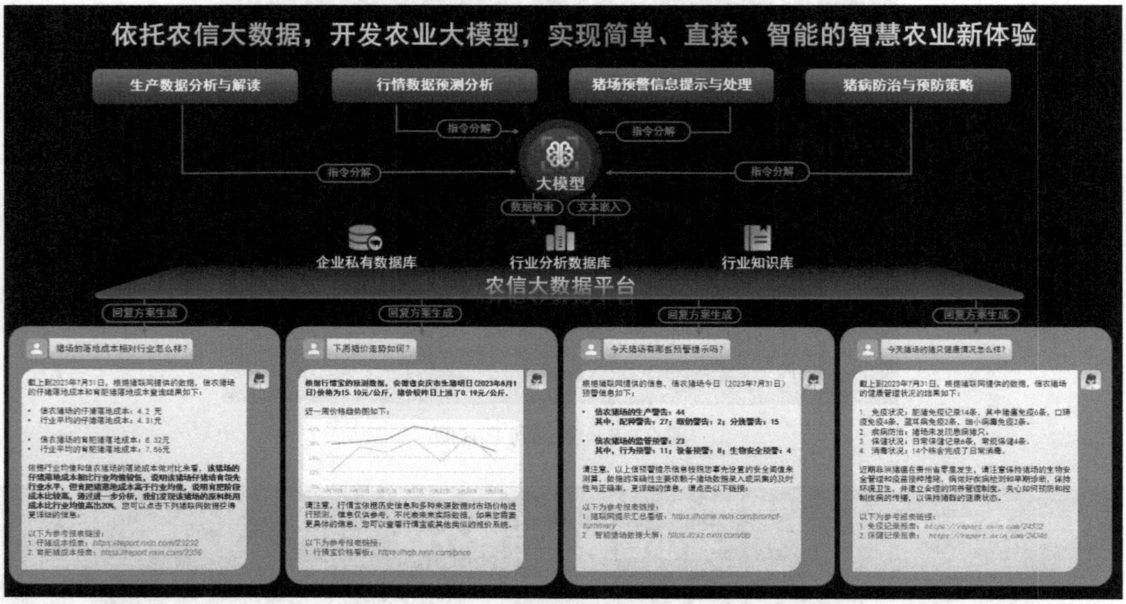

图 37-10　猪小慧

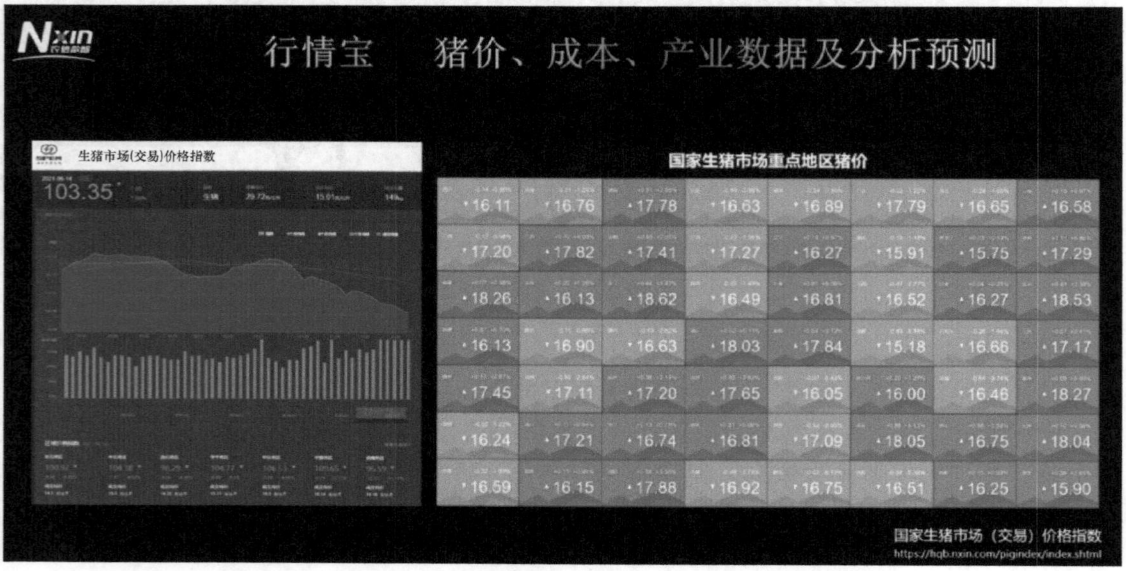

图 37-11　行情宝

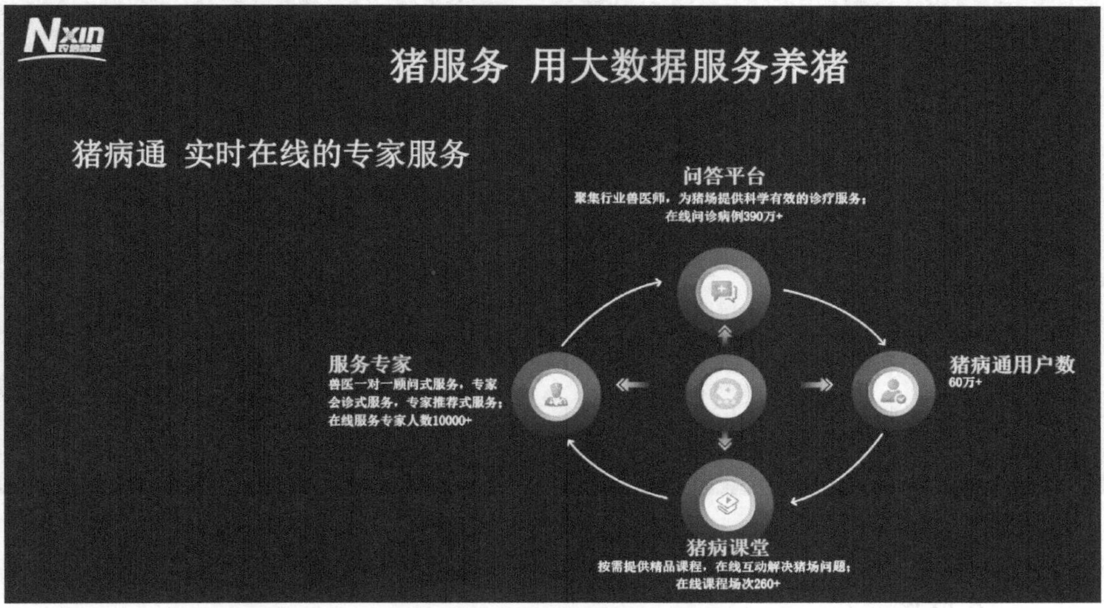

图 37-12　猪病通

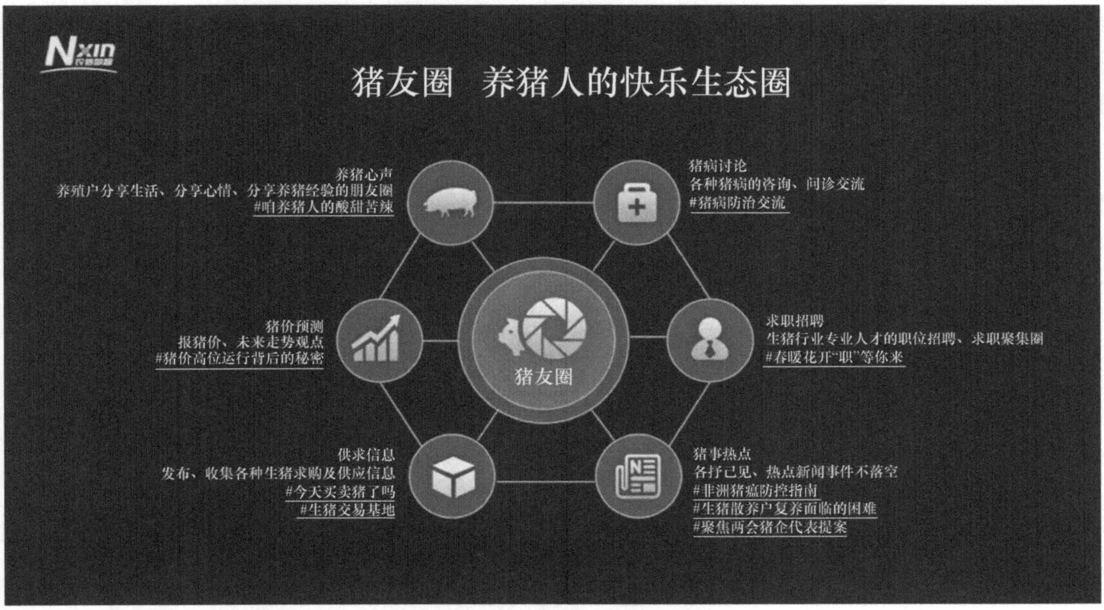

图 37-13　猪友圈

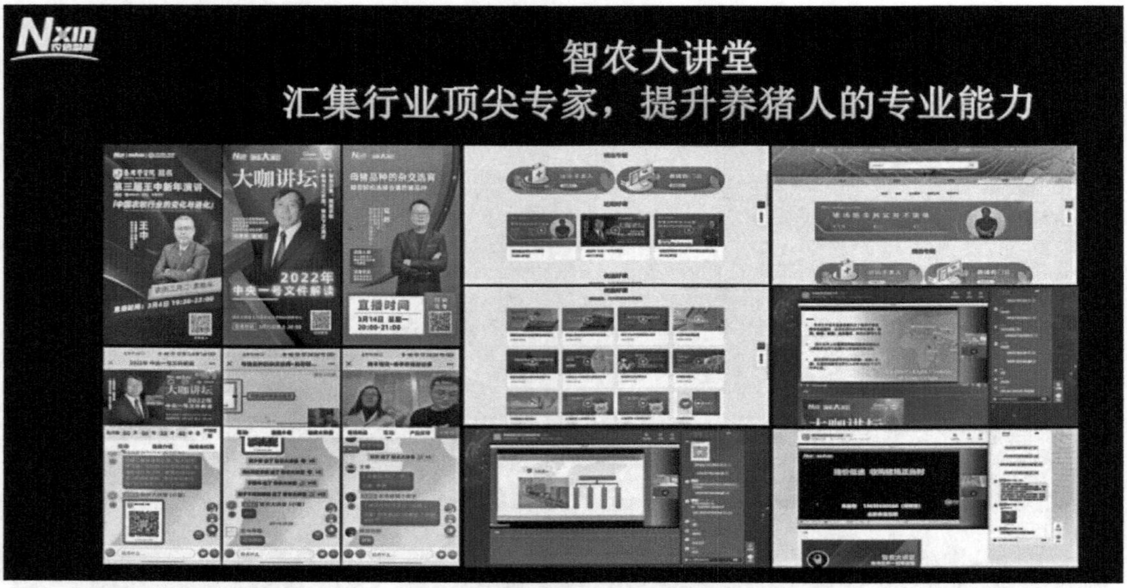

图 37-14　智农大讲堂

三、X 联网

农信数智以生猪产业为核心，不断深化产品服务能力和扩大品牌影响力。在成功打造猪联网的基础上，向种植、水产、禽蛋、牛羊等农业 X 联网领域延伸。截至 2023 年，农信数智已与重庆忠县政府合作成立“柑橘联网”，为杞县政府开发“大蒜联网”，为东阿阿胶开发“驴联网”，为北大荒垦丰种业开发“玉米联网”，以及内蒙古“马铃薯联网”、东北地区“狐狸联网”等 X 联网（见图 37-15）项目。

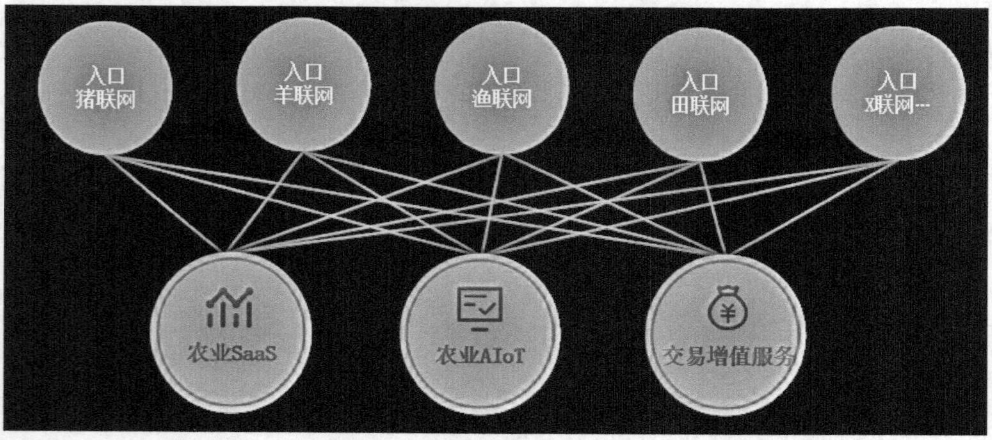

图 37-15　X 联网

四、初步成效

截至 2023 年 12 月，农信数智搭建的企联网平台上的企业用户数达 160 余万个、个人用户数超 900 万人。其中，企联网平台聚焦的生猪产业链已服务 6 万余个专业养殖场，覆盖生猪超过 6000 万头，是国内服务养猪户较多、覆盖猪头数规模较大的数智养猪服务平台。

农信数智已在全国各地搭建起完善的农业产业社会化服务团队和体系，拥有地推团队 300 多人，渠道服务人员 6000 多人，线上认证服务专家超过 10000 人，建立了县级运营中心和村镇级农信小站。工作人员能够深入农业生产一线，为农业企业提供种养殖技术、数字化管理、投入品交易及销售等一站式、全方位的专业服务。通过线上企联网平台，结合线下运营中心和农信小站，搭建起服务于全国的农业产业全链条综合服务体系。

企联网数智农业平台以新一代信息技术为核心，结合现代农业产业管理理念、技术服务理念和多年行业深耕经验，研发出一整套适用于农业企业进行数智化提升的产品矩阵，为推进农业产业与数字技术的深度融合，加速我国智慧农业的发展做出了巨大贡献。

科研创新篇

第三十八章 38

国家农业信息化工程技术研究中心

国家农业信息化工程技术研究中心是由国家科技部批准组建，专门从事农业农村信息化工程技术研究开发的国家级科研机构。该中心拥有科研人员近600人，围绕农业智能系统与信息服务、农业遥感技术与地理信息系统、农业精准作业技术与智能装备、农业物联网与智能控制、农产品质量安全与物流、农业农村信息化标准与发展战略六大方向，进行源头技术创新、技术平台构建和重大产品研发，为我国农业现代化和新农村建设提供有力支撑。中心拥有2500亩的国家精准农业研究示范基地和省部级以上科技创新条件平台40多个，包括农业农村部农业信息技术综合性重点实验室（学科群牵头单位）、农业信息软硬件产品质量检测重点实验室、农业遥感机理与定量遥感重点实验室、国家数字农业装备创新中心、国家数字畜牧业创新中心、农业航空应用技术国际联合研究中心、国家农业科技创新与集成示范基地，科技部国家科技成果转化服务（北京）示范基地，国家发展改革委农业物联网技术国家地方联合工程实验室、农机北斗与智能测控国家地方联合工程实验室、农产品质量安全追溯技术及应用国家工程研究中心，中国科学技术协会全国科普教育基地、国家外国专家局精准农业技术国家引进智力成果示范推广基地等。

一、农业智能知识服务关键技术取得进展

针对农业环境复杂多变、动植物生长影响因子众多、生命周期长、品种区域性差异大和极端农情灾害频发等特点，以“人工智能技术赋能农业生产”为主线，重点围绕“感知识别”“知识耦合”“认知推理”三大科学问题进行关键技术突破，提出基于Gram-Schmidt变换的地空星遥感数据融合算法，整合了不同来源数据，构建了完整的时空数据集。引入多阶段预测框架和多图像特征融合的虫害识别方法，实现了多尺度的动植物多目标检测。提出基于双层优化的知识图谱嵌入模型“WeightE”，进一步完善了图谱补全算法基础能力。研究了多模式协同的农情反演与定量定性预测技术，提出了基于多头注意力机制的农情特征子空间嵌入方法。构建了融合时间感知自注意力模块和可学习滤波器层的农业知识个性化推荐模型。提出MacBERT和DPCNN融合技术，用于快速、精准分类农业文本数据，实现更快速的农情预警和决策支持。搭建了星—空—地大田作物生长信息获取系统，实现了畜禽环境、行为、生理信息的精准高效获取。在农业动植物环境及生命状态智能识别与分析系统方面进行了改进，已达到水稻、蔬菜等作物上的病虫害识别准确率指标。完成了多机构标注样本分发策略，支持农业动态开放场景中的影像数据标注。面向乡村振兴重点帮扶县、农情基点县、国家和省级现代农业产业园等定制了410个县域系统。平台集聚各类农业知识资源，开展了农情辅助决策、农业技术问答、农业灾害发生趋势分析等知识服务应用。在140个乡村振兴重点帮扶县、200个农情基点县、70个农业产业重点县展开了农业智能知识服务示范，应用覆盖3亿亩作物、1亿头家畜、20亿只家禽的种养规模，服务

规模庞大。

二、数字畜牧业关键技术研究取得重大突破

研究开发牛、羊、猪的高通量无应激体尺测量和体重估计系统，计算牛、羊、猪各个体尺数据，并根据体尺数据预估体重数据，实现高通量无应激的动物体尺体重测量方法，体尺测量精度在95%以上，体重测量精度在90%以上，单只测量时间在2秒之内。2023年，牛、羊、猪表型高通量测量终端在四川绵阳光辉种猪场和云南寻甸种羊场和内蒙古克什克腾旗国家现代种业（肉羊）产业园应用；研究开发基于多模态图像融合的畜禽健康巡检机器人系统，利用红外热成像、可见光或图像融合算法结合深度学习识别动物的特征外貌，检测死鸡或弱鸡，在鸡舍复杂的光线背景下具有较强的鲁棒性和较快的推理速度，能够有效检测出图像中的死鸡，死鸡识别率在95%以上，单次巡检时间在2小时之内，所使用的算法搭载到基于自动巡线、自动升降和自动充电的机器人巡检平台上可实现死鸡识别率大于95%，能够节省劳动力90%以上；在生猪疫病知识图谱构建方面，构建形成15种生猪疫病实体标注数据集，约4280条语句、13580个实体，提出基于词典增强的生猪疫病实体抽取方法，生猪疫病实体识别F1值达88.32%以上，最终构建形成了12种实体类别、20种关系类别，共1339个实体、2016个关系的生猪典型疫病知识图谱，实现生猪疫病领域知识的有效集成，为生猪典型疫病智能诊断提供“芯片”核心数据，为生猪疫病智能应用提供知识支持；针对典型畜禽疫病诊断存在的准确率不高、时效性不强等问题，构建包含猪（15种）、鸡（38种）典型疫病的文本、知识图谱和图像的多源症状库，共计1074条症状、600多万条仿真数据；构建基于Bert预训练算法和BiLSTM的文本、知识图谱融合的典型畜禽疫病智能诊断模型，诊断准确率达90%以上。

三、作物智能设计育种技术研究取得重要进展

生物育种从传统经验育种、商业化育种到智能设计育种不断迭代创新，并成为拜耳（包括原孟山都）、科迪华等国际种业龙头企业的核心竞争力。多组学层面的智能预测与设计、性状生物合成与智能表达等是智能设计育种的核心内容与前沿技术。该中心在金种子商业化育种平台的基础上，围绕作物育种大数据聚合、解析与可视化功能，构建基因型—表型—环境型RippleNet知识图谱，首次突破基于迁移学习的玉米跨性状、跨群体全基因组选择技术，改变了依赖最佳线性无偏预测（BLUP）等机理模型进行表型预测鲁棒性差的技术格局。针对跨团队、跨主体联合育种的数据融合建模和隐私保护需求，实现全基因组选择、复杂性状预测等智能育种模型的联邦化，建立“数据可用不可见”的跨团队隐私计算和联邦学习技术体系；依托以太坊联盟链框架，研究基于委员会共识机制的智能联合育种模型，通过智能合约实现自动化的联合育种节点验证和商业化育种业务流管理，为跨团队联合育种和智能决策模型提供底盘框架技术支撑。以上研究内容得到了该中心主持的科技创新2030-重大项目“智能化动植物表型鉴定、品种选育和管控决策研究”等项目的支持，已发表Q1区学术论文8篇，授权发明专利5项。

四、“空天地”多源遥感作物生长监测诊断关键技术及应用取得重要突破

针对“空天地”多源遥感作物生长精准监测和智能决策等关键技术难题，开展科研

攻关，取得了一系列重大创新成果。创新建立了“空天地”遥感高时空融合及分类、物候定量提取方法，多类型作物10米分类精度整体达95%；创新提出了多源、多光谱特征的作物生长指标定量遥感反演方法，攻克了原始光谱易受土壤背景影响的技术难题，建立了河南省首套10米叶面积指数（LAI）、生物量数据集，实现了作物生长高时空动态监测，提前1周实现作物主要病虫害预测；创新构建了基于遥感机理与农学模型耦合的作物产量及水分测报技术，解决了长期以来作物遥感估产区域普适性低的瓶颈，实现了全国三大粮食作物（小麦、玉米、水稻）产量时空一致性和高精度预报；创立了作物“空天地”遥感精准监测与智能决策大数据平台及系统，实现了“空天地”遥感作物精准监测与智能决策联动，形成了智慧农业遥感服务新模式。项目成果已在河南、河北、山东、山西和江苏等省份规模化推广应用。获得发明专利13项，参与制定地方标准1项，出版学术专著1部，发表论文70多篇，经济和社会效益显著。该成果获得河南省科技进步奖一等奖。

五、农产品供应链与追溯大数据云服务关键技术取得进展

针对农产品腐损率高、追溯数据易篡改、供应链信息断链等问题，重点突破农产品品质维持、区块链溯源、大数据服务等关键技术。研制了新鲜度在线检测传感器，开发了基于纳米复合材料修饰电极的新鲜度无损检测设备，对胺类挥发性化合物即新鲜度检测指标（TVB-N）产生特异性响应，实现对鱼肉新鲜度的实时在线检测，新鲜度检测准确率达95%以上，并发表相关SCI论文3篇，最高影响因子14.8。突破了基于属性的访问控制（ABAC）的区块链蔬菜种子防伪溯源系列关键技术，实现繁种、加工、储藏、流通等环节信息高效管理，并利用明暗码结合的防伪技术，通过与用户举报激励模块相结合，保障种子信息从制种源头到种植田间地头不被篡改，实现蔬菜品种知识产权精准确权，并获得发明专利授权4项，发表EI论文3篇，相关论文入选2023年度“领跑者5000——中国精品科技期刊顶尖学术论文”。通过集成农场云、物流云服务平台，建立了具备千万级设备接入和百万级用户服务的能力，实现了大数据云服务平台，实现供应链数据全程信息监管、追溯分析等功能，提供了设备运行状态、农产品碳排放估算、项目活跃度等综合性图文分析结果。系统累计接入生产基地425家，冷链企业148家，物联网监测数据7500万条。

六、露地蔬菜无人农场技术深入研发与多场景落地应用

结合露地蔬菜生产的实际生产需求，2023年，该中心围绕露地蔬菜无人农场技术进一步开展深入研发，重点实现了辣椒无人化采收机、双行高精度切樱白萝卜采收机的集成创制，并开展了在百亩级地块露地蔬菜无人农场技术应用模式的探索。辣椒机的智能化提升重点完成了面向不同的茎秆高度的辣椒品种、不同的地面平整度等开展了柔性仿形技术突破，辣椒机能够适应不同株型高度的辣椒品种的无人化采收，能够自动施用不同地面起伏程度的辣椒采收，将辣椒损失和损坏率降到5%以内，极大地提升了采收效率；白萝卜收获机实现了新的技术突破，研制形成了双行白萝卜收获机，通过工艺技术的改进将两行的种植行距要求从最小45厘米减少到35厘米，与当前种植模式的常规行距非常接近，能够与实际生产进行结合。在技术及装备不断成熟的基础上，在乌兰察布、天津静海、河北沧

州、北京昌平等基地，围绕甘蓝、白萝卜、辣椒3个品种面向不同的种植规模和地块条件进行了技术生产性验证，尤其是在河北沧州完成了百亩级地块蔬菜无人农场种植技术模式的探索，突破了移栽、收获两个重点环节多机联合作业路径规划和机耕道设置优化模型，提出甘蓝调度、苗盘搬运、苗盘摆放等环节与移栽无缝衔接方案，降低搬苗、摆苗等时间消耗；提出并实现了灌溉分区、灌溉水源设置、主管道和支管道铺设综合优化模型，探索建立可在全国快速复制的成套技术方案。

七、基于挥发物的食品理化性质的原位快速识别方法获得突破

针对农产品理化性质原位快速识别难题，创新性地提出了质子转移反应质谱（PTR-MS）、傅里叶变换红外光谱、光纤隐失波光谱相结合的快速识别方法。通过灵敏、原位探测茶叶、香米等农产品释放的挥发物，建立了茶叶发酵程度、香米真伪、虾新鲜度等农产品理化性质的快速识别模型，研究结果在食品领域顶级杂志 *Food Chemistry* 上相继发表，发表 SCI 论文 12 篇。针对土壤成分速测及气体探测设备熟化问题，优化设计了光机电一体化结构，成功研制出第二代“知土”土壤成分速测设备及在线式“智嗅”激光气体传感器，设备分别被陕西地建用于第三次全国土壤普查，被新广农牧、峪口禽业、大兴综合实验站、北京市畜牧总站用于畜禽舍气体与植物碳排放在线监测，并在“第七届世界智能大会智能农业高峰论坛—2023 年智能农业国际学术会议”进行展出，受到科研单位与媒体的广泛关注。

八、智能灌溉管控技术与装备研发取得重要进展

水资源紧缺、劳动力短缺是我国面临的基本国情，在“节水优先”的指引下，发展智能灌溉技术是提升农业现代化的重要举措。围绕“缺水诊断—灌溉决策—施灌执行—融合集成”关键环节，开展理论方法、关键技术和装备产品研究，创制了自校准、自补偿、自学习的土壤—作物—环境系列智能传感器，提出了基于土壤 - 植物 - 大气（SPAC）机理模型与智能算法耦合的灌溉决策方法，形成了自诊断、自适应、自规划的智能灌溉控制系列装备。面向灌溉“管”与“控”两大内核，发展了全国农业土、肥、水大数据智慧监管系统，构建了灌溉全链路的智能灌溉大数据服务系统，打造了适用于我国大田、果园、设施、绿地等场景的智能型灌溉服务新模态，获 2023 年农业节水科技奖二等奖 1 项，并入选了 2023 年数字农业农村新技术新产品 2 项。

九、高频变量喷体与控制性能研究取得重要突破

针对国外高频变量喷体垄断、价格昂贵（单个电磁阀 200 美元）、国内高频变量喷体缺乏的现状，完成了具备流量调节功能的电控精量喷嘴体设计。根据精量喷雾系统工作需求，基于电磁学理论设计了由电磁线圈、定铁心、阀芯和复位弹簧组成的电磁吸合机构，实现阀芯的高频往复运动。采用脉冲宽度调制（PWM）信号控制电磁吸合机构的动作状态，改变每个周期内出水通道的开启时间，实现喷嘴体流量的实时调节。设置不同的 PWM 信号频率和占空比、水泵压力，并采用高速相机测量电控精量喷嘴体在不同压力下单个周期内的喷雾时间，验证所设计的电控精量喷嘴体的工作性能。试验结果表明，当 PWM 信号频率为 30 赫兹、系统压力为 0.5 兆帕时，最小占空比为 30%，最大占空比为 70%。

十、蔬菜机械化育苗技术提升与集成推广取得重要突破

该中心联合科研院所和生产基地，以都市保供为背景，以工艺标准化、生产机械化为目标，以创新、高效、培育壮苗为核心进行技术攻关，经过三年多的努力，形成了一批适应都市郊区多品类种苗生产需求的成套技术成果，取得国家授权发明专利7件、实用新型专利7件，制定北京市地方标准1项，出版相关专著2部，发表论文23篇。

该中心研究发明了高精度内置顶针式穴盘播种机、大粒种子定向播种机、嫁接设备和愈合装置，单粒播种精度达95.8%，定向播种效率提高了10倍以上，嫁接节省人工30% ~ 40%，成活率提高3% ~ 5%；创新提升了潮汐、漂浮、顶喷淋灌溉施肥综合管控系统及潮汐育苗标定与灌溉方法，明确了主要蔬菜穴盘苗需肥规律，提出了灌溉参数，壮苗率提高了4% ~ 5%，成苗周期缩短了2 ~ 6天，灌溉水利用率达79%以上，灌溉作业效率提高了50%，水肥一体化灌溉设备覆盖率达85%以上；集成制定了蔬菜机械化育苗技术规范17项、商品苗成苗标准8项，集成穴盘精量播种、智能水肥管理、轻简化嫁接等9项关键技术，单项技术应用率达90%以上，形成了完备的蔬菜机械化育苗技术体系，推动了北京市集约化育苗供给率跻身全国前三；通过组织引领、基地带动、社会参与的多元推广模式，开展线上线下培训13批次，共计27521人次，建立示范点131个，推动了京津冀地区342家育苗场技术升级，培植了“旭日种苗”“爱民”等年产千万株以上的生产主体23家，累计推广规模达17.74亿株，总产值6.88亿元，纯利润2.55亿元，经济、生态和社会效益显著。成果的应用促进了北京市全程机械化育苗技术的发展，特别是高精度播种机创制、智能灌溉策略研发等技术有明显创新性，推广前景广阔，将为农业稳产增产、农民稳定增收发挥积极的带动作用。经专家鉴定，该成果整体达到国际先进水平，获得北京市农业技术推广奖一等奖。

十一、设施园艺数字化生产技术集成与多场景应用取得突出进展

设施园艺作为现代农业的重要组成，是加快农业生产方式转变、保障首都“菜篮子”稳定供给的有效途径。利用物联网、人工智能、大数据、云计算等新一代信息技术赋能，从“智能感知 - 综合管控 - 服务平台”三个方面驱动创新与集成应用，形成了技术创新型、数字赋能型、平台服务型和场景应用型的设施园艺数字化技术集成与多场景应用体系。针对日光温室 / 塑料大棚生产调控“配套不足、效能低”的问题，建立多维度数据预测支撑的数字管控决策方法2种、感知控制装备4种，实现了轻简化装备的赋智提升；针对连栋温室引进技术装备“水土不服、运维难”问题，构建融合数据流驱动的智能决策方法3套、感知智控装备7种，实现工厂化生产综合管控装备的国产化替代；针对现有信息技术“有盆景、难落地”现状，将环境、水肥管控技术装备与数字化服务形式有机组配，创建“上云托管 + 场景套餐”的新型生产管理服务模式，实现设施园艺数字化管理的提档升级。技术成果以北京为核心，京郊示范、辐射全国，相关成果获2019—2022年度北京市农业技术推广奖二等奖，入选农业农村部2023年农业主导品种主推技术。

第三十九章 国家数字渔业创新中心

39

国家数字渔业创新中心是2019年3月经农业农村部批准成立的4个国家数字农业创新中心之一。该中心依托中国农业大学“农业工程”A+学科，同时也是农业农村部水产养殖物联网技术创新团队。面向国家渔业现代化的重大需求、面向渔业数字化的技术前沿，该中心主要围绕先进传感技术、智能信息处理技术、机器人与智能装备等方向，重点开展池塘养殖—陆基工厂养殖—鱼菜共生智能工厂—网箱养殖的数字化、网络化、智能化的应用基础性研究、关键技术产品研发、系统集成设计和拔尖人才培养，着力打造国家数字渔业战略科技力量。

该中心目前拥有教育部长江学者特聘教授1人、全国创新争先奖获得者1人、杰出工程师奖获得者1人、神农英才计划2人、宝钢教育优秀教师2人、国家万人计划1人、国家青年千人计划1人、教育部新世纪人才1人、北京科技新星1人、教授12人、副教授17人、讲师7人、博士后及科研助理10人、硕博士研究生216人。在已有人才基础上，该中心吸引汇聚国内外优秀人才，培养具有“大国三农”情怀的优秀人才，为农业现代化和乡村振兴战略发展打造国家数字渔业战略贡献科技力量，致力于打造数字渔业领域国际领先创新团队。

该中心以国家数字渔业创新中心为基础科学实验室，以涿州示范基地为科学实验基地，在山东莱州、江苏宜兴、重庆金带街道数谷农场、浙江湖州、广东湛江等地分别打造了以鱼、虾、蟹、鱼菜共生和深远海5类养殖工厂为特色的未来农场的人才培养基地，为研究生培养提供了优越的现场实验基地和平台。

该中心成员政治素质过硬、年龄梯队合理、业务成绩突出，注重培养研究生思想政治素质和社会责任感，以解决我国渔业产业数字化发展为己任，将论文写在祖国大地上，团队和硕博士研究生不断攻坚克难，研究成果不断。近年来，该中心获得国家科技进步奖二等奖1项，省部级科技奖励10余项，累计在本领域顶级刊物上发表论文537篇，出版专著17部，授权国家发明专利209件；创建了具有自主知识产权的集约化水产养殖精准测控技术体系，实现了鱼类生长环境优化调控和饵料按需投喂，促进了我国水产养殖行业的转型升级。

一、主要研究进展

（一）先进传感技术与传感器

2023年，该中心在先进传感技术与传感器方面的工作主要如下：

1）发明了一种柔性电化学溶解氧传感器及其制备方法。该发明涉及一种柔性电化学溶解氧传感器，采用柔性基底上的阵列式空腔结构，内含反应电极和电解液，通过溶解氧透过膜密封。传感器连接信号采集电路，包括溶解氧和温度传感元件，实时监测电化学反应电流和环境温度，进行校准补偿。该设计提高了测量精度，避免了电极脱落，并具备柔性和可穿戴特性。此外，传感器可集成于仿生机器鱼，实现环境溶解氧的三维检测。

2）发明了一种基于斑马鱼行为分析的水质预警系统及方法。该发明涉及一种环境工程技术领域的水质预警系统，包括监测室内的检测模块、红外收发阵列、信号驱动采集板和处理器。红外收发阵列由 *M* 行 *N* 列的红外收发模块组成，每个模块包括发射和接收组件。信号驱动采集板驱动发射模块并采集接收模块的感应电流，生成电压矩阵。处理器分析电压矩阵以计算斑马鱼运动参数，实现水质预警，有效解决观察死角问题，降低成本并提高效率。

3）开发了具有移动能力的水质监测无人船，结合 MCU+SoC 双计算平台，实现水体和本机参数的实时监测、船体运动控制、姿态重建、数据上报、指令下发，利用深度学习算法实现姿态分类、水质预测预警。

（二）鱼类生长模型与优化调控系统

2023 年，该中心模型组围绕鱼类行为模型与优化调控系统等相关方面内容，重点开展了鱼类应激行为、鱼类摄食行为、水下图像增强等方面研究。

1）面向水下鱼群空间分布的应激状态和摄食行为监测方法研究。该研究针对水下鱼群的应激状态和摄食行为监测，提出了一种基于注意力机制的 SE_YOLOv5_DGhost 目标检测模型和一种多尺度信息融合的 CS-LinkNet 语义分割模型。SE_YOLOv5_DGhost 目标检测模型通过注意力机制增强对鱼类特征的敏感性，优化 DGhost 模块提升分类能力，实现了 93.2% 的检测精度，参数量和计算量分别为 4.6 兆字节和 5.9 兆字节。CS-LinkNet 通过跨阶段跳跃连接和特征融合模块，提高了像素级分类能力，分割精度重叠度（IoU）提升至 95.3，速度达到 37 帧 / 秒，优于其他算法。这些模型有效监测了鱼群的空间分布和行为状态，为水下生态研究提供了技术支持。

2）有阴影条件下的水下图像增强方法研究。该研究针对水下图像的对比度低、颜色失真、细节模糊及光照不均匀问题，开发了一种适用于多场景的生成对抗网络。该网络能自适应识别并增强图像的多种退化，实现浑浊与清晰水域图像的非配对转换。通过引入反馈机制、构建降噪网络、使用全局—局部鉴别器及循环一致性结构，算法有效提升了图像质量，减少了伪影和噪声，避免了局部过度或不足增强，并不依赖于成对训练数据。与其他方法相比，该算法在均方误差（MSE）、峰值信噪比（PSNR）、结构相似性（SSIM）和水下图像质量度量（UIQM）指标上分别达到 526.05、23.55、0.8995 和 3.4911，在不同类型的数据上都表现出令人满意的性能，适用于多种水下图像增强任务。

3）基于计算机视觉的鱼体侧线鳞表型识别计数方法与系统研究。该研究提出一种基于目标检测的鱼体侧线鳞识别与计数模型 TRH-YOLOv5。研究以当前较为稳定的 YOLOv5 目标检测方法为基础，引入自注意力机制的深度学习模型 Transformer，同时在此基础上增加了小目标检测层，提升模型整体的特征提取能力，大幅提升了对鱼体侧线鳞的识别率。TRH-YOLOv5 相比于原始 YOLOv5 模型，在保证模型大小和检测速度基本不变的情况下，检测精度提升 3.7%，召回率提高 8.2%。

（三）机器人与智能装备

2023 年，该中心机器人研究组在巡检机器人、仿生机器鱼等方面展开了进一步研究。

1）研究了动态环境下的机器人即时定位与地图构建（SLAM）系统，提出了动态目标检测模型和动态特征点剔除策略，用于对动态目标的检测和动态特征点的剔除。该系统仅利用环境中的静态特征点进行位姿估计，提高了系统的定位精度。针对动态环境下地图出现的重影和偏移问题，设计了一种稠密点云地图和八叉树地图构建方法，用于机器人的导航任务。

2）创制了轨道式智能投饵机器人，搭建了投饵机抛料系统测试平台，开展了投饵机器人设计方案下料抛料系统测试，下料质量误差小于1%，且单次下料量越多越精准，下料精度高于转鼓下料方式；经过测试，现采用的螺旋输送机＋抛料盘的投料方式，饵料破损率小于1.096%。

3）开发了流水、静水两种状态的鱼苗计数设备。流水设备采用改进的YOLOv5n-SORT-CountLine动态鱼苗计数方法，通过NVIDIA Orin Nano人工智能开发板，处理过鱼通道内摄像头采集的视频，实现动态计数。静水设备则使用改进的多列卷积神经网络（MCNN）静态鱼苗计数方法，通过OnePlus 7 Pro智能设备内置摄像头对计数桶内视频图像进行处理，以减少鱼体损伤，计数精度达到95.8%。

（四）数字乡村战略

该中心战略组面向我国数字乡村建设和数字农业发展的重大需求开展战略规划与宏观政策研究。

该中心立足国家重大需求，服务国家重大战略，献策献力，定期向中共中央办公厅、国务院办公厅递交政策建议。2023年，《贯彻落实大食物观，以数字化技术推进蓝色粮仓高质量发展》《警惕数字乡村建设中的面子工程，扎实全面系统推进我国数字乡村建设》《数字化促进我国粮食减损的应对策略》三份政策建议被国家领导人批示采纳，《以大数据支撑我国渔业高质量发展》《以高科技农业推进"一带一路"资源优厚型国家高质量发展》两份政策简报被中共中央办公厅、国务院办公厅内参采用。

该中心配合农业农村部起草了《"十四五"全国农业农村信息化发展规划》，系统总结了"十三五"时期农业农村信息化发展进展情况。该中心每年配合农业农村部编制《中国数字乡村发展报告》白皮书和《中国农业农村信息化发展报告》蓝皮书，全面总结了我国数字乡村建设的政策举措、发展进程和阶段性成效，并客观、全面、系统地记录了我国农业农村信息化发展年度进程。

该中心积极开展数字农业、农业信息化评价研究工作，构建了全球首套农业产业数字化指数测算及评估模型，涵盖全球43个主要国家、14个农业子行业，《全球数字农业发展报告（2022）》于2023年在重庆发布。

该中心战略组正在努力打造一支专注于数字农业、智慧渔业宏观战略研究的高级专家团队，努力成为一个服务于国家数字农业发展、为中央献言献策、具有引领作用的高端智库。

二、标志性工程建设与成果转化

（一）虾蟹立体养殖化工厂

2023年，该中心与江苏省宜兴市农业农村局合作，采用产学研模式，共同推进河蟹智能立体养殖工厂科研与示范项目。该项目创新设计智能立体养殖模式，旨在探索未来养殖技术体系。示范基地建成后，将颠覆传统养殖方式，通过立体化、工厂化养殖，大幅提升河蟹单位亩产，减少用地需求，增加空间利用率。该项目采用信息化技术，减少人工劳动，提高管理效率，降低劳动强度，并利用智能化设施监测养殖环境，为科学决策提供数据支持。示范基地实施网箱立体养殖，通过工程化、设施化改造，实现智能化控制和精准管理，集成水质参数测控、智能精准投喂、自动吸污集污、疾病预测预警等多种技术，推动河蟹养殖业向绿色高效转型。

（二）大型养殖围网建设工程

2023 年，该中心与莱州明波水产有限公司密切合作，在莱州成立国家数字渔业创新中心山东分中心，专注于海水鱼智能化养殖技术研究，取得多项成果，包括黄带拟鲹和鞍带石斑鱼的人工繁育突破，以及金虎杂交斑新品种的获批。新建中国北方海洋种业繁育基地（北繁基地），智能型循环水养殖车间试运行。设计并实施了全国最大的（周长 400 米）生态围栏养殖数字化工程，提升了智能化养殖在全国范围的影响力。优化了海水鱼工业化循环水系统，采用聚乙烯（PE）池取代了原有水泥养殖池，转鼓式微滤机替代弧形筛，流化床替代固定床，创制渠道式自清洗紫外线、溶氧锥、矩阵式气动投喂设备等循环水系统核心设备，提升了系统精准化水平。在深远海养殖领域，通过一体化监测和精准传输，实现立体生态养殖，斑石鲷、东星斑等海水鱼养殖成活率超过了 95%，养殖单产达 30 ~ 50 千克 / 米 ^{3}，生产率提升了 30%，劳动强度和用工降低了 20%，机械化率达到 80% 以上，初步实现陆海智能化养殖。

（三）鱼菜共生智能工厂

该中心和重庆市农业科学院密切合作，针对传统池塘养鱼耕地占用及尾水治理难题，以及长江“十年禁渔”形成的需求缺口，于 2023 年建成了梁平区鱼菜共生数字工厂示范基地，打造鱼菜共生示范窗口，构建智慧农业种养模式，以养鱼尾水梯级多元双循环处理利用技术为核心，实现种养循环全利用、种植氮肥零添加、养殖粪污零排放、产品品质零风险的“一全三零”目标。采用蔬菜天敌昆虫绿色防控和淡水鱼健康无抗养殖，实现养鱼日换水量不超过 5%、生长周期缩短 50%、饵料系数降低 20%，年产绿色蔬菜 8 ~ 10 茬，养殖密度最高可达到 100 千克 / 米 ^{3}，绿色蔬菜周年生产。实现“一粒种子到一颗蔬菜”流水线生产，循环水养鱼水质调控及投饵的自动化作业。

梁平区鱼菜共生数字工厂于 2023 年 2 月顺利投产运行，当年产出大口黑鲈商品鱼 150 余吨，鱼菜产品经检测均达到绿色食品标准。

三、实验基地及科研平台

该中心最早源自 1996 年中国农业大学农业信息化研究所，是国内最早开始农业信息化方面研究的团队之一，2009 年获批科技部国际科技合作基地“中欧农业信息技术研究中心”，2012 年农业部批准成立中国农业大学中国农业信息化评价中心，2017 年农业农村部批准成立“精准农业技术集成科研基地（渔业）”，2019 年农业农村部批复“国家数字渔业创新中心”，2021 年获批全国农业农村信息化示范基地（管理型），2022 年获批农业农村部智慧养殖技术重点实验室。同时，该中心也是国际杂志 *Information Processing in Agriculture*（IPA）、国际信息处理联合会先进农业信息处理专业委员会 [International Federation for Information Processing WG 5.14（IFIP WG 5.14）]、农业农村部“全国农业农村信息化创新基地”、农业农村部“水产养殖物联网技术创新团队”、北京市农业物联网工程技术研究中心、先进农业传感技术北京市工程研究中心等单位的依托单位。

2023 年，该中心在山东莱州、江苏宜兴、重庆金带街道数谷农场、浙江湖州、广东湛江等地分别打造了以鱼、虾、蟹、鱼菜共生和深远海 5 类养殖工厂为特色的未来农场的人才培养基地，为研究生培养提供了优越的现场实验基地和平台。

（一）国家数字渔业创新中心湖州立体养虾智能工厂科学实验基地

该中心在浙江省淡水水产研究所挂牌成立了中国农业大学国家数字渔业创新中心湖州分中心。湖州分中心通过构建高效的政产学研协作平台，目标是吸引一流人才和技术，形成一个全国领先、特色鲜明、专业性强的国家数字渔业产业技术研究开发中心，建设成为集专业人才汇聚、成果转化及人才培养于一体的现代化综合实验站。

浙江省淡水水产研究所位于浙江省湖州市，研究所的八里店综合实验基地始建于 2011 年，位于浙江省湖州市吴兴区八里店镇，占地 821 余亩，是集养殖生产、科技孵化、人才培养、技术服务为一体的现代化渔业综合实验基地。

国家数字渔业创新中心湖州分中心主要从事针对罗氏沼虾和四脊滑鳌虾的无疫化养殖和苗种繁育。湖州分中心拥有生态湿地公园 387 亩、标准化池塘 260 余亩、二级水源处理区 17 亩、虾类育苗温室 7000 米^2、人工潜流湿地 7000 米^2、二级水源处理区 17 亩、综合办公楼 4000 米^2；此外，湖州分中心还拥有智能化养殖装备、离体孵化装备、水质监测装备（氨氮、pH 值、温度、亚硝酸盐等）、水下图像采集装备等。其中，罗氏沼虾南大湖系列的年繁育推广优质种苗量高达 80 亿尾以上，已成为全国水产行业成果转化的标杆，对罗氏沼虾产业的贡献率达到 75% 以上。

（二）国家数字渔业创新中心山东莱州养鱼工厂科学实验基地

莱州明波水产有限公司（简称明波水产）是一家专业从事海水鱼、海参、蛤蜊良种开发、生态养殖、海洋牧场建设的高新技术企业，占地 300 亩，确权海域 12 万亩，正在建设中国北方海洋种业繁育基地，占地 753 亩，建设 10 座数字型工厂化育养车间，建筑面积 10 万米^2。公司打造了全国智能型循环水养殖示范基地，国内首家实现全循环水养鱼从实验室走向工厂化生产。工厂化循环水养殖配备循环水处理系统，通过高效物理过滤、气浮反应净化、实时生物净化、紫外杀菌消毒、液氧精准添加、脱气综合处理等过程，实现养殖用水全循环，循环水处理养殖耦合多价疫苗、专用饲料、智能管理等技术实现实时精准决策，养殖成活率达到 90% 以上，养殖单产超过 50 千克 / 米^3，实现了养殖用水的全循环，真正实现养殖尾水的高效处理、废弃物综合利用和区域用水全循环。养殖装备化和信息化将进一步解放劳动力，大幅降低劳动强度，劳动力减少 40% 以上，生产率提高 30% 以上，装备逐步替代劳动力，智能决策替代人为判断，无人渔业的雏形将显现。

2023 年，该中心与明波水产开展了密切科技合作，建立了产学研合作关系，共同开展养殖设备智能化、管控信息化等智慧渔业关键技术的研究和应用。

（三）中国农业大学宜兴立体智能养殖工厂科学实验基地

该中心于 2011 年 6 月和 2013 年 6 月分别经中国农业大学批准，在江苏省宜兴市高塍镇挂牌成立“中国农业大学宜兴实验站”“中国农业大学宜兴教授工作站”和“中国农业大学宜兴农业物联网实验基地”，构成“两站一基地”的人才培养、社会服务、成果转化创新研究的新型架构。

2023 年，该中心在江苏省农业农村厅、宜兴市人民政府、高塍镇人民政府及江苏中农物联网科技有限公司的大力支持和协助下，水产智能化养殖技术科学研究、人才培养、成果转化、社会服务、学科建设和人才培养等方面取得了良好的成果。

2023 年实施的河蟹智能立体养殖工厂示范基地项目，打破了传统河蟹养殖模式，采用网箱立体养殖工厂化模式，对池塘进行工程化、设施化、机械化改造。项目集成水质参数测控、智能精准投喂、自动吸污、疾病预警等多种技术，实现了河蟹养殖智能化控制。项目创新的智能立体工厂化养殖模式，做池塘用地“减法”，空间养殖“加法”，让河蟹住进“楼房”，其单位亩产提高 5 倍以上，实现尾水零排放。项目以信息技术取代人工，提高了河蟹养殖生产管理效率，降低了人力劳动强度，河蟹及其养殖环境智能化监测，为养殖决策提供了准确数据参考，助力了宜兴现代农业发展。

（四）国家数字渔业创新中心重庆鱼菜共生智能工厂科学实验基地

重庆鱼菜共生智能工厂科学实验基地位于重庆市农业科学院现代农业高科技园区内，占地面积 15 亩，包括智能种养车间 4000 米 ^{2}、加工中试车间 1200 米 ^{2}、鱼类繁育车间 1850 米 ^{2}、水肥控制车间 300 米 ^{2}。鱼菜生产区域及规模主要包括蔬菜栽培面积 2000 米 ^{2}、蔬菜育苗面积 1000 米 ^{2}、水产养殖水体 800 米 ^{3}，年产绿色蔬菜 100 吨、大口黑鲈 160 吨。该基地是国内首家鱼菜共生工厂化生产技术装备创新研发平台。

2023 年，实验基地继续围绕鱼菜共生工厂化、数字化、信息化、标准化、模块化，持续开展了核心技术、成套装备与标准模式研发，申报专利 5 项，授权发明专利 7 项，筛选适宜淡水养殖的经济鱼类 3 种，接待尼泊尔总理、乍得恩贾梅纳市市长、荷兰大使、孟加拉大使、南非大使等政要，英国、美国、俄罗斯、匈牙利等国家的行业专家参观考察 10 余次，以及国内参观、交流和培训累计 5000 余人次，交流示范带动作用显著。

四、国际合作与交流

2023 年，该中心成员累计受邀参加世界数字教育大会高等教育平行论坛、亚太海洋渔业产业发展论坛、世界物联网大会、未来海洋国际产学研用合作会议、全球人工智能技术大会智能农业专题论坛、生物光学与智慧农业产业国际论坛、首届文昌国际智慧渔业发展论坛等国际会议 21 次，其中以《水产养殖智能工厂关键技术与实践》《我国数字渔业关键技术与产业发展》等为主题在国际会议上进行报告 18 次，持续让我国鱼菜共生水产养殖的研究和应用，以及我国智慧农业的发展在国际上发声，获得了广泛关注。

本年度 *Information Processing in Agriculture*（IPA，中文名称为《农业信息处理（英文）》）期刊累计收到 459 篇文章投稿，录用率为 8%，正式出版 4 期 40 篇。2023 年被 ESCI 数据库和中国科学引文数据库（CSCD）收录。2022 年引用指数（CiteScore）为 13.7，农业与生物科学排名前 1% ~ 2%，计算机科学应用排名前 4%。《WJCI 报告》学科排名位居全球 TOP5% 或学科排名 TOP3，影响因子 7.908。该期刊主要刊载最新信息技术在农业中的应用，自 2014 年创刊以来在广大农业科技学者之间架起了一座桥梁，促进了农业科学技术的发展。

2023 年，该中心继续执行国家留学基金管理委员会“数字渔业交叉创新型人才培养项目-DF 计划”项目，录取了 3 名同学攻读德国慕尼黑工业大学博士研究生，已累计派出 12 名同学前往英国萨里大学攻读博士研究生。该项目通过联合世界一流大学和一流综合型大学高水平导师团队，培养具备国际视野和跨学科思维、创新和实践能力强的农业领域多学科交叉创新型高层次复合型人才。

五、2024年工作展望

2024年，该中心将继续坚持立足乡村振兴和国家战略，以系统方法和共性技术为基础，以打造国家数字渔业战略科技力量为目标，继续致力于以数字化推进国家渔业现代化，努力提升我国渔业现代化水平和可持续发展能力，为农业强国贡献力量。

（一）科研方面

该中心在科研方面将重点针对工厂化养殖、海洋牧场等设施渔业养殖的智能化需求，重点围绕养殖环境预测预警与优化控制、鱼类生物量估计及行为分析、智能化系统平台与装备等开展研究，将重点开展以下工作。

1）低成本高可靠性水产专用传感器完全国产化。以传感器关键敏感材料突破，电化学传感器参比电极的稳定性、工作电极长寿命、电解液胶化工艺、电极低维护、检测高精度为重点研究目标。

2）构建基于大数据的水产养殖环境参数预测核心模型，实现水产养殖环境精准、快速、高效优化调控。针对水产养殖环境参数耦合关系复杂、非线性特征明显且大数据价值密度低、时空连通性差等问题，重点揭示水产养殖关键参数和鱼类状态相互作用机理，研究多传感器信息融合方法，构建关键参数预测预警及优化调控模型；构建养殖水质—营养—行为—投饵作用关系模型；创新适合非线性特征和强时空关系耦合的人工智能预测预警模型。

3）构建基于机器视觉的鱼类行为识别与系统构建，实现养殖鱼类个体生命体征变化、群体行为特征变化和生物量的准确估算。针对数据标注耗时费力和图像类间差异小、目标遮挡严重、粘连强度大、背景复杂、尺度不一导致的特征提取不精准问题，重点开展基于鱼类目标形态特征的数据智能标注方法和文本语料库建设；突破基于领域自适应的有监督和无监督的养殖鱼类特征提取方法；构建鱼类运动行为跟踪算法和生物量估计模型。

4）开展5类养鱼工厂系统集成与示范，实现水产养殖数据和模型的智能化管理。水产养殖智能工厂关键技术集成与应用。开展水体环境、鱼类行为、养殖装备、微生物、能源数字化、网络化技术与水产养殖工艺系统集成技术研究，开发池塘养殖、陆基工厂、网箱养殖、鱼菜共生工厂、深远海养殖平台五大养殖模式智能工厂研究，实现高效、绿色生产，生产率是传统养殖模式的10倍以上。引领我国数字渔业发展，推进我国渔业现代化进程。

（二）社会服务方面

该中心从2010年开始推广农业物联网，截至2023年底已经完成了大量科研成果的推广工作，服务了数字农村和乡村振兴的国家重大战略。未来3年的社会服务工作将在以下几个方面展开。

（1）合作成果转化　该中心在与烟台经济技术开发区管委会、南京市高淳区国家现代农业产业园、江苏中农物联网科技有限公司、鲲馥农业科技有限公司等政府机构和企业签署的23项合作协议和合作备忘录基础上，继续推动鱼菜共生智能工厂、智慧海参育苗、河蟹高效养殖等养殖数字智能技术的转化落地。

（2）地方和企业服务　该中心一直专注于水产养殖物联网领域前沿理论及技术研究，形成了以水产专用传感器、鱼类生长优化调控模型、水产养殖智能装备为代表的研究方向；

创建了集传感器、采集器、控制器、养殖装备与云计算平台于一体的池塘养殖、陆基工厂、网箱养殖、鱼菜共生、深远海五大未来农场基地，研究成果在山东、江苏、广东等23个省份进行了推广应用和转化。未来5年，该中心将打造500个未来农场，继续在水产养殖信息化方面服务地方和企业。

（3）“科创中国”智慧农业产业服务团 “科创中国”智慧农业产业服务团批复于2022年6月，以国家数字渔业创新中心产业组为执行工作主体，开展了大量调研和考察工作。2024年，将继续推动鱼菜共生智能工厂、智慧海参育苗、河蟹高效养殖等养殖数字智能技术的转化落地，做好做实生态大水面、精养塘、工厂化养殖全产业链区域渔业典范，引领湖区渔业发展示范，继续在水产养殖信息化等方面服务地方和企业。

（4）服务国家战略 2024年度，该中心将继续发挥专业优势，服务国家重大战略，积极参与国家相关政策的制定，牵头起草与编制“十五五”全国农业农村信息化发展规划、《中国数字乡村发展报告》。此外，团队将起草和编制《世界数字渔业发展报告》，为行业发展战略提供科学支撑。该中心将继续深入一线调研，每年为中央提供数字乡村、数字农业方面的政策建议报告30份，献言献策，做到言有所值、策有所用，积极打造国家战略智库，在数字农业和数字乡村领域为政府科学决策提供参考。

（三）国际合作与交流方面

该中心将继续拓展国际信息处理联合会农业信息处理专业委员会（IFIP WG 5.14）委员，继续提升农业信息化领域国际杂志 *Information Processing in Agriculture* 的办刊质量，继续开拓欧盟项目和国际合作项目，加大团队在国际组织、国际期刊、国际学术会议上的影响力。

该中心将继续坚持弘扬文化自信，加强大国责任，坚持“面向全国、走向世界”的总目标，持续深化与德国慕尼黑工业大学、英国萨里大学等国际知名大学在教学和科研领域的合作。建立多所大学联合的交互式视频教学平台和跨国实践教学活动，融入国际授课平台，与国外教学机构实现教学资源共享，引进国际专家教授开展本科生/研究生课程教学和科研实践育人活动，推动智慧农业与农业可持续发展的教育教学理念，提升国际影响力。

该中心将继续推进与全球数字渔业研究机构和企业的合作，创建首个“国际数字渔业学会”，并积极筹办首届“世界数字渔业大会”，联合世界联合国粮农组织、国际联合倡议多边合作组织、欧盟中国联合创新中心等国际组织为全球数字渔业等领域专家、学者搭建国际学术交流与合作平台，引领数字渔业发展方向并彰显中国智慧、中国方案，积极推动国内水产领域的创新能力、科学数据共享和国际技术交流。

第四十章 国家数字设施农业创新中心

40

国家数字设施农业创新中心是在进一步落实乡村振兴战略和数字强国战略，加强数字农业农村建设，推动农业农村现代化发展的背景下，于2022年3月经农业农村部批准建立的面向设施农业的数字化创新中心之一。创新中心围绕设施园艺生产过程中共性关键数字化技术的研发与应用，为我国设施农业实现数字化结构设计、智能生产作业装备自主研发、数字化农艺管理等方面，构建了设施园艺环境—生理—工程设计数字化创新平台、设施园艺关键环节智能技术与装备创新平台、设施园艺数字化生产管理与运营创新平台、设施园艺信息共享与服务平台四个研发创新平台。

创新中心在设施结构设计、数字化智能技术应用与开发、信息共享与服务等领域的已取得了阶段性进展。在设施结构设计环节，初步构建了温室结构设计数字化模拟模型，温室气象、设备和材料数据库，开发了基于温室结构、暖通、环境参数设计模拟与性能评价的初代软件版本，初步形成了具有三维建模、参数驱动与数字化优化设计的温室工程一体化软件及数字化设计方法；在数字化智能技术与装备研发环节，引进消化了设施作物关键环节数字化作业装备，开发并集成了基于人工智能与机器视觉的自动化巡检装备；在数字化智能生产管理与运营创新方面，针对番茄、叶菜、草莓等大宗设施园艺作物，构建生产信息数据采集终端矩阵、分析和管理软件平台，设计了设施园艺数字生产集成解决方案，初步实现设施园艺作物AI生产；在设施园艺信息共享与服务方面，构建了设施园艺大数据共享服务平台，并形成设施园艺数字化产品，为不同应用场景提供可定制的数据及决策分析服务，指导并优化温室生产管理决策。

一、主要研究进展

（一）新一代智能装备技术创新

设施园艺生产作业装备是提升温室种植的有效手段，能够解决我国设施园艺适度规模化生产与劳动力短缺的矛盾。以设施园艺智能装备研发为方向，在日光温室、塑料大棚和连栋玻璃温室场景下，针对种苗生产开发嫁接作业装备，种苗间苗、补苗、分级移栽作业装备，巡检、植保、运输、授粉、采摘等农业机器人。通过自主研发机械内置程序，升级更新已购置的智能农机装备研发所涉及的机器视觉、机械手臂、移动导航、测控系统等技术，结合室内外环境、培养土壤、营养液及植物生理参数，实现农机农艺相结合的研发创新实验，搭建设施园艺关键环节智能技术与装备创新平台。

针对我国设施园艺生产作业装备性能差异大、关键环节空缺、信息化数字化水平低，人工作业数据收集难等问题，以及设施园艺从种苗生产到果菜、叶菜、草莓等关键生产工艺流程环节涉及作业装备，尤其是设备短缺环节，基于已有智能装备基础，定制开发了温室垄间、硬化路面、轨道场景下的行走运输底盘，最终形成温室番茄智能巡检机器人。该巡检系统具有 360 度 8K 超高清视觉模块；本地图形处理器（GPU）及云计算功能，以满足深度学习模型的计算需求；摄像头安装于垂直升降机构，采用通过 1.8 米的安装支架和一条升降柱组成，通过升降柱 2.7 米的行程，实现 0.5 ~ 3.3 米全区间的覆盖拍摄；集成部署果实成熟度监测、病虫害监测、环境因素监测等功能，可查看相关历史信息；具备专家远程交互指导能力；组建巡检系统服务器端管理平台；搭载一套满足项目使用要求的室内定位系统。目标检测模型采用 YOLO 系列模型，配合 DeepSORT（StrongSORT）可以实现果实跟踪从而实现果实计数的目的。根据不同种类番茄分别获取数据并分别训练模型从而实现精准计数。通过统计出的番茄数量，可以远程为园区番茄种植专家提供总体生长数据。根据这些数据，专家可以通过调控温度、湿度等方式进一步调控番茄的生长，在一定程度上调控未来番茄的供应量。

（二）数字化生产管理与运营系统创新

设施园艺生产管理与运营是温室生产的核心，是传统种植方式向数字化、智能化转型最重要的环节。针对日光温室、塑料大棚和连栋玻璃温室场景下，从农事工艺、水肥环境参数、能源管理、资材消耗等园艺作物生产周期单项管理运行系统开发入手，现已融合形成综合性生产管理系统，做到植株生理参数连续原位检测，实现信息反馈预警。同时，在 AI 技术的动态算法和模型的帮助下，利用神经网络学习作物生长的历史数据，并通过大量的蕴含作物输入输出变量关系的数据集训练神经网络，进行“深度学习”，从而形成作物的生长模型，实现输出适合特定环境的植物生长策略。在模型的反馈下，便可人为调控种植环境，利用环境调控技术、水肥调控技术、自动化等技术措施和手段，缩短育苗时间，为种苗提供合适的生长环境和营养配给，尽可能减少病虫害的发生，从而规模化成批生产优质种苗，实现苗种生产的专业化和商品化。

截至 2023 年底，已完成对设施番茄生产过程的数字化研究，得出基于主要环境因子的设施番茄生长模型，争取实现番茄生产过程的标准化。模型以温室温度、有效光辐射、空气湿度、空气 CO_2 浓度及土壤温度为主要环境因子，选取番茄叶面积、株高、叶片数及茎粗等长势特征指标，创新性地运用了主成分分析—多重共线性检验—岭回归和主成分分析—多重共线性检验—Lasso 回归的组合分析方法。最终分析发现，苗期和开花坐果期叶面积指数是可以显著表征番茄长势的重要特征指标，不同环境因子对设施番茄不同生长时期长势的影响差异较大。

（三）信息共享与服务体系创新

随着设施园艺技术不断优化，设施结构、生产装备、栽培工艺瓶颈逐步出现，结构创新更新慢、生产作业装备短缺、栽培管理过程信息记录交流不畅等问题已经制约我国设施园艺升级。为实现数字化服务，加强环境—生理—工程设计、关键环节技术装备创新研发、生产管理与运营系统的数字化开发能力，形成可转化、稳定使用的数字化应用成果，通过购置超融合服务器管理系统软硬件，统一支撑设施园艺信息共享与服务平台界面管理，图形化操作，快速在线扩容，灵活分配 CPU、GPU、内存、存储等资源，提升平台信息共享与服务能力，为数字设施园艺创新应用基地建设提供专业技术指导，为国家农业农村数据平台建设提供技术支撑。

为创新装备研发、创新技术集成等成果形成过程提供数据积累、记录及支撑，保障研发、推广工作的顺利开展，基于已有软硬件设备基础，新增用于环境—生理—工程设计、关键环节技术装备创新研发、生产管理与运营系统的数字化开发的应用服务器及存储设备，定制用于服务器管理的超融合管理系统及安全设备，定制开发设施农业数字化创新管理系统和设施园艺信息共享服务系统，融合已有的自动气象站、数据采集器、结构力学试验系统、智能人工气候箱等仪器设备，形成高效实用的设施园艺信息共享与服务平台，为创新应用基地及全国设施园艺生产区域提供信息化服务。

（四）数字设施园艺技术体系构建

充分依托大量的产业实践经验，通过大数据分析与决策平台数字化技术手段，使设施内基于物联网的小气候环控与水肥一体化技术、区块链的农产品质量溯源系统、计算机视觉的智能农机技术、虚拟现实农业技术、农业管理系统软件等实现对资源、设备、劳动力等生产要素的优化配置，建立了叶菜、果菜、花卉等设施作物从育苗生产到采收包装，再到运输销售的全产业链技术体系，形成了全链条数字化的现代农业模式，并具有较强的复制、推广价值。未来将继续加强数字设施农业领域的技术基础研究、中试熟化、推广应用，进一步推动设施园艺数字技术体系发展，为我国数字设施农业的发展提供路线指引。

二、标志性工程建设与成果转化

（一）超高层无人化植物工厂

建设了我国第一个超高层无人化植物工厂项目，对城市应急保供和城市“双碳”发展具有重要意义。项目地处城市中心，是最典型的城市农场。

第一是植物工厂属于设施农业的高级阶段，大幅度提高食物产能，以叶菜为例，植物工厂单位面积产量是露地单产的 40 倍，生长周期由露地 70 天缩减到 34 天，生长期由露地一季或两季变为全年周期生产。

第二是节能环保，项目突破多项核心技术，终于让 LED 能以不同的光谱配方，针对不同作物进行精准供光，创造出光强、光质、光周期可调的人工光环境条件，提升了光能利用效率，在保证产量品质的前提下降低了生产能耗；还使用了全新节水技术，使得 60% 的水可以生产成蔬菜，其余 40% 的水可再循环继续利用，节水率达 90%，节肥率达 90%，损失率由 30% 降低到 5%。

第三是生产的种苗达到脱毒标准，农产品安全无污染，221 种农药残留、重金属、致病微生物残留全部为零，达到免洗标准。

第四是提供特殊场所生产食物可能，可以在戈壁、沙漠、盐碱地、城市空间、高原哨所，甚至空间站、月球、火星等场地生产食物。

第五是对未来城市发展提供支撑保障，家庭园艺每年产值 100 亿元左右，缓解因疫情、自然灾害引起的食物尤其是新鲜蔬菜的短缺与需要，30 层左右植物工厂，一年产菜量达 1.08 万吨，可满足 4 万人一年的蔬菜需要。

第六是为水稻、小麦、玉米、大豆等粮食作物育种（加代）快繁与高效生产提供支撑，众所周知，海南加代育种，水稻每年 1 ~ 2 次，植物工厂可实现加代 5 ~ 6 次，效率提高 3 倍以上，育种周期缩短 3 倍；水稻种植—育苗—定植—收获常规种植需要 120 天，植物工厂仅需 63 天，小麦常规种植需要 120 ~ 150 天，植物工厂仅需 60 天即可收获。

（二）昆山陆家镇 A+ 温室工场

为充分践行“大食物观”发展理念，以加快设施农业高质量发展为抓手，以辅助苏州率先实现农业农村现代化为目标，依托苏州智能装备制造基础，在昆山打造了总占地 45 亩、建筑面积 18812.3 米 ^{2} 的 A+ 温室工场。A+ 温室工场涵盖六大功能区，主要承载设施园艺相关科研实验、装备中试、技术集成示范的场景化应用功能，形成了单一品种从选种、育苗、生产设施、智能装备、过程管理、采后包装和营销的全产业链模式探索与示范，入选农业农村部信息中心公布的 2023 年智慧农业建设优秀案例，以及全国信息技术标准化技术委员会数字乡村标准研究组公布的 2023 年度数字乡村优秀案例。

育苗工厂主要培育草莓、樱桃、番茄、黄瓜、叶菜等作物种苗，以及栽培应季盆栽花卉。采用潮汐式自动灌溉技术，从供液罐周期性地将营养液泵入盘床，植物吸收剩余的营养液后再自然回流到回水罐，循环消毒使用，有效控制育苗中病害的发生。实现水肥精准供给，比常规育苗工厂节约用水量 50% 以上，节约用肥量 75% 以上，节省劳动用工 90%，实现水肥耦合智能化闭合循环利用和“零排放”，非常符合现代农业“绿色”发展理念。

叶菜工厂采用先进的深液流（DFT）营养液池栽培技术，主要种植适合长三角区域气候条件与市场需求的白菜、油菜、生菜等小叶菜类，叶菜生长周期一般为 28 ~ 35 天，每年可采收叶菜 9 ~ 10 茬，产量是传统大田产能的 8 倍以上。叶菜工厂共设计 9 个栽培槽，每个栽培槽可容纳漂浮板 162 块，共计 1458 块漂浮板，年产叶菜 21 ~ 33 万株，平均株重量 120 ~ 200 克。DFT 营养液池栽培技术，有利于保持营养液 pH 值、EC 值、溶氧量、温度等要素指标的稳定，生产的叶菜整齐度高、口感佳。此外，在自动化生产方面，叶菜工厂采用模块化机械单元实现自动定植、自动采收、自动消毒、灌溉水回收、顶部供暖等技术，实现了物联网全网管理与控制，作业效率提升 20%。

草莓工厂采用悬吊式椰糠无土栽培技术，该技术具有温室空间利用率高、植株通风优良、受光性好、根部保水性好、操作便利等优势，可有效降低草莓植株病虫危害，草莓死苗率降低 65%，突破草莓种植死苗率高的行业难题。

黄瓜工厂采用悬吊式椰糠无土栽培技术，配套黄瓜采摘车、自动导引车（AGV）等自动化园艺生产设备，栽培操作便利，减少人工使用量，有效提高温室空间利用率，降低黄瓜植株病虫危害发生率，实现黄瓜高产高效高质。

（三）宁波姜山镇微萌种业数字农业工厂建设项目

项目建设占地规模为 16 亩，面积为 8502.88 米 ^{2}，总投资 3000 万元。以文洛型玻璃温室为主体，包括温室辅助系统、智能屋面墙面系统、展示系统、育种加速器、灌排系统、采收植保设备、悬挂种植槽系统、潮汐苗床系统、叶菜漂浮培系统、智能环控系统、暖通空调系统、补光系统等，重点开展优质瓜菜新品种培育和展示，实现自动化灌溉，以及光、温、肥等一体化控制。

该玻璃温室分隔有多个气候区，主要以育种为主，可加快常规育种进程，同时与实验室配合，开展生物性状快速转育、工厂化单倍体生产等业务，掌握现代种业核心关键技术，可培育更加优质的瓜菜种苗，对于保障粮食生产安全、筑牢农业生产供种育苗安全具有重要的现实意义。未来配套生物信息采集系统，为建立完整的数字育种体系，实现大数据育种提供技术支撑，有助于推进农业数字化转型打造农业新高地。

（四）衡水国际设施园艺产业园

项目位于衡水市桃城区邓庄镇，是衡水市唯一由省委、省政府批准的省级乡村振兴创建示范区。项目一期占地面积 357 亩，总投资 3.45 亿元，主要包括垂直农业综合体、智慧农业展示区、都市休闲农业创新区、户外都市田园四个内容板块。其中垂直农业综合体建筑面积 12000 米^2，智慧农业展示区建设规模 22176 米^2，都市休闲农业创新区建设面积 11000 米^2，户外都市田园总面积 10 万米^2。

产业园集成国际最先进的品种、智能装备和生产管理模式，选取市场需求量大、效益佳的品种，采用国际先进的育苗技术进行种苗繁育，实现优质种苗高效生产与科技示范引领。引入了全自动垂直培育系统、LED 人工光智能育苗系统、城市微耕技术等前沿技术，将都市休闲农业与现代工厂化农业相结合，采用“前店后厂”的模式，打造一二三产业融合发展的都市农业新样板，助力农业产业升级与发展，带动农村发展、农民增收，实现社会效益、经济效益、生态效益的同步提高。

（五）丹江口数字设施农业科技示范园

项目位于南水北调中线源头的丹江口市蔡湾村，园区占地 228 亩，核心项目 A+ 温室工场面积 17512 米^2，数字薄膜温室生产示范区面积 29166 米^2，智慧大田蔬菜生产示范区面积 74709 米^2，项目建设总投资近 8000 万元。

示范园重点开展设施农业数字化技术在育苗、种植、采收及采后商品化各阶段的展示示范，以及传统温室智能化精准管控、节水节肥的示范和大田农业智慧化改造示范。示范园立足“共同缔造”理念，构建蔬菜产业转型升级试验场、农业科技资源整合集聚地、数字设施农业共同缔造实践地，并通过产业带动、模式输出，打造生态为基、科技引领的乡村振兴产业样板。

三、实验站及条件建设

（一）国家农业科技创新园

国家农业科技创新园是北京三环内唯一以设施园艺产业为核心的农业产业示范园区，由垂直农场、协同创新实验室、园艺创新中心共同组成。园区地处中国农业科学院东门，总面积超 10000 米^2，布局了设施园艺产业化场景示范区、成果展览展示区、AI 种植实验室、科技成果交流区、科技成果创业孵化区五大功能区，融会议会展、技术交流、创业孵化等多元功能为一体，旨在汇聚人才、科技、资本、服务等资源要素，形成共创、共享、互利共赢的集聚产业生态，服务科技成果转移转化，促进农业产业高质量、可持续发展。

作为国家设施农业对外展示的靓丽名片，示范园目前已汇聚了中国农业科学院 34 个研究所的最新科技创新成果，以及荷兰普瑞瓦（Priva）、威斯康（Viscon）、阿姆兰（Ammerlaan）、骑士（Ridder）等诸多国际高技术企业的中外合作项目。这里也是农业领域与科技型企业的重要链接桥梁，先后与腾讯、华为等互联网企业合作打造开放实验室，实现跨界研发、合作创新。该园区结合最先进的工厂化农业技术，以无土栽培技术为核心，集成环境精准控制、物联网等创新技术的国际数字设施园艺联合实验室。

（二）河北省廊坊市永清创新基地

永清创新基地位于河北省廊坊市永清县龙虎庄乡前刘官营村东，占地面积约 40 亩。基地建设有近 5000 米^2 智能连栋温室和 2000 米^2 研发实验楼，2 栋面积 700 米^2 的现代化日光温室，以及 1 栋面积 500 米^2 的塑料大棚。创新中心投资近 2000 万元，拥有设施园艺装备研发等软硬件设备 72 套，综合性系统集成 1 套。

创新基地主要针对蔬菜生产产前、产中和产后的关键环节，在基础设施、数据资源、应用支撑、业务应用和用户终端5个层面开展相关工作，承担设施园艺相关生产栽培工艺试验，部分自动化及智能化生产作业装备研发等科技创新、成果示范推广、设施农业人才培训等功能。以数据采集和格式化储存为基础，以数据分析和信息挖掘为手段，开展设施园艺生产温室结构、作业装备、运营管理数字化技术模式、数据服务和装备产品开发推广等工作，并面向设施园艺生产者、相关科研人员及社会公众提供信息资源共享服务。

（三）江苏昆山温室工场创新研发基地

江苏昆山温室工场创新研发基地总占地面积45亩，其中温室建筑面积18812.3米^2，布局了植物工厂、番茄工厂、黄瓜工厂、番茄工厂、叶菜工厂、草莓工厂、育苗工厂、自动化设备包装区共8个功能区。该基地以A+温室工场为核心载体，践行习近平总书记“大食物观”发展理念（向设施农业要食物），在有限土地空间实现更高产能，最大限度满足未来对食物的需要，发挥城市保供稳定性的一种高效设施园艺生产方式。A+温室工场是我国自主研发的具有国际水平的工厂化农业典范，主要承载国际设施园艺智能装备制造基地的科研实验、装备中试、技术集成示范的场景化应用功能。A+温室工场采用了国际领先的光环境控制技术、自动环控技术、绿色植保技术、自动水肥一体化灌溉技术、自动采收技术、高效周年栽培技术、高效采后处理技术、物联网控制技术等诸多技术，确保温室的低碳高效运营与农产品高品质生产。

（四）未来农业示范园

未来农业示范园位于苏州市陆家镇的最南部，被吴淞江环绕。吴淞江发源于太湖，流经陆家，最终汇入上海黄浦江，在上海境内俗称苏州河，是这一带的母亲河。未来农业示范园总占地5300亩，通过未来农业示范园的开发，陆家镇引进了中国农业科学院华东农业科技中心（简称华东中心），农业园区作为华东中心的配套试验基地，为华东中心提供新技术、新品种的试验和应用空间。华东中心选址于昆山中环东线的东侧、京沪高速的北侧，预留了120亩建设用地，一期52亩土地用于建设华东中心研发总部，华东中心相关功能需求正在拟定中，按照“边建设、边研发、边出成果”的项目发展思路，陆家镇在昆山中环东线西侧，回购了43亩存量工业厂区，将现有的13000米^{2}厂房改造装修，先行提供给华东中心作为过渡园区，为先期科研团队入驻提供科研产业化空间。同时，针对目前进口设施价格高、投资大的问题，在周边预留了90亩土地，用以推动高端进口装备的本地化研发制造，打造国际设施农业高端装备制造基地，进一步降低设施农业硬性成本，逐渐形成完善的数字化设施农业产业集群，助推中国设施农业的数字化提档升级。

发展政策篇

第四十一章 政策法规 41

2023 年 1 月 2 日，中共中央、国务院发布关于《做好 2023 年全面推进乡村振兴重点工作的意见》，强调了抓紧抓好粮食和重要农产品稳产保供，加强农业基础设施建设，强化农业科技和装备支撑，巩固拓展脱贫攻坚成果，推动乡村产业高质量发展，扎实推进宜居宜业和美乡村建设，健全党组织领导的乡村治理体系，强化政策保障和体制机制创新等工作重点。

2023 年 1 月 6 日，国家乡村振兴局等七部门印发《农民参与乡村建设指南（试行）》，对完善农民参与乡村建设机制进行部署，规范了农民参与乡村建设的程序和方法，明确了组织动员农民参与村庄规划、项目建设和设施管护的工作要求；提出各地应将组织农民参与作为实施乡村建设行动的重要举措，加强组织领导，推进人才下乡。

2023 年 1 月 12 日，人力资源社会保障部等九部门发布了《关于开展县域农民工市民化质量提升行动的通知》，将提高就业创业质量，提升技能水平，强化劳动权益保障，加强县域公共服务供给，提升基层服务农民工能力作为重点任务，提出了加强组织领导、精心组织实施、加强指导调度、做好宣传引导的工作要求，旨在着力提高县域农民工就业质量和技能水平，维护劳动保障权益。

2023 年 2 月 3 日，农业农村部发布《农业农村部关于落实党中央国务院 2023 年全面推进乡村振兴重点工作部署的实施意见》，强调要抓紧抓好粮食和农业生产，加强农业科技和装备支撑，持续巩固拓展脱贫攻坚成果，加强农业资源保护和环境治理，培育壮大乡村产业，改善乡村基础设施和公共服务，积极稳妥深化农村改革，落实落细全面推进乡村振兴各项任务。

2023 年 2 月 20 日，国家发展改革委印发《重大水利工程等农林水气项目前期工作中央预算内投资专项管理办法》，旨在充分发挥中央预算内投资的引导带动作用，做好重大水利工程等农林水气项目前期工作中央预算内投资管理工作，实现中央预算内投资管理制度化、规范化、科学化，促进重大工程科学高效推进。

2023 年 3 月 1 日，农业农村部办公厅印发《农业农村部办公厅关于做好 2023 年水产绿色健康养殖技术推广“五大行动”工作的通知》，部署开展 2023 年生态健康养殖模式示范推广、养殖尾水治理模式推广、水产养殖用药减量、配合饲料替代幼杂鱼和水产种业质量提升等水产绿色健康养殖技术推广“五大行动”。

2023 年 3 月 1 日，农业农村部发布《农业农村部关于加快推进农产品初加工机械化高质量发展的意见》，提出的发展目标为，到 2025 年，大宗粮油、大宗畜禽水产品初加工机械化生产服务体系基本建立，主要果蔬产品初加工机械化水平大幅度提升，特色农产品初加工薄弱环节“无机可用、无好机用”的问题实现突破，农产品初加工机械化率达到 50% 以上。其中，大宗粮食、油料初加工机械化率达到 60% 以上，果蔬初加工机械化率达到

40%以上，畜禽产品、水产品初加工机械化率达到50%以上；到2035年，农产品初加工机械化率总体达到70%以上，农产品产地初加工各产业各环节机械化基本实现，服务能力能够满足生产需求，技术装备体系配套完善，信息化、智能化技术广泛应用，全面进入高质量发展阶段。

2023年3月15日，国家能源局、生态环境部、农业农村部、国家乡村振兴局联合发布《关于组织开展农村能源革命试点县建设的通知》，旨在深入贯彻落实党中央、国务院决策部署，加大乡村清洁能源建设力度，助力全面推进乡村振兴，国家能源局、生态环境部、农业农村部、国家乡村振兴局决定联合组织开展农村能源革命试点县建设。

2023年3月15日，农业农村部印发《关于全面实行家庭农场"一码通"管理服务制度的通知》，该通知要求各级农业农村部门深入开展家庭农场"一码通"赋码工作，努力提升家庭农场管理服务水平。

2023年4月13日，中央网信办等五部门印发《2023年数字乡村发展工作要点》。该文件明确了工作目标为，到2023年底，数字乡村发展取得阶段性进展；部署了10个方面的26项重点任务，包括夯实乡村数字化发展基础，强化粮食安全数字化保障，提升网络帮扶成色成效，因地制宜发展智慧农业，多措并举发展县域数字经济，创新发展乡村数字文化，提升乡村治理数字化水平，深化乡村数字普惠服务，加快建设智慧绿色乡村保障数字乡村高质量发展等。

2023年4月21日，财政部办公厅发布了《关于做好2023年农村综合性改革试点试验有关工作的通知》，强调要坚持党的全面领导，强化科技支撑，充分发挥农村综合改革守正创新、系统集成、特色鲜明、因势利导、正向激励的机制创新优势，突出试点先行、做强做优、示范引领，统筹推进乡村发展、乡村建设、乡村治理，因地制宜探索财政支持乡村全面振兴的有效路径和示范样板，加快推进农村现代化。

2023年5月5日，国家发展改革委印发实施《重大水利工程等农林水气项目前期工作中央预算内投资专项管理办法》，要求项目单位和项目日常监管直接责任单位要严格落实投资计划执行和项目监管的主体责任、日常监管责任。国家有关行业主管部门、省级发展改革部门等单位要按照职责全面加强项目实施监管，发现问题及时整改和处理。

2023年5月5日，李强主持召开国务院常务会议，审议通过关于加快发展先进制造业集群的意见，部署加快建设充电基础设施，更好地支持新能源汽车下乡和乡村振兴。会议指出，发展先进制造业集群，是推动产业迈向中高端、提升产业链供应链韧性和安全水平的重要抓手，有利于形成协同创新、人才集聚、降本增效等规模效应和竞争优势。

2023年5月12日，农业农村部办公厅发布的《农业农村部办公厅关于做好2023年高素质农民培育工作的通知》提出，2023年，紧密围绕全面支撑粮食和重要农产品稳定安全供给，全面支撑农民素质素养提升，推进高素质农民培育工作，全年围绕粮油稳产保供任务开设的班次和培育人数，粮食主产区不低于80%，主销区不低于40%，产销平衡区不低于60%的重点任务。

2023年6月5日，农业农村部等四部门联合部署建设"一大一小"农机装备研发制造推广应用先导区，印发《关于在若干省份开展"一大一小"农机装备研发制造推广应用先导区建设的通知》，要求有关省份和单位要加强组织领导，把先导区建设摆上重要议事日程，建立统筹农机全产业链资源的领导机构和工作班子，深入研究各项任务，拿出管用务实的政策措施。

2023 年 6 月 9 日，农业农村部联合国家发展改革委、财政部、自然资源部制定印发《全国现代设施农业建设规划（2023—2030 年）》，提出到 2030 年，全国现代设施农业规模进一步扩大，区域布局更加合理，科技装备条件显著改善，稳产保供能力进一步提升，发展质量效益和竞争力不断增强。设施蔬菜产量占比提高到 40%，畜牧养殖规模化率达到 83%，设施渔业养殖水产品产量占比达到 60%，设施农业机械化率与科技进步贡献率分别达到 60% 和 70%，建成一批现代设施农业创新引领基地，全国设施农产品质量安全抽检合格率稳定在 98%。

2023 年 6 月 12 日，农业农村部等八部门联合印发《关于加快推进深远海养殖发展的意见》，要求各地、各部门要加大政策支持力度，加强深远海养殖用海等制度保障，重点在设施装备建造、水产种业振兴、重大疫病防控、饲料兽药研发和全产业链培育等方面增加投入，并在信贷、保险等方面给予政策扶持。

2023 年 6 月 13 日，农业农村部在江苏省无锡市召开全国科学施肥现场观摩会并部署科学施肥工作。会议要求，各地要高度重视、突出重点、强化措施、持续发力，促进施肥精准化、智能化、绿色化、专业化，推动肥料产业高质量发展；要加强顶层设计，强化科技服务，推进机制创新，规范项目管理，搞好宣传引导。

2023 年 6 月 19 日，农业农村部在海南省三亚市召开全国深远海养殖工作会议，并部署深远海养殖工作。会议强调，要深入贯彻落实习近平总书记关于树立大食物观的重要讲话精神，认真贯彻落实农业农村部等八部门《关于加快推进深远海养殖发展的意见》中部署的各项工作任务，全产业链全环节推动深远海养殖高质量发展，增加优质水产品供给，引领推动构建多元化食物供给体系。

2023 年 6 月 26 日，《农业农村部办公厅关于印发〈农业“火花技术”发现、评估与培育实施办法（暂行）〉的通知》发布，旨在贯彻落实党中央、国务院加快建设农业强国，实现高水平科技自立自强战略要求。

2023 年 7 月 4 日，《国家发展改革委　国家能源局　国家乡村振兴局关于实施农村电网巩固提升工程的指导意见》发布，制定了基本目标：到 2025 年，农村电网网架结构更加坚强，装备水平不断提升，数字化、智能化发展初见成效；农村电网分布式可再生能源承载能力稳步提高，农村地区电能替代持续推进，电气化水平稳步提升，电力自主保障能力逐步提升。到 2035 年，基本建成安全可靠、智能开放的现代化农村电网，农村地区电力供应保障能力全面提升，城乡电力服务基本实现均等化，全面承载分布式可再生能源开发利用和就地消纳，农村地区电气化水平显著提升，电力自主保障能力大幅提高，有力支撑乡村振兴和农业农村现代化。

2023 年 7 月 27 日，商务部等九部门办公厅（室）印发《县域商业三年行动计划（2023—2025 年）》，旨在全面贯彻落实党的二十大和中央农村工作会议精神，落实《中共中央　国务院关于做好 2023 年全面推进乡村振兴重点工作的意见》有关部署，充分发挥乡村作为消费市场和要素市场的重要作用，进一步提升县域商业体系建设成效，促进城乡融合发展，助力乡村振兴。

2023 年 7 月 29 日，农业农村部、国家标准委、住房城乡建设部联合印发《乡村振兴标准化行动方案》，部署了 11 项重点任务，聚焦加快建设农业强国，部署了夯实保障粮食安全标准基础、优化农产品质量安全标准、建立健全现代农业全产业链标准、完善农业绿色发展标准 4 项任务，全面推动乡村产业振兴。

2023 年 8 月 14 日，中央财办等九部门印发的《中央财办等部门关于推动农村流通高质量发展的指导意见》要求，到 2025 年，我国农村现代流通体系建设取得阶段性成效，基本建成设施完善、集约共享、安全高效、双向顺畅的农村现代商贸网络、物流网络、产地冷链网络，流通企业数字化转型稳步推进，新业态新模式加快发展，农村消费环境明显改善；到 2035 年，建成双向协同、高效顺畅的农村现代流通体系，商贸、物流、交通、农业、供销深度融合，农村流通设施和业态深度融入现代流通体系，城乡市场紧密衔接、商品和资源要素流动更加顺畅，工业品“下行”和农产品“上行”形成良性循环。

2023 年 9 月 8 日，市场监管总局（国家标准委）发布 2023 年第 10 号国家标准公告，《限制商品过度包装要求　生鲜食用农产品》（GB 43284—2023）强制性国家标准发布。该标准明确了蔬菜（含食用菌）、水果、畜禽肉、水产品和蛋等五大类生鲜食用农产品是否过度包装的技术指标和判定方法。

2023 年 9 月 12 日，农业农村部发布《生猪屠宰质量管理规范》，强调了突出全过程管理，突出责任落实，突出水平提升这三个要点，要求明确质量管理制度建设要求，明确质量安全责任和人员要求，明确厂房和设施设备要求，明确屠宰管理操作要求，明确配套管理要求。

2023 年 10 月 9 日，水利部发布了《关于加快推动农村供水高质量发展的指导意见》。该文件提出，重点任务为科学编制省级农村供水高质量发展规划，大力完善农村供水工程体系，深入实施农村供水水质提升专项行动，健全优化农村供水工程长效运行管理体制机制，强化应急供水保障等举措。

专家视点篇

第四十二章 42

中国大田无人农场关键技术研究与建设实践

中国工程院院士、华南农业大学教授　罗锡文

随着中国农村劳动力“老龄化、女性化、副业化”的日益加重，“谁来种地”和“怎样种地”已成为我国农业和世界农业面临的共同难题。《第三次全国农业普查主要数据公报（第五号）》显示，2016 年全国农业生产经营人员 31422 万人，其中年龄在 55 岁及以上的为 10551 万人，占比 33.58%，女性 14927 万人，占比 47.50%。2022 年全国第一产业从业人员 29562 万人，比 2002 年减少了 7078 万人，第一产业中青壮年劳动力向第二、第三产业转移，带来了农村劳动力数量的减少和结构的改变。农民进城务工后，只能利用假期回家管理留在农村中的地，种地从“主业”变成了“副业”，耕种质量难以保证，甚至造成耕地撂荒。

国内外研究表明，发展智慧农业可有效解决“谁来种地”的难题，而无人农场是实现智慧农业的重要途径。英国和美国等发达国家先后启动了无人农场、无人温室、无人猪场和无人渔场的建设。2017 年，英国哈珀亚当斯大学创建了全球首个小麦无人农场，采用无人驾驶拖拉机配备整地机与播种机、无人驾驶植保机和无人收获机等智能化农机完成小麦耕种管收全程无人化作业。我国对大田无人农场也开展了关键技术研究和建设实践，华南农业大学从 2003 年起开展农业机械导航技术的研究，2006 年我国研制了第一台无人驾驶水稻插秧机。实践证明，智能农机、精准作业和自动导航等无人农场技术可大幅度提高劳动生产率、土地产出率和资源利用率。首先是提高劳动生产率，以水稻生产为例，过去一个人一头牛一天最多能犁 2 亩地，现在一台无人驾驶旋耕机一小时能旋耕 20 亩地；过去一个劳动力一天最多只能插 1 亩秧，现在一台无人驾驶插秧机一小时就能插 5 ~ 6 亩地；人工用唧筒打农药，一天最多只能打 3 亩地，而一台无人机一小时就能喷施 200 亩地；过去一个人一天最多只能收 0.5 亩地水稻，现在一台无人驾驶收获机一小时就能收 5 ~ 6 亩地。其次是提高土地产出率，采用基于北斗卫星导航系统的精准导航技术后，农机直线行驶横向误差小于 2.5 厘米，土地产出率较传统生产方式提高 0.5% ~ 1.0%。最后是提高资源利用率，以农田精准平整为例，相比传统平地方法，采用农田精准平整技术可节水 20% ~ 30%，节肥 5% ~ 10%，增产 5% ~ 10%，效率提高 30% 左右。

为探索无人农场在现代农业中的作用，文中提出了大田无人农场系统架构，分析了无人农场的“数字化感知、智能化决策、精准化作业、智能化管理”四大关键技术，阐述了耕种管收全程作业装备与管控平台系统和根据大田作物生产需求集成形成了耕种管收智能装备配置方案，介绍了水稻、小麦、玉米和花生等作物的大田无人农场，重点介绍了水稻无人农场和花生无人农场全程无人化作业实践，以期通过探索与实践大田无人农场，为中国现代农业智慧生产提供有力支撑。

一、大田无人农场系统架构

大田无人农场的系统架构包括数字化感知、智能化决策、精准化作业和智慧化管理四大关键技术；集成云管控平台、智能设备和无人化智能农机形成无人农场总体解决方案；通过农场基础设施建设，以耕种管收生产环节全覆盖，机库田间转移作业全自动，自动避障异况停车保安全，作物生产过程实时全监控和智能决策精准作业全无人为目标，实现农场全程无人（少人）化可持续运行。

二、大田无人农场关键技术

（1）数字化感知　数字化感知技术包括无人农场的作业环境、作业对象和作业机械信息的精准感知，“星—机—地”是数字化感知的主要技术。其中，“星”指采用卫星影像获取较大范围的各种信息，“机”指采用农用飞机获取农田区域所需要的各种信息，“地”指采用地面机载仪器直接获取农田所需要的各种信息。

（2）智能化决策　智能化决策指根据数字化感知获取的各种农情信息对精准作业进行智能决策，包括土壤整治、耕整、种植、播种、田间管理和收获。

（3）精准化作业　精准化作业包括农机自动导航技术和农机精准作业技术。

（4）智慧化管理　传统农场管理人力物力资源耗费大、农场规划不统一、缺乏科学管理或管理不完善。随着现代农业和智慧农场的发展，农机管理数字化平台和农场管理系统等快速发展，促进了农场的智慧化管理。智慧化管理包括农作物生长管理、农机管理和农场管理。其中，农作物生长管理包括农作物长势和对病虫草害的管理；农机管理包括远程监控农机作业位置、作业进度和作业质量，远程监控农机作业状况并进行故障预警和指导维修，以及对农机进行远程调度；农场管理包括产前、产中和产后的全程农事管理、农资管理和经营管理。

三、大田无人农场系统集成

（1）无人化作业系统设计与耕种管收装备集成　大田无人化作业系统与耕种管收装备需要集成无人驾驶系统、农机动力底盘和相关作业机具。

（2）智能农机多机协同作业　大田无人农场生产中有时需要两台农机进行协同作业，如收获机和运粮车、播种机（或施肥机）与种肥补给车等，两者需要保持精确的位置关系以保证作业任务完成。有时，还需要多台农机同时协同作业以提高作业效率，满足“抢种抢收”农事生产需求，包括多台农机在同一块地中作业或多台农机在不同地块中作业，要求合理分配各农机作业任务及协同各农机间或任务间的逻辑关系。

（3）云管控平台开发　无人驾驶农机云管控平台设计为“三级”管理模式。第一级云管控总系统具有最大权限，可管理第二级的所有农场信息，实现一个账户管理多个农场；第二级农场管理员仅可管理自身的一个农场，实现一个账户管理一个农场；第三级终端与设备作为最底层的执行者，通过无线网络接收更高级别发送的指令实现远程管控。

（4）大田无人农场系统集成总体解决方案　大田无人农场总体解决方案由云管控平台、“耕种管收运”智能农机和智能设备通过系统集成形成。农场云管控平台包括农场高精度农田数字地图、信息获取、农事任务管理和农事决策等功能；智能农机包括水稻、小麦、玉米和花生等作物生产所需“耕种管收运”的智能农机，可满足不同轮作和熟制模式及再生稻生产技术要求；智能设备包括传感器、灌排设备和烘干设备等。

（文章节选自《农业工程学报》）

第四十三章 43

关于我国智能农机装备发展的几点思考

中国工程院院士、国家农业信息化工程技术研究中心主任　赵春江

党的二十大报告首次明确提出“加快建设农业强国”，这是新形势下党中央着眼全面建成社会主义现代化强国做出的重大战略决策。2023 年中央“一号文件”对“做强现代农业科技和装备支撑”做出了明确部署，提出“加紧研发大型智能农机装备，支持北斗智能监测终端及辅助驾驶系统集成应用”。这表明加快现代农机装备研发与应用推广力度，促进农业机械化、智能化、高端化，不仅是实施“藏粮于地”“藏粮于技”战略的关键支撑，更是加快建设农业强国、推进农业农村现代化的关键抓手。近年来，为破解农业劳动力快速减量化、老龄化，以及农业产出效益不高等现实挑战，我国加快先进适用农机装备的研发、应用与推广，农机制造水平、装备总量、作业水平取得长足进步，农业生产已全面进入以机械动力为主的机械化新阶段。我国已成为世界第一大农机生产与使用国家。截至 2019 年底，农机装备产业企业数量超过 8000 家（规模以上企业超过 1700 家），农业装备产品生产数量约 4000 种；以北斗、5G 等信息技术为支撑的智能农机装备进军生产一线；截至 2021 年底，加装北斗卫星导航的拖拉机、联合收割机超过 60 万台，植保无人机保有量达到 97931 架。

智能农机装备是指通过设计和智能技术创新，具有人类（部分）智能的硬件设备或软硬件集成系统，可全部或部分替代人，或辅助人高效、便简、安全、可靠地完成特定复杂的农机作业目标任务，实现农业生产全过程的数字化感知、智能化决策、精准化作业和智慧化管理的现代化农机装备，具有人与机、机与物之间交互性的特点，是技术进步和农业生产方式转变的核心内容，在解决农机盲目流动作业、传统农机作业效率与作业质量不高、农机服务对接不及时、农机管理不畅、农机作业安全隐患等方面发挥重要作用，已成为现代农业创新增长的驱动力之一。例如，我国自主研发设计的北斗导航农机自动驾驶系统，可使农机作业效率较传统农机提高 20%，作业误差控制在“±2 厘米”内；通过配套“智能农机 + 云脑平台 + 多车协同”模式，较传统农机作业作业效率可提高 30% 以上，土地利用率提高 10% 以上。随着农业从业人员数量快速下降，“谁来种地”已经成为日趋突出的问题。智慧农业作为融合生物技术、信息技术及智能装备技术而形成的一种新的生产方式，已成为未来农业的发展方向。而作为智慧农业的重要支撑，智能农机装备创新与发展成为发达国家抢占农业科技制高点的重要领域。美国、德国、英国、日本等国家在农业生产作业主要环节已经或正在实现“机器换人”或“无人作业”。据国际市场研究机构 Research and Markets 测算，2020 年全球智能农机装备的市场价值为 657 亿美元，预计 2026 年市场价值将达 1354 亿美元，市场增长率达 12. 8%。与发达国家相比，我国农机化整体发展水平相差 10 年以上，智能农机装备研发应用整体水平偏低，存在着高端智能农机装备与关键核心部件高度依赖进口、适合小农生产与丘陵山区作业的小型智能农机具严重缺乏等问题。

随着装备技术与信息技术融合创新步伐的加快，以绿色智能、节能减排、高度智能化、人机协同为核心特征的智能农机装备已逐渐成为农机装备发展的主流趋势。发展智能农机装备技术与产业，不仅对于释放农业生产力、提高农业生产率具有重要作用，同时也是实现我国高水平农业科技自立自强、增强农业综合竞争力、实现农业大国向农业强国转变的必然要求。

（文章节选自《农业经济问题》）

第四十四章 44

牢牢抓住数字变革新机遇 强力推进数字乡村建设

农业农村部信息中心主任　王小兵

党的十八大以来，我国深入实施网络强国战略、国家大数据战略，先后出台《“十四五”数字经济发展规划》《中共中央　国务院关于构建数据基础制度更好发挥数据要素作用的意见》和《数字中国建设整体布局规划》等政策文件，加快推进生产方式、生活方式和社会治理方式数字化转型。为抓住数字变革新机遇，党中央、国务院从党和国家事业发展全局出发组建了国家数据局，对于在数字时代战胜前进道路上的各种风险挑战，全面建设社会主义现代化国家，实现第二个百年奋斗目标和中华民族伟大复兴的中国梦，具有十分重要的意义。

一、深刻认识数字变革的重大意义

人类社会正在经历信息革命，信息化进入大数据发展的新阶段，数字化、网络化、智能化是信息化发展的演进规律，也必将为以中国式现代化推进中华民族伟大复兴提供革命性力量。从历史看，人类经历了四次科技与产业革命，第一次是1760—1860年的“蒸汽时代”，第二次是1860—1950年的“电气时代”，第三次是1950—2000年的“信息时代”，从21世纪初开始的第四次科技与产业革命，使人类社会进入“智能化时代”。回顾这四次科技与产业革命，中华民族与第一次、第二次科技与产业革命失之交臂，与第三次科技与产业变革擦肩而过，但我们紧紧抓住了第四次科技与产业革命的重大历史机遇，大踏步赶上了时代。特别是党的十八大以来，坚持以习近平新时代中国特色社会主义思想为指导，认真贯彻落实习近平总书记关于网络强国的重要思想，加快推进网络强国、数字中国、智慧社会建设，我国已经成为数字经济规模第二大国，在电子商务、移动支付、量子信息等领域处于世界领先水平。当今时代，数字技术、数字经济是世界科技革命和产业变革的先机，是新一轮国际竞争的重点领域，是应对世界百年未有之大变局的关键变量，已成为世界先进国家纷纷抢占的制高点。能不能抓住数字变革机遇、引领数字化加快发展，成为决定大国兴衰的一个关键。同时，数据的本质是“人”，数据产生于人类社会的各种活动，其价值也在于服务人类社会，让生活变得更加美好。我国是世界第一人口大国，数字技术研发人员的数量最多，中国式现代化的中国特色包含全体人民共同富裕，习近平新时代中国特色社会主义思想的世界观和方法论摆在首位的就是坚持人民至上，这些都为我们以数据驱动社会主义现代化强国建设提供了理论基础和物质条件。数据将改革产业形态、就业方式和收入构成。更为重要的是，习近平总书记和党中央、国务院高度重视农业农村信息化发展，2019年初，习近平总书记亲自主持召开中央网络安全和信息化委员会全体会议，审议通过《数字乡村发展战略纲要》，随即中共中央办公厅、国务院办公厅印发该文件；党的十九届五中全会明确提出建设智慧农业；近年的中央一号文件都对数字乡村及智慧农业做出部署，推动数字乡村建设实现了良好开局。当前，“数字革命”正在农村这片广阔沃土引发一场深刻的社会变革，为探索走出一条具有中国特色的农业农村现代化道路提供了千载难逢的历史机遇。

二、准确把握数字乡村发展的阶段性特征

近些年来，在习近平总书记关于“三农”工作重要论述和网络强国的重要思想指引下，党中央、国务院编制了一系列重大规划，出台了一系列重大政策，推动农业农村信息化进入数字乡村发展的新阶段，呈现出许多新的阶段性特征。

1）城乡“数字鸿沟”加速弥合。农村网络基础设施实现全覆盖，农村“通信难”问题得到历史性解决。截至 2022 年 6 月，农村互联网普及率达到 58.8%，与“十三五”初期相比，城乡互联网普及率差距缩小近 15 个百分点；5G 网络等新型基础设施正在由县域向乡镇和行政村延伸覆盖。

2）智慧农业建设快速起步。数字育种加快布局，智能农机装备研发应用取得重要进展，智慧大田农场建设多点突破，畜禽养殖数字化与规模化、标准化同步推进；精准播种、变量施肥、智慧灌溉、精准饲喂、环境控制、植保无人机等开始大面积推广应用。据监测，2021 年农业生产信息化率达到 25.4%。

3）农业农村大数据建设初见成效。数据采集、共享、交换机制日益完善，政务数据整合共享及全国一体化政务数据目录治理试点和重要信息系统集中统一运维取得重要进展，公共数据服务能力和水平明显提升；以大数据为核心的现代信息技术在设计育种、精准作业、农田建设管理、农业防灾减灾、动植物疫病防控、农产品质量安全监管、农产品市场监测预警、舆情监测等方面的独特作用开始显现。

4）农村电商持续保持乡村数字经济“领头羊”地位。农产品进城、工业品下乡的农村电商双向流通格局得到巩固提升，直播电商、社区电商等新型电商模式不断创新发展，农村寄递物流体系不断完善，2021 年农产品网络销售额占农产品销售总额的 14.8%。

5）乡村治理和服务数字化加快普及。以数据驱动的乡村治理水平不断提高，治理模式不断创新，“互联网＋政务服务”加快向乡村延伸，2021 年全国六类涉农政务服务事项综合在线办事率达 68.2%；农业重大自然灾害和动植物疫病防控能力建设不断加强，监测预警水平持续提升；利用信息化手段开展服务的村级综合服务站点共计 48.3 万个，行政村覆盖率达到 86.0%，农民群众不出村、不出户就能享受到高效的信息与办事服务。

6）数字乡村发展环境持续优化。各级农业农村信息化管理服务机构加快建立健全，在县级层面已基本实现有人管、有人抓的工作格局；政策制度体系不断完善，协同推进的体制机制基本形成，标准体系建设加快推进，试点示范效应日益凸显。

三、扎实推进数字乡村及智慧农业建设

未来 10～15 年是我国数字乡村及智慧农业发展的战略机遇期。要坚持以习近平新时代中国特色社会主义思想为指导，全面贯彻落实党的二十大精神，完整准确全面贯彻新发展理念，着力推动高质量发展，主动构建新发展格局，顺应数字化发展历史潮流，紧紧围绕以乡村振兴为重心的“三农”各项工作，瞄准到 2035 年基本实现农业现代化、农村基本具

备现代生活条件两大目标，以加快建设农业强国、建设宜居宜业和美乡村两项任务为主线，以数据为关键生产要素，以数字技术为创新动力，推动现代信息技术与农业农村经济社会深度融合，着力推进智慧农业建设，着力提升数字治理能力，为全方位夯实粮食安全根基、基本实现农业农村现代化、基本实现乡村治理体系和治理能力现代化提供强有力的数字化支撑。

（文章节选自《农业大数据学报》）

第四十五章 45

发展智慧农业的意义和作用

中国农业大学教授　李道亮

发展现代农业是乡村振兴的重要基础，智慧农业是现代农业发展的主要方向。智慧农业是物联网、云计算、大数据、空间信息技术、区块链、人工智能等新一代信息技术与现代农业种植养殖工艺及农产品加工、流通、交易、消费产业链深度融合的产物，是现代信息技术与农业生产、经营、管理和服务全产业链的“生态融合”和“基因重组”。

推动资源节约高效利用，农业科学绿色发展。通过物联网、大数据、人工智能、机器人、智能装备等技术和种养工艺，种植、养殖生产作业环节可以摆脱自然环境和人力依赖，构建集环境生理监控、作物模型分析和精准调节于一体的农业生产自动化系统，实现劳动生产率、土地产出率和资源利用率的提高。通过数字化测控，在满足作物生长需要的同时，保障资源节约又避免环境污染，实现农业绿色发展。当前，农业发达国家已经实现了 1 人种地 5000 亩，1 人年产蔬菜 500 吨，1 人种养 100 万盆花，1 人养殖 20 万只鸡、日产鸡蛋 18 万枚，1 人养殖 10000 头猪、200 头奶牛、100 吨鱼，这彻底解决了粗放经营、竞争力不强、资源利用率低等传统农业面临的难题。

推进农业标准化生产，保障“舌尖上的绿色与安全”。通过数字化、网络化、智能化设备对土壤、大气环境、水环境状况进行实时动态监控，使之符合农业生产环境标准；生产各环节也可按照一定技术经济标准和规范要求，通过智能化设备进行生产；通过数字化、智能化设备实时精准检测农产品品质，保障最终农产品符合相应质量标准。借助互联网、二维码、射频标签、区块链等技术，建立全程可追溯、互联共享的农产品质量和食品安全信息平台，健全从农田到餐桌的农产品质量安全过程监管体系，保障人民群众“舌尖上的绿色与安全”。

推动农业经营一体化、品牌化。信息技术的应用，打破了农业市场的时空地理限制，农资采购和农产品流通等数据将会得到实时监测和传递，有效解决信息不对称问题。利用电商平台拓展农产品销售渠道，通过自营基地、自建网站、自主配送方式打造一体化农产品经营体系，促进农产品市场化营销和品牌化运营。

促进一二三产业融合。农业数字化、网络化、平台化引导专业大户、家庭农场、农民专业合作社、优秀企业等新型农业经营主体发展壮大和联合，促进农产品生产、流通、加工、储运、销售、服务等相关产业紧密连接，实现农业要素资源的有效配置，使产业、要素集聚从量的集合到质的激变，从而再造整个农业产业链，实现农业与二三产业交叉渗透、融合发展。

（文章节选自《新型城镇化》）

大事记篇

第四十六章 大事记

46

一、中央网信办、农业农村部公开征集《数字乡村建设指南 1.0》修订意见

2023 年 1 月 4 日，中央网信办、农业农村部准备联合启动《数字乡村建设指南 1.0》修订工作。为确保该指南的内容更加贴近当前发展情况，更好满足各地实际需求，面向社会公开征集修订意见和建议，欢迎社会各界积极参与。

二、第七届京津冀品牌农产品产销对接活动在北京举办

2023 年 1 月 10 日，第七届京津冀品牌农产品产销对接活动在北京新发地举办。此次产销对接活动以“主会场 + 云端连线”的方式，推介京津冀品牌农产品，搭建区域农产品产销对接平台，助力“菜篮子”稳产保供，推动构建农产品现代流通体系，促进京津冀现代农业协同发展。

三、第四届全国农民教育培训发展论坛在河北正定举办

2023 年 1 月 11 日，第四届全国农民教育培训发展论坛在河北正定塔元庄村举办。该论坛发布了《2022 年全国高素质农民发展报告》，宣介了 2022 年度农民教育培训“百优保供先锋”等六项典型。

四、农业农村部公布第二批全国种植业“三品一标”基地

2023 年 1 月 12 日，农业农村部公布第二批全国种植业“三品一标”基地，经各省推荐、专家评审，北京市昌平区小汤山镇天安蔬菜基地等 100 个基地成功入选。

五、农业农村部公布 2022 年全国休闲农业重点县名单

2023 年 1 月 17 日，农业农村部公布 2022 年全国休闲农业重点县名单。北京市门头沟区等 60 个县（市、区）被认定为 2022 年全国休闲农业重点县，具备资源优势突出、产业初具规模、业态类型丰富、联农带农效果显著等优势，推动富民乡村产业发展。

六、中央网信办、农业农村部与浙江省人民政府共同签署共建数字乡村引领区合作备忘录

2023 年 2 月，中央网信办、农业农村部与浙江省人民政府签署共建数字乡村引领区合作备忘录，支持浙江建设数字乡村引领区。备忘录深入贯彻落实党的二十大报告决策部署，进一步释放数字红利催生乡村发展内生动力，提升乡村居民生活幸福指数，加快推进浙江现代数字技术与乡村生产、生活、生态全面融合，为全国数字乡村建设提供更多可复制可

推广的经验。

七、第一批6省（区、市）第三次全国农作物种质资源普查顺利验收

2023 年 2 月，农业农村部在湖南长沙组织对湖南、江苏、广西、湖北、海南、重庆等第一批6省（区、市）第三次全国农作物种质资源普查与收集工作进行验收。6省（区、市）有关部门负责人介绍普查工作总体情况，验收专家组进行质询讨论，顺利通过验收。

八、农业农村部召开远洋渔业高质量发展推进会

2023 年 2 月 14 日，远洋渔业高质量发展推进会在广东湛江召开。会议强调，要全面贯彻落实党的二十大和中央经济工作会议、中央农村工作会议精神，准确把握远洋渔业面临的新形势新要求，坚持稳中求进，稳定发展规模，优化结构布局，完善发展政策。

九、《中国数字乡村发展报告（2022 年）》发布

2023 年 3 月 1 日，《中国数字乡村发展报告（2022 年）》正式发布。该报告由中央网信办信息化发展局、农业农村部市场与信息化司共同指导，农业农村部信息中心牵头编制，全面总结 2021 年以来数字乡村发展取得的新进展新成效，涵盖乡村数字基础设施等 8 个方面内容，并试行评价各地区数字乡村发展水平，为数字乡村建设推动者、实践者和研究者提供参考。

十、农业农村部通知全面实行家庭农场“一码通”管理服务制度

2023 年 3 月 15 日，为贯彻落实中央农村工作会议和中央一号文件关于支持发展家庭农场的部署要求，农业农村部印发《关于全面实行家庭农场“一码通”管理服务制度的通知》，要求各级农业农村部门深入开展家庭农场“一码通”赋码工作，强调明确赋码对象，努力提升家庭农场管理服务水平。

十一、《求是》杂志发表习近平总书记重要文章

2023 年 3 月 16 日，第 6 期《求是》杂志发表中共中央总书记、国家主席、中央军委主席习近平的重要文章《加快建设农业强国　推进农业农村现代化》。文章指出，要锚定建设农业强国目标，切实抓好农业农村工作。全面推进乡村振兴，到 2035 年基本实现农业现代化，到 21 世纪中叶建成农业强国，是党中央着眼全面建成社会主义现代化强国做出的战略部署。

十二、全国农业机械化工作会议召开

2023 年 3 月 28 日，农业农村部以视频方式召开全国农业机械化工作会议。会议强调，要提高农业全产业链机械化水平，提高落实大食物观的机械化支撑能力，加快农业机械化全程全面高质量发展，为保障粮食和重要农产品稳定安全供给、全面推进乡村振兴、加快建设农业强国提供有力机械化支撑。

十三、中国农业农村服务业联盟在北京成立

2023 年 3 月 31 日，中国农业农村服务业联盟成立大会在北京召开。搭建中国农业农

村服务业联盟旨在引导服务组织全方位发展，促进服务组织之间、服务组织与服务相关机构之间的交流合作，推进服务资源要素整合共享，强化行业自律和规范运行，更好地推动农业农村服务业全面发展。

十四、2023 中国种子大会暨南繁硅谷论坛在海南三亚举行

2023 年 4 月 1 日—4 日，2023 中国种子大会暨南繁硅谷论坛在海南三亚举行，大会深入贯彻党的二十大和习近平总书记重要指示精神，围绕保障粮食和重要农产品稳定安全供给新任务新要求、加快种业现代产业链发展、南繁硅谷建设与自贸港种业发展等方面开展交流研讨。

十五、中央网信办等五部门印发《2023 年数字乡村发展工作要点》

2023 年 4 月 11 日，中央网信办、农业农村部、国家发展改革委、工业和信息化部、国家乡村振兴局联合印发《2023 年数字乡村发展工作要点》。通知要求，坚持以习近平新时代中国特色社会主义思想为指导，全面贯彻落实党的二十大精神和中央经济工作会议、中央农村工作会议精神。

十六、2023 中国农业展望大会在北京召开

2023 年 4 月 20 日，2023 中国农业展望大会在北京召开。本届大会以“加强农业监测预警　保供强农促增收”为主题，发布了《中国农业展望报告（2023—2032）》。报告显示，中国农产品供给保障能力将不断提升，多元化食物供给体系持续构建，农产品贸易结构不断优化，农业竞争力显著增强。

十七、农业农村部部署国家水产育种联合攻关计划

2023 年 4 月 24 日，为贯彻党中央、国务院关于种业振兴决策部署，深入推进水产育种联合攻关，促进水产养殖业高质量发展，农业农村部印发《关于公布第一批国家水产育种联合攻关计划的通知》，从明确攻关方向、狠抓任务落实、加强组织领导等三个方面对国家水产育种联合攻关计划进行部署。

十八、中国—东盟数字农业论坛举行

2023 年 4 月 26 日，中国—东盟数字农业论坛在山东潍坊举行。此次数字农业论坛是第 25 次中国—东盟领导人会议上确定 2023 年为“中国东盟农业发展和粮食安全合作年”后的重要系列活动之一，旨在打造中国与东盟交流数字农业发展经验、共享数字农业发展成果的新平台，推动双方数字农业发展。

十九、第六届数字中国建设峰会在福州举办

2023 年 4 月 27—28 日，第六届数字中国建设峰会在福州举办。本届峰会以“加快数字中国建设，推进中国式现代化”为主题，以宣传贯彻落实《数字中国建设整体布局规划》为主线，设置“1+3+*N*”系列活动。

二十、农业农村部组织完成第三批6省（区、市）农作物种质资源普查验收

2023年5月，农业农村部贯彻落实中央种业振兴行动部署和全国农业种质资源普查工作安排，组织开展第三批全国农作物种质资源普查验收工作。此次通过验收的6省（区、市）普查收集工作涉及所辖区域的260个农业县，实现了生态区域和作物类型的全覆盖，完成了收集资源与普查数据的核对和移交，做到了资源样本和数据信息一一对应。

二十一、2023中国农业品牌创新发展大会在北京召开

2023年5月8日，由农业农村部市场与信息化司指导、中国农业大学主办的2023中国农业品牌创新发展大会在北京召开。会议指出，农业品牌发展已经成为推动农业高质量发展、加快建设农业强国的重要抓手。加快建设农业强国，农业品牌在保障供给、提升科技装备、完善经营体系、加强产业韧性、提升市场竞争力等方面将发挥重要的牵引作用。

二十二、《农产品区域公用品牌互联网传播影响力指数研究报告（2023）》在北京发布

2023年5月8日，由农业农村部市场与信息化司指导，农业农村部信息中心与中国农业大学在2023中国农业品牌创新发展大会上联合发布了《农产品区域公用品牌互联网传播影响力指数研究报告（2023）》。该报告遵循关键绩效指标理念，构建了评价农产品区域公用品牌互联网传播影响力指数的指标体系。

二十三、联合国粮农组织为中国4项全球重要农业文化遗产授牌

2023年5月22日，联合国粮农组织主办的全球重要农业文化遗产（GIAHS）授牌仪式在意大利罗马举行。此次授牌是2020年以来联合国粮农组织首次对新入选GIAHS举行集中授牌，共邀请12个国家的24项新入选GIAHS参加。

二十四、国家互联网信息办公室发布《数字中国发展报告（2022年）》

2023年5月23日，为贯彻落实党中央、国务院关于建设数字中国的重要部署，深入实施《数字中国建设整体布局规划》，国家互联网信息办公室会同有关方面系统总结2022年各地区、各部门推进数字中国建设取得的主要成效，开展数字中国发展地区评价，展望2023年数字中国发展工作，编制形成《数字中国发展报告（2022年）》。

二十五、第二届中国农业绿色发展产业大会在北京召开

2023年6月7日，由中国农业绿色发展研究会主办的第二届中国农业绿色发展产业大会在北京召开。会议旨在深入贯彻党中央关于推进农业绿色发展的决策部署，宣介农业绿色发展理论研究和绿色技术创新成果，分享绿色生产模式典型经验，为培育、孵化农业绿色产业搭建起信息互联、资源共享的桥梁，推动农业绿色发展迈上“政产学研用”协同共促的新台阶。

二十六、全国现代设施农业建设推进会在青岛召开

2023年6月15日，农业农村部在山东青岛召开全国现代设施农业建设推进会。会议强调，发展现代设施农业，是贯彻落实党的二十大精神，树立大食物观、构建多元化食物供给体系，更好保障国家粮食安全的重大举措，是国家粮食安全战略的应有之义。要把现代设施农业作为新时代新征程全面推进乡村振兴、加快建设农业强国的重要抓手，摆上突出位置、集聚资源要素切实抓好抓到位。

二十七、2023年全国数字乡村创新大赛举办

2023年6月至10月，为贯彻落实习近平总书记关于乡村振兴的重要指示批示精神和中央农村工作会议精神，挖掘推广数字乡村建设优秀案例，营造数字乡村建设良好氛围，助力数字乡村和数字中国建设，在中央网信办指导下，中国网络社会组织联合会联合四川省委网信办、四川省农业农村厅组织举办2023年全国数字乡村创新大赛。

二十八、农业农村部推广全国农垦粮油等主要作物20项高产高效技术

2023年7月24日，农业农村部农垦局发布《全国农垦粮油等主要作物20项高产高效技术及模式》，旨在通过先进技术模式推广，提高农垦单产水平，并带动地方单产水平提升。农业农村部要求各垦区、各单位认真学习研究这些高产高效技术及模式，结合本地实际选择适合的技术模式，制定推广应用实施方案，在农业生产和社会化服务工作中开展推广应用、熟化创新，不断提升作物单产水平。

二十九、农业农村部公布第一批现代农业全产业链标准化示范基地创建单位名单

2023年8月22日，农业农村部办公厅印发了《关于公布第一批农业高质量发展标准化示范项目（国家现代农业全产业链标准化示范基地）创建单位名单的通知》。该通知公布了第一批178个国家现代农业全产业链标准化示范基地创建单位名单。通知要求，各级农业农村部门要加强统筹协调，加大工作力度，强化政策扶持。

三十、第七届中国—东盟农业合作论坛召开

2023年9月16日，第七届中国—东盟农业合作论坛在广西南宁召开。会议指出，自2013年习近平主席提出建设更为紧密的中国—东盟命运共同体以来，中方与东盟国家深耕农业合作，成为中国—东盟经贸合作的新增长极。今年恰逢“中国—东盟农业发展和粮食安全合作年”，双方科技合作更加深入，人员往来日益密切，农产品贸易快速增长。

三十一、全国现代农业产业技术体系建设工作推进会在吉林公主岭召开

2023年9月19日，农业农村部在吉林公主岭召开全国现代农业产业技术体系建设工作推进会。会议强调，面对建设农业强国和农业现代化的新形势新要求，体系要强化使命担当，坚持以产业需求为导向，聚焦农产品、聚合产业链、聚集科技资源，加快突破产业关键技术，全要素集成综合技术方案，为农业现代化提供强有力的科技支撑。

三十二、2023 年全国数字乡村建设工作现场推进会在佳木斯召开

2023 年 9 月 20 日，2023 年全国数字乡村建设工作现场推进会在黑龙江省佳木斯市召开。会议指出，推进数字乡村建设是全面贯彻党的二十大精神、以信息化驱动中国式现代化的具体行动，对于全面推进乡村振兴、加快建设网络强国具有重要意义。要提高政治站位，不断增强做好数字乡村建设工作的责任感使命感。

三十三、全国智慧农业现场推进会在安徽芜湖召开

2023 年 9 月 24 日，全国智慧农业现场推进会在安徽芜湖召开。会议强调，要深入贯彻落实习近平总书记重要指示精神，准确把握智慧农业的内涵外延、战略定位、落地路径，加力推动智慧农业发展。要明确重点任务，分类有序推进智慧农业发展，更要聚焦智慧农业关键技术、核心零部件、成套智能装备等领域短板，组织科研机构、创新企业等开展联合攻关，加快突破瓶颈制约。

三十四、全国农技推广体系改革与建设工作会议在山西运城召开

2023 年 9 月 26—27 日，农业农村部在山西运城召开全国农技推广体系改革与建设工作会议。会议强调，要打通社会化、市场化推广服务协同渠道，构建以公益性农技推广体系为主体，以科研院校等社会化服务力量和新型经营主体、科技服务企业等市场化服务力量为重要支撑的“一体两翼”新型农技推广服务网络。

三十五、农业农村部召开推进渔业现代化建设现场会

2023 年 10 月 19 日，农业农村部在湖北武汉召开推进渔业现代化建设现场会，总结交流各地经验做法，分析研判新形势新要求，研究部署加快推进渔业现代化重点工作。会议强调，要贯彻落实党的二十大精神和习近平总书记关于渔业的重要指示批示精神，锚定建设农业强国目标，以推进渔业现代化建设统领渔业渔政工作。

三十六、中国的远洋渔业发展白皮书发布

2023 年 10 月 24 日，国务院新闻办公室发布《中国的远洋渔业发展》白皮书。全书内容主要围绕中国远洋渔业高质量发展，统筹推进资源养护和可持续利用，全面履行船旗国义务，严格实施远洋渔业监管，强化远洋渔业科技支撑，加强远洋渔业安全保障，深化国际渔业合作等方面具体展开，全面介绍了中国远洋渔业的发展理念、原则立场、政策主张和履约成效，分享了中国远洋渔业管理经验，促进了远洋渔业国际合作与交流。

三十七、全国农机装备补短板暨农业机械稳链强链工作会议在湖南郴州召开

2023 年 10 月 26 日，农业农村部、工业和信息化部在湖南郴州联合召开全国农机装备补短板暨农业机械稳链强链工作会议。会议强调，由于农机装备对标农业生产一线急需和国际先进水平还有差距，要全产业全链条协同推进农机装备补短板和农业机械稳链强链工作，用足用好相关政策，支持优势企业承担专项任务，分级分类推进研发攻关。

三十八、全国现代设施农业建设推进联盟在北京成立

2023年10月27日，全国现代设施农业建设推进联盟成立大会在北京召开。会议强调，成立全国现代设施农业建设推进联盟，是贯彻习近平总书记关于发展设施农业重要指示、落实党中央国务院决策部署的重要举措。全国现代设施农业建设推进联盟要准确把握功能定位，着力打造决策咨询、协同创新、转化推广、展示交流、人才培养“五个平台”。

三十九、2023世界农业科技创新大会开幕

2023年11月3日，2023世界农业科技创新大会在北京平谷开幕。大会以“创新农业·共享未来”为口号，围绕“粮食安全与未来农业”主题，各国嘉宾共话世界农业科技创新领域前沿话题，共享最新成果，共同探讨世界农业科技、政策、模式创新，创新加强产学研合作与成果转化，培育全球农业发展新动能。

四十、2023中国农业农村科技发展论坛暨中国现代农业发展论坛在南京举办

2023年12月6日，2023中国农业农村科技发展论坛暨中国现代农业发展论坛在江苏南京举办。会议强调，要锚定加快建设农业强国目标，强化基础研究、技术研发、集成配套和成果推广应用全链条部署，推动体系、项目、人才、资金一体化配置。

四十一、《中国乡村振兴发展报告2022》正式发行

2023年12月26日，《中国乡村振兴发展报告2022》由中国农业出版社正式发行。该书系统回顾了2022年我国全面推进乡村振兴的工作进展和成效，介绍了各地区各部门推动农业稳产增产、农民稳步增收、农村稳定安宁的政策举措，集中体现了我国“三农”工作战略部署、实践成就和经验做法。

参 考 文 献

[1] ZHANG Pan，YANG Ling，LI Daoliang. EfficientNet-B4-Ranger: A novel method for greenhouse cucumber disease recognition under natural complex environment[J]. Computers and Electronics in Agriculture，2020，176: 105652.

[2] ZHANG Pan，LI Daoliang. YOLO-VOLO-LS: A Novel Method for Variety Identification of Early Lettuce Seedlings[J]. Frontiers in plant science，2022，13: 806878.

[3] 高芳芳，武振超，索睿，等 . 基于深度学习与目标跟踪的苹果检测与视频计数方法 [J]. 农业工程学报，2021，37（21）: 217-224.

[4] 李民赞，郑立华，安晓飞，等 . 土壤成分与特性参数光谱快速检测方法及传感技术 [J]. 农业机械学报，2013，44（3）: 73-87.

[5] 李民赞，姚向前，杨玮，等 . 基于卤钨灯光源和多路光纤的土壤全氮含量检测仪研究 [J]. 农业机械学报，2019，50（11）: 169-174.

[6] 林华浦，张凯，李浩，等 . 基于多尺度融合注意力机制的群猪检测方法 [J]. 农业工程学报，2023，39（21）: 188-195.

[7] 黄志杰，徐爱俊，周素茵，等 . 融合重参数化和注意力机制的猪脸关键点检测方法 [J]. 农业工程学报，2023，39（12）: 141-149.

[8] 中华人民共和国农业农村部 . 中共中央　国务院关于做好 2023 年全面推进乡村振兴重点工作的意见 [A/OL].（2023-02-13）[2024-07-05]. https://www.gov.cn/zhengce/2023-02/13/content_5741370.htm.

[9] 中华人民共和国商务部 . 商务部电子商务司负责人介绍 2023 年我国电子商务发展情况 [A/OL].（2024-01-19）[2024-07-05]. http://www.mofcom.gov.cn/article/xwfb/xwsjfzr/202401/20240103467547.shtml.

[10] 丁波 . 数字治理：数字乡村下村庄治理新模式 [J]. 西北农林科技大学学报（社会科学版），2022，22（2）: 9-15.

[11] 李贵卿，郭彤 . 我国乡村数字治理模式研究及优化路径 [J]. 社会科学前沿，2023，12（12）: 6991-6997.

[12] 李睿希 . 大数据视角下乡村治理创新研究 [J]. 管理观察，2019（5）: 3.

